图书在版编目（CIP）数据

建设工程技术与计量. 土木建筑工程 / 吴静，李毅佳主编. -- 6版. -- 北京 : 中国计划出版社，2024.5
2024年版全国一级造价工程师职业资格考试应试指南
ISBN 978-7-5182-1641-3

Ⅰ. ①建… Ⅱ. ①吴… ②李… Ⅲ. ①土木工程－建筑造价管理－资格考试－自学参考资料 Ⅳ. ①TU723.3

中国国家版本馆CIP数据核字(2024)第026272号

责任编辑：刘　原　　封面设计：韩可斌

中国计划出版社出版发行
网址：www. jhpress. com
地址：北京市西城区木樨地北里甲 11 号国宏大厦 C 座 4 层
邮政编码：100038　电话：（010）63906433（发行部）
北京市科星印刷有限责任公司印刷

787mm×1092mm　1/16　25.75 印张　620 千字
2024 年 5 月第 6 版　2024 年 5 月第 1 次印刷

定价：80.00 元

2024年版

全国一级造价工程师职业资格考试

应试指南

建设工程技术与计量

（土木建筑工程）

JIANSHE GONGCHENG JISHU YU JILIANG

（TUMU JIANZHU GONGCHENG）

吴　静　李毅佳　主

中国计划出版社

·北　京·

前　言

自2001年首次出版以来，《全国造价工程师执业资格考试应试指南》（以下简称《指南》）已经伴随参加全国造价工程师执业资格考试的业界同仁走过了23个考季。在此期间，教材经过了九次改版，《指南》也经历了从五科合订（2001—2004年版）到五个分册（2005年版至今）的演变。从体例的革新到内容的充实，23年来《指南》的参编教师始终本着精益求精、服务考生和对读者负责的原则，每年投入大量时间到编写工作中。

随着2023年版《全国一级造价工程师职业资格考试培训教材》的改版，《指南》参编教师第一时间结合教材变动内容对《指南》进行了改编，在保留了全面、系统贯彻考点体例逻辑框架基础上，既反映了2023年版教材的变化，又满足了帮助考生复习的需求。

回顾过往，《指南》在与广大读者、业界同仁交流互动中不断地完善、充实。2004年，全国造价工程师执业资格考试教材第三次改版后，具有多年造价工程师执业资格考试培训与研究经验的教师团队对《指南》从编写思路、体例设计、题目选排等方面进行了全面改版升级。2005年，我们在以前各版《指南》的基础上将各考试科目的合订本拆分为五个分册，并补充了新出台的有关文件，方便考生根据所报考的科目自主选择图书，2006年，根据新教材的内容对《指南》进行了充实和修改，得到了广大考生的认可和大力支持。2007、2008年，组织编者对考试涉及《建设项目经济评价方法与参数》（第三版）的内容进行研讨，征求资深的考前培训教师的意见，将《建设项目经济评价方法与参数》（第三版）的相关内容补充到《指南》中，为方便考生备考《建设项目经济评价方法与参数》（第三版）的相关内容提供了便利，满足了考生的迫切需求。

2009年，《全国造价工程师执业资格考试培训教材》第五次改版后，《指南》参编教师针对教材内容和结构上的变动进行了多次研讨，并将学习与研讨的收获和体会充分落实到2009年版《指南》的编写与修订中。2010年，对《指南》进行了体例和内容的全面升级，充分适应了考试综合性强、考核重点突出的变化趋势。此后，2011年版和2012年版《指南》又在2010年版《指南》的基础上进行了内容的更新和形式的调整。

2013年，住房和城乡建设部组织编写了新版《全国造价工程师执业资格考试大纲》，并经人力资源和社会保障部审定。新大纲改变了考试科目名称，对科目内容和结构也做了重要调整。全国造价工程师执业资格考试培训教材编审委员会根据新大纲的要求，对2009年版《全国造价工程师执业资格考试培训教材》进行了全面修订，形成了2013年版《全国造价工程师执业资格考试培训教材》。新教材的主要修订内容包括：一是对教材名称做了更改并调整了相关内容；二是增加了考核实际能力的知识点，删除了部分基本概念的内容；三是增加了最新出台涉及工程造价管理的法律、法规和相关规定的内容，补充了新的工程计价业务的内容；四是将《建设工程技术与计量（安装工程）》选考部分由原来的三个专业合并为管道和设备工程、电气和自动化控制工程两个专业。

2014、2015年，全国造价工程师执业资格考试仍沿用2013年版考试大纲，对《建设工程计价》和《建设工程造价案例分析》两本教材进行了修订，主要根据《关于印发〈建筑安装工程费用项目组成〉的通知》（建标〔2013〕44号）、《建筑工程施工发包与承包计价管理办法》（住建部令2013年第16号）和《建设工程工程量清单计价规范》GB 50500—2013对相关内容进行了调整与修订。2016年，《指南》的编写教师就《关于做好建筑业营改增建设工程计价依据调整准备工作的通知》（建办标〔2016〕4号）、《关于全面推开营业税改征增值税试点的通知》（财税〔2016〕36号）两个重要文件进行了学习研讨，为适应2017年版教材改版做了充分的准备工作。

2017年，《全国造价工程师执业资格考试培训教材》再次改版，《指南》参编教师在深入研习教材的基础上，对2017年版《指南》进行了全面修订与编写。2018年，《指南》参编教师根据读者反馈信息及意见、建议，对2017年版《指南》进行了认真修订和增补，并与出版社的编辑同志进行了多次交流，组织了若干专题研讨会，使各科目之间实现了较为深入的横向沟通，为2018年版《指南》的编写做了大量基础性工作。

2018年，住房城乡建设部、交通运输部、水利部、人力资源社会保障部联合印发了《造价工程师职业资格制度规定》和《造价工程师职业资格考试实施办法》（建人〔2018〕67号），将造价工程师分为一级造价工程师和二级造价工程师。随后住房和城乡建设部、交通运输部、水利部组织有关专家，在总结以往全国造价工程师执业资格考试大纲实施经验的基础上，制定了《全国一级造价工程师职业资格考试大纲》（2019年版）和《全国二级造价工程师职业资格考试大纲》（2019年版），并经人力资源社会保障部审定。

2019年，《指南》全体参编教师深入研讨新政策、新考纲，对各科目的变化趋势进行了分析与预测，在此基础上针对一级造价工程师职业资格考试的要求，对2019年版《指南》进行了全面修订与改编。

2020年，参编老师克服新冠疫情的影响，充分利用线上资源查阅资料、讨论沟通，重点对标《住房和城乡建设部关于修改〈工程造价咨询企业管理办法〉〈注册造价工程师管理办法〉的决定》（住建部第 50 号令）的相关内容，以最快的速度完成了《指南》的修订工作。

2021 年，国家有关部门先后颁布了一系列工程建设法律法规及规定，主要包括《中华人民共和国民法典》（以下简称《民法典》）、《最高人民法院关于审理建设工程施工合同纠纷案件适用法律问题的解释（一）》（法释〔2020〕25 号）、《建设项目工程总承包合同（示范文本）》（GF－2020－0216）、《关于取消工程造价咨询企业资质审批 加强事中事后监管的通知》（建办标〔2021〕26 号）等，进一步完善了工程建设法律法规体系。在上述背景下，2021 年版《全国一级造价工程师职业资格考试培训教材》以新增文件为依据进行了修订。2021 年版《指南》全体参编教师根据教材修订内容，与各科编辑进行深入交流沟通，积极采纳读者反馈意见和建议，对《指南》进行了修订与改编。

2022 年，《指南》全体参编教师针对城乡建设绿色发展的新要求、新趋势，开展多次专题研讨会，分析近年来各科试题的变化和走向，并结合读者和编辑的建议，完成了《指南》的修订工作。

2023 年，中国计划出版社《指南》编辑团队专程赴天津理工大学调研，就创新融合出版模式、满足《指南》读者新需求展开了深入、建设性交流。全体参编教师针对 2023 年版教材修订内容，重点就《关于完善建设工程价款结算有关办法》（财建〔2022〕183 号）、《企业安全生产费用提取和使用管理办法》（财资〔2022〕136 号）、《关于严格执行招标投标法规制度进一步规范招标投标行为的若干意见》（发改法规规〔2022〕1117 号）、《建设项目工程总承包计价规范》T/CCEAS 001—2022（中价协〔2022〕53 号）等内容组织专门研讨，为 2023 年版《指南》修订做了充分的前期工作准备。

2024 年版《指南》主要特点如下：

- 反映新版教材变化，捕捉新增考点动态。
- 每科目复习导言点明该课程总体变化趋势及命题走向。
- 知识架构勾勒出整章清晰轮廓，使考生明确各知识点在整个章节体系中的地位和作用，形成脉络分明的复习主线。
- 经典考题剖析以考点为核心，将各章节知识点重新组合，以近年考题为切入点，重点阐释各知识点的潜在联系，明示各种题型组合。
- 难题解析部分选取具有代表性的多考点难题进行详细解析，向考生传授正确的解题思路和规范的解题步骤。
- 案例分析部分增加了历年考试真题结构分析，将每章历年试题情况细化为若干知识点的形式，使每章各年的考查内容一目了然；增加对题型模块组合思路的图形演示，帮助考生理解各知识模块的关联性，形成清晰、完整的解题逻辑链条；在此基础上对各章的案例题重新进行了整合，为考生充分展现案例分析科目特有的多模块组合题型，满足考生备考要求。

● 每科目后附模拟自测题，囊括了全部考核要点，便于考生临考练兵，查缺补漏。

在各位参编教师数月辛勤工作的努力下，《指南》将以崭新的风格、合理的编排与广大考生见面，各部分具体参编人员如下：

建设工程造价管理：夏立明；

建设工程计价：柯洪；

建设工程技术与计量（土木建筑工程）：吴静、李毅佳；

建设工程技术与计量（安装工程）：赵斌、郭洒琦；

建设工程造价案例分析：王亦虹、李丽红、胡秀芳。

在与中国计划出版社合作的 20 多年中，我们深深地被他们严谨的工作态度和孜孜以求的专业精神所感动，在此向所有为《指南》得以顺利、迅捷出版而付出辛勤劳动的有关同志表示衷心的谢意。另外，《指南》部分内容参考了业内同仁出版的著作和教材，一并表示感谢。

《指南》编写人员虽然对稿件几度推敲和校阅，但由于水平和能力所限，终归会有不遂人愿之处，恳请长期以来给予我们支持和关注的广大业界读者一如既往地对我们的疏漏之处进行批评和指正。

《指南》编者

2024 年 5 月

兑换增值服务说明

为了提供更优质、更高效的知识服务，我社为购买正版造价工程师考试用书的读者提供网上视频增值服务，由专业老师对考试的相关内容进行讲解，帮助读者掌握理解，提高应试水平。网上增值服务使用方法如下：

1. 计算机用户

访问 weike.jhpress.com → 注册用户并登录 → 进入个人中心点击“兑换增值服务” → 输入封面二维码涂层下的 20 位数字，验证兑换 → 在个人中心“我的增值服务包”享受增值服务

2. 移动端用户

扫描上面微课程二维码 → 关注“计划社微课程”服务号 → 点击菜单“我的服务”—“兑换增值服务” → 扫描或输入封面二维码涂层下的 20 位数字，验证兑换 → 在个人中心“我的增值服务包”享受增值服务

注：增值服务从兑换之日起 12 个月内有效，提供形式为在线观看。如果输入卡号或扫码后无法通过验证，请及时与我社联系。

3. 联系我们

客服微信：

客服电话：400 670 6390（工作日 9：00—17：00）

网上增值服务如有不完善之处，敬请广大读者提出宝贵意见和建议！

目　录

复习导言

一、2023年版教材特点

2023年版《全国一级造价工程师职业资格考试培训教材——建设工程技术与计量（土木建筑工程）》与2021年版教材相比，变化比较大的部分主要集中在技术方面，即依据相关规范对2021年版教材做了调整，并且把一些新的施工技术纳入2023年版教材中。下面对新版教材的具体变化内容进行总结：

第一章工程地质，四节整体框架没有变化，但增加了建筑抗震方面的知识。

第二章工程构造，整体框架没有变化，变化部分主要有三个方面：一是重新编写了部分内容，具体包括墙体类型、屋面工程防水等级的规定、道路的分类及组成；二是修改了部分内容，包括装配式钢结构建筑的分类、圈梁的具体设置要求、桥梁支座的分类、涵洞的分类；三是删除了一些具体要求或分类，包括民用建筑按承重体系分类、墙体保温隔热、小型构件装配式楼梯、窗的类型、减少窗户传热、平屋顶防水细部构造、桥面的排水、重力式桥台、圆管涵分类等的相关规定。

第三章工程材料，对水泥混凝土部分进行了重新编写。读者在复习过程中要予以重视，并且针对新版教材进行记忆。

第四章工程施工技术，第一节建筑工程施工技术中变化比较多的是主体结构方面。地基基础中高压喷射注浆桩施工方法和套管成孔灌注桩施工技术有部分删除，主体结构工程施工技术中，混凝土、钢筋变化不多，删除了隧道模板、永久式模板、新模板技术等，幕墙防水部分有新的变化，预应力混凝土工程施工中无黏结预应力混凝土的变化比较大，删除了多机抬吊法和桅杆吊升法的内容，并对起重机具的选用做了修改。第二节道路、桥梁与涵洞工程施工技术，涵洞部分不变，桥梁部分变化不大，道路部分有很大的变化。其中对道路的路面施工整体做了变化，并对路基施工分层填筑做了一些调整。第三节地下工程施工技术，对深基坑土方开挖方法做了删改，在隧道施工中对喷混凝土知识点做了较大调整。另外，对地下连续墙中单元槽段划分的原则、导墙的作用等进行了删除和修订。

第五章工程计量，整体框架没有变化，变化部分主要有两个方面：一是工程量计算规则部分去掉了有关消耗量计算规定的内容，主要包括打试验桩和打斜桩的消耗量、有梁板项目和平板项目的区分、钢筋连接数量的规定、满堂脚手架的消耗量计算；二是按现行的国家建筑标准设计图集22G101进行了部分内容的修改。

二、2024年版《指南》特点

2024年版《指南》沿用了2023年版《指南》的体例。按教材各章的考点为红线编排。每个考点下包括两部分内容：一为知识要点集成，二为经典考题剖析。知识要点集成将该考点下所涉及的主要知识点都以表格形式集成起来。表格的形式和内容深度在宏观上能表达出零星知识点体系及内在联系，微观上能基本达到应试的细度。经典考题剖析收集了在此考点下近年来曾考过的真题并给出答案加以解析。所选题目是按不同的命题类型（或不同的提问方式）选编的，通过此部分可以使考生了解该考点下曾出现过的命题方式和规律。

每章最后给出了该章各考点下难度较大和从未考过的题型若干并加以详解。

《指南》最后给出了 3 套模拟自测题，每套模拟题都是仿照正式试卷的题量分布，在选题内容上，尽可能地根据近年来试卷命题发展趋势，提高应试押题命中率。

采用上述这种紧密的编排体例有利于考生对教材重点内容的高效率掌握，有利于熟悉考试命题的规律，从而有利于提高应试通过率。

2024 年版《指南》与 2023 年版《指南》的区别：

（1）各考点下的经典考题剖析补充了 2023 年的真题，并按年份排列了近三年及以前年份有代表性的真题，便于考生研究近年来考试命题的发展趋势。凡未标注考题年份的皆是 2020 年及以前的真题，虽然时间较早，但仍有一定的参考价值。

（2）每章最后的难题解析只做了少量的修正。

（3）删除了 3 套模拟自测题中相应不适合的题目。

（4）修编了复习导言，对 2023 年版保留的内容进行了勘误。

三、考试特点

1. 2021—2023 年试题题量及分布

2021—2023 年试题题量及分布

章	节	2021 年		2022 年		2023 年	
		单选题	多选题	单选题	多选题	单选题	多选题
第一章	第一节 岩体的特征	1	1	1	1	3	—
	第二节 地下水的类型与特征	1	1	1	1	—	1
	第三节 常见工程地质问题及其处理方法	3	—	3	—	2	1
	第四节 工程地质对工程建设的影响	1	—	1	—	1	—
第二章	第一节 工业与民用建筑工程的分类、组成及构造	5	4	5	3	5	3
	第二节 道路、桥梁、涵洞工程的分类、组成及构造	4	—	4	1	4	1
	第三节 地下工程的分类、组成及构造	2	—	2	—	2	—

续表

章	节	2021年		2022年		2023年	
		单选题	多选题	单选题	多选题	单选题	多选题
第三章	第一节 建筑结构材料	5	2	5	2	5	2
	第二节 建筑装饰材料	2	2	2	2	1	2
	第三节 建筑功能材料	1	—	1	—	2	—
第四章	第一节 建筑工程施工技术	9	2	9	3	9	2
	第二节 道路、桥梁与涵洞工程施工技术	3	2	3	1	3	1
	第三节 地下工程施工技术	3	1	3	1	3	2
第五章	第一节 工程计量概述	3	1	4	1	3	1
	第二节 建筑面积计算	4	1	4	1	4	1
	第三节 建筑与装饰工程工程量计算规则与方法	13	3	12	3	13	3

2. 2021—2023年试题分值分布

2021—2023年试题分值分布

章	2021年		2022年		2023年		分值		
	单选题	多选题	单选题	多选题	单选题	多选题	2021年	2022年	2023年
第一章	6	2	6	2	6	2	10	10	10
第二章	11	4	11	4	11	4	19	19	19
第三章	8	4	8	4	8	4	16	16	16
第四章	15	5	15	5	15	5	25	25	25
第五章	20	5	20	5	20	5	30	30	30
小计	60	20	60	20	60	20	100	100	100

3. 命题趋势

（1）考核点覆盖面增大。增大考核点覆盖面的手段之一是采用“下列叙述正确（或不正确）的是（　）”题型。此类题如是单选题可能有4个知识点，如是多选题就可能包括5个知识点，它们可能是同一范畴，也可能是互不关联的。此类题量较大的原因是不仅每题考核点含量大，而且命题难度较小。

（2）试题呈现细微化、边缘化趋势。全国造价工程师执业资格考试自1997年在全国9个城市试点、1998年正式开考以来，由于命题受到允许重复率的限制，近年来呈细微化趋势。主要反映在三个方面。一是拿到考题感到很熟悉或有似曾相识的感觉，但该题并未重复而是变换了提问的方式或问得更细，如教材掌握不细仍可能丢分；二是在教材中看来不重要或不显眼的一句话就出了一道题；三是出现不需要硬记的数字题，甚至是教材列表中的数字题。后两者无疑使考生感到莫大的困惑，可以说“防不胜防”。但是这类题量有限，统计历年此类题有10道左右。

（3）命题由考查概念知识向考查能力及应用方向发展。如2023年试卷中关于地面装饰工程量的计算，两个选项：B. 整体地面垫层不需单独列项计算；C. 整体地面找平层单独列项计算。不仅要求考生掌握工程量清单计算规则，还应该清楚每一项的工作内容，这直接影响工程量清单列项及综合单价的计算。

（4）整体分值的比例与2023年相同，只有个别章节做了微调，而且都是在本章内调整，分别是第一章工程地质中的第一节多了两道单项选择题，少了一道多项选择题，相应的第二、三节各少了一道单项选择题，第三节多了一道多项选择题；第三章工程材料中的第二节少了一道单项选择题，而第三节则增加了一道单项选择题；第四章工程施工技术中的第一节少了一道多项选择题，而第三节则增加了一道多项选择题；第五章工程计量中的第一节少了一道单项选择题，而第三节则增加了一道单项选择题。虽然各章题目的分值没有变化，但题目明显偏重实际应用，比如：第四章考了多道具体的施工方法和施工顺序的试题。第五章的第一节考了平面整体表示法具体标注的问题；第三节考核了地面装饰工程中直接影响工程量清单列项及综合单价组价的试题。第四章2022年和2023年的单选题15题，多选题5题，分值25分。这一章的分值占总分值的25%，占正常及格分数线的41.7%。第五章2022年和2023年的单选题20题，多选题5题，分值30分。这一章的分值占总分值的30%，占正常及格分数线的50%。

四、复习及应试技巧

1. 复习技巧

随着命题向着综合性、实践性、细微性的发展，考试难度日益加大。作为在职人员的考生，面临的最大矛盾是复习时间少且零散。解决这一矛盾的根本办法是，明确目标，抓住重点，定好计划，静心复习。

• 明确目标。复习的目的就是应试过关、保及格（正常情况下规定60分为及格），不是素质教育。

• 抓住重点。这里指的不是知识在实际工作中的重要性与否，而是各知识点在考题中的地位。作为应试命题的重点就是复习的重点。当然确定复习重点除去研究历年考题规律外，仍需结合本人的现状（原有的专业知识、工作生活实践等）。

• 定好计划。首先要根据个人当前至考试这段时间工作、家庭的负担情况，偏于保守地估算能拿出的最少复习时间，然后按照选定的重点合理地分配到各章节。这是控制性计划，而每次复习不管是两小时还是一个晚上，要有个小安排，即今天要做什么、做多少。每次的小安排一定要完成，使每次结果都有个小小的成就感或满足感，这对完成大计划和不断增强信心至关重要。

• 静心复习。在每次小安排时间里，专注地、别无杂念地、少受干扰地看书、做题和思考。做不到这一点，小安排完不成，大计划就没保障，目标也难以实现。

2. 复习程序

一般情况下，首先是粗读教材，读完一节（或两节）开始做题，然后自检答案。正确的一次性过，答错的带着问题返回教材所在段落仔细看书、思考，直到想通弄懂。全书读完后做模拟自测题，在 90 分钟内完成，自检打分，成绩在 80 分以上的，正式考试在 150 分钟内考及格应该不成问题。

对于从事预算工作或对第五章内容比较熟悉的考生，第五章的复习程序可节省第一步。

3. 应试技巧

对单选题不论是否有把握都要答题，因为选错不倒扣分，答错和不答结果一样。对有些单选题备选项似乎有两个都可作为答案，这时要选一个最符合题意的。

对多选题则要慎重，对确有把握的可选中，选对一个可得 0.5 分，但如选错一个则本题全无分，所以拿不准的宁可不选。

4. 其他

考前要熟悉答题卡的填写要求，避免出现废卷。

第一章 工程地质

考纲要求

1. 岩体的特征；
2. 地下水的类型与特征；
3. 常见工程地质问题及其处理方法；
4. 工程地质对工程建设的影响。

本章知识架构

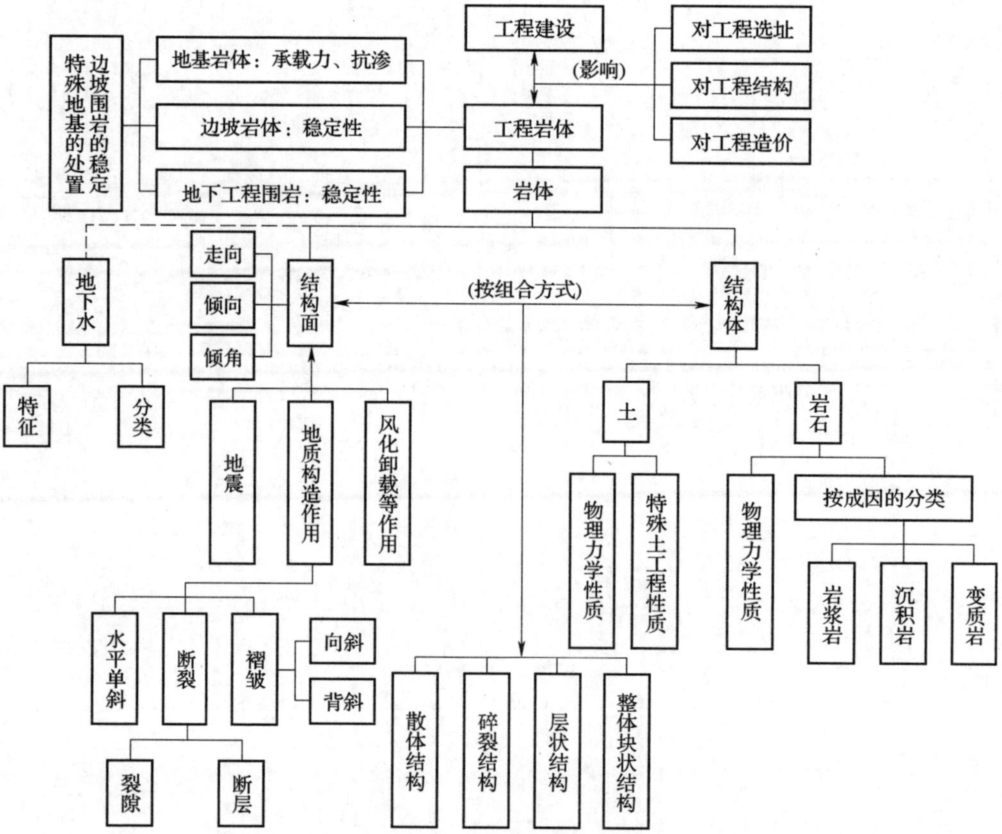

图 1-1　本章知识架构

考点与题型详解

考点一：岩石的矿物特性、物理力学性质

点评：本考点应重点掌握矿物硬度表、物理性质中的软化性和抗冻性、力学性质中的强度。

知识要点集成

表 1-1　岩石的矿物特性和物理力学性质

矿物特性	颜色		根据成色原因分为自色、他色和假色，自色可以作为鉴别矿物的特征
	光泽		鉴定风化程度
	硬度		分为 10 个标准等级，硬度鉴定矿物类别
物理力学性质	物理性质	重量	比重是岩石固体（不含孔隙）部分单位体积的重量。一般在 2.4～3.3
		孔隙性	孔隙总体积与岩石总体积之比称为孔隙度
		吸水性	岩石吸水重量与同体积干燥岩石重量之比称为吸水率
		软化性	软化系数是饱和状态下的岩石抗压强度与风干下的抗压强度之比。软化系数接近于 1 的是弱软化岩石，工程性质好
		抗冻性	抵抗岩石中水冻胀产生压力的能力
	力学性质	变形	（1）弹性模量越大，岩石抵抗变形的能力越强； （2）泊松比越大，岩石受力作用后横向变形越大
		强度	岩石的强度由高到低的顺序为：抗压强度→抗剪断强度→抗剪强度→抗拉强度

经典考题剖析

一、2023 年考题

在鉴定矿物类别时，作为主要依据的物理性质是（　　）。

A. 自色　　B. 他色　　C. 光泽　　D. 硬度

答案：D

［解析］本题考查的是岩体的构成。由于成分和结构的不同，每种矿物都有自己特有的物理性质，如颜色、光泽、硬度等。物理性质是鉴别矿物的主要依据。矿物的颜色

分为自色、他色和假色，自色可以作为鉴别矿物的特征，而他色和假色则不能。例如，依据颜色鉴定矿物的成分和结构，依据光泽鉴定风化程度，依据硬度鉴定矿物类别。

二、2021 年考题

现实岩体在形成过程中经受的主要地质破坏及改造类型有（　　）。

A. 人类破坏　　B. 构造变动

C. 植被破坏　　D. 风化作用

E. 卸荷作用

答案：B、D、E

［解析］本题考查的是岩石。岩体可能由一种或多种岩石组成，且在形成现实岩体的过程中经受了构造变动、风化作用、卸荷作用等各种内力和外力地质作用的破坏及改造。

三、其他年份考题

1. 正常情况下，岩浆岩中的侵入岩与喷出岩相比，其显著特征为（　　）。

A. 强度低　　B. 强度高

C. 抗风化能力差　　D. 岩性不均匀

答案：B

［解析］本题考查的是岩体的结构。侵入岩是侵入周围岩层中形成的岩浆岩。侵入岩颗粒细小，岩石强度高，不易风化。喷出岩是指喷出地表形成的岩浆岩。一般呈原生孔隙和节理发育，产状不规则，厚度变化大，岩性很不均匀，比侵入岩强度低，透水性强，抗风能力差，如流纹岩、粗面岩、安山岩、玄武岩、火山碎屑岩。

2. 以下矿物可用玻璃刻划的有（　　）。

A. 方解石　　B. 滑石

C. 刚玉　　D. 石英

E. 石膏

答案：A、B、E

［解析］本题考查的是岩石，具体参见下表。

矿物硬度表

硬度	1	2	3	4	5	6	7	8	9	10
矿物	滑石	石膏	方解石	萤石	磷灰石	长石	石英	黄玉	刚玉	金刚石

指甲为 2～2.5 度，小刀为 5～5.5 度，玻璃为 5.5～6 度，钢刀为 6～7 度。

考点二：岩石的分类及特征

点评：本考点中的重要知识点为根据岩石生成原因（或生成环境）的不同，形成其特有的结构特性，另外要掌握每类岩石的代表名称。本考点一般可能出范畴归属混淆题。

知识要点集成

表 1-2 岩石类型及特征

岩石类别（按成因分）			特征
岩浆岩（火成岩）	喷出岩		（1）产状不规则，岩性不均一，比侵入岩强度低、透水性强、抗风化差； （2）如流纹岩、粗面岩、安山岩、玄武岩、火山碎屑岩
	侵入岩	深成岩	（1）岩性单一、致密坚硬、孔隙率小、透水性弱、抗水性强； （2）如花岗岩、正长岩、闪长岩、辉长岩
		浅成岩	（1）颗粒细小、强度高、不易风化；但与围岩接触部位岩石破碎、风化蚀变严重； （2）如花岗斑岩、闪长玢岩、辉绿岩、脉岩
沉积岩（水成岩）	结构组成		碎屑结构、泥质结构、晶粒结构、生物结构
	分类	碎屑岩	有砾岩、砂岩、粉砂岩
		黏土岩	有泥岩、页岩
		化学及生物化学岩	石灰岩、白云岩、泥灰岩
变质岩	形成		原岩浆岩、沉积岩经地壳运动和岩浆活动形成的新岩石
	结构组成		变晶结构、变余结构、碎裂结构，大多具有片麻状、片状、板状构造

经典考题剖析

一、2023 年考题

下列关于岩石的成因类型及特征的说法，正确的是（　　）。

A. 流纹岩、安山岩、脉岩均为喷出岩

B. 石灰岩、白云岩和大理岩均为化学岩及生物化学岩

C. 沉积岩生物成因构造包括生物礁体、虫迹、虫孔、叠层构造等

D. 石英岩矿物均匀分布，呈定向排列

答案：C

[**解析**] 本题考查的是岩石。常见的构造有层理构造、层面构造、结核（与周围沉积岩不同的、规模不大的团块体）、生物成因构造（如生物礁体、叠层构造、虫迹、虫孔等）。

二、其他年份考题

1. 经变质作用产生的矿物有（　　）。

A. 绿泥石　　　　B. 石英
C. 蛇纹石　　　　D. 白云母
E. 滑石

答案：A、C、E

［**解析**］变质岩除具有变质前原来岩石的矿物，如石英、长石、云母、角闪石、辉石、方解石、白云石、高岭石等外，尚有经变质作用产生的矿物，如石榴子石、滑石、绿泥石、蛇纹石等。

2. 方解石作为主要矿物成分常出现于（　　）。

A. 岩浆岩与沉积岩中　　　　B. 岩浆岩与变质岩中
C. 沉积岩与变质岩中　　　　D. 火成岩与水成岩中

答案：C

［**解析**］本题考查的是岩体的构成。沉积岩的主要矿物成分常见的有石英、长石、白云母、方解石、白云石、高岭石等。变质岩的主要矿物成分除具有变质前原来岩石的矿物，如石英、长石、云母、角闪石、辉石、方解石、白云石、高岭石等外，尚有经变质作用产生的矿物，如石榴子石、滑石、绿泥石、蛇纹石等。

考点三：土的工程地质性质

点评：通过土的形成掌握土中孔隙的多少，土中含水量的多少对土的物理力学性质的影响，要重点掌握孔隙率、饱和度以及土的压缩性概念。另外，对几种特殊土的工程性质要特别熟悉。

知识要点集成

表 1-3　土的物理力学性质

物理性质		含水率	土中水的重量与土粒重量之比
物理性质		孔隙比	孔隙比小于 0.6 为低压缩性土，大于 1.0 为高压缩性土
物理性质		饱和度	$S_r<50\%$为稍湿态，$S_r=50\%\sim80\%$为很湿态，$S_r>80\%$为饱水态
物理性质		无黏性土	以其紧密状态判定工程性质
物理性质	黏性土	稠度界限	缩限、塑限、液限含义
物理性质	黏性土	塑性、液性指数	塑性指数越大，土的可塑性越强。液性指数越大，土质越软
力学性质		压缩性	无黏性土透水性大，在荷载作用下压缩过程短，黏性土压缩过程长
力学性质		抗剪强度	考虑地基承载力、工程边坡和天然土坡稳定性和作用于结构物上土压力的指标

表 1-4　特殊土的工程性质

<table>
<tr><td rowspan="8">特殊土性质</td><td colspan="2">软土（淤泥、淤泥质土）</td><td colspan="2">有明显的触变性和蠕变性</td></tr>
<tr><td colspan="2" rowspan="2">湿陷性黄土</td><td>自重湿陷性黄土</td><td rowspan="2">遇水后强度迅速降低，但形成年代久的湿陷性减弱甚至不具有湿陷性</td></tr>
<tr><td>非自重湿陷性黄土</td></tr>
<tr><td colspan="2">红黏土</td><td colspan="2">强度高，压缩性低，无湿陷性，饱和水下仍坚硬</td></tr>
<tr><td colspan="2">膨胀土</td><td colspan="2">明显的吸水膨胀，失水收缩，且往复可逆，一般呈坚硬至硬塑状浸水后剧烈变软</td></tr>
<tr><td rowspan="3">填土</td><td>素填土</td><td colspan="2">堆填时间超过 10 年的黏性土、超过 5 年的粉土、超过 2 年的砂土可做一般建筑天然地基</td></tr>
<tr><td>杂填土</td><td colspan="2">一般不宜做建筑物地基</td></tr>
<tr><td>冲填土</td><td colspan="2">含水量大，透水性差，不易排水固结。多呈软塑或流塑状态</td></tr>
</table>

经典考题剖析

一、2022 年考题

粒径大于 2mm 的颗粒含量超过全重 50％的土称为（　　）。

A. 碎石土　　B. 砂土

C. 黏性土　　D. 粉土

答案：A

［解析］土根据颗粒级配和塑性指数分为碎石土、砂土、黏性土和粉土。碎石土是粒径大于 2mm 的颗粒含量超过全重 50％的土，按颗粒级配和颗粒形状分为漂石、块石、卵石、碎石、圆砾和角砾；砂土是粒径大于 2mm 的颗粒含量不超过全重 50％，且粒径大于 0.075mm 的颗粒含量超过全重 50％的土；黏性土是塑性指数大于 10 的土，分为粉质黏土和黏土；粉土是粒径大于 0.075mm 的颗粒不超过全重 50％，且塑性指数小于或等于 10 的土。

二、2021 年考题

岩石稳定性定量分析的主要依据有（　　）。

A. 抗压强度和抗拉强度　　B. 抗压强度和抗剪强度

C. 抗拉强度和抗剪强度　　D. 抗拉强度和抗折强度

答案：B

［解析］本题考查的是岩体的工程地质性质。岩石的抗压强度和抗剪强度，是评价岩石（岩体）稳定性的指标，是对岩石（岩体）的稳定性进行定量分析的依据。

三、其他年份考题

1. 整个土体构成上的不均匀性包括（　　）。

A. 层理　　B. 松散

C. 团聚　　D. 絮凝

E. 结核

答案：A、E

［解析］本题考查的是有关土的结构和构造。整个土体构成上的不均匀性包括：层理、夹层、透镜体、结核、组成颗粒大小悬殊及裂隙特征与发育程度等。

2. 有关土的工程性质，说法正确的是（　　）。

A. 土的颗粒级配越好，其工程性质受含水量影响越大

B. 土的颗粒级配越差，其工程性质受含水量影响越大

C. 土的颗粒越大，其工程性质受含水量影响越大

D. 土的颗粒越小，其工程性质受含水量影响越大

答案：D

［解析］土按颗粒由大到小分别称为碎石土、粗砂、细砂、粉砂、黏性土。粉砂以上称为非黏性土，黏性土和非黏性土的工程性质有很大差别，黏性土的工程性质受含水量的影响特别大，即土的颗粒越小，其工程性质受含水量影响越大。

3. 某竣工验收合格的引水渠工程，初期通水后两岸坡体出现了很长的纵向裂缝，局部地面下沉，该地区土质可能为（　　）。

A. 红黏土　　B. 软岩

C. 砂土　　D. 湿陷性黄土

答案：D

［解析］湿陷性黄土在天然含水量时一般呈坚硬或硬塑状态，但遇水浸湿后强度迅速降低，在该地区修引水渠通水后，就可能产生地面下沉，两岸出现与渠道平行的裂缝，而红黏土不具有湿陷性。

4. 黏土的塑性指数（　　）。

A. ＞2　　B. ＜2

C. ＞10　　D. ＜10

答案：C

［解析］土按颗粒级配及塑性指数分类，黏土是塑性指数大于 10 的土。

考点四：地质构造类型

点评： 本考点内容涉及地质构造的诸多专业名词和概念，多数考生感到复习难度较大，据历年命题情况须重点掌握背斜向斜褶曲的特性，构造裂隙的特性，正断层、逆断层的特性，以及这些地质构造对工程建设的影响。

知识要点集成

表 1-5 地质构造类型

<table>
<tr><td>水平、单料构造</td><td colspan="4">岩层产状三要素：走向、倾向、倾角。三个要素方能确定岩层的空间位置</td></tr>
<tr><td rowspan="3">褶皱构造</td><td rowspan="2">褶曲</td><td>背斜</td><td colspan="2">系上拱弯曲。当地面受到剥蚀，较老岩层出现在褶曲的轴部，从轴部向两翼依次出现的是较新岩层</td></tr>
<tr><td>向斜</td><td colspan="2">系下凹弯曲。当地面受到剥蚀，在褶曲轴部露出的是较新岩层，向两翼依次出现较老岩层</td></tr>
<tr><td>褶皱</td><td colspan="3">两个以上的褶曲构造</td></tr>
<tr><td rowspan="7">断裂构造</td><td rowspan="3">裂隙（小型断裂构造）</td><td rowspan="2">构造裂隙</td><td>张开型</td><td>发育在背斜和向斜的轴部。裂隙张开宽、裂面粗糙，裂隙间距大且分布不匀，沿走向和倾向都延伸不远</td></tr>
<tr><td>扭转型</td><td>出现在褶曲的翼部和断层附近。裂隙分布较密，延伸较远。裂面光滑有擦痕</td></tr>
<tr><td>非构造裂隙</td><td colspan="2">有原生裂隙、风化裂隙、卸荷裂隙</td></tr>
<tr><td rowspan="4">断层（断裂后发生相对位移）</td><td>断层要素</td><td colspan="2">断层面、断层线、断盘（上盘、下盘）、断距</td></tr>
<tr><td>正断层</td><td colspan="2">上盘沿断层面相对下降，下盘相对上升的断层。受水平张力（拉力）或垂直力作用的结果</td></tr>
<tr><td>逆断层</td><td colspan="2">上盘沿断层面相对上升，下盘相对下降的断层。受水平强烈挤压力作用的结果</td></tr>
<tr><td>平推断层</td><td colspan="2">两盘沿断层面发生相对水平位移的断层，受水平扭剪应力作用的结果</td></tr>
</table>

经典考题剖析

其他年份考题

隧道选线时，应优先布置在（ ）。

A. 褶皱两侧　　B. 向斜核部

C. 背斜核部　　D. 断层带

答案：A

[解析] 本题考查的是岩体的结构。对于隧道工程来说，褶曲构造的轴部是岩层倾向发生显著变化的地方，是岩层应力最集中的地方，容易遇到工程地质问题，主要是由于岩层破碎而产生的岩体稳定问题和向斜轴部地下水的问题。因而，隧道一般从褶曲的翼部通过是比较有利的。

考点五：地震的震级和烈度

点评：本考点可了解一下地震波的传播特性，重点掌握震级和烈度的关系。

知识要点集成

表 1-6 地震震级和烈度

震源	震中		震源在地面上的垂直投影
	等震线		受震破坏程度相同点的外包线
	震波	纵波	质点振动与震波传播方向一致，周期短，振幅小，传播快
		横波	质点振动与震波传播方向垂直，周期长，振幅大，传播较慢
震级			按一次地震释放的总能量划分不同的震级，国际上以距震中100km 的标准地震仪测得最大振幅的 μm 的对数值定级，一次地震只有一个震级
烈度	基本烈度		一个地区的最大地震烈度
	建筑场地烈度		考虑建筑场地条件的小区域地震烈度
	设计烈度		考虑建筑物的地位、作用，在基本烈度基础上调整的烈度
建筑抗震	抗震设防分类	特殊设防类	应为使用上有特殊要求的设施，涉及国家公共安全的重大建筑与市政工程和地震时可能发生严重次生灾害等特别重大灾害后果，需要进行特殊设防的建筑与市政工程，简称甲类
		重点设防类	应为地震时使用功能不能中断或需尽快恢复的生命线相关建筑与市政工程，以及地震时可能导致大量人员伤亡等重大灾害后果，需要提高设防标准的建筑与市政工程，简称乙类
		标准设防类	应为除甲类、乙类、丁类以外按标准要求进行设防的建筑与市政工程，简称丙类
		适度设防类	应为使用上人员稀少且震损不致产生次生灾害，允许在一定条件下适度降低设防要求的建筑与市政工程，简称丁类
	抗震设防标准	特殊设防类	应按本地区抗震设防烈度提高一度的要求加强其抗震措施。但抗震设防烈度为 9 度时应按比 9 度更高的要求采取抗震措施。同时，应按批准的地震安全性评价的结果且高于本地区抗震设防烈度的要求确定其地震作用
		重点设防类	应按本地区抗震设防烈度提高一度的要求加强其抗震措施。但抗震设防烈度为 9 度时应按比 9 度更高的要求采取抗震措施。地基基础的抗震措施，应符合有关规定。同时，应按本地区抗震设防烈度确定其地震作用
		标准设防类	应按本地区抗震设防烈度确定其抗震措施和地震作用，达到在遭遇高于当地抗震设防烈度的预估罕遇地震影响时不致倒塌或发生危及生命安全的严重破坏的抗震设防目标

续表 1-6

<table>
<tr><td rowspan="8">建筑抗震</td><td rowspan="3">抗震设防标准</td><td colspan="2">适度设防类</td><td colspan="7">允许比本地区抗震设防烈度的要求适当降低其抗震措施，但抗震设防烈度 6 度时不应降低。一般情况下，仍应按本地区抗震设防烈度确定其地震作用</td></tr>
<tr><td colspan="2" rowspan="2">说明</td><td>Ⅰ类工程场地</td><td colspan="6">对特殊设防类和重点设防类工程，允许按本地区设防烈度的要求采取抗震构造措施。对标准设防类工程，抗震构造措施允许按本地区设防烈度降低一度、但不得低于 6 度的要求采用</td></tr>
<tr><td>Ⅲ、Ⅳ类工程场地</td><td colspan="6">抗震构造措施应比本地区抗震设防烈度要求适当提高采用</td></tr>
<tr><td rowspan="5">丙类混凝土结构房屋的抗震等级</td><td colspan="2" rowspan="2">结构类型</td><td colspan="7">设防烈度</td></tr>
<tr><td colspan="2">6 度</td><td colspan="2">7 度</td><td colspan="2">8 度</td><td>9 度</td></tr>
<tr><td rowspan="3">框架</td><td>高度/m</td><td>≤24</td><td>25～60</td><td>≤24</td><td>25～50</td><td>≤24</td><td>25～40</td><td>≤24</td></tr>
<tr><td>框架</td><td>四</td><td>三</td><td>三</td><td>二</td><td>二</td><td>一</td><td>一</td></tr>
<tr><td>跨度不小于 18m 的框架</td><td colspan="2">三</td><td colspan="2">二</td><td colspan="2">一</td><td>一</td></tr>
</table>

注：1. 对于丙类混凝土结构房屋的抗震等级，当房屋高度超过本表相应规定的上限时，应采取更有效的抗震措施。

2. 对于丙类混凝土结构房屋的抗震等级，当房屋高度接近或等于本表的高度分界时，应结合房屋不规则程度及场地、地基条件确定合适的抗震等级。

经典考题剖析

一、2023 年考题

抗震设防烈度为 7 度时，高 26m 的丙类钢筋混凝土框架结构房屋的抗震等级和震后影响分别是（　　）。

A. 二级较严重　　　　B. 二级严重

C. 三级较严重　　　　D. 三级严重

答案：B

［**解析**］本题考查的是地震的震级与烈度。抗震等级分为四个等级，以表示其很严重（一级）、严重（二级）、较严重（三级）及一般（四级）四个级别。

二、2022 年考题

地震的建筑场地烈度相对于基本烈度，进行调整的原因有场地内的（　　）。

A. 地质条件　　　　B. 地貌地形条件

C. 植被条件　　D. 水文地质条件

E. 建筑物结构

答案：A、B、D

［解析］基本烈度代表一个地区的最大地震烈度。建筑场地烈度也称小区域烈度，是建筑场地内因地质条件、地形地貌条件和水文地质条件的不同而引起的相对基本烈度有所降低或提高的烈度，一般降低或提高半度至一度。

三、其他年份考题

对于地震，工程建设不可因地质条件和建筑物性质进行调整的是（　　）。

A. 震级　　B. 建筑场地烈度

C. 设计烈度　　D. 基本烈度

E. 震源深度

答案：A、D、E

［解析］建筑场地烈度是小区域烈度随场地内地质条件而调整的。设计烈度是在基本烈度基础上随建筑物的性质而调整的。而一次地震的震级和震源深度是地震自身的性质，与场地地质条件和建筑物性质无关。基本烈度是一个地区的最大地震烈度，是由国家规定的。

考点六：岩体结构特性

点评： 第一章内容是以岩体为核心对象展开的，它涉及结构体（岩石、土）、结构面（切割岩体的各种地质界面）和地下水。本考点应掌握岩体结构类型及其工程地质评价。

知识要点集成

表 1-7　岩体组成及力学性质

岩体概念	定义	岩石受结构面切割后具有一定结构的、受地下水影响的多裂隙综合体
	成因	受构造变动、风化作用、卸荷作用等内外力作用
	分类	地基岩体、边坡岩体、地下工程围岩
力学性质	变形	（1）岩体变形由结构体变形和结构面变形组成，设计人员所关心的主要是岩体的变形特性，岩体变形由弹性模量、变形模量表示。 （2）岩体变形是时间的函数，有蠕变和松弛现象
	强度	一般岩体的强度是由结构体（岩石）强度与结构面强度的共同影响决定

表 1-8 岩体结构特征

岩体结构类型	结构面特征	块度	整体性	变形、模量、承载力、抗滑力	抗风化	工程地质总评价
整体块状结构	数量稀少	大	好	高，接近均质弹性体	强	理想的工程地质条件
层状结构	较多层面、不密节理	较大	结构体整体性好，结构面情况不一	总体较高，结构面结合力不强时均有降低	较强	工程地质条件较好
碎裂结构	节理、裂隙发育	不大	差	镶嵌的硬岩石较高，碎裂结构低	较差	镶嵌结构岩体工程地质条件尚好，碎裂结构较差
散体结构	节理、裂隙非常发育	小	极差	很低	极差	按碎石土考虑

经典考题剖析

其他年份考题

建筑物结构设计对岩石地基主要关心的是（　　）。

A. 岩体的弹性模量　　B. 岩体的结构

C. 岩石的抗拉强度　　D. 岩石的抗剪强度

答案：A

［解析］对多数岩体而言，一般建筑物的荷载远达不到岩体的极限强度值（包括抗压，拉、剪），因此结构设计人员主要关心的是岩体的变形，而反映岩体变形特性的参数就是弹性模量或变形模量。

考点七：地下水特征及对建设工程的影响

点评：本考点应了解地下水的不同分类，避免范畴混淆。另外，要重点掌握地下水对工程建设的影响。

知识要点集成

表 1-9　地下水特征

分类			特征
按埋藏分	包气带水		位于地表下潜水位上，受大气降水影响
	潜水		位于地表下第一层隔水层以上的自由水，受气候、地质、地形影响
	承压水		位于两个稳定隔水层之间的压力水，不受气候影响
按孔隙分	孔隙水		—
	裂隙水	风化裂隙水	存在抗风化裂隙中，互相连通由大气降水补给
		成岩裂隙水	在成岩时产生的裂隙中存在的潜水
		构造裂隙水	包括脉状构造裂隙水和层状构造裂隙水
	岩溶水		存在于可溶岩的溶隙和溶洞中

表 1-10　地下水对工程建设的影响

基坑人工降水引起软土地基沉降	一般在沿海软土层基坑人工降水时发生
动水压力产生流砂和潜蚀	动水压力大产生流砂，动水压力小产生潜蚀
浮托作用	位于地下水位以下的基础，浮力减小了正压力，减小基础的抗滑稳定性
承压水对基坑的作用	深基坑下有承压含水层时，应进行坑底突涌验算
对钢筋混凝土的腐蚀作用	对钢筋的锈蚀和对混凝土的腐蚀

经典考题剖析

一、2023 年考题

1. 由于动水压力造成的潜蚀，适宜采用的处理方式有（　　）。

A. 打板桩　　B. 设置反滤层　　C. 人工降水　　D. 化学加固

答案：B

[解析] 本题考查的是动水压力产生流砂和潜蚀。对潜蚀的处理可以采用堵截地表水流入土层、阻止地下水在土层中流动、设置反滤层、改良土的性质、减小地下水流速及水力坡度等措施。

2. 下列关于潜水特征的说法，正确的有（　　）。

A. 多数存在于第四纪松散岩层中

B. 常为无压水，大部分由渗入形成

C. 充满于两个隔水层之间，无自由水面

D. 岩层风化壳裂隙中季节性存在的水

E. 补给区与分布区一致

答案：A、B、E

［解析］本题考查的是地下水的类型。选项 C，潜水是埋藏在地表以下第一层较稳定的隔水层以上具有自由水面的重力水，其自由表面承受大气压力，受气候条件影响，季节性变化明显。选项 D 是包气带水。

二、2022 年考题

1. 受气象水文要素影响，季节性变化比较明显的地下水是（　　）。

A. 潜水　　B. 自流盆地中的水

C. 承压水　　D. 自流斜地中的水

答案：A

［解析］本题考查的是地下水的类型。潜水是埋藏在地表以下第一层较稳定的隔水层以上具有自由水面的重力水，其自由表面承受大气压力，受气候条件影响，季节性变化明显。

2. 下列关于承压水特性的说法，正确的是（　　）。

A. 承压水压力来自隔水层的限制

B. 承压水压力来自隔水顶板的重力

C. 承压水压力来自顶板和底板间的压力

D. 若有裂隙穿越上下含水层，下部含水层的水可补给上层

E. 若有裂隙穿越上下含水层，上部含水层的水可补给下层

答案：A、C

［解析］承压水因限制在两个隔水层之间而具有一定压力，承压性是承压水的重要特征。当地形和构造一致时，即为正地形，下部含水层压力高，若有裂隙穿越上下含水层，下部含水层的水通过裂隙补给上部含水层。反地形，情况相反，上部含水层通过一定的通道补给下部含水层，这是因为下部含水层的补给与排泄区常位于较低的位置。

三、2021 年考题

1. 地下水，补给区和分布区不一致的是（　　）。

A. 包气带水　　B. 潜水

C. 承压水　　D. 裂隙水

答案：C

［解析］本题考查的是地下水的类型。地下水的类型见下表。

地下水的分类

基本类型	亚类			水头性质	补给区与分布区关系	动态特点	成因
	孔隙水	裂隙水	岩溶水				
包气带水	土壤水、沼泽水、不透水透镜体上的上层滞水。主要是季节性存在的地下水	基岩风化壳（黏土裂隙）中季节性存在的水	垂直渗入带中，季节性及经常性存在的水	无压水	补给区与分布区一致	一般为暂时性水	基本上是渗入成因，局部是凝结成因

续表

基本类型	亚类			水头性质	补给区与分布区关系	动态特点	成因
	孔隙水	裂隙水	岩溶水				
潜水	坡积、洪积、冲积、湖积、冰碛和冰水沉积物中的水；当经常出露或接近地表时，成为沼泽水、沙漠和海滨沙丘水	基岩上部裂隙中的水	裸露岩溶化岩层中的水	常为无压水	补给区与分布区一致	水位升降决定地表水的渗入和地下蒸发，并在某些地方决定于水压的传递	基本上是渗入成因，局部是凝结成因
承压水	松散沉积物构成的向斜和盆地——自流盆地中的水；松散沉积物构成的单斜和山前平原——自流斜地中的水	构成盆地或向斜中基岩的层状裂隙水、单斜岩层中层状裂隙水、构造断裂带及不规则裂隙中的深部水	构造盆地或向斜中岩溶化岩石中的水，单斜岩溶化岩层中的水	承压水	补给区与分布区不一致	水位的升降决定于水压的传递	渗入成因或海洋成因

2. 处置流砂优先采用的施工方法为（　　）。

A. 灌浆　　B. 降低地下水位

C. 打桩　　D. 化学加固

答案：B

［**解析**］本题考查的是地下水。流砂常用的处置方法有人工降低地下水位和打板桩等，特殊情况下也可采取化学加固法、爆炸法及加重法等。在基槽开挖的过程中局部地段突然出现严重流砂时，可立即抛入大块石等阻止流砂。

3. 下列地下水中，属于无压水的有（　　）。

A. 包气带水　　B. 潜水

C. 承压水　　D. 裂隙水

E. 岩溶水

答案：A、B

［**解析**］本题考查的是地下水的类型。包气带水属于无压水；潜水常为无压水；选项D、E有无压水，也有承压水。

四、其他年份考题

1. 地下水在自流盆地易形成（　　）。

A. 包气带水　　B. 承压水
C. 潜水　　D. 裂隙水

答案：B

[**解析**] 本题考查的是承压水的特征。承压水的形成与所在地区的地质构造及沉积条件有密切关系，只要有适宜的地质构造条件，地下水即可形成承压水。一般来说，适宜形成承压水的地质构造有两种：一种为向斜构造盆地，也称为自流盆地；另一种为单斜构造自流斜地。

2. 仅发生机械潜蚀的原因是（　　）。

A. 渗流水力坡度小于临界水力坡度
B. 地下水渗流产生的动水压力大于土颗粒的有效重度
C. 地下连续墙接头的质量不佳
D. 基坑围护桩间隙处隔水措施不当

答案：A

[**解析**] 本题考查的是有关地下水常见问题。如果地下水渗流产生的动水压力小于土颗粒的有效重度，即渗流水力坡度小于临界水力坡度，虽然不会发生流砂现象，但是土中细小颗粒仍有可能穿过粗颗粒之间的孔隙被渗流携带而走。时间长了，在土层中将形成管状空洞，使土体结构破坏，强度降低，压缩性增加，这种现象称为机械潜蚀。

3. 常处于第一层隔水层以上的重力水为（　　）。

A. 包气带水　B. 潜水　C. 承压水　D. 裂隙水

答案：B

[**解析**] 潜水是埋藏在地表以下、第一层隔水层以上的具有自由水面的重力水。

4. 建筑物基础位于黏性土地基上的，其地下水的浮托力（　　）。

A. 按地下水位 100%计算　　B. 按地下水位 50%计算
C. 结合地区的实际经验考虑　　D. 不须考虑和计算

答案：C

[**解析**] 本题考查的是地下水的浮托作用。当建筑物基础底面位于地下水位以下时，地下水对基础底面产生静水压力，即产生浮托力。如果基础位于粉土、砂土、碎石土和节理裂隙发育的岩石地基上，则按地下水位 100%计算浮托力；如果基础位于节理裂隙不发育的岩石地基上，则按地下水位 50%计算浮托力；如果基础位于黏性土地基上，其浮托力较难确切地确定，应结合地区的实际经验考虑。

5. 地下水对地基土体的影响有（　　）。

A. 风化作用　　B. 软化作用
C. 引起沉降　　D. 引起流砂
E. 引起潜蚀

答案：B、C、D、E

[**解析**] 本题考查的是动水压力产生流砂和潜蚀。地下水最常见的问题主要是对岩体的软化、侵蚀和静水压力、动水压力作用及其渗透破坏等。包括：①地下水对土体和岩体的软化；②地下水位下降引起软土地基沉降；③动水压力产生流砂和潜蚀；④地下水的浮托作用；⑤承压水对基坑的作用；⑥地下水对钢筋混凝土的锈蚀。

考点八：特殊地基的处理措施

点评：重点掌握对特殊地基的工程地质问题应采取的对应措施。

知识要点集成

表 1-11 特殊地基的处理措施

工程地质问题	处理措施
松散，软弱土层	承载力不满足的可采用换土，固结灌浆、沉桩、地下连续墙； 抗渗不满足的可采用灌浆，地下连续墙； 边坡不稳定的可采用喷混凝土，土钉支护
风化破碎岩层	处于浅埋的可挖除换土，处于深埋的可灌浆加固，影响边坡的可挂网喷混凝土和注浆锚杆加固
裂隙发育岩层	承载力和抗渗不满足的可采用灌浆加固，影响边坡的采用锚杆加固
断层、泥化软夹层	断层充填胶结差，对浅埋的可挖除回填，深埋的注浆加固； 对浅埋泥化夹层可挖除回填，对深埋的不影响承载力； 影响边坡稳定的可用锚杆、预应力锚索、抗滑桩等进行抗滑处理
岩溶、土洞	挖除软充填物回填石料、混凝土；不便挖填的可采用梁、桁结构跨越，对岩溶裂隙可钻孔注浆
地下水发育地层	采用洞、井、沟进行导水排水

经典考题剖析

一、2023 年考题

在岩溶地区进行地基处理施工时，对深埋溶（土）洞宜采用的处理方法有（　　）。

A. 桩基法　　B. 注浆法

C. 跨越法　　D. 夯实法

E. 充填法

答案：A、B、E

［**解析**］本题考查的是特殊地基。对塌陷或浅埋溶（土）洞宜采用挖填夯实法、跨越法、充填法、垫层法进行处理；对深埋溶（土）洞宜采用注浆法、桩基法、充填法进行处理。对落水洞及浅埋的溶沟（槽）、溶蚀（裂隙、漏斗）等，宜采用跨越法、充填法进行处理。

二、2022年考题

对于深层的淤泥及淤泥质土，技术可行、经济合理的处理方式是（　）。

A. 挖除　　B. 水泥灌浆加固

C. 振冲置换　　D. 预制桩或灌注桩

答案：C

[解析] 对不满足承载力的软弱土层，如淤泥及淤泥质土，浅层的挖除，深层的可以采用振冲等方法用砂、沙砾、碎石或块石等置换。

三、2021年考题

1. 对埋深1m左右的松散沙砾石地层地基进行处理应优先考虑的方法为（　）。

A. 挖除　　B. 预制桩加固

C. 沉井加固　　D. 地下连续墙加固

答案：A

[解析] 本题考查的是特殊地基。松散、软弱土层强度、刚度低，承载力低，抗渗性差。对不满足承载力要求的松散土层，如砂和沙砾石地层等，可挖除，也可采用固结灌浆、预制桩或灌注桩、地下连续墙或沉井等加固。

2. 对于埋藏较深的断层破碎带，提高其承载力和抗渗力的处理方法，优先考虑（　）。

A. 打土钉　　B. 打抗滑桩

C. 打锚杆　　D. 水泥浆灌浆

答案：D

[解析] 本题考查的是特殊地基。风化、破碎岩层，岩体松散，强度低，整体性差，抗渗性差，有的不能满足建筑物对地基的要求。风化一般在地基表层，可以挖除。破碎岩层有的较浅，也可以挖除。有的埋藏较深，如断层破碎带，可以用水泥浆灌浆加固或防渗。

四、其他年份考题

1. 对影响建筑物地基的深埋岩体断层破碎带，采用较多的加固处理方式是（　）。

A. 开挖清除　　B. 桩基加固

C. 锚杆加固　　D. 水泥灌浆

答案：D

[解析] 本题考查的是风化、破碎岩层。风化、破碎岩层，岩体松散，强度低，整体性差，抗渗性差，有的不能满足建筑物对地基的要求。风化一般在地基表层，可以挖除。破碎岩层有的较浅，也可以挖除。有的埋藏较深，如断层破碎带，可以用水泥浆灌浆加固或防渗；风化、破碎处于边坡影响稳定的，可根据情况采用喷混凝土或挂网喷混凝土护面，必要时配合灌浆和锚杆加固，甚至采用砌体、混凝土和钢筋混凝土等格构方式的结构护坡。

2. 风化、破碎岩层边坡加固，常用的结构形式有（　）。

A. 木挡板　　B. 喷混凝土

C. 挂网喷混凝土　　　　D. 钢筋混凝土格构

E. 混凝土格构

答案：B、C

［**解析**］本题考查的是风化、破碎岩层。破碎岩层有的较浅，也可以挖除。有的埋藏较深，如断层破碎带，可以用水泥浆灌浆加固或防渗；风化、破碎处于边坡影响稳定的，可根据情况采用喷混凝土或挂网喷混凝土护面，必要时配合灌浆和锚杆加固，甚至采用砌体、混凝土和钢筋混凝土等格构方式的结构护坡。

考点九：边坡稳定的影响因素、不稳定边坡的防治

点评：影响边坡稳定诸因素中重点掌握地层岩性因素和地下水因素，在这两个知识点中近几年均有考题。

知识要点集成

表 1-12　边坡不稳定的影响因素及防治措施

<table>
<tr><td rowspan="8">内在因素</td><td>地貌条件</td><td>坡度越陡，坡高越大，对稳定越不利。崩塌通常发生在坡度大于 60°的斜坡上</td></tr>
<tr><td rowspan="6">地层岩性</td><td>深层侵入岩、坚厚沉积岩、片麻岩和石英岩构成的边坡，稳定程度高</td></tr>
<tr><td>喷土岩（玄武岩、凝灰岩、安山岩、火山角砾岩）边坡，当柱状节理发育时，易崩塌</td></tr>
<tr><td>含有黏土页岩、泥岩、煤层、石膏等夹层的沉积岩边坡，易发生顺层滑动和蠕滑崩塌</td></tr>
<tr><td>千枚岩、板岩、片岩，在陡立地段斜坡表部易蠕变，当受切割风化后，常出现顺层滑坡</td></tr>
<tr><td>黄土当有垂直节理，浸水后易崩解湿陷</td></tr>
<tr><td>基岩上的堆积、坡积和残积层，当地下水受阻且有黏土成分时，上部堆积物形成滑坡</td></tr>
<tr><td>地质构造</td><td>褶皱、断裂、区域新构造运动会造成岩体中的纵横切割面，易形成崩塌滑动</td></tr>
<tr><td rowspan="5">外在因素</td><td rowspan="5">地下水</td><td>使岩石软化、溶蚀导致上覆岩体塌陷，进而发生崩塌或滑坡</td></tr>
<tr><td>地下水压力（静水压力、动水压力）促使岩体下滑</td></tr>
<tr><td>地下水增加了岩体重量，增大了下滑力</td></tr>
<tr><td>寒冷地区裂隙水冻结膨胀促使岩体破坏倾倒</td></tr>
<tr><td>地下水产生浮力，减轻了岩体有效重量，稳定性下降</td></tr>
</table>

续表 1-12

防治措施	防渗、排水	滑坡体外围布置截水沟，坡面整平无积水坑，渗入滑坡体内的水采用地下排水廊道或钻孔排水
	削坡	挖除陡倾边坡的上部，削下的土石方填在坡脚
	支挡建筑	在不稳定岩体下部修建挡墙或支撑墩，其基础要砌置在滑动面以下，且墙后做排水措施
	锚固措施	对岩体边坡和不稳定岩块可用预应力锚索或锚焊，对浅或中厚层滑坡体可用抗滑桩。抗滑桩应垂直于滑动方向布置 1～2 排，桩埋深为桩长的 1/4～1/3

经典考题剖析

一、2023 年考题

关于用抗滑桩进行边坡处理的有关规定和要求，正确的是（　）。

A. 适用于中厚层或厚层滑坡体　　B. 桩径通常为 1～6m

C. 平行于滑动方向布置一排或两排　　D. 滑动面以下桩长占全桩长的 1/4～1/3

答案：D

[解析] 本题考查的是影响边坡稳定的因素。抗滑桩适用于浅层或中厚层的滑坡体。它是在滑坡体的中、下部开挖竖井或大口径钻孔，然后浇灌钢筋混凝土而成。一般垂直于滑动方向布置一排或两排，桩径通常为 1～3m，深度一般要求滑动面以下桩长占全桩长的 1/4～1/3。除上述几项较多采用的防治措施外，还可采用混凝土护面、灌浆及改善滑动带土石的力学性质等措施。一般而言，在进行边坡防治处理时，如数种措施同时采用，效果更为显著。

二、其他年份考题

1. 开挖基槽局部突然出现严重流砂时，可立即采取的处理方式是（　）。

A. 抛入大石块　　B. 迅速降低地下水位

C. 打板桩　　D. 化学加固

答案：A

[解析] 本题考查的是动水压力产生流砂和潜蚀。在基槽开挖的过程中局部地段突然出现严重流砂时，可立即抛入大块石等阻止流砂。

2. 工程地基防止地下水机械潜蚀常用的方法有（　）。

A. 取消反滤层　　B. 设置反滤层

C. 提高渗流水力坡度　　D. 降低渗流水力坡度

E. 改良土的性质

答案：B、D、E

[解析] 本题考查的是动水压力产生流砂和潜蚀。对潜蚀的处理可以采用堵截地表水流入土层、阻止地下水在土层中流动、设置反滤层、改良土的性质、减小地下水流速

及水力坡度等措施。渗流水力坡度小于临界水力坡度时，出现机械潜蚀。

3. 地下工程开挖后，对于软弱围岩优先选用的支护方式为（　　）。

A. 锚索支护　　B. 锚杆支护

C. 喷射混凝土支护　　D. 喷锚支护

答案：D

［**解析**］本题考查的是边坡稳定。喷锚支护是在地下工程开挖后，及时地向围岩表面喷一薄层混凝土（一般厚度为5～20cm），有时再增加一些锚杆，从而部分地阻止围岩向洞内变形，以达到支护的目的。喷锚支护能使混凝土喷层与围岩紧密结合，并且喷层本身具有一定的柔性和变形特性，因而能及时有效地控制和调整围岩应力的重分布，最大限度地保护岩体的结构和力学性质，防止围岩的松动和坍塌。

4. 对新开挖围岩面及时喷混凝土的目的是（　　）。

A. 提高围岩抗压强度　　B. 防止碎块脱落，改善应力状态

C. 防止围岩渗水　　D. 防止围岩变形

答案：B

［**解析**］本题考查的是边坡稳定。喷混凝土具备以下几个方面的作用：①它能紧跟工作面，速度快，因而缩短了开挖与支护的间隔时间，及时地填补了围岩表面的裂缝和缺损，阻止裂隙切割的碎块脱落松动，使围岩的应力状态得到改善。②由于有较高的喷射速度和压力，浆液能充填张开的裂隙，起着加固岩体的作用，提高了岩体整体性。③喷层与围岩紧密结合，有较高的黏结力和抗剪强度，能在结合面上传递各种应力，可以起到承载拱的作用。对于坚硬的整体围岩，喷混凝土的作用主要是防止围岩表面风化，消除开挖后表面的凹凸不平及防止个别岩块掉落。

考点十：地下工程位置选择的影响因素

点评：在影响地下工程位置选择的诸因素中，地形条件、岩性条件和地质构造条件为复习重点。

知识要点集成

表1-13　地下工程位置选择的影响因素

地形条件	（1）地下工程周围应有足够的山体厚度； （2）洞口地段的边坡应下陡上缓、无滑坡、崩塌； （3）洞口岩石应直接出露或坡积层薄，岩层要倾向山里； （4）洞口不应选在低洼处、冲沟、傍河山嘴及谷口处
岩性条件	（1）在岩浆岩、厚层坚硬的沉积岩、变质岩中可修建大型地下工程； （2）在凝灰岩、黏土岩、页岩、胶结不好的砂砾岩、千枚岩、片岩中不宜建大型地下工程； （3）松散及破碎的岩石中不宜建地下工程

续表 1-13

地质构造条件	(1) 布置地下工程应避开褶皱核部，可布置在翼部。 (2) 地下工程轴线不可平行断层带，可垂直岩层走向。但尽量避开大断层。 (3) 岩层产状的影响： 1) 工程轴线与岩层走向垂直时，围岩稳定性好； 2) 岩层倾角大（陡）时稳定性好，岩层倾角小（平缓）且节理发育时洞顶岩块易塌落； 3) 在水平岩层中布置地下工程，应尽量布置在均质厚层的坚硬岩层中
地下水条件	应布置在干燥岩体内或地下水量不大和无高压含水层的岩体内

经典考题剖析

其他年份考题

1. 隧道选线尤其应该注意避开褶皱构造（　　）。

A. 向斜核部　　B. 背斜核部

C. 向斜翼部　　D. 背斜翼部

答案：A

[解析] 本题考查的是地下工程位置选择的影响因素。在背斜核部，岩层呈上拱形，虽岩层破碎，却犹如石砌的拱形结构，能将上覆岩层的荷载传递至两侧岩体中去，所以有利于洞顶的稳定。向斜核部岩层呈倒拱形，顶部被张裂隙切割的岩块上窄下宽，易于塌落。另外，向斜核部往往是承压水储存的场所，地下工程开挖时地下水会突然涌入洞室。因此，在向斜核部不宜修建地下工程。

2. 隧道选线与断层走向平行时，应优先考虑（　　）。

A. 避免与其破碎带接触　　B. 横穿其破碎带

C. 灌浆加固断层破碎带　　D. 清除断层破碎带

答案：A

[解析] 本题考查的是工程地质对工程选址的影响。对于在断层发育地带修建隧道来说，由于岩层的整体性遭到破坏，加之地面水或地下水的侵入，其强度和稳定性都是很差的，容易产生洞顶塌落，影响施工安全。因此，当隧道轴线与断层走向平行时，应尽量避免与断层破碎带接触。隧道横穿断层时，虽然只是个别段落受断层影响，但因地质及水文地质条件不良，必须预先考虑措施，以保证施工安全。

考点十一：提高围岩稳定性措施

点评：复习重点为对各类地下工程围岩提高稳定性的处理方法。

知识要点集成

表 1-14 提高围岩稳定性措施

基本措施	支护	施工过程中用以稳定围岩的临时性支撑措施
	衬砌	是加固围岩的永久性结构，是承受围岩压力及水压力的永久性支撑措施
	锚杆	将不稳定岩体与稳定的基岩连接成整体
	喷混凝土	作用：可迅速阻止开挖面进一步风化；填充裂隙加固岩体；起承载拱作用
对各种围岩的处理	坚硬整体围岩	一般不需要支护，只喷混凝土，防止风化和消除开挖面的凹凸不平
	块状围岩	喷混凝土支护，对松动岩块用锚杆加固
	层状围岩	锚杆支护
	软弱围岩	开挖后立即喷混凝土，或另加锚杆和钢筋网

经典考题剖析

一、2022 年考题

为了防止坚硬整体围岩开挖后表面风化，喷混凝土护壁的厚度一般为（　　）cm。

A. 1～3　　B. 3～5

C. 5～7　　D. 7～9

答案：B

［**解析**］对于坚硬的整体围岩，岩块强度高，整体性好，在地下工程开挖后自身稳定性好，基本上不存在支护问题。这种情况下喷混凝土的作用主要是防止围岩表面风化，消除开挖后表面的凹凸不平及防止个别岩块掉落，喷层厚度一般为 3～5cm。

二、其他年份考题

1. 为提高围岩自身的承载力和稳定性，最有效的措施是（　　）。

A. 锚杆支护　　B. 钢筋混凝土衬砌

C. 喷层＋钢丝网　　D. 喷层＋锚杆

答案：D

［**解析**］本题考查的是提高围岩稳定性措施。喷锚支护能使混凝土喷层与围岩紧密结合，并且喷层本身具有一定的柔性和变形特性，因而能及时有效地控制和调整围岩应力的重分布，最大限度地保护岩体的结构和力学性质，防止围岩的松动和坍塌。如果喷混凝土再配合锚杆加固围岩，则会更有效地提高围岩自身的承载力和稳定性。

2. 爆破后对地下工程围岩面及时喷混凝土，对围岩稳定的首要和内在本质作用是（ ）。

A. 阻止碎块松动脱落引起应力恶化

B. 充填裂隙增加岩体的整体性

C. 与围岩紧密结合提高围岩抗剪强度

D. 与围岩紧密结合提高围岩抗拉强度

答案：A

[**解析**] 本题考查的是提高围岩稳定性的措施。喷混凝土具备以下几个方面的作用：首先，它能紧跟工作面，速度快，因而缩短了开挖与支护的间隔时间，及时填补了围岩表面的裂缝和缺损，阻止裂隙切割的碎块脱落松动，使围岩的应力状态得到改善；其次，由于有较高的喷射速度和压力，浆液能充填张开的裂隙，起着加固岩体的作用，提高了岩体整体性；最后，喷层与围岩紧密结合，有较高的黏结力和抗剪强度，能在结合面上传递各种应力，可以起到承载拱的作用。

考点十二：工程地质对工程建设的影响

点评： *本考点是考纲中要求熟悉的内容，复习重点应放在对常见工程地质问题的防治措施上。*

知识要点集成

表 1-15 工程地质对工程建设的影响

<table>
<tr><td rowspan="5">对选址的影响</td><td>一般中小型工程</td><td>主要考虑在工程建设一定影响范围内的各类地质缺陷</td></tr>
<tr><td>大型建设工程</td><td>除工程所在地外还要考虑区域地质构造的影响</td></tr>
<tr><td>特殊重要工程</td><td>要高度重视地区的地震烈度</td></tr>
<tr><td>地下工程</td><td>特别要考虑区域稳定性问题</td></tr>
<tr><td>道路选线</td><td>（1）避开断层裂谷边坡；
（2）避开岩层倾向与边坡面倾向一致的顺向坡；
（3）避开线路与主要裂隙发育方向平行；
（4）避开大型滑坡体</td></tr>
<tr><td rowspan="2">对建筑结构的影响</td><td>影响的原因</td><td>（1）地质的缺陷；
（2）地下水造成的地基稳定性、承载力、沉降、抗渗性等</td></tr>
<tr><td>影响的结果</td><td>涉及结构选型、建筑材料选用、结构尺寸、钢筋配置等</td></tr>
<tr><td>对造价的影响</td><td colspan="2">工程地质勘查对工程造价影响的三个方面：①线路选择的优劣；②地质勘查资料的准确程度；③对特殊不良地质问题的认识程度</td></tr>
</table>

经典考题剖析

一、2023年考题

工程选址时，最容易发生建筑边坡坍塌的地质情况是（　　）。

A. 裂隙的主要发育方向与边坡走向平行，裂隙密度小

B. 裂隙的主要发育方向与边坡走向平行，裂隙间距小

C. 裂隙的主要发育方向与边坡走向垂直，裂隙密度大

D. 裂隙的主要发育方向与边坡走向垂直，裂隙间距大

答案：B

［解析］本题考查的是工程地质对工程建设的影响。裂隙（裂缝）对工程建设的影响主要表现在破坏岩体的整体性，促使岩体风化加快，增强岩体的透水性，使岩体的强度和稳定性降低。裂隙（裂缝）的主要发育方向与建筑边坡走向平行的，坡易发生坍塌。裂隙（裂缝）的间距越小，密度越大，对岩体质量的影响越大。

二、2021年考题

以下对造价起决定性作用的是（　　）。

A. 准确的勘察资料

B. 过程中对不良地质的处理

C. 选择有利的线路

D. 工程设计资料的正确性

答案：C

［解析］对工程造价的影响可归结为三个方面：一是选择工程地质条件有利的路线，对工程造价起着决定作用；二是勘察资料的准确性直接影响工程造价；三是由于对特殊不良工程地质问题认识不足导致工程造价增加。

三、2021年考题

在地下工程选址时，应考虑较多的地质问题为（　　）。

A. 区域稳定性

B. 边坡稳定性

C. 泥石流

D. 斜坡滑动

答案：A

［解析］本题考查的是工程地质对工程选址的影响。对于地下工程的选址，工程地质的影响要考虑区域稳定性的问题。

四、其他年份考题

1. 工程地质情况影响建筑结构的基础选型，在多层住宅基础选型中出现较多的情况是（　　）。

A. 按上部荷载本可选片筏基础的，因地质缺陷而选用条形基础

B. 按上部荷载本可选条形基础的，因地质缺陷而选用片筏基础

C. 按上部荷载本可选箱形基础的，因地质缺陷而选用片筏基础

D. 按上部荷载本可选桩基础的，因地质缺陷而选用条形基础

答案：B

［**解析**］本题考查的是工程地质对建筑结构的影响。由于地基土层松散软弱或岩层破碎等工程地质原因，不能采用条形基础，而要采用片筏基础甚至箱形基础。对较深松散地层有的要采用桩基础加固。还要根据地质缺陷的不同程度，加大基础的结构尺寸。

2. 大型建设工程的选址，对工程地质的影响还要特别注意考察（　　）。

A. 区域性深大断裂交汇　　B. 区域地质构造形成的整体滑坡

C. 区域的地震烈度　　D. 区域内潜在的陡坡崩塌

答案：B

［**解析**］本题考查的是工程地质对工程选址影响。对于大型建设工程的选址，工程地质的影响还要考虑区域地质构造和地质岩性形成的整体滑坡，地下水的性质、状态和活动对地基的危害。

3. 工程地质对建设工程选址的影响主要在于（　　）。

A. 地质岩性对工程造价的影响　　B. 地质缺陷对工程安装的影响

C. 地质缺陷对工程造价的影响　　D. 地质结构对工程造价的影响

E. 地质构造对工程造价的影响

答案：B、C

［**解析**］工程地质对建设工程选址的影响主要体现在各种地质缺陷对工程安全和工程技术经济的影响。

难 题 解 析

一、单项选择题

1. 关于土的性质，下列说法错误的是（　　）。

A. 土由三相组成

B. 黏性土颗粒细小、带电、颗粒间引力小于重力

C. 集合体结构为黏性土所特有

D. 砂性土是以单粒结构存在的

答案：B

［**解题要点**］土由固相、气相、液相三相组成。砂性土也称无黏性土，是以单粒结构存在的。而黏性土颗粒细小，带电，沉积过程中粒间引力大于重力，总是以凝聚成较复杂的集合体存在。

2. 张性裂隙的特征是（　　）。

A. 发生在褶曲的翼部　　B. 裂隙较窄

C. 断裂面粗糙　　D. 裂隙间距小且分布均匀

答案：C

［**解题要点**］岩体在地应力作用下，由于变形而产生的裂隙称为构造裂隙，按力学性质构造裂隙又可分为张开裂隙和扭剪裂隙。其中张开性裂隙由于发生在向斜和背斜的轴部，即发生上拱和下凹弯曲最厉害的部位，这就决定了下列性质：裂隙张开宽度大，断裂面纯属受拉破坏所以粗糙（若为受剪

破坏，断裂面肯定光滑），由于裂隙宽度大所以裂隙的间距也大，一般出现裂隙的规律是宽疏窄密（宽窄指的是一个裂隙大小，疏密是指裂隙出现的数量）。

3. 有关断层的说法，下列叙述正确的是（　　）。

A. 正断层主要由水平挤压力产生

B. 逆断层主要由张应力产生

C. 组成断层的四部分是断层面、断层线、水平断距和垂直断距

D. 平推断层主要由扭应力产生

答案：D

［解题要点］ 选项 A、B 错误，正好相反。组成断层的四部分缺少一个断盘，所以只有选项 D 是正确的。

4. 有关裂隙构造的说法，下列叙述正确的是（　　）。

A. 宽度为 4mm 的裂隙称为微张裂隙

B. 扭性裂一般出现在褶曲的轴部，张开较宽间距较大

C. 原生裂隙属构造裂隙

D. 风化裂隙属非构造裂隙

答案：D

［解题要点］ 按裂隙宽度分为密闭裂隙、微张裂隙、张开裂隙和宽张裂隙，宽度 4mm 裂隙的应属张开裂隙。扭性裂隙属于构造裂隙，发生在褶曲的翼部，多平直闭合，分布较密。非构造裂隙是由非构造因素形成的裂隙，如原生裂隙、风化裂隙和卸荷裂隙等。

5. 关于岩石软化性，下列叙述正确的是（　　）。

A. 软化系数是大于 1 的数　　B. 软化系数接近于 1 系软化性强的岩石

C. 软化系数接近于 1 系软化性弱的岩石　　D. 工程上应采用软化系数小的岩石

答案：C

［解题要点］ 描写岩石的软化性指标是软化系数，其数值为岩石饱和状态下的极限抗压强度与风干时的极限抗压强度之比，当然风干状态时的强度要高于饱和状态下的强度，所以该值总是小于 1 的。此值越接近于 1 表明饱和水后的强度没怎么降低，即该岩石的软化性弱。工程中应采用软化性弱的岩石。

6. 标准地震仪测得最大震幅为 1 000mm，则该次地震定为（　　）级。

A. 4　　B. 5　　C. 6　　D. 7

答案：C

［解题要点］ 1935 年里氏规定震级以距震中 100km 处标准地震仪记录的最大震幅 μm 的对数值。现测得最大震幅 1 000mm，等于 10^6 μm（$10^6 \times 10^{-6} \times 1\ 000$mm），而 $\lg 10^6 = 6$，所以定为 6 级。

7. 加固岩体边坡措施之一是采用锚固桩，有关锚固桩构造的说法，正确的是（　　）。

A. 适用于不稳定的岩块

B. 平行于滑动方向布置 1～2 排

C. 垂直于滑动方向布置 1～2 排

D. 埋入滑动面以下的桩长为全长的 1/10～1/5

答案：C

［解题要点］ 锚固桩亦称抗滑桩，适用于浅层或中厚层的滑坡体，它是在滑坡体的中、下部开挖竖井或大口径钻孔，然后灌浇钢筋混凝土。垂直于滑动方向布置 1～2 排桩，深度一般要求滑动面以下的桩长占全长的 1/4～1/3。

8. 在考虑隧道工程位置选择的因素中，下列叙述不正确的是（　　）。

A. 隧道轴线应尽量布置在褶皱的翼部和避开断裂带

B. 隧道应尽量选在整体的花岗岩层中

C. 洞口应选在下陡上缓的地形处

D. 洞口应选在避开谷口、冲沟且岩层倾向山外处

答案：D

[解题要点] 选项 A、B、C 都正确。选项 D 前半句正确，只是后半句岩层倾向山外不正确。

二、多项选择题

1. 下列叙述正确的是（　　）。

A. 塑性指数越大，土的可塑性越强

B. 塑性指数越大，土的可塑性越弱

C. 液限指数越大，土质越硬

D. 液限指数越大，土质越软

E. 塑性指数、液限指数是衡量非黏性土的物理指标

答案：A、D

[解题要点] 两个指数都是衡量黏性土的物理指标。黏性土自然状态一般是具有一定含水率的半固态，当含水率增加到某一数值土开始可塑了，此时的含水率称为塑限。这是可塑状态的最小含水率，当含水率继续增大到某一值时土开始流动了，此时的含水率称为液限，也可看成是可塑状态的含水率上限，而塑限是可塑状态含水率的下限。

塑限指数是液限和塑限的差值，即可塑状态的含水率变化范围。此范围越大当然是可塑性越强。

液限指数是天然含水量与塑限差值与塑性指数之比。此比值越大表明比值中的分子大分母小，物理含义是，此类土需经过增加较大含水量才能进入可塑态，而一旦进入可塑态很快就进入流塑态，此过程很短，显见，软土具有此性质。

2. 有关特殊土的工程性质，下列叙述正确的是（　　）。

A. 软土具有蠕变性

B. 凡是黄土均具有湿陷性

C. 饱水的红黏土也是坚硬的

D. 红黏土的塑性指数为 10～20

E. 素填土可作为一般建筑物的天然地基

答案：A、C

[解题要点] 本题明显正确的是选项 A、C。明显错误的是选项 D。因红黏土的塑性指数是 20～50。而选项 B 容易迷惑，初看似正确，但对形成年代很久的黄土，其湿陷性减弱甚至不具备。选项 E 如认为正确也错了，因素填土虽不含有机物和杂质，但需经过一定的堆填时间达到一定的密实度和强度才可作为一般建筑物的天然地基。

3. 地下水按埋藏条件可分为（　　）。

A. 潜水

B. 裂隙水

C. 承压水

D. 孔隙水

E. 岩溶水

答案：A、C

[解题要点] 地下水有两种分类，按埋藏条件分为包气带水、潜水、承压水，按含水层的空隙性质分为孔隙水、裂隙水和岩溶水。

4. 防止滑坡体下滑的有效措施是（　　）。

A. 滑坡体上方修截水沟

B. 滑坡体下方筑排水设施

C. 滑坡体上部削方减重

D. 滑坡体坡脚建挡土墙

E. 向滑动面注浆

答案：A、B、D、E

[解题要点] 采用滑坡体上部刷方减重时，要经过论证可行方能采用，否则适得其反。

5. 有关提高地下工程围岩稳定性的措施，下列叙述正确的是（　　）。

A. 支护是加固围岩的永久性措施

B. 衬砌是稳定围岩的临时性措施

C. 锚喷可控制和调整围岩应力重分布　　　　D. 混凝土喷层可起到承载拱的作用

E. 对层状围岩的支护主要手段是锚杆

答案：C 、D 、E

［**解题要点**］5 个选项中，选项 A 、B 叙述正好相反是错误的，其他 3 个被选项都是对的。

第二章 工 程 构 造

考 纲 要 求

1. 工业与民用建筑工程的分类、组成及构造；
2. 道路、桥梁、涵洞工程的分类、组成及构造；
3. 地下工程的分类、组成及构造。

本章知识架构

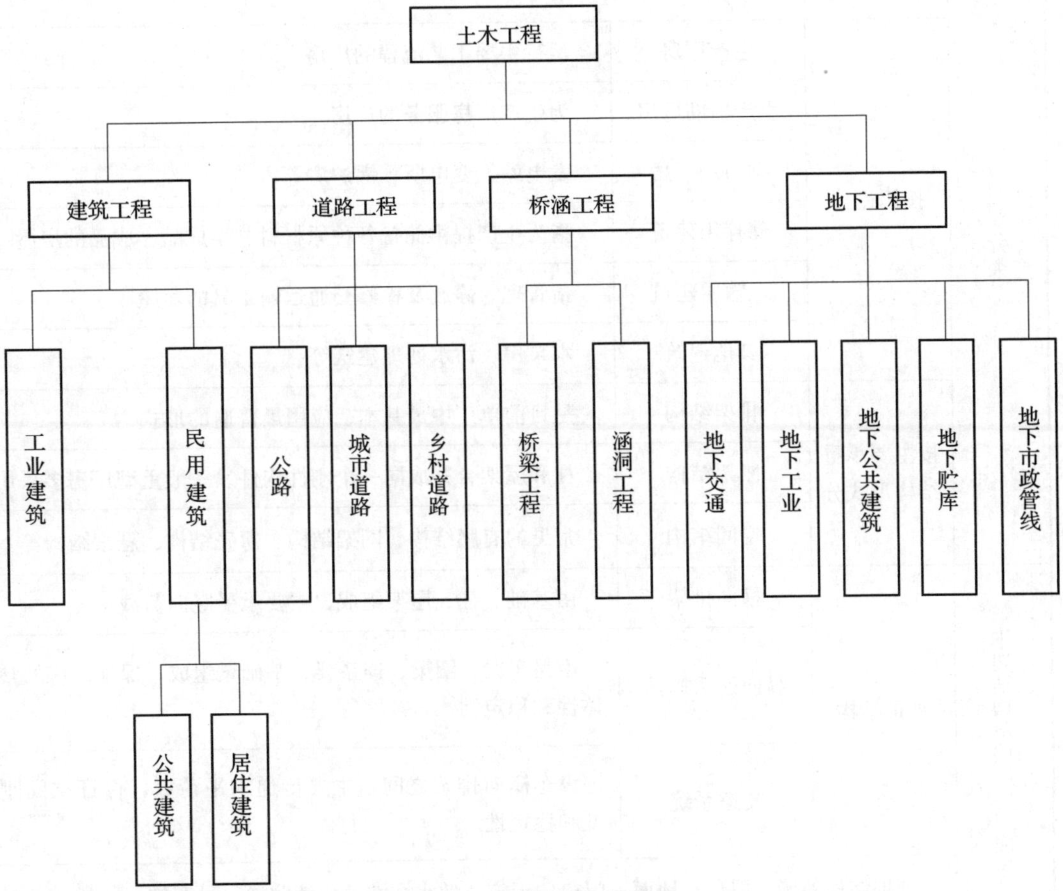

图 2-1　本章知识架构

考点与题型详解

考点一：工业建筑分类、组成

点评：本考点历年命题出现率较高，考核内容有两部分，一是工业厂房的分类，二是钢筋混凝土骨架承重的结构组成。近几年考题的特点有两个方面，第一，多种分类放在同一个试题作为不同的选项，从而增加了试题的难度。第二，试题的选项不只停留在分类的定义上，而是下沉了一个层级，利用定义后面的举例，考核考生对于分类的深度理解。

知识要点集成

表 2-1　工业建筑分类及组成

<table>
<tr><td rowspan="10">主要分类</td><td>按层数分</td><td colspan="2">单层用于大型、重型机械厂房，多层用于轻型可沿竖向组织生产的厂房，混合层多用于化工、热电站的主厂房</td></tr>
<tr><td rowspan="6">按用途分</td><td>生产厂房</td><td>运行主要工艺流程的厂房</td></tr>
<tr><td>生产辅助厂房</td><td>为生产厂房服务的厂房</td></tr>
<tr><td>动力用厂房</td><td>发电站、变电所、锅炉房等</td></tr>
<tr><td>储存用建筑</td><td>指为生产提供储备各种原材料、半成品、成品的房屋</td></tr>
<tr><td>运输用建筑</td><td>指管理、停放及检修交通运输工具的房屋</td></tr>
<tr><td>其他建筑</td><td>水泵房、污水处理建筑等</td></tr>
<tr><td rowspan="3">按主要承重结构形式分</td><td>排架结构</td><td>是目前单厂中最基本、应用最普遍的形式</td></tr>
<tr><td>刚架结构</td><td>柱和屋架合并成同一个刚性构件。一般重型厂房多采用</td></tr>
<tr><td>空间结构</td><td>常见的有膜结构、网架结构、薄壳结构、悬索结构等</td></tr>
<tr><td rowspan="4">排架结构单层厂房组成</td><td rowspan="3">承重结构</td><td>横向排架</td><td>由基础、柱、屋架组成，主要承受竖向荷载</td></tr>
<tr><td>纵向连系构件</td><td>由吊车梁、圈梁、连系梁、基础梁组成，保证厂房的整体性和稳定性</td></tr>
<tr><td>支撑系统</td><td>设车横向排架之间，主要传递水平荷载，保证空间刚度和稳定性</td></tr>
<tr><td colspan="3">围护结构外墙、屋顶、地面、门窗、天窗、散水、坡道、消防梯、吊车梯</td></tr>
</table>

经典考题剖析

一、2023 年考题

下列关于工业建筑的说法，正确的有（ ）。

A. 热处理车间属于生产辅助厂房

B. 锅炉房、水泵房属于动力用厂房

C. 排架结构是目前单层厂房中最基本的结构形式

D. 一般重型单层厂房多采用刚架结构

E. 空间结构体系充分发挥了建筑材料的强度潜力

答案：C、D、E

［解析］本题考查的是有关工业建筑不同分类特点。

按工业建筑的用途，可分为：生产厂房、生产辅助厂房、动力用厂房、储存用建筑、运输用建筑和其他建筑。其中，生产辅助厂房指为生产厂房服务的厂房，如机械制造厂房的修理车间、工具车间等。动力用厂房指为生产提供动力源的厂房，如发电站、变电所、锅炉房等。

按工业建筑主要承重结构的形式，可分为：排架结构型、刚架结构型和空间结构型。其中，排架结构型是目前单层厂房中最基本、应用最普遍的结构形式。刚架结构的基本特点是柱和屋架合并为同一个刚性构件。柱与基础的连接通常为铰接，如吊车吨位较大，也可做成刚接。一般重型单层厂房多采用刚架结构。空间结构型是一种屋面体系为空间结构的结构体系。这种结构体系充分发挥了建筑材料的强度潜力，使结构由单向受力的平面结构，成为能多向受力的空间结构体系，提高了结构的稳定性。

二、2021 年考题

与建筑物相比，构筑物的主要特征为（ ）。

A. 供生产使用　　B. 供非生产使用

C. 满足功能要求　　D. 占地面积小

答案：C

［解析］本题考查的是建筑的分类。建筑一般包括建筑物和构筑物，满足功能要求并提供活动空间和场所的建筑称为建筑物，是供人们生活、学习、工作、居住，以及从事生产和文化活动的房屋；仅满足功能要求的建筑称为构筑物。

三、其他年份考题

按建筑物承重结构形式分类，网架结构属于（ ）。

A. 排架结构　　B. 刚架结构

C. 混合结构　　D. 空间结构

答案：D

［解析］本题考查的是工业建筑的分类。空间结构是一种屋面体系为空间结构的结

构体系。这种结构体系充分发挥了建筑材料的强度，使结构由单向受力的平面结构，成为能多向受力的空间结构体系，提高了结构的稳定性。一般常见的有膜结构、网架结构、薄壳结构、悬索结构等。

考点二：单层厂房承重结构构造

点评：本考点命题范围多为单层各承重结构的类型及适用范围。

知识要点集成

表 2-2 单厂承重结构类型、构造

屋盖结构	类型		有檩体系适用于中小型厂房，无檩体系适用于大中型厂房
	屋架或屋面梁	钢筋混凝土屋架	普通钢筋混凝土屋面梁跨度≤15m，预应力的≤18m，两铰或三铰拱屋架实用跨度为 9～15m
		钢屋架	无檩钢屋架适用于中型、重型厂房，有檩钢屋架适用于小型厂房
		木屋架	全木屋架适用跨度≤15m，钢木屋架适用跨度 18～21m，工作环境要求：室内相对湿度≤70%，室内温度≤50℃，吊车起重量 $Q \leq 5$t，悬挂吊车≤1t
柱	钢筋混凝土柱		矩形柱适用于小型厂房，工字形柱适用于大、中型厂房。双肢柱适用于截面大于 600mm×1 500mm、$Q>30$t
	钢-混凝土组合柱		上柱为钢柱，下柱为钢筋混凝土双肢柱
	钢柱		吊车吨位大的重型厂房采用
	柱牛腿		钢筋混凝实腹式牛腿构造：$h_k \geq h/3 \geq 200$mm，外缘距吊车梁 100mm，$c>100$mm 时 $\alpha \leq 45°$，$c \leq 100$mm 时 $\alpha=0$
基础	起承上传下的作用，多采用独立基础		
吊车梁	T 形吊车梁		非预应力吊车梁适用于 $L \leq 30$m，$Q \leq 10$t；预应力 T 形吊车梁适用于 Q 为 10～30t 的厂房
	Ⅰ字形吊车梁		预应力Ⅰ字形吊车梁适用于 L 为 12～33m、Q 为 5～25t 的厂房
	鱼腹式吊车梁		适用于柱距 12m 以内、L 为 12～33m、Q 为 15～150t 的厂房

续表 2-2

支撑	屋架支撑	承受和传递纵向水平荷载（吊车纵向制动力、山墙风荷载、纵向地震水平力），保证空间刚度，保证施工和正常使用时构件的稳定和安全
	柱间支撑	分为上柱支撑和下柱支撑

经典考题剖析

一、2021 年考题

某单层厂房设计柱距 6m，跨度 30m，最大起重量 12t，其钢筋混凝土吊车梁的形式应优先选用（　　）。

A. 非预应力 T 形　　B. 预应力工字形

C. 预应力鱼腹式　　D. 预应力空鱼腹式

答案：B

[解析] 本题考查的是单层工业厂房钢筋混凝土吊车梁的类型。非预应力混凝土 T 形截面吊车梁一般用于柱距 6m、厂房跨度不大于 30m、吨位 10t 以下的厂房，预应力钢筋混凝土 T 形吊车梁适用于 10～30t 的厂房。预应力工字形吊车梁适用于厂房柱距 6m，厂房跨度 12～33m，吊车起重量为 5～25t 的厂房。预应力混凝土鱼腹式吊车梁适用于厂房柱距不大于 12m，厂房跨度 12～33m，吊车起重量为 15～150t 的厂房。

二、其他年份考题

单层工业厂房柱间支撑的作用是（　　）。

A. 提高厂房局部竖向承载能力　　B. 方便检修维护吊车梁

C. 提升厂房内部美观效果　　D. 加强厂房纵向刚度和稳定性

答案：D

[解析] 本题考查的是单层工业厂房的支撑。单层厂房的支撑分屋架支撑和柱间支撑两类。柱间支撑的作用是加强厂房纵向刚度和稳定性，将吊车纵向制动力和山墙抗风柱经屋盖系统传来的风力经柱间支撑传至基础。

考点三：民用建筑分类、组成

点评： 本考点历年命题出现率较高，主要是考核民用建筑在不同分类方式下各类建筑的区别。近年来考核按施工方法和承重体系分类的比较多，考核的内容主要集中在各类建筑的特点和适用范围方面，不同分类方式的内容不会交叉在一个试题中考核，考生复习时应注意把不同分类方式下各类建筑特点及适用范围进行对比记忆。

知识要点集成

表 2-3 民用建筑分类及组成

<table>
<tr><td rowspan="14">主要分类</td><td rowspan="4">按高度分</td><td colspan="2" rowspan="2">住宅</td><td>低层或多层</td><td>高层</td><td>超高层</td></tr>
<tr><td>≤27m</td><td>>27m</td><td rowspan="3">H>100m</td></tr>
<tr><td rowspan="2">非住宅</td><td>单层</td><td>>24m</td><td>—</td></tr>
<tr><td>非单层</td><td>≤24m</td><td>24m<H≤100m</td></tr>
<tr><td rowspan="4">民用建筑的设计使用年限（建筑结构的设计基准期为 50 年）</td><td colspan="4">临时性建筑</td><td>5</td></tr>
<tr><td colspan="4">易于替换结构构件的建筑</td><td>25</td></tr>
<tr><td colspan="4">普通建筑和构筑物</td><td>50</td></tr>
<tr><td colspan="4">纪念性建筑和特别重要的建筑</td><td>100</td></tr>
<tr><td rowspan="6">按承重结构材料分</td><td>木结构</td><td colspan="4">特点：现代木结构具有绿色环保、节能保温、建造周期短、抗震耐久</td></tr>
<tr><td>砖木结构</td><td colspan="4">特点：适用于低层建筑（1～3 层）。建造简单，材料容易准备，费用较低</td></tr>
<tr><td>砖混结构</td><td colspan="4">特点：适合开间进深较小，房间面积小，多层或低层的建筑</td></tr>
<tr><td>钢筋混凝土结构</td><td colspan="4">特点：主要承重构件，如梁、板、柱等均采用钢筋混凝土材料，而非承重墙采用砖砌或其他轻质材料做成</td></tr>
<tr><td>钢结构</td><td colspan="4">特点：强度高、自重轻、整体刚性好、变形能力强，抗震性能好，适用于建造大跨度和超高、超重型的建筑物</td></tr>
<tr><td>型钢混凝土组合结构</td><td colspan="4">特点：①比传统的钢筋混凝土结构承载力大、刚度大、抗震性能好的优点；②与钢结构相比，具有防火性能好，结构局部和整体稳定性好，节省钢材的优点；③应用于大型结构中，力求截面最小化，承载力最大，来节约空间，但是造价比较高</td></tr>
</table>

续表 2-3

主要分类	按施工方法分	现浇、现砌式建筑	房屋的主要承重构件均在现场砌筑和浇筑而成			
		装配式建筑	装配式混凝土结构建筑	优点：具有提高质量、缩短工期、节约能源、减少消耗、清洁生产等		
				按照预制构件的预制部位分	全预制装配式混凝土结构体系	特点：①采用柔性连接技术，地震作用下的恢复性能好，震后只需对连接部位进行修复即可继续使用，具有较好的经济效益；②生产效率高，施工速度快，构件质量好，受季节性影响小，在建设量较大而又相对稳定的地区，采用工厂化生产可以取得较好的效果
					预制装配整体式混凝土结构体系	优点：①采用强连接节点，能够达到与现浇混凝土现浇结构相同或相近的抗震能力，具有良好的整体性能，具有足够的强度、刚度和延性，能安全抵抗地震力；②生产基地一次投资比全装配式少，适应性大，节省运输费用，便于推广。在一定条件下也可以缩短工期，实现大面积流水施工，结构的整体性良好，并能取得较好的经济效果
			装配式钢结构建筑	特点	(1) 适宜构件的工厂化生产，可以将设计、生产、施工、安装一体化。 (2) 具有自重轻、基础造价低、适用于软弱地基、安装容易、施工快、施工污染环境少、抗震性能好、可回收利用、经济环保等特点	
				分类	钢框架结构	适用范围：型钢柱——多层住宅结构； 方矩管柱——小高层
					钢框架-支撑结构	受力特点：①钢框架部分是剪切型结构，底部层间位移较大，顶部层间位移较小；②支撑部分是弯曲型结构，底部层间位移较小，而顶部层间位移较大；③钢框架和支撑，两者并联，可以减小结构底部和顶部的层间位移；④支撑斜杆仅承受水平荷载，当支撑产生屈曲或破坏后，不致危及建筑物的基本安全要求
			装配式木结构建筑	(1) 采用工厂预制各类标准或非标准木制结构组件。 (2) 现场装配为主要手段建造		

续表 2-3

主要分类	按承重体系分	混合结构体系		适用范围：大多用在住宅、办公楼、教学楼建筑中。住宅建筑最适合采用混合结构，一般在 6 层以下
		框架结构体系	特点	优点：建筑平面布置灵活，可形成较大的建筑空间，建筑立面处理也比较方便
				缺点：侧向刚度较小，当层数较多时，会产生较大的侧移，易引起非结构性构件破坏，而影响使用
		剪力墙体系	特点	优点：侧向刚度大，水平荷载作用下侧移小
				缺点：间距小，建筑平面布置不灵活，不适用于大空间的公共建筑，另外结构自重也较大
		框架-剪力墙结构体系	特点	（1）横向剪力墙宜均匀对称布置在建筑物端部附近、平面形状变化处。纵向剪力墙宜布置在房屋两端附近。 （2）在水平荷载的作用下，剪力墙变形为弯曲型，框架为剪切型。框架与剪力墙通过楼盖联系在一起，并通过楼盖的水平刚度使两者具有共同的变形。 （3）整个建筑的剪力墙至少承受 80%的水平荷载
			适用范围	适用于不超过 170m 高的建筑
		筒体结构体系	特点	（1）是抵抗水平荷载最有效的结构体系。 （2）整个建筑犹如一个固定于基础上的封闭空心的筒式悬臂梁来抵抗水平力
			适用范围	适用于高度不超过 300m 的建筑
		桁架结构体系	优点	可利用截面较小的杆件组成截面较大的杆件
			适用范围	（1）单层厂房的屋架。 （2）断面较大的拱式结构、单层钢架结构
		网架结构体系	特点	（1）平板网架的优点是空间受力体系，杆件主要承受轴向力，受力合理，节约材料，整体性能好，刚度大，抗震性能好。 （2）网架结构体系杆件类型较少，适于工业化生产
		拱式结构体系	特点	是一种有推力的结构，其主要内力是轴向压力
			适用范围	适用于体育馆、展览馆等建筑中

续表 2-3

主要分类	按承重体系分	悬索结构体系	特点	悬索屋盖结构的跨度已达 160m，悬索结构的主要承重构件是受拉的钢索
			适用范围	主要用于体育馆、展览馆中
		薄壁空间结构体系	特点	（1）厚度比其他尺寸（如跨度）小得多。 （2）属于空间受力结构，主要承受曲面内的轴向压力，弯矩很小。 （3）受力比较合理，材料强度能得到充分利用。 （4）薄壳结构多采用现浇钢筋混凝土，费模板、费工时
			适用范围	常用于大跨度的屋盖结构，如展览馆、俱乐部、飞机库等

经典考题剖析

一、2023 年考题

1. 下列关于全预制装配式混凝土结构的特点，正确的是（　　）。

A. 通常采用刚性连接技术　　B. 少部分构件在工厂生产

C. 连接部位抗弯能力强　　D. 震后恢复性能好

答案：D

[**解析**] 本题考查的是有关按施工方法分类的各类民用建筑特点。全预制装配式结构，是指所有结构构件均在工厂内生产，运至现场进行装配。全预制装配式结构通常采用柔性连接技术，所谓柔性连接是指连接部位抗弯能力比预制构件低，因此，地震作用下弹塑性变形通常发生在连接处，而梁柱构件本身不会被破坏，或者是变形在弹性范围内。因此全预制装配式结构的恢复性能好，震后只需对连接部位进行修复即可继续使用，具有较好的经济效益。

2. 下列关于各种民用建筑结构体系特点的说法，正确的有（　　）。

A. 框架结构体系层数较多时，会产生较大侧移，易引起结构性构件破坏

B. 框架-剪力墙结构侧向刚度较大，平面布置灵活

C. 框架-剪力墙结构中，剪力墙主要承受水平荷载，其变形为弯曲型变形

D. 筒体结构抵抗水平荷载最为有效，不适用于高层建筑

E. 桁架结构的优点是可利用截面较小的杆件组成截面较大的构件

答案：B、C、E

[**解析**] 本题考查的是有关按承重体系分类的各类民用建筑特点。按民用建筑承重体系，可分为：混合结构体系、框架结构体系、剪力墙体系、框架-剪力墙结构体系、筒体结构体系、桁架结构体系、网架结构体系、拱式结构体系、悬索结构体系和薄壁空

间结构体系。其中：

（1）框架结构体系。框架结构是利用梁、柱组成的纵、横两个方向的框架形成的结构体系，同时承受竖向荷载和水平荷载。其主要优点是建筑平面布置灵活，可形成较大的建筑空间，建筑立面处理也比较方便；缺点是侧向刚度较小，当层数较多时，会产生较大的侧移，易引起非结构性构件（如隔墙、装饰等）破坏，而影响使用。

（2）框架-剪力墙结构体系。框架-剪力墙结构是在框架结构中设置适当剪力墙的结构，具有框架结构平面布置灵活，有较大空间的优点，又具有侧向刚度较大的优点。框架-剪力墙结构中，剪力墙主要承受水平荷载，竖向荷载主要由框架承担。在水平荷载的作用下，剪力墙好比固定于基础上的悬臂梁，其变形为弯曲型变形，框架为剪切型变形。框架与剪力墙通过楼盖联系在一起，并通过楼盖的水平刚度使两者具有共同的变形。

（3）筒体结构体系。在高层建筑中，特别是超高层建筑中，水平荷载越来越大，起着控制作用。筒体结构是抵抗水平荷载最有效的结构体系。

（4）桁架结构体系。桁架是由杆件组成的结构体系。桁架结构的优点是利用截面较小的杆件组成截面较大的构件。

二、2022年考题

1. 下列装配式建筑中，适用于软弱地基，经济环保的是（　　）。

A. 全预制装配式混凝土结构　　B. 预制装配整体式混凝土结构

C. 装配式钢结构　　D. 装配式木结构

答案：C

［**解析**］本题考查的是民用建筑按施工方法分类。装配式钢结构建筑适用于构件的工厂化生产，可以将设计、生产、施工、安装一体化。具有自重轻、基础造价低、安装容易、施工快、施工污染环境少、抗震性能好、可回收利用、经济环保等特点，适用于软弱地基。

2. 下列结构体系中，适用于超高层民用建筑的是（　　）。

A. 混合结构体系　　B. 框架结构体系

C. 剪力墙体系　　D. 筒体结构体系

答案：D

［**解析**］本题考查的是民用建筑按承重体系分类。在高层建筑中，特别是超高层建筑中，水平荷载越来越大，起控制作用。筒体结构是抵抗水平荷载最有效的结构体系。它的受力特点是：整个建筑犹如一个固定于基础上的封闭空心的筒式悬臂梁来抵抗水平力。

三、2021年考题

下列房屋结构中，抗震性能好的是（　　）。

A. 砖木结构　　B. 砖混结构

C. 现代木结构　　D. 钢结构

E. 型钢混凝土组合结构

答案：C、D、E

［解析］本题考查的是民用建筑按建筑物的承重结构材料的分类。一般砖木结构适用于低层建筑（1～3层）。这种结构建造简单，材料容易准备，费用较低。砖混结构适合开间进深较小，房间面积小，多层或低层的建筑。现代木结构主要结构构件采用工程木材，构件连接节点采用金属连接件连接，具有绿色环保、节能保温、建造周期短、抗震耐久等诸多优点。钢结构的特点是强度高、自重轻、整体刚性好、变形能力强，抗震性能好，适用于建造大跨度和超高、超重型的建筑物。型钢混凝土组合结构是型钢、钢筋、混凝土三者结合，具有比传统的钢筋混凝土结构承载力大、刚度大、抗震性能好的优点。

四、其他年份考题

1. 目前多层住宅楼房多采用（　　）。

A. 砖木结构　　B. 砖混结构

C. 钢筋混凝土结构　　D. 木结构

答案：B

［解析］本题考查的是民用建筑各种结构形式的适用范围。砖混结构是指建筑物中竖向承重结构的墙、柱等采用砖或砌块砌筑，横向承重的梁、楼板、屋面板等采用钢筋混凝土结构。砖混结构是以小部分钢筋混凝土及大部分砖墙承重的结构，适用于开间进深较小、房间面积小、多层或低层的建筑。

2. 在满足一定功能的前提下，与钢筋混凝土结构相比，型钢混凝土结构的优点在于（　　）。

A. 造价低　　B. 承载力大

C. 节省钢材　　D. 刚度大

E. 抗震性能好

答案：B、D、E

［解析］本题考查的是型钢混凝土组合结构的特点。型钢混凝土组合结构是把型钢埋入钢筋混凝土中的一种独立的结构形式。型钢、钢筋、混凝土三者结合使型钢混凝土结构具备了比传统钢筋混凝土结构承载力大、刚度大、抗震性能好的优点。与钢结构相比，具有防火性能好、结构局部和整体稳定性好、节省钢材的优点。型钢混凝土组合结构应用于大型结构中，力求截面最小化，承载力最大，节约空间，但是造价比较高。

考点四：绿色建筑与节能建筑

点评：本考点在2019年版教材新增后，仅2022年考过一道多项选择题。包括两部分内容，第一，绿色建筑的评价指标和等级划分；第二，各种节能建筑的特点。考生按照知识点集成的总结复习即可。

知识要点集成

表 2-4 绿色建筑与节能建筑

绿色建筑	评价对象	单栋建筑或建筑群	
	评价时点	（1）建筑工程竣工后进行； （2）建筑工程施工图设计完成后，可进行预评价	
	评价指标	（1）评价指标体系由安全耐久、健康舒适、生活便利，资源节约、环境宜居 5 类指标组成； （2）每类指标均包括控制项和评分项； （3）统一设置加分项	
	等级	（1）分为基本级、一星级、二星级、三星级 4 个等级； （2）基本级：满足全部控制项要求；一星级、二星级、三星级的绿色建筑总得分分别达到 60 分、70 分、85 分	
节能建筑	分类	一般节能建筑	
		被动式节能建筑	特点：不需要主动加热，它基本上是依靠被动收集来的热量来使房屋本身保持一个舒适的温度。使用太阳、人体、家电及热回收装置等带来的热能，不需要主动热源的供给
		零能耗建筑	特点：不消耗常规能源建筑，完全依靠太阳能或者其他可再生能源
		产能型住宅	特点：住宅所产生的能量超过其自身运行所需能量

经典考题剖析

2022 年考题

保持被动式节能建筑舒适温度的热量来源有（　　）。

A. 燃煤　　B. 供暖

C. 人体　　D. 家电

E. 热回收装置

答案：C、D、E

［解析］本题考查的是绿色建筑的特点。被动式节能建筑不需要主动加热，基本上是依靠被动收集来的热量来使房屋本身保持一个舒适的温度。使用太阳、人体、家电及热回收装置等带来的热能，不需要主动热源的供给。

考点五：基础分类、构造

点评：本考点近几年的考题比较偏重于结合具体实例，考核不同基础类型的适用范围，以及基础埋深的影响因素。另外，考生还应该注意一些数字的规定，属于不太好掌握的内容。

知识要点集成

表 2-5　基础分类、构造

<table>
<tr><td rowspan="7">分类</td><td rowspan="3">按材料和受力特点分</td><td rowspan="2">刚性基础</td><td rowspan="2">特点：①受刚性角限制；②刚性角大小只与材料有关</td><td>砖基础</td><td>适用范围：地基土好、地下水位较低、五层以下的砖木结构或砖混结构</td></tr>
<tr><td>混凝土基础</td><td>适用范围：地下水位高受冰冻影响的地区。
构造要求：基础断面应保证两侧有不小于 200mm 的垂直面</td></tr>
<tr><td>柔性基础</td><td colspan="3">特点：不受刚性角限制；可节省大量的混凝土材料和挖土工程量。
要求：锥形断面，最薄处高度不小于 200mm；阶梯形断面，每踏步高 300～500mm</td></tr>
<tr><td rowspan="4">按构造形式分</td><td>独立基础</td><td colspan="3">一般多为柱下独立基础，预制柱，独立基础做成杯形基础，用细石混凝土将柱周围的缝隙填实</td></tr>
<tr><td rowspan="2">条形基础</td><td>墙下条形基础</td><td colspan="2">无肋式：适用于上部结构荷载较大而土质较差时。
肋式：适用于地基在水平方向上压缩性不均匀</td></tr>
<tr><td>柱下钢筋混凝土条形基础</td><td colspan="2">适用范围：地基软弱而荷载较大时，柱下单独基础底面积很大，因而互相接近</td></tr>
<tr><td>柱下十字交叉基础（井格基础）</td><td colspan="3">适用范围：地基条件较差，如土质软弱</td></tr>
</table>

续表 2-5

<table>
<tr><td rowspan="3">分类</td><td rowspan="3">按构造形式分</td><td>筏形基础</td><td>适用范围：地基基础软弱而荷载又很大，采用十字基础仍不能满足要求或相邻基槽距离很小时</td></tr>
<tr><td>箱形基础</td><td>适用范围：地基软弱土层厚、荷载大和建筑面积不太大的重要建筑物；高层建筑中多采用</td></tr>
<tr><td>桩基础</td><td>适用范围：建筑物荷载较大，地基的软弱土层厚度在 5m 以上，基础不能埋在软弱土层内，或对软弱土层进行人工处理困难和不经济时。
优点：节省材料，减少挖填土方工程量，改善工人的劳动条件，缩短工期</td></tr>
<tr><td rowspan="2">埋深</td><td>影响因素</td><td colspan="2">（1）建筑物上部荷载的大小。
（2）地基土质的好坏。
（3）地下水位的高低。
（4）土壤冰冻的深度。
（5）新旧建筑物的相邻交接等</td></tr>
<tr><td>原则</td><td colspan="2">（1）尽量浅埋，除岩石地基外，不应浅于 0.5m。
（2）基础顶面应低于设计地面 100mm 以上</td></tr>
<tr><td rowspan="3">地下室防潮与防水</td><td>地下室防潮</td><td colspan="2">（1）砖墙构造要求：必须采用水泥砂浆砌筑，灰缝要饱满；墙外侧设垂直防潮层。
（2）必须设两道水平防潮层。一道设在地下室地坪附近；另一道设置在室外地面散水以上 150～200mm 的位置</td></tr>
<tr><td rowspan="2">地下室防水</td><td>防水材料影响因素</td><td>（1）地下室的使用功能。
（2）结构形式。
（3）环境条件</td></tr>
<tr><td>防水材料适用范围</td><td>（1）处于侵蚀介质中的工程采用：耐腐蚀的防水混凝土、防水砂浆或卷材、涂料。
（2）结构刚度较差或受振动影响的工程：采用卷材、涂料等柔性防水材料</td></tr>
</table>

经典考题剖析

一、2023 年考题

1. 锥形或阶梯形墩基垂直面最小宽度应为（　　）mm。

A. 100　　B. 120　　C. 150　　D. 200

答案：D

［解析］本题考查的是有关民用建筑混凝土基础构造。混凝土基础台阶宽高比为1∶1～1∶1.5，实际使用时可把基础断面做成锥形或阶梯形。对于锥形或阶梯形基础断面，应保证两侧有不小于200mm的垂直面。

2. 荷载较大、地基的软弱土层厚度为6.5m的民用建筑，当人工处理软弱土层难度大且工期较紧时，宜采用的基础形式为（ ）。

A. 独立基础　B. 井格基础　C. 箱型基础　D. 桩基础

答案：D

［解析］本题考查的是有关按基础构造形式分类的各类民用建筑基础特点。桩基是按设计的点位将桩身置入土中的，桩的上端灌注钢筋混凝土承台，承台上接柱或墙体，使荷载均匀地传递给桩基。当建筑物荷载较大，地基的软弱土层厚度在5m以上，基础不能埋在软弱土层内，或对软弱土层进行人工处理困难和不经济时，常采用桩基础。

3. 影响建筑物基础埋深的因素有（ ）。

A. 地下水位的高低　B. 建筑面积的大小

C. 地基土质的好坏　D. 散水宽度与坡度

E. 新旧建筑物的相邻交接

答案：A、C、E

［解析］本题考查的是有关影响基础埋深因素。从室外设计地面至基础底面的垂直距离称为基础的埋深。建筑物上部荷载的大小，地基土质的好坏，地下水位的高低，土壤冰冻的深度以及新旧建筑物的相邻交接等，都影响基础的埋深。

二、其他年份考题

相对刚性基础而言，柔性基础的本质在于（ ）。

A. 基础材料的柔性　B. 不受刚性角的影响

C. 不受混凝土强度的影响　D. 利用钢筋抗拉承受弯矩

答案：B

［解析］本题考查的是民用建筑刚性基础和柔性基础的区别。刚性基础所用的材料抗压强度较高，但抗拉及抗剪强度偏低。用此类材料建造的基础，应保证其基底只受压，不受拉。在设计中，应尽量使基础大放脚与基础材料的刚性角一致，确保基础底面不产生拉应力，最大限度地节约基础材料。刚性基础受刚性角的限制，构造上通过限制刚性基础宽高比来满足刚性角的要求。鉴于刚性基础受其刚性角的限制，要想获得较大的基底宽度，相应的基础埋深也应加大。在混凝土基础底部配置受力钢筋，利用钢筋抗拉，这样基础可以承受弯矩，也就不受刚性角的限制，所以钢筋混凝土基础也称柔性基础。

考点六：墙体类型、构造

点评：本考点历年命题出现率较高，考核内容有两部分，一是墙体的类型，二是墙体的主要细部构造。近几年考题主要集中在第二部分，并且圈梁、构造柱和变形缝出现的概率比较高。

知识要点集成

表 2-6 墙体类型、构造

<table>
<tr><td rowspan="8">类型</td><td>按位置分</td><td colspan="3">内墙、外墙、横墙和纵墙</td></tr>
<tr><td>按受力分</td><td colspan="3">承重墙和非承重墙。建筑物内部只起分隔作用的非承重墙称为隔墙，隔墙按其构造方式可分为块材隔墙、骨架隔墙、板材隔墙三大类</td></tr>
<tr><td>按构造方式分</td><td colspan="3">实体墙、空体墙和组合墙。
实体墙是由一种材料构成，如普通砖墙、砌块墙；
空体墙也是由一种材料构成，但墙内留有空格，如空斗墙、空气间层墙等；
组合墙则是由两种以上材料组合而成的墙</td></tr>
<tr><td>按所用材料分</td><td colspan="3">砖墙、石墙、土墙、混凝土或工业废料制成的砌块墙、板材墙</td></tr>
<tr><td rowspan="4">按墙体承重结构支承系统</td><td>按墙体布置分</td><td colspan="2">横墙承重、纵墙承重以及纵横墙混合承重等</td></tr>
<tr><td rowspan="3">按建造材料及高度、荷载分</td><td>砌体墙承重的混合结构系统</td><td>适用范围：限定高度下的建筑</td></tr>
<tr><td rowspan="2">钢筋混凝土墙承重系统</td><td>适用范围：各种高度的建筑，特别是高层建筑</td></tr>
<tr><td>分类：预制装配和现浇</td></tr>
<tr><td rowspan="7">主要细部构造</td><td rowspan="4">防潮层</td><td colspan="3">实铺地面的外墙防潮层设于室内地坪以下 60mm 处，墙体两侧地坪不等高时应分别设置，并加设垂直防潮层</td></tr>
<tr><td>油毡防潮层</td><td colspan="2">不宜用于下端按固定端考虑的砖砌体和有抗震要求的建筑</td></tr>
<tr><td>砂浆防潮层</td><td colspan="2">适用于抗震地区和一般的砖砌体中；不适用于地基会产生微小变形的建筑中</td></tr>
<tr><td>细石钢筋混凝土防潮层</td><td colspan="2">适用于整体刚度要求较高的建筑中</td></tr>
<tr><td>勒脚</td><td colspan="3">防止地面水和屋檐滴水对墙面的侵蚀，另起美化建筑立面作用，勒脚高度一般为室内外地坪的高差</td></tr>
<tr><td>散水、明沟</td><td colspan="3">降雨量小于 900mm 地区只设散水，降雨量大于 900mm 地区同时设散水和暗（明）沟。散水宽 600～1 000mm</td></tr>
<tr><td colspan="4">圈梁、构造柱、变形缝</td></tr>
</table>

表 2-7　墙体三个主要细部构造

细部构造	作　用	设置部位	构造要求
圈梁	提高空间刚度、整体性； 减少不均匀沉降造成的开裂； 防止震动的不良影响； 钢筋混凝土圈梁可减轻震害； 可兼作过梁； 有无抗震要求均应设置	(1) 总体要求：在檐口、窗顶、楼层、吊车梁顶或基础顶面标高处，沿水平方向封闭设置。 (2) 多层砌体： 1) 民用房屋层数为 3～4 层时，应在底层和檐口标高处各设置一道圈梁。层数超过 4 层时，至少还应增加所有纵、横墙上隔层设置。 2) 工业房屋，应每层设置。 3) 设置墙梁时，应在托梁、墙梁顶面和檐口标高处设置。 (3) 空旷单层房屋（厂房、仓库、食堂）： 1) 砖砌体结构房屋，檐口标高为 5～8m 时，应在檐口标高处设置一道圈梁，檐口标高大于 8m 时，应增加设置数量。 2) 砌块及料石砌体结构房屋，檐口标高为 4～5m 时，应在檐口标高处设置一道圈梁，檐口标高大于 5m 时，应增加设置数量。 3) 有吊车或较大振动设备的单层工业房屋，当未采取有效的隔振措施时，除应在檐口或窗顶标高处设置外，尚应增加设置数量	(1) 圈梁宽度不应小于 190mm，高度不应小于 120mm。 (2) 配筋不应少于 4ϕ12，箍筋间距不应大于 200mm。 (3) 当圈梁遇到洞口不能封闭时，应在洞口上部设置截面不小于圈梁截面的附加梁，其搭接长度不小于 1m，且应大于两梁高差的 2 倍。 (4) 对有抗震要求的建筑物，圈梁不宜被洞口截断
构造柱	提高整体刚度和墙体延性； 约束裂缝开展； 起抗震作用，无抗震要求时不设	(1) 外墙四角、错层部位、横墙与外纵墙交接处、较大洞口两侧等处。 (2) 沿整个建筑高度贯通，并与圈梁、地梁现浇成一体	(1) 马牙槎凹凸尺寸不宜小于 60mm，高度不应超过 300mm，马牙槎应先退后进，对称砌筑。 (2) 拉结钢筋应沿墙高每隔 500mm 设 2ϕ6 水平钢筋和 ϕ4 分布短筋平面内点焊组成的拉结网片或 ϕ4 点焊钢筋网片，每边伸入墙内不宜小于 1m。6 度、7 度抗震设防时底部 1/3 楼层，8 度抗震设防时底部 1/2 楼层，9 度抗震设防时全部楼层，拉结钢筋网片应沿墙体水平通长设置

续表 2-7

细部构造		作用	设置部位	构造要求
变形缝	伸缩缝	防止温差裂缝	沿建筑物长度隔一定距离设置	地面以上构件断开，基础不断； 缝宽 20～30mm 内填保温材料
	沉降缝	防止因建筑不均匀沉降引起的薄弱部位开裂	上部荷载明显变化处； 下部地基承载力明显变化处	从屋顶到基础全部断开； 缝宽＞50mm，且随房屋高度增加而加宽
	防震缝	防止形体复杂、结构刚度不均匀的多层砖混结构因地震造成破坏	房屋形体或结构刚度变化处	基础以上断开，基础不断； 缝宽与房屋高度和抗震设防烈度有关

经典考题剖析

一、2021 年考题

关于多层砌体工程工业房屋的圈梁设置位置，正确的为（　　）。

A. 在底层设置一道　　B. 在檐沟标高处设置一道

C. 在纵横墙上隔层设置　　D. 在每层和檐口标高处设置

答案：D

[**解析**] 本题考查的是圈梁构造的特点。圈梁是在房屋的檐口、窗顶、楼层、吊车梁顶或基础顶面标高处，沿砌体墙水平方向设置封闭状的按构造配筋的混凝土梁式构件。宿舍、办公楼等多层砌体民用房屋，且层数为 3～4 层时，应在底层和檐口标高处各设置一道圈梁。当层数超过 4 层时，除应在底层和檐口标高处各设置一道圈梁外，至少应在所有纵、横墙上隔层设置。多层砌体工业房屋，应每层设置现浇混凝土圈梁。设置墙梁的多层砌体结构房屋，应在托梁、墙梁顶面和檐口标高处设置现浇钢筋混凝土圈梁。

二、其他年份考题

设置圈梁的主要意义在于（　　）。

A. 提高建筑物空间刚度　　B. 提高建筑物的整体性

C. 传递墙体荷载　　D. 提高建筑物的抗震性

E. 增加墙体的稳定性

答案：A、B、D、E

[解析] 本题考查的是圈梁构造的特点。圈梁是在房屋的檐口、窗顶、楼层、吊车梁顶或基础顶面标高处，沿砌体墙水平方向设置封闭状的按构造配筋的混凝土梁式构件。它可以提高建筑物的空间刚度和整体性，增加墙体稳定，减少由于地基不均匀沉降而引起的墙体开裂，并防止较大振动荷载对建筑物的不良影响。在抗震设防地区，设置圈梁是减轻震害的重要构造措施。

考点七：楼板类型、构造

点评： 本考点历年命题出现率较高，近几年主要考核的内容是各种板的分类、适用范围，以及地面各组成部分的作用。考核的方式是结合具体实例考察考生对知识理解的程度，另外，考生还应特别注意适用范围后面的举例。

知识要点集成

表 2-8 钢筋混凝土楼板

<table>
<tr><td rowspan="7">楼板与地面</td><td rowspan="7">现浇钢筋混凝土楼板</td><td colspan="2"></td><td>构造特点</td><td>适用范围或优缺点</td></tr>
<tr><td rowspan="3">板式楼板</td><td>单向板</td><td>$l_{长}/l_{短} \geqslant 3$，短边受力，短向为受力筋在下方，长向为分布筋</td><td rowspan="3">跨度小的房间</td></tr>
<tr><td>双向板</td><td>$l_{长}/l_{短} < 3$，双向受力，双向配受力钢筋</td></tr>
<tr><td>悬臂板</td><td>板的根部厚，端部薄，受力钢筋在板上方</td></tr>
<tr><td colspan="2">梁式肋形楼板</td><td>主梁经济跨 5～8m，次梁 4～6m，板 1.7～3m</td><td>用于开间、进深较大，楼面弯矩大的房间</td></tr>
<tr><td colspan="2">井字形肋形楼板</td><td>双向都是次梁，区格边长 1.5～3m</td><td>适用范围：①房间的平面形状近似正方形；②跨度在 10m 以内。
优点：天棚整齐美观，提高房屋的净空高度，常用于门厅、会议厅等处</td></tr>
<tr><td colspan="2">无梁楼板</td><td>柱网多为 6m 以内的方形（矩形），分为有柱帽和无柱帽</td><td>常用于荷载大、管线多的仓库、商店</td></tr>
</table>

续表 2-8

<table>
<tr><td rowspan="6">楼板与地面</td><td rowspan="4">预制混凝土楼板</td><td colspan="2">预制装配式钢筋混凝土楼板</td><td>优点：可节省模板，改善劳动条件，提高效率，缩短工期，促进工业化水平。
缺点：整体性不好，灵活性也不如现浇板，更不宜在楼板上穿洞</td></tr>
<tr><td rowspan="3">装配整体式钢筋混凝土楼板</td><td colspan="2">优点：整体性较好，可节省模板，施工速度较快</td></tr>
<tr><td>叠合楼板</td><td>特点：现浇叠合层内设置负弯矩钢筋，其中敷设水平设备管线</td></tr>
<tr><td>密肋填充块楼板</td><td>特点：楼板底面平整，隔声效果好，充分利用不同材料的性能，节约模板且整体性好</td></tr>
<tr><td rowspan="2">地面</td><td colspan="3">构造：由面层、垫层和基层三部分组成</td></tr>
<tr><td colspan="3">作用：①面层：保证室内使用条件和装饰地面的作用；②垫层：承受并传递荷载；③基层：承受垫层传来的荷载</td></tr>
</table>

经典考题剖析

一、2023 年考题

跨度为 9m，净空高度要求较大，平面为正方形的会议厅，宜优先采用的现浇钢筋混凝土楼板类型为（　　）。

A. 板式楼板　　B. 无梁楼板

C. 井字形肋楼板　　D. 梁板式肋形楼板

答案：C

［解析］本题考查的是有关民用建筑现浇混凝土各类楼板构造。井字形密肋楼板没有主梁，都是次梁（肋），且肋与肋间的跨离较小。当房间的平面形状近似正方形，跨度在 10m 以内时，常采用这种楼板。井字形密肋楼板具有天棚整齐美观，有利于提高房屋的净空高度等优点，常用于门厅、会议厅等处。

二、2021 年考题

1. 在以下工程结构中，适用于采用现浇钢筋混凝土井字形密肋楼板的为（　　）。

A. 厨房　　B. 会议厅

C. 储藏室　　D. 仓库

答案：B

［解析］本题考查的是现浇钢筋混凝土楼板的特点。井字形密肋楼板没有主梁，都是次梁（肋），且肋与肋间的跨度较小。当房间的平面形状近似正方形，跨度在 10m 以内时，常采用这种楼板。井字形密肋楼板具有天棚整齐美观，有利于提高房屋的净空高

度等优点，常用于门厅、会议厅等处。

2. 地面中起传递分散荷载的是（ ）。

A. 底面层 B. 基层

C. 中间面层 D. 表面层

E. 垫层

答案：B、E

［解析］本题考查的是民用建筑中地面的构造。地面主要由面层、垫层和基层三部分组成。面层是地面上表面的铺筑层，也是室内空间下部的装修层，起着保证室内使用条件和装饰地面的作用。垫层是位于面层之下用来承受并传递荷载的部分，起到承上启下的作用。基层是地面的最下层，承受垫层传来的荷载，因而要求其坚固、稳定。

三、其他年份考题

现浇钢筋混凝楼板主要分为（ ）。

A. 板式楼板 B. 梁式楼板

C. 梁板式肋形楼板 D. 井字形肋楼板

E. 无梁楼板

答案：A、C、D、E

［解析］本题考查的是现浇钢筋混凝土楼板的分类。现浇钢筋混凝土楼板主要分为：板式楼板、梁板式肋形楼板、井字形肋楼板、无梁楼板四种类型。

考点八：阳台、楼梯类型、构造

点评：本考点近几年的考题多集中在楼梯部分，楼梯的特点及适用范围是考生应该特别注意的，另外，考生还应该关注楼梯细部构造的内容。

知识要点集成

表 2-9 阳台类型、构造

阳台承重构件	墙承式	结构简单、施工方便多用于凹阳台	
	悬挑式	挑梁式	由横墙伸出挑梁支承阳台，挑梁压入墙内长度为悬挑长度的 1.5 倍
		挑板式	（1）与墙梁现浇，外挑不宜超过 1.2m； （2）房间楼板直接外挑形成阳台板
细部构造	（1）栏杆（栏板）、扶手； （2）阳台排水：阳台地面应低于室内地面 30～50mm，泄水管外伸至少 80mm，高层建筑应导入雨水管		

表 2-10 钢筋混凝土楼梯构造

钢筋混凝土楼梯构造	现浇钢筋混凝土楼梯	板式楼梯	组成：梯段板、平台梁和平台板
			优点：梯段底面平整，外形简洁，便于支撑施工
			适用范围：梯段跨度不大时采用
		梁式楼梯	组成：斜梁、踏步板、平台梁和平台板
			适用范围：荷载或梯段跨度较大时采用
	预制装配式钢筋混凝土楼梯	小型构件装配式楼梯	分类：按预制踏步的支承方式分为悬挑式、墙承式、梁承式三种
		中型构件装配式楼梯	分类：梁板式和板式
		大型构件装配式楼梯	构成：楼梯段与休息平台一起组成一个构件
楼梯的细部构造	踏步面层及防滑构造	防滑条的材料主要有：金刚砂、马赛克、橡皮条和金属材料等	
	栏杆、栏板和扶手	（1）栏杆与梯段的连接方法有：预埋铁件焊接、预留孔洞插接、螺栓连接。 （2）钢栏杆、木制扶手或塑料扶手，两者间用木螺丝连接；金属栏杆金属扶手，采用焊接连接	

经典考题剖析

一、2023 年考题

与现浇钢筋混凝土板式楼梯相比，梁式楼梯的主要特点是（　　）。

A. 便于支撑施工　　　　B. 梯段底面平整，外形简洁

C. 当梯段跨度较大时，不经济　　　　D. 当荷载较大时，较为经济

答案：D

［解析］本题考查的是有关民用建筑中现浇钢筋混凝土楼梯的构造。梁式楼梯段是由斜梁和踏步板组成。当楼梯踏步受到荷载作用时，踏步为一水平受力构造，踏步板把荷载传递左右斜梁，斜梁把荷载传递给与之相连的上下休息平台梁，最后，平台梁将荷载传给墙体或柱子。当荷载或梯段跨度较大时，采用梁式楼梯比较经济。

二、2022 年考题

楼梯踏步防滑条常用的材料有（　　）。

A. 金刚砂　　　　B. 马赛克

C. 橡皮条　　　　D. 金属材料

E. 玻璃

答案：A、B、C、D

[**解析**] 本题考查的是民用建筑中钢筋混凝土楼梯构造。为防止行人使用楼梯时滑倒，踏步表面应有防滑措施，表面光滑的楼梯必须对踏步表面进行处理，通常是在接近踏口处设置防滑条，防滑条的材料主要有金刚砂、马赛克、橡皮条和金属材料等。

三、2021 年考题

按楼梯段传力的特点区分，预制装配式钢筋混凝土中型楼梯的主要类型包括（　　）。

A. 墙承式　　　　B. 梁板式

C. 梁承式　　　　D. 板式

E. 悬挑式

答案：B、D

[**解析**] 本题考查的是民用建筑中预制装配式钢筋混凝土楼梯的构造。中型构件装配式楼梯一般是由楼梯段和带有平台梁的休息平台板两大构件组合而成，楼梯段直接与楼梯休息平台梁连接，楼梯的栏杆与扶手在楼梯结构安装后再进行安装。带梁休息平台形成一类似槽形板构件，在支承楼梯段的一侧，平台板肋断面加大，并设计成 L 形断面以利于楼梯段的搭接。楼梯段与现浇钢筋混凝土楼梯类似，有梁板式和板式两种。

四、其他年份考题

将房间楼板直接向外悬挑形成阳台板，该阳台承重支承方式为（　　）。

A. 墙承式　　　　B. 挑梁式

C. 挑板式　　　　D. 板承式

答案：C

[**解析**] 本题考查的是民用建筑中阳台承重结构支撑的方式。阳台承重结构的支承方式有墙承式、悬挑式等。按悬挑方式不同有挑梁式和挑板式两种。挑板式是将阳台板悬挑，一般有两种做法：一种是将阳台板和墙梁现浇在一起，利用梁上部的墙体或楼板来平衡阳台板，以防止阳台倾覆。这种做法阳台底部平整，外形轻巧，阳台宽度不受房间开间限制，但梁受力复杂，阳台悬挑长度受限，一般不宜超过 1.2m。另一种是将房间楼板直接向外悬挑形成阳台板。这种做法构造简单，阳台底部平整，外形轻巧，但板受力复杂，构件类型增多，由于阳台地面与室内地面标高相同，不利于排水。

考点九：门、窗的构造组成

点评：本考点内容历年出现的极少，但门、窗尺寸应予关注。

知识要点集成

表 2-11　门、窗构造组成

<table>
<tr><td rowspan="3">门</td><td rowspan="2">构造组成</td><td>门樘</td><td>又称门框，由上槛、中槛和边框组成，多扇门还有中竖框</td></tr>
<tr><td>门扇</td><td>由上冒头、中冒头、下冒头和边框组成</td></tr>
<tr><td>尺度与数量</td><td colspan="2">（1）最小宽度取决于人体尺寸、通过人流量、家具设备尺寸；
（2）住宅入户门 1 000mm，卧室 900mm，厨房 800mm，厕所浴室 700mm</td></tr>
<tr><td rowspan="3">窗</td><td rowspan="2">构造组成</td><td>窗樘</td><td>由上框、下框、中横框、中竖框、边框组成</td></tr>
<tr><td>窗扇</td><td>由上冒头、中冒头、下冒头、边框组成</td></tr>
<tr><td>尺度</td><td colspan="2">（1）尺度取决于采光、通风、构造做法、建筑造型；
（2）窗的宽、高通常采用扩大模数 3M 数列</td></tr>
</table>

经典考题剖析

其他年份考题

单扇门的宽度一般不超过（　　）mm。

A. 900　　　　B. 1 000

C. 1 100　　　D. 1 200

答案：B

［解析］ 作为一般房间的单扇门最小宽度为 700mm。常用于浴厕，厨房常取 800mm，卧室一般采用 900mm，入户门最宽为 1 000mm。而对大型公共建筑的门，考虑人流迅速安全疏散常采用双扇门且每扇门宽度不应小于 1 400mm。

考点十：屋顶类型、构造

点评： 本考点近几年命题出现率较低，考生按总结的知识点复习即可。

知识要点集成

表 2-12 屋顶类型、构造

<table>
<tr><td rowspan="7">平屋顶
$i\leqslant10\%$</td><td rowspan="3">排水构造</td><td colspan="2">起坡方式</td><td>一种是材料找坡（用保温材料或找平层）；另一种是用结构起坡</td></tr>
<tr><td colspan="2">排水方式</td><td>分有组织和无组织排水。有组织排水分重力式和虹吸式，寒冷地区宜采用内排水</td></tr>
<tr><td colspan="2">水落管的布置</td><td>$F=\frac{438D^2}{H}$，D的单位为 cm，工程实践中水落管的适用间距为10～15m，当计算间距大于适用间距时按适用间距设置水落管</td></tr>
<tr><td rowspan="4">柔性防水构造</td><td colspan="2">屋面防水等级的划分</td><td>依据工程类别和工程防水使用环境类别分为三级</td></tr>
<tr><td colspan="2">卷材防水</td><td>目前使用较多的是合成高分子防水卷材和高聚物改性沥青防水卷材</td></tr>
<tr><td rowspan="2">涂膜防水</td><td>正置式</td><td>保温层在防水层下</td></tr>
<tr><td>侧置式</td><td>保温层在防水层上，此时选用的保温材料要耐水</td></tr>
<tr><td rowspan="12">坡屋顶
$i>10\%$</td><td rowspan="4">承重结构</td><td colspan="2">砖墙承重</td><td>又叫硬山搁檩，适用于小开间房屋</td></tr>
<tr><td colspan="2">屋架承重</td><td>适用于房屋内需要较大空间时，屋架多采用三角形（豪式和芬克式）</td></tr>
<tr><td colspan="2">梁架承重</td><td>由木梁、木柱、木坊构成为民间传统建筑，又称穿斗结构</td></tr>
<tr><td colspan="2">钢筋混凝土梁板承重</td><td>有现浇的梁板结构和预制板结构，另有折板结构适用于跨度不大的建筑</td></tr>
<tr><td rowspan="3">屋面构造</td><td colspan="2">平瓦</td><td>有水泥瓦和黏土瓦两种，按构造方式分为有椽条、有屋面板平瓦屋面，无椽条、有屋面板平瓦屋面和冷摊瓦屋面</td></tr>
<tr><td colspan="2">波形瓦</td><td>有水泥石棉的，钢丝网水泥的</td></tr>
<tr><td colspan="2">小青瓦</td><td>传统房屋中采用</td></tr>
<tr><td rowspan="5">细节构造</td><td colspan="2">檐口</td><td>常见的挑出檐口有砖挑檐、椽木挑檐、屋架附木或挑檐木挑檐</td></tr>
<tr><td colspan="2">山墙</td><td>有硬山和悬山两种</td></tr>
<tr><td colspan="2">烟囱泛水</td><td>做镀锌铁皮泛水时，靠屋脊侧铁皮伸入瓦下，靠檐口侧铁皮盖在瓦上</td></tr>
<tr><td colspan="2">斜天沟</td><td>在斜天沟处用镀锌铁皮折成槽状。固定在斜天沟下的屋面板上</td></tr>
<tr><td colspan="2">檐沟和水落管</td><td>水落管计算与布置与平屋顶同</td></tr>
</table>

经典考题剖析

一、2021 年考题

坡屋面可以采用的承重结构有（　　）。

A. 钢筋混凝土梁板　　B. 屋架承重

C. 柱　　D. 硬山搁檩

E. 梁架结构

答案：A、B、D、E

［**解析**］本题考查的是民用建筑中坡屋顶的承重结构的类型。坡屋顶的承重结构包括：砖墙承重，又叫硬山搁檩；屋架承重；梁架结构；钢筋混凝土梁板承重。

二、其他年份考题

所谓倒置式保温屋顶指的是（　　）。

A. 先做保温层，后做找平层　　B. 先做保温层，后做防水层

C. 先做找平层，后做保温层　　D. 先做防水层，后做保温层

答案：D

［**解析**］本题考查的是屋面保温构造的做法。平屋顶保温层的构造方式有正置式和倒置式两种，在可能条件下平屋顶应优先选用倒置式保温。倒置式屋顶是将传统屋顶构造中保温隔热层与防水层的位置“颠倒”，将保温隔热层设置在防水层之上。倒置式屋顶可以减轻太阳辐射和室外高温对屋顶防水层的不利影响，提高防水层的使用年限。

考点十一：装饰类型、构造

点评：本考点内容历年出现的极少，其内容应掌握墙面装饰中的涂料及各种楼地面的适用环境。

知识要点集成

表 2-13　装饰类型、构造

墙体饰面装饰	抹灰类	来源广泛、操作简便、造价低廉，但耐久性差，易开裂，劳动强度高，工效低
	贴面类	优点：耐久性好、施工方便、装饰性强、质量高、易于清洗等
		适用范围：质地细腻的材料用于室内装修，如瓷砖、大理石板等。质感粗放的材料用作室外装修，如陶瓷面砖、马赛克、花岗岩板等
	涂料类	外墙涂料应耐久、耐冻、耐污染；内墙涂料应装饰好，耐擦洗；炎热多雨地区应耐水、耐高温、防霉，寒冷地区应抗冻

续表 2-13

墙体饰面装饰	裱糊类	包括墙纸和墙布	
	铺钉类	由骨架和面板组成	
楼地面装饰	整体浇筑楼地面	水泥砂浆楼地面	构造简单、施工方便、造价低耐水，但易起灰无弹性，导热快，装饰差
		现浇水磨石楼地面	坚硬耐磨光洁、不透水、不起灰，常用于人流量大的交通空间和房间
		菱苦土楼地面	有弹性、热工性能好，但不耐水，不耐高温（35℃以上）
		细石混凝土楼地面	强度高、干缩性小，与水泥砂浆楼地面相比其耐久性和防水性更好，且不易起砂
	块料楼地面	陶瓷板块楼地面	坚硬耐磨，色泽稳定，耐水耐酸碱腐蚀，造价偏高
		石板楼地面	包括天然石板和人造石板（预制水磨石板、人造大理石板）
		塑料板块楼地面	应用较多的是半硬质聚氯乙烯块材
		木楼地面	有良好弹性、吸声性和低吸热性，耐火性差，易腐，造价较高
	卷材楼地面		常见的有软质聚氯乙烯塑料地毡、橡胶地毡、地毯
	涂料楼地面		是水泥砂浆地面的表面处理形式，以改善在使用和装饰的不足
天棚装饰	直接式天棚		—
	悬吊式天棚		—

经典考题剖析

说明：由于本考点近几年没有出题，现加入以下作者自编的题目，供各位考生选择性训练本考点内容。

1. 强度高、干缩性小，与水泥砂浆楼地面相比其耐久性和防水性更好，且不易起砂是（　　）的特点。

A. 现浇水磨石楼地面　　B. 菱苦土楼地面

C. 细石混凝土楼地面　　D. 石板楼地面

答案：C

［**解析**］本题考查的是整体浇注楼地面的特点。细石混凝土是用水泥、砂和粒径为0.5～1.0mm的小石子级配而成，表面撒1∶1的水泥砂浆随打随抹光。细石混凝土楼地面的强度高、干缩性小，与水泥砂浆楼地面相比其耐久性和防水性更好，且不易起砂，一般为35～40mm厚。

2.（　　）的构造做法是：在基层清理以后，可在基层上抹30mm厚1∶3干硬性水泥砂浆，刷素水泥浆一道，然后铺贴面层。

A. 陶瓷板块楼地面　　B. 石板楼地面

C. 塑料板块楼地面　　D. 木楼地面

答案：B

［**解析**］本题考查的是石板楼地面构造的做法。石板楼地面的构造做法：在基层清理以后，可在基层上抹 30mm 厚 1∶3 干硬性水泥砂浆，刷素水泥浆一道，然后铺贴石材板块。

其他年份考题

1. 炎热多雨地区选用的涂料应具有较好的（　　）。

A. 耐水性、耐高温性、抗霉性　　B. 耐水性、抗冻性、抗霉性

C. 耐水性、耐磨性、耐碱性　　D. 耐高温性、耐污染性、透气性

答案：A

［**解析**］在炎热多雨地区，除应耐高温、耐水外仍需具有抗霉性。

2. 坚硬耐磨、装饰效果好、造价偏高，一般适用水房间和有腐蚀房间楼地面的装饰构造为（　　）。

A. 水泥砂浆地面　　B. 水磨石地面

C. 陶瓷板块地面　　D. 人造石板地面

答案：C

［**解析**］选项 A 肯定不对，水磨石地面耐磨，但造价不算高，石板地面分天然的和人造的，天然石板地面耐磨，装饰好，造价较高，但人造石板价格不高，所以正确答案只有选项 C。

考点十二：建筑节能

点评：本考点近几年的考题多集中在墙体保温部分，外墙外保温和外墙内保温的构造、特点，以及两者的对比都是复习的重点。

知识要点集成

表 2-14　墙体保温隔热

<table>
<tr><td rowspan="4">墙体保温隔热</td><td rowspan="4">外保温外墙</td><td rowspan="3">构造</td><td>保温层</td><td>常用 EPS、XPS、岩棉板、玻璃棉毡、超轻保温浆</td></tr>
<tr><td>保温材料固定层</td><td>有粘贴式、钉固式和混合式</td></tr>
<tr><td>保温面层</td><td>分为薄面层和厚面层两种</td></tr>
<tr><td>特点</td><td colspan="2">无热桥现象节能效果好；室内温度稳定性高；保护主体结构，延长使用寿命；可用于新建墙体，也可用于旧墙改造，对居住者影响小；施工进度快，室内装修不破坏保温层</td></tr>
</table>

续表 2-14

墙体保温隔热	内保温外墙	构造	保温层	常用 GRC 板、玻纤增强石膏内保温板、P-GRC 内保温板
			空气层	在主体结构和内保温板之间设置
		特点	优点	施工方便安全，造价较低；夏天减少闷热感；保温材料使用寿命长；有利于安全防火；室内施工受风、雨气候影响小
			缺点	节能效果差；占用室内使用面积；不利于室内装修装饰；不便于建筑物的节能改造；热桥处理困难易结露；保温层易出现裂缝
	夹芯保温	—		
	单一保温	—		

表 2-15　地面保温隔热

地面保温隔热	直接与土壤接触的地面	沿外墙四周向室内 2m 宽范围设保温层。 严寒地区或保温要求高的建筑可沿整个地面铺设聚苯板保温层
	与室外空气接触的地面	由结构层、黏结层、聚苯板保温层和纤维增强层组成

表 2-16　门窗节能措施

窗户节能	控制窗户面积	不同地区不同朝向的建筑外窗的面积按窗墙比限值规定	
	提高气密性	空气渗透途径、窗框与窗洞间，窗框与窗扇间、玻璃与窗扇间	
	减少窗户传热	应从减少窗框、窗扇型材的传热耗能和减少窗玻璃的传热耗能等方面考虑	
门节能	入户门	不同气候地区入户门的保温要求不同，有建筑节能设计标准规定。单层金属实体门传热系数偏大，不能满足规定要求，可采用中夹玻璃棉板或岩棉板	
	阳台门	落地玻璃阳台门	按外窗处理
		芯板玻璃组合门	玻璃部分按外窗处理、门芯板可用聚苯夹芯板型材代替钢材

表 2-17 屋顶节能措施

平屋顶节能	保温隔热类型	保温层	板状材料	
			纤维状材料	
			整体材料	
		隔热层	种植隔热	
			架空隔热	
			蓄水隔热	
	节能措施	高效保温材料节能屋顶		在钢筋混凝土结构层上设置聚苯板
		架空型保温节能屋顶		在屋顶增加空气层有利于提高保温效果，同时也有利于改善屋顶夏季的隔热
		保温、找坡结合型保温节能屋顶		用保温层材料找坡（$i=2\%$）
		倒置型保温节能屋顶		将保温层置于防水层之上
坡屋顶节能	保温层设置	结构层为钢筋混凝土板时设于结构层上部		
		结构层为轻钢结构时设于上侧或下侧		
	保温材料	有挤塑聚苯板、泡沫玻璃、膨胀聚苯板、微孔硅酸钙板、硬泡聚氨酯、憎水性珍珠岩板，当位于结构层底部时，用泡沫玻璃、微孔硅酸钙板		
	安装方式	有钉挂型和粘铺型		
	隔热通风	做通风屋面	将屋面做成双层，檐口处进风，屋脊处排风	
		吊顶隔热通风	在檐口处、山墙处、屋面上设通风窗	

表 2-18 建 筑 遮 阳

建筑遮阳	水平遮阳	位于窗口上方水平状遮阳板，适用于太阳高度角较大的情况，适用于南向及南向附近的窗口
	垂直遮阳	位于窗口两侧垂直状遮阳板，适用于太阳高度角较小从窗口两侧斜射的阳光，适用于东北、北和西北朝向的窗口
	综合遮阳	水平和垂直相结合的遮阳板，主要适用于南向、东南向和西南向的窗口
	挡板遮阳	在窗口正前方一定距离垂直悬挂的挡板，可阻挡高度角小的阳光射入，适用于东、西向窗口

经典考题剖析

一、2022 年考题

在外墙内保温结构中，为防止冬季采暖房间形成水蒸气渗入保温层，通常采用的做法为（　　）。

A. 在保温层靠近室内一侧设防潮层　　B. 在保温层与主体结构之间设防潮层

C. 在保温层靠近室内一侧设隔汽层　　D. 在保温层与主体结构之间设隔汽层

答案：C

[解析] 本题考查的是民用建筑墙体保温隔热构造。冬季采暖的房间，外墙的内外两侧存在温度差，墙体内外两侧形成了水蒸气的分压力差，水蒸气逐渐由室内通过外墙向室外扩散。由于主体结构墙的蒸汽渗透性能远低于保温结构，因此，水蒸气不容易穿过主体结构墙，处理不好往往会在保温层中产生凝结水，影响保温性能。通常的处理方法是在保温层靠室内的一侧加设隔汽层，不让水蒸气进入保温层内部。

二、2021 年考题

外墙外保温层采用厚壁面层结构时正确的做法为（　　）。

A. 在保温层外表面抹水泥砂浆

B. 在保温层外表面涂抹聚合物砂浆

C. 在底涂层和面层抹聚合物水泥砂浆

D. 在底涂层中设置玻化纤维网格

答案：A

[解析] 本题考查的是有关民用建筑外墙保温构造。外墙外保温的面层具有保护和装饰作用，其做法各不相同，薄面层一般为聚合物水泥胶浆抹面，厚面层则采用普通水泥砂浆抹面，有的则用在龙骨上吊挂板材或在水泥砂浆层上贴瓷砖覆面。

三、其他年份考题

与外墙内保温相比，外墙外保温的优点在于（　　）。

A. 有良好的建筑节能效果　　B. 有利于提高室内温度的稳定性

C. 有利于降低建筑物造价　　D. 有利于减少温度波动对墙体损坏

E. 有利于延长建筑物使用寿命

答案：A、B、D、E

[解析] 本题考查的是外墙外保温的优点。与内保温墙体比较，外保温墙体有下列优点：一是外墙外保温系统不会产生热桥，因此具有良好的建筑节能效果。二是外保温对提高室内温度的稳定性有利。三是外保温墙体能有效地减少温度波动对墙体的破坏，保护建筑物的主体结构，延长建筑物的使用寿命。四是外保温墙体构造可用于新建的建筑物墙体，也可用于旧建筑外墙的节能改造。在旧房的节能改造中，外保温结构对居住者影响较小。五是外保温有利于加快施工进度，室内装修不致破坏保温层。

考点十三：道路分类、组成及结构类型

点评：本考点历年命题出现率较高，考核内容包括道路的分类及组成、路基、路面和道路公用设施四部分。近几年的考题有两个特点，第一，四部分内容在不同年份分别出现。第二，考核的内容偏重以下三个方面：表格、数字和实际应用。

知识要点集成

表 2-19 道路分类、组成

<table>
<tr><td rowspan="7">道路</td><td rowspan="4">分类</td><td colspan="2">快速路</td><td>又称城市快速路，完全为交通功能服务，是解决城市大容量、长距离、快速交通的主要道路</td><td rowspan="4">各级道路主要技术指标见 2023 年版教材表 2.2.1</td></tr>
<tr><td colspan="2">主干路</td><td>以交通功能为主，为连接城市各主要分区的干路，是城市道路网的主要骨架</td></tr>
<tr><td colspan="2">次干路</td><td>是城市区域性的交通干道，为区域交通集散服务，兼有服务功能，结合主干路组成干路网</td></tr>
<tr><td colspan="2">支路</td><td>为次干路与居住小区、工业区、交通设施等内部道路的连接线路，解决局部地区交通，以服务功能为主</td></tr>
<tr><td rowspan="3">组成</td><td colspan="2">线形组成</td><td colspan="2">平面图、纵断面图和横断面图</td></tr>
<tr><td rowspan="2">结构组成</td><td>一般</td><td colspan="2">路基、垫层、基层、面层</td></tr>
<tr><td>高级</td><td colspan="2">路基、垫层、底基层、基层、联结层、面层</td></tr>
<tr><td rowspan="9">路面</td><td rowspan="5">按路面结构类型分类</td><td colspan="2" rowspan="2">沥青路面</td><td>包括沥青混凝土、沥青贯入式和沥青表面处治</td><td rowspan="5">路面结构的设计使用年限见 2023 年版教材表 2.2.2</td></tr>
<tr><td>沥青混凝土路面适用于各交通等级道路；沥青贯入式与沥青表面处治路面适用于支路、停车场</td></tr>
<tr><td colspan="2" rowspan="2">水泥混凝土路面</td><td>包括普通混凝土、钢筋混凝土、连续配筋混凝土与钢纤维混凝土</td></tr>
<tr><td>适用于各交通等级道路</td></tr>
<tr><td colspan="2">砌块路面</td><td>适用于支路、广场、停车场、人行道与步行街</td></tr>
<tr><td rowspan="4">按力学特性分类</td><td colspan="2" rowspan="2">柔性路面</td><td colspan="2">主要代表是各种沥青类路面，包括沥青混凝土面层、沥青碎石面层、沥青贯入式碎（砾）石面层等</td></tr>
<tr><td colspan="2">特点：弯沉变形较大、抗弯强度小，在反复作用下产生累积变形，破坏取决于极限垂直变形和弯拉应变</td></tr>
<tr><td colspan="2" rowspan="2">刚性路面</td><td colspan="2">主要代表是水泥混凝土路面</td></tr>
<tr><td colspan="2">特点：抗弯拉强度大，弯沉变形很小，呈现出较大的刚性，破坏取决于极限弯拉强度</td></tr>
</table>

表 2-20 路 基 形 式

路基	基本要求	整体稳定性、强度刚度、水温稳定性		
	形式	填方路基（路堤）	填土路基	用级配好的粗粒土填筑
			填石路基	用不易风化的石料填筑
			砌石路基	外砌石内填土或石，砌石高为 2～15m，每隔 15～20m 设伸缩缝
			护肩路基	在岩石陡坡上的半挖半填路基，当填方不大但边坡伸出较远，不易修筑时采用。砌石护肩高≤2m
			护脚路基	为防止山坡填方路基下滑，或为加固、收回填方坡脚时采用。顶宽＞1m，高≤5m
		挖方路基（路堑）	—	
		半挖半填路基	衔接处的施工措施：①分期修建和改建公路加宽时，新旧路基填方边坡的衔接处，应开挖台阶；②高速公路、一级公路，台阶宽度一般为 2m；③土质路基填挖衔接处应采取超挖回填措施	

表 2-21 路面组成、类型

路面	面层	要求			足够强度，温度稳定性，耐磨、抗滑、平整、不透水
		类型	沥青路面	沥青混凝土	适用于高速公路、一级公路的面层
				乳化沥青碎石	适用于三级及以下的沥青面层
				沥青贯入式	适用于三级及以下公路
				沥青表面处治	适用于三级及以下公路
			混凝土路面		—
	基层	要求			足够强度、水稳性、扩散荷载性能
		类型	水泥稳定土		粗粒土、中粒土可作各种类别的基层，细粒土不可作二级以上公路的基层
			石灰稳定土		只能作底基层和二级及以下公路的基层，不可作二级以上公路、高级路的基层
			石灰工业废渣稳定土		适用于各级公路的基层和底基层（二灰土不可以）
			级配碎（砾）石		级配碎石可用于各级公路，级配砾石只适用于二级及以下公路
			填隙碎石		适用于二级以下公路基层
	垫层	（1）起排水、隔水、防冻、防污和扩散载荷； （2）下一层比上一层每边应宽出 0.25mm，以保证车轮荷载的扩散传递			

表 2-22 道路主要公用设施

停车场	出入口数量	大中型不少于 2 个，特大型不少于 3 个。出口与入口应分开。出入口宽度不小于 5m（单向行驶）、7m（双向行驶），小型停车场只有一个出入口时宽度不小于 9m
	位置	设于主要服务对象的同侧，避免人流、物流穿越主要道路
	坡度要求	平行通道方向为 1%，垂直方向为 3%。最小纵坡为 0.4%～0.5%，出入通道≤2%
公交站点	类型	终点站、枢纽站、中间行靠站
	设置要求	城区内停靠站间距宜为 400～800m，站台长能停靠 2～4 辆车，站台宽不宜小于 2 m，站台高 0.15～0.20m
道路照明	照明指标	路面平均照度、照度均匀度、眩光限制、环境比和诱导性。特殊地点比平直路线要求照度高、眩光限制严、诱导性好
	光源选择	快速路、主次干路和支路采用高压钠灯；市中心机动车道路用金属卤化物灯；步行街、人行道用小功率金属卤化物灯、荧光灯，道路照明不应用高压汞灯、白炽灯
人行天桥和人行地道	修建位置	交通量大，行人或自行车需横过行车带地段或交叉口
	类型选择	选择修建人行天桥或人行地道的依据应考虑当地的交通、道路景观及建设费用等
交通管理设施	交通标志	设于车辆行进方向道路右侧或行车道上方。一根柱上设多个标志板时应按警告、禁令、指示的顺序先上后下，先左后右地排列
	交通标线	设于路面（有时在侧墙或壁面上）的画线、图形、文字等漆绘
	信号灯	普通交通信号灯按红、黄、绿（或反序）自上而下（或自左向右）排列

经典考题剖析

一、2023 年考题

1. 支路采用混凝土预制块路面，其设计使用年限（　　）。

A. 30 年　　B. 20 年　　C. 15 年　　D. 10 年

答案：D

［解析］本题考核的是有关路面结构设计使用年限的试题。路面结构的设计使用年限见下表。

路面结构的设计使用年限

路面等级	路面结构类型		
	沥青路面/年	水泥混凝土路面/年	砌块路面
快速路	15	30	—
主干路	15	30	—
次干路	15	20	—
支 路	10	20	混凝土预制块路面：10 年 石材路面：20 年

2. 适用于三级公路路面面层的有（　　）。

A. 级配碎石面层　　B. 水泥混凝土面层

C. 沥青灌入式面层　　D. 沥青表面处治面层

E. 粒石加固土面层

答案：C、D

［解析］本题考查的是有关各级路面所具有的面层类型及其所适用的公路等级。各级路面所具有的面层类型及其所适用的公路等级限见下表。

各级路面所具有的面层类型及其所适用的公路等级

公路等级	采用的路面等级	面层类型
高速，一、二级公路	高级路面	沥青混凝土
		水泥混凝土
三、四级公路	次高级路面	沥青贯入式
		沥青碎石
		沥青表面处治
四级公路	中级路面	碎、砾石（泥结或级配）
		半整齐石块
		其他粒料
四级公路	低级路面	粒料加固土
		其他当地材料加固或改善土

二、2022 年考题

1. 下列路基形式中，每隔 15～20m 应设置一道伸缩缝的是（　　）。

A. 填土路基　　B. 填石路基　　C. 砌石路基　　D. 挖方路基

答案：C

［解析］本题考查的是填方路基的构造要求。砌石路基是指用不易风化的开山石料外砌、内填而成的路堤。砌石顶宽为 0.8m，基底面以 1∶5 向内倾斜，砌石高度为 2～15m。砌石路基应每隔 15～20m 设伸缩缝一道。当基础地质条件变化时，应分段砌筑，并设沉降缝。当地基为整体岩石时，可将地基做成台阶形。

2. 为保证车辆在停车场内不因自重引起滑溜，要求停车场与通道垂直方向的最大纵坡为（　　）。

A. 1%　　B. 1.5%　　C. 2%　　D. 3%

答案：D

［解析］本题考查的是道路主要公用设施。为了保证车辆在停放区内停入时不致发生自重分力引起滑溜，导致交通事故，因而要求停车场的最大纵坡与通道平行方向为 1%，与通道垂直方向为 3%。出入通道的最大纵坡为 7%，一般以小于或等于 2% 为宜。停车场及通道的最小纵坡以满足雨雪水及时排除及施工可能高程误差水平为原则，一般取 0.4%～0.5%。

三、2021 年考题

在半填半挖土质路基填挖衔接处，应采用的施工措施为（　　）。

A. 防止超挖　　B. 台阶开挖　　C. 倾斜开挖　　D. 超挖回填

答案：D

［解析］本题考查的是各种填方路基的构造要求。半填半挖路基：在地面自然横坡度陡于1∶5的斜坡上修筑路堤时，路堤基底应挖台阶，台阶宽度不得小于1m，台阶底应有2%～4%向内倾斜的坡度。分期修建和改建公路加宽时，新旧路基填方边坡的衔接处，应开挖台阶。高速公路、一级公路，台阶宽度一般为2m。土质路基填挖衔接处应采取超挖回填措施。

四、其他年份考题

砌石路基沿线遇到基础地质条件明显变化时应（　　）。

A. 设置挡土墙　　B. 将地基做成台阶形

C. 设置伸缩缝　　D. 设置沉降缝

答案：D

［解析］本题考查的是填方路基构造的要求。砌石路基应每隔15～20m设伸缩缝一道。当基础地质条件变化时，应分段砌筑，并设沉降缝。当地基为整体岩石时，可将地基做成台阶形。

考点十四：桥梁分类、组成及构造

点评：本考点历年命题出现率较高，考核内容包括桥梁分类和桥梁组成、构造两部分。近几年考题主要集中在桥梁组成和构造，鉴于历年本考点下的试题均难度不大，考生可以参考知识要点集成和经典题型剖析（历年考过的真题）有重点、有针对性地复习。

知识要点集成

表2-23　桥梁组成、构造

<table>
<tr><td rowspan="6">桥梁组成</td><td rowspan="6">上部结构</td><td>桥面构造</td><td colspan="4">（1）桥面设纵、横坡。纵坡坡度：①机动车道≤4%；②非机动车道≤2.5%；③桥头引道机动车道≤5%；④高架桥≥0.3%。横坡坡度：1.5%～3.0%。
（2）在桥面设置一定数量的泄水管，在行车道较低处设排水口。
（3）两梁端面、梁端与桥台间或桥梁铰接位置应设伸缩缝，镀锌薄钢板的用于小跨径装配简支梁桥，钢的用于温差大的大跨径桥，橡胶的用于变形大的大跨径桥</td></tr>
<tr><td rowspan="5">承载结构</td><td rowspan="5">梁式桥</td><td>受力特点</td><td colspan="2">在垂直荷载作用下，支座仅产生垂直反力，无水平推力</td></tr>
<tr><td rowspan="3">简支梁式桥</td><td>简支板桥</td><td>主要用于小跨度桥，预应力空心板桥跨度可达8～16m</td></tr>
<tr><td>肋梁式简支梁桥</td><td>用于中等跨度，预应力T形梁可达20～50m</td></tr>
<tr><td>箱形简支梁桥</td><td>适用于桥面较宽的预应力混凝土桥和大跨度斜交桥和弯桥</td></tr>
<tr><td colspan="3">连续梁、悬臂梁式桥，T形刚架桥</td></tr>
</table>

续表 2-23

桥梁组成	上部结构	承载结构	拱式桥	受力特点	在竖向荷载作用下，拱脚处产生竖向反力和水平推力
				简单体系拱	桥上的全部荷载由主拱单独承受。拱的水平推力直接由墩台或基础承受
				组合体系拱	由拱和梁、拱和刚架、拱和桁架等两种以上基本结构体系组合，共同承受荷载
			刚架桥	由梁式桥跨与墩台整体相连而形成的结构体系	
			悬索桥（吊桥）	（1）由桥塔、主缆索、锚碇、吊索、加劲梁及索鞍组成。 （2）桥塔是悬索桥最重要的构件。高度主要由桥面标高和主缆索的垂跨比 f/L 确定。 （3）锚碇。主缆索中的拉力通过锚碇传至基础。 （4）主缆索是悬索桥的主要承重构件，采用钢丝绳钢缆或平行钢丝束钢缆，大跨度吊桥多采用后者。 （5）吊索也称吊杆，是将加劲梁等恒载和桥面活载传递到主缆索的主要构件。 （6）加劲梁是承受风载和其他横向水平力的主要构件。 （7）索鞍是支撑主缆的重要构件	
			组合桥	（1）斜拉桥是典型的悬索结构和梁式结构的组合，由主梁、拉索及索塔组成。 （2）拉索是斜拉桥的主要承重构件。 （3）主梁。结构形式有连续梁、悬臂梁、悬臂和连续刚构。 （4）索塔主要承受轴力。其结构类型主要根据拉索的布置要求、桥面宽度以及主梁跨度等因素选用。主梁的最大跨度与索塔高度的比为 3.1～6.3，平均为 5.0	
		桥梁支座	（1）按变形可能性分：固定支座、单向活动支座、多向活动支座。 （2）按材料分：钢支座、聚四氟乙烯支座（滑动支座）、橡胶支座（板式、盆式）等。 （3）按结构形式分：弧形支座、摇轴支座、辊轴支座、球形钢支座、拉压支座等			
			支座选择	选择依据：支承反力、跨度、建筑高度以及预期位移量	
				城市桥梁中常用的支座：板式橡胶支座和盆式支座	
	下部结构	桥墩	实体桥墩	大跨度桥的墩帽厚不小于 0.4m，中小跨梁桥不小于 0.3m。 墩帽采用 C20 以上的混凝土并加配构造钢筋。 桥墩上相邻两孔支座高度不同时，设混凝土垫石调整	
			空心桥墩	空心桥墩分薄壁和厚壁两种，$t/D \geqslant 1/10$ 厚壁，$t/D < 1/10$ 为薄壁。 空心桥墩构造规定： （1）壁厚：钢筋混凝土不小于 30cm，素混凝土不小于 50cm。 （2）隔板：40m 以上的高墩，每 6～10m 设横隔板。 （3）开孔：墩身应设通风孔，泄水孔，孔直径不小于 20cm，墩身应设有带门的进入孔或相应的检查设备	
			柱式桥墩	沿桥横向由 1～4 根主柱组成，柱身为 0.6～1.5m 直径的圆柱或方形柱和六角柱。 墩身高大于 6～7m 时应设横条梁加强	

续表 2-23

桥梁组成	下部结构	桥墩	柔性墩	（1）是桥墩轻型化的途径之一，它是在多跨桥的两端设置刚性较大的桥台，中墩均为柔性墩。 （2）典型是柔性排架桩墩，多用于墩高 5～7m，跨径≤13m 的中、小桥上。 （3）墩高不超过 5m 时用单排架墩，墩高度大于 5m 时用双排架墩
			框架墩	以平面框架代替墩身，框架可做成单层、双层和多层
		桥台	重力桥台	有 U 形桥台、埋置式桥台、八字形桥台、耳墙式桥台
			轻型桥台	适用于小跨径桥，单孔桥跨径不大于 13m，多孔桥全长不超过 20m
			框架桥台	沿桥横向呈框架结构，适用于地基承载力低，台身较高，跨径较大的梁桥
			组合桥台	有锚定板式、过梁式、框架式、桥台与挡土墙组合式
		墩台基础		有扩大基础、桩基础、管柱基础、沉井基础

表 2-24 桥梁分类

	分类	总长 L/m	单孔跨径 L_K/m
按 L 和 L_K 分	涵洞	<8	<5
	小桥	≥8，≤30	≥5，<20
	中桥	>30，<100	≥20，<40
	大桥	≥100，≤1 000	≥40，≤150
	特大桥	>1 000	>150
按桥面在桥跨中的位置分	上承式		
	中承式		
	下承式		

经典考题剖析

一、2023 年考题

1. 悬索桥最重要的构件是（　　）。

A. 锚碇　　B. 桥塔

C. 主缆索　　D. 加劲梁

答案：B

［**解析**］本题考查的是有关悬索桥构造。悬索桥又称吊桥，是最简单的一种索结构。其特点是桥梁的主要承载结构由桥塔和悬挂在塔上的高强度柔性缆索及吊索、加劲梁和锚碇结构组成。现代悬索桥一般由桥塔、主缆索、锚碇、吊索、加劲梁及索鞍等主要部

分组成。其中，桥塔是悬索桥最重要的构件。

2. 大跨度吊桥的主缆索多采用（　　）。

A. 钢绞线束钢缆　　B. 钢丝绳钢缆

C. 封闭性钢索　　D. 平行钢丝束钢缆

答案：D

[解析] 本题考查的是有关悬索桥构造。悬索桥又称吊桥，是最简单的一种索结构。其特点是桥梁的主要承载结构由桥塔和悬挂在塔上的高强度柔性缆索及吊索、加劲梁和锚碇结构组成。现代悬索桥一般由桥塔、主缆索、锚碇、吊索、加劲梁及索鞍等主要部分组成。其中，主缆索是悬索桥的主要承重构件，可采用钢丝绳钢缆或平行钢丝束钢缆，大跨度吊桥的主缆索多采用后者。

二、2022 年考题

1. 在设计桥面较宽的预应力混凝土梁桥和跨度较大的斜交桥和弯桥时，宜采用的桥梁结构为（　　）。

A. 简支板桥　　B. 肋梁式简支梁桥

C. 箱形简支梁桥　　D. 悬索桥

答案：C

[解析] 本题考查的是不同结构形式桥梁的适用范围。箱形简支梁桥主要用于预应力混凝土梁桥。尤其适用于桥面较宽的预应力混凝土桥梁结构和跨度较大的斜交桥和弯桥。

2. 下列属于桥梁下部结构的有（　　）。

A. 桥墩　　B. 桥台

C. 桥梁支座　　D. 墩台基础

E. 桥面构造

答案：A、B、D

[解析] 本题考查的是桥梁结构的组成。桥梁通常可划分为上部结构和下部结构。上部结构是指桥梁结构中直接承受车辆和其他荷载，并跨越各种障碍物的结构部分。一般包括桥面构造、桥梁跨越部分的承载结构和桥梁支座。下部结构是指桥梁结构中设置在地基上用于支承桥跨结构，将其荷载传递至地基的结构部分。一般包括桥墩、桥台及墩台基础。

三、2021 年考题

1. 宽度较大的大跨度的桥宜采用（　　）。

A. 箱型简支梁　　B. 悬臂简支梁

C. 板式简支梁　　D. 肋梁式简支梁

答案：A

[解析] 本题考查的是简支梁桥的适用范围。桥梁工程中广泛采用的简支梁桥有三种类型：简支板桥、肋梁式简支梁桥（简称简支梁桥）、箱形简支梁桥。其中，箱形简支梁桥主要用于预应力混凝土梁桥，尤其适用于桥面较宽的预应力混凝土桥梁结构和跨

度较大的斜交桥和弯桥。

2. 为使桥墩轻型化，除在多跨桥两端放置刚性较大的桥台外，中墩应采用的桥墩类型为（　　）。

A. 拼装式桥墩　　B. 柔性墩

C. 柱式桥墩　　D. 框架墩

答案：B

［**解析**］本题考查的是不同桥墩的性能。桥墩分为实体桥墩、空心桥墩、柱式桥墩、柔性墩、框架墩。其中，柔性墩是桥墩轻型化的途径之一，它是在多跨桥的两端设置刚性较大的桥台，中墩均为柔性墩。同时，在全桥除在一个中墩上设置活动支座外，其余墩台均采用固定支座。

四、其他年份考题

1. 桥面采用防水混凝土铺装的（　　）。

A. 要另设面层承受车轮荷载

B. 可不另设面层而直接承受车轮荷载

C. 不宜在混凝土中铺设钢筋网

D. 不宜在其上面铺筑沥青表面磨耗层

答案：B

［**解析**］本题考查的是防水混凝土桥面铺装构造的要求。在需要防水的桥梁上，当不设防水层时，可在桥面板上以厚80～100mm且带有横坡的防水混凝土作铺装层，其强度不低于行车道板混凝土强度等级，其上一般可不另设面层而直接承受车轮荷载。但为了延长桥面铺装层的使用年限，宜在上面铺筑厚20mm的沥青表面作磨耗层。为使铺装层具有足够的强度和良好的整体性（也能起联系各主梁共同受力的作用），一般宜在混凝土中铺设直径为4～6mm的钢筋网。

2. 悬臂梁桥的结构特点是（　　）。

A. 悬臂跨与挂孔跨交替布置　　B. 通常为偶数跨布置

C. 多跨在中间支座处连接　　D. 悬臂跨与挂孔跨分左右布置

答案：A

［**解析**］本题考查的是悬臂梁桥构造的要求。悬臂梁桥相当于简支梁桥的梁体越过其支点向一端或两端延长所形成的梁式桥结构。其结构特点是悬臂跨与挂孔跨交替布置，通常为奇数跨布置。

考点十五：涵洞类型、组成及构造

点评：本考点一般每年会有一道考题，考核内容包括涵洞的分类和组成两部分。近几年考题主要集中在第一部分，考生可参考知识要点集成和经典题型剖析（历年考过的真题）有重点、有针对性地复习。

知识要点集成

表 2-25　涵洞类型、组成及构造

<table>
<tr><td rowspan="15">类型</td><td rowspan="3">按建筑材料分</td><td>圬工涵</td><td colspan="2">（1）在石料丰富地区采用；
（2）可现场浇筑或预制</td></tr>
<tr><td>钢筋混凝土涵</td><td colspan="2">可用于管涵、盖板涵、拱涵、箱涵、倒虹吸涵</td></tr>
<tr><td>波纹钢管（板）涵</td><td colspan="2">（1）主要用于冻土、软弱地基等不良地质的暗涵以及有特殊要求的暗涵；
（2）不宜用于陡坡涵</td></tr>
<tr><td rowspan="4">按构造形式分</td><td>圆管涵</td><td colspan="2">受力好、圬工量少、造价低，但低路堤使用受限制</td></tr>
<tr><td>盖板涵</td><td colspan="2">在低路堤上使用</td></tr>
<tr><td>拱涵</td><td colspan="2">超载潜力大，是普遍采用的形式</td></tr>
<tr><td>箱涵</td><td colspan="2">适用于软土地基，施工困难造价较高，较少使用</td></tr>
<tr><td rowspan="2">按洞顶填土分</td><td>明涵</td><td colspan="2">洞顶无填土，适用于低路堤及浅沟渠处</td></tr>
<tr><td>暗涵</td><td colspan="2">洞顶有填土，且最小填土厚度应≥0.5m，适用于高路堤及深沟渠处</td></tr>
<tr><td rowspan="3">按水力性能不同分</td><td>无压力式涵洞</td><td colspan="2">水流在涵洞全部长度上保持自由水面。新建涵洞应采用无压力式涵洞</td></tr>
<tr><td>半压力式涵洞</td><td>涵洞进口被水淹没，洞内水全部或一部分为自由面</td><td rowspan="2">（1）当涵前允许积水时，可采用压力式或半压力式涵洞；
（2）当路基顶面高程低于横穿沟渠的水面高程时，也可设置倒虹吸管涵</td></tr>
<tr><td>压力式涵洞</td><td>涵洞进出口被水淹没，涵洞全长范围内以全部断面泄水</td></tr>
<tr><td rowspan="3">按施工方法不同分</td><td colspan="3">装配式涵</td></tr>
<tr><td colspan="3">现浇涵</td></tr>
<tr><td colspan="3">顶进涵</td></tr>
<tr><td>组成及构造</td><td>洞身</td><td colspan="3">（1）涵洞底应有适当纵坡，其值为0.4%～5%；
（2）洞底纵坡>5%时，基础底每隔3～5m做防滑挡墙或做成阶梯形；
（3）洞底纵坡>10%时，洞身及基础应分段做成阶梯形；
（4）排洪量大，地质条件差，路堤高度较小处，常采用盖板涵，且为明涵</td></tr>
</table>

续表 2-25

组成及构造	洞口建筑	（1）正交涵洞洞口建筑形式有端墙式、八字式和井口式； （2）端墙式泄水能力小，八字式泄水能力大
	基础	（1）涵洞基础一般应建在地耐力为200kPa以上的天然地基上； （2）拱涵整体式基础用于小孔径，非整体式用于2m以上大孔涵、压缩性小的良好地基； （3）盖板涵一般都采用整体式基础，孔径大于或等于2m时采用分离式基础
	附属工程	包括锥体护坡、河床铺砌、路基边坡铺砌、人工水道

经典考题剖析

一、2023年考题

承载潜力较大，砌筑技术容易掌握，适用于跨越深沟或高路堤的涵洞形式是（　　）。

A. 箱涵　　B. 拱涵

C. 盖板涵　　D. 圆管涵

答案：B

［解析］本题考查的是有关构造形式不同的涵洞特点。涵洞按构造形式不同可分为圆管涵、盖板涵、拱涵、箱涵等。其中，拱涵适用于跨越深沟或高路堤。一般超载潜力较大，砌筑技术容易掌握，是种普遍采用的涵洞形式。

二、2021年考题

路基顶面高程低于横穿沟渠水面高程时，可优先考虑设置的涵洞形式为（　　）。

A. 无压式涵洞　　B. 压力式涵洞

C. 倒虹吸管涵　　D. 半压力式涵洞

答案：C

［解析］本题考查的是不同涵洞的应用范围。涵洞可分为无压力式涵洞、半压力式涵洞、压力式涵洞。无压力式涵洞，水流在涵洞全部长度上保持自由水面。半压力式涵洞，涵洞进口被水淹没，洞内水全部或一部分为自由面。压力式涵洞，涵洞进出口被水淹没，涵洞全长范围内以全部断面泄水。新建涵洞应采用无压力式涵洞；当涵前允许积水时，可采用压力式或半压力式涵洞；当路基顶面高程低于横穿沟渠的水面高程时，也可设置倒虹吸管涵。

三、其他年份考题

关于涵洞，下列说法正确的是（　　）。

A. 洞身的截面形式仅有圆形和矩形两类

B. 涵洞的孔径根据地质条件确定

C. 圆形管涵不采用提高节

D. 圆管涵的过水能力比盖板涵大

答案：C

[**解析**] 本题考查的是涵洞的特点。洞身是涵洞的主要部分，它的截面形式有圆形、拱形、矩形（箱形）三大类。一般情况同一涵洞的洞身截面不变，但为充分发挥洞身截面的泄水能力，有时在涵洞如拱涵、箱涵进口处采用提高节。交通涵、灌溉涵和涵前不允许有过高积水时，不采用提高节。圆形截面不便设置提高节，所以圆形管涵不采用提高节。盖板涵的过水能力比圆管涵大，与同孔径的拱涵相接近，施工期限比拱涵短，但钢材用量比拱涵多，对地基承载力的要求比拱涵低。因此，在要求通过较大的排洪量、地质条件较差、路堤高度较小的设涵处常采用盖板涵，且常采用明涵。

考点十六：地下工程分类、组成及构造

点评：本考点历年命题出现率较高，考核内容包括地下工程的分类、地下交通工程、地下市政管线工程、地下公共建筑工程和地下贮库工程五部分。近几年考题主要集中在第二、三、四部分，考生可参考知识要点集成和经典题型剖析（历年考过的真题）有重点、有针对性地复习。

知识要点集成

表 2-26　地下工程分类

按存在环境及建造方式分	岩石中的地下工程	（1）城市在岩石中新建的各种地下工程； （2）废旧矿井加以改造利用的地下工程； （3）利用和改造天然溶洞形成的地下工程
	土中地下工程	分单建和附建两类
按开发深度分	浅层	地表至－10m深，主要用于商业、文娱和部分业务空间
	中层	－10～－30m深，主要用于地下交通、水、电、气、通信等设施
	深层	－30m以下，主要用于危险品库、冷库、油库、高速地下交通轨道

表 2-27 地下交通工程分类、构造

<table>
<tr><td rowspan="9">地下铁路</td><td colspan="2">优点</td><td colspan="4">运行速度快、运送能力大；准点、安全；对地面无太大影响；不存在人车混流现象；没有复杂的交通组织问题；不侵占地面空间；环境污染小</td></tr>
<tr><td colspan="2">申报地铁城市条件</td><td colspan="4">(1) 城市一般公共财政预算收入＞300 亿元；
(2) 地区生产总值＞3 000 亿元；
(3) 市区常住人口＞300 万人</td></tr>
<tr><td rowspan="7">地铁组成</td><td rowspan="6">土建工程</td><td rowspan="4">地铁车站</td><td rowspan="2">类型</td><td>按与地面相对位置分</td><td>高架车站、地面车站、地下车站</td></tr>
<tr><td>按站台形式分</td><td>岛式站台、侧式站台、岛侧混合式站台</td></tr>
<tr><td rowspan="2">组成</td><td>车站主体</td><td>(1) 包括：站台、站厅、设备用房、生活用房。
(2) 是列车在线路上的停车点，也是地铁运营设备设置的中心和办理运营业务的地方</td></tr>
<tr><td>出入口及通道</td><td>是供乘客进出站的建筑设施</td></tr>
<tr><td rowspan="2">区间隧道</td><td>分类</td><td colspan="2">有单洞单线隧道和单洞双线隧道，前者居多</td></tr>
<tr><td>线路构造</td><td colspan="2">均为右侧行车，正线最大纵坡≤30‰（困难地段可采用 35‰），联络线、出入线最大纵坡≤40‰。正线最小纵坡≥3‰（困难地段可＜3‰）。
线路采用 1 435mm 标准轨距，钢轨正线采用 60kg/m，车场采用 50kg/m</td></tr>
<tr><td>系统工程</td><td colspan="4">包括轨道系统、通信系统、信号系统、电力系统、牵引系统、屏蔽门系统、防灾报警系统、设备监控系统、电力监控系统、人防系统、车辆系统、自动售票检票系统、环控通风系统控制中心、电梯和自动扶梯等</td></tr>
<tr><td rowspan="2">地下道路</td><td colspan="2">线路与断面特点</td><td colspan="4">(1) 道路隧道纵坡为 0.3%～3%。
(2) 道路隧道净空包括道路建筑限界、通风及其他需要的断面面积。
(3) 道路建筑限界包括车道、路肩、路缘带、人行道等的宽度及车道、人行道的净高</td></tr>
<tr><td colspan="2">地下停车场构造基准</td><td colspan="4">包括直线车道宽度、净高、弯道处车道宽度、车道坡度</td></tr>
</table>

表 2-28 地下市政管线工程分类、布置

<table>
<tr><td rowspan="3">分类</td><td colspan="2">按敷设形式分</td><td>架空线路和直埋线路</td></tr>
<tr><td rowspan="2">按管线覆土深度分</td><td>浅埋</td><td>覆土深度≤1.5m；
热力管道、电力、电信、南方的给水管道均可浅埋</td></tr>
<tr><td>深埋</td><td>覆土深度＞1.5m；
北方寒冷地区的给水、排水、煤气管道、南方的排水管道应深埋</td></tr>
</table>

续表 2-28

<table>
<tr><td>常规布置</td><td colspan="3">(1) 建筑线与道路红线间敷设电缆;
(2) 人行道下敷设热力管网或通行式管沟;
(3) 分车带下敷设上水、下水、煤气管及照明电缆;
(4) 街道宽＞60m 时，上、下水管道应设在街道内两侧</td></tr>
<tr><td rowspan="9">共同沟</td><td>优点</td><td colspan="2">共同沟一次建成避免多次开挖施工，减少对地面交通、生活的干扰次数；管线寿命延长；预留空间便于扩容；便于对地下管线的巡视、检查、维修管理；安全性高</td></tr>
<tr><td rowspan="4">系统组成</td><td>共同沟本体</td><td>是收容城市各种管线的地下构筑物</td></tr>
<tr><td>管线</td><td>铺设在共同沟内的各种管线</td></tr>
<tr><td>地面设施</td><td>包括地面控制中心、人员出入口、通风井、材料投入口</td></tr>
<tr><td>标识系统</td><td>对沟内管线、设备及出入口位置的标识</td></tr>
<tr><td rowspan="3">建设形式</td><td>干线共同沟</td><td>收容城市各种供给主干线、只向支线配送不为沿途用户提供服务、断面大、覆土深、安全性高、维修检测要求高</td></tr>
<tr><td>支线共同沟</td><td>收容各种支线，是干线与终端用户之间的联系通道，设于人行道下，断面较小、施工费用少、系统稳定安全性较高</td></tr>
<tr><td>缆线共同沟</td><td>直接供应终端用户，断面小、埋深线、施工费用少，不设通风、监控设备，维护管理简单</td></tr>
</table>

表 2-29 地下贮库工程分类、布局

<table>
<tr><td rowspan="2">分类</td><td>按用途与专业分</td><td>国家储备库、城市民用库、运输转运库</td></tr>
<tr><td>按储存物品性质分</td><td>综合库、食品库、粮油库、危险品库、其他类型库</td></tr>
<tr><td>布局要求</td><td colspan="2">(1) 设在地质条件较好地区;
(2) 靠市中心的一般库，出入口应满足货物进出方便，且建筑形式应与周围协调;
(3) 郊区的大型贮能库、军用库注意洞口的隐蔽性;
(4) 与城市关系不大的转运库，应布在城市下游;
(5) 有江河的城市可沿江河布置以便利用水运</td></tr>
</table>

经典考题剖析

一、2023 年考题

1. 以下属于地下道路的建筑限界指标的为（　　）。

A. 富余量　　B. 人行道净高

C. 施工允许误差　　D. 照明设备所需空间

答案：B

[解析] 本题考查的是有关地下公路的建筑限界指标。地下公路隧道净空，是指隧道衬砌内廓线所包围的空间，它包括公路的建筑限界、通风及其他需要的断面积。其中，道路建筑限界是为保证车辆和行人正常通行，规定在道路一定宽度和高度范围内不允许有任何设施及障碍物侵入的空间范围。地下公路的建筑限界包括车道、路肩、路缘带、人行道等的宽度以及车道，人行道的净高。

2. 按照其功能定位，浅埋在人行道下、空间断面较小，不设通风、监控等设备的共同沟是（　　）。

A. 干线共同沟　　B. 支线共同沟

C. 缆线共同沟　　D. 主线共同沟

答案：C

[解析] 本题考查的是有关按照功能定位分类的共同沟建设特点。共同沟建设按照其功能定位，可以分为干线共同沟、支线共同沟、缆线共同沟等。其中，缆线共同沟埋设在人行道下，管线有电力、通信、有线电视等，直接供应各终端用户。其特点为空间断面较小，埋深浅，建设施工费用较少，不设通风、监控等设备，在维护及管理上较为简单。

二、2022 年考题

市政的缆线共同沟应埋设在街道的（　　）。

A. 建筑物与红线之间地带下方　　B. 分车带下方

C. 中心线下方　　D. 人行道下方

答案：D

[解析] 本题考查的是市政管线工程布置。缆线共同沟，埋设在人行道下，管线有电力、通信、有线电视等，直接供应各终端用户。其特点为空间断面较小，埋深浅，建设施工费用较少，不设通风、监控等设备，在维护及管理上较为简单。

三、2021 年考题

1. 地铁车站的主体除站台、站厅外，还应包括的内容为（　　）。

A. 设备用房　　B. 通风道

C. 地面通风亭　　D. 出入口及通道

答案：A

[解析] 本题考查的是地铁车站构造的要求。地铁车站通常由车站主体，出入口及通道，通风道及地面通风亭三大部分组成。其中，车站主体包括：站台、站厅、设备用房、生活用房。

2. 将地面交通枢纽与地下交通枢纽有机组合，联合开发建设的大型地下综合体，其类型属于（　　）。

A. 道路交叉口型　　B. 站前广场型

C. 副都心型　　D. 中心广场型

答案：B

[解析] 本题考查的是地下综合体的特点。在我国应优先发展以下几种类型的地下综合体：道路交叉口型、车站型、站前广场型、副都心型、中心广场型。其中，站前广

场型是在大城市的大型交通枢纽地带，结合该区域的改造、更新，进行整体设计、联合开发建设的大中型地下综合体。在综合体内，可将地面交通枢纽与地下交通枢纽有机组合，适当增设商业设施，充分利用商业赢利来补贴其他市政公用设施，通过加设一些供乘客休息、娱乐、观赏、小型防灾广场等，以满足地下活动人员的各种需要。

四、其他年份考题

1. 地铁车站中不宜分期建成的是（　　）。

A. 地面站的土建工程　　B. 高架车站的土建工程

C. 车站地面建筑物　　D. 地下车站的土建工程

答案：D

［**解析**］本题考查的是地铁车站构造的要求。根据地铁车站与地面的相对位置，可以分为高架车站、地面车站和地下车站。车站竖向布置根据线路敷设方式、周边环境及城市景观等因素，可选取地下一层、地下多层、路堑式、地面、高架一层、高架多层等形式。但地下车站宜浅，车站层数宜少。有条件的地下或高架车站应尽量考虑站厅和设备及管理用房设于地面。车站设计宜考虑地下、地上空间综合利用。车站应建设无障碍设施。地下车站的土建工程宜一次建成。地面车站、高架车站及地面建筑可分期建设。

2. 地下批发总贮库的布置应优先考虑（　　）。

A. 尽可能靠近铁路干线

B. 与铁路干线有一定距离

C. 尽可能接近生活居住区中心

D. 尽可能接近地面销售分布密集区域

答案：B

［**解析**］本题考查的是贮库布置与交通的关系。贮库最好布置在居住用地之外，离车站不远，以便把铁路支线引至贮库所在地。对小城市的贮库布置，起决定作用的是对外运输设备（如车站、码头）的位置；大城市除了要考虑对外交通外，还要考虑市内供应线的长短问题。大库区以及批发和燃料总库，必须要考虑铁路运输。贮库不应直接沿铁路干线两侧布置，尤其是地下部分，最好布置在生活居住区的边缘地带，同铁路干线有一定的距离。

难 题 解 析

一、单项选择题

1. 单层工业厂房屋盖不常见的承重构件有（　　）。

A. 钢筋混凝土屋面板　　B. 钢筋混凝土屋架

C. 钢筋混凝土屋面梁　　D. 钢木屋架

答案：A

［**解题要点**］单层厂房屋盖结构的主要承重构件，直接承受屋面荷载。按制作材料分为钢筋混凝土屋架或屋面梁、钢屋架、木屋架和钢木屋架。

2. 某房间多为开间 3m，进深 6m 的四层办公楼常用的结构形式为（　　）。

A. 木结构　　B. 砖木结构　　C. 砖混结构　　D. 钢结构

答案：C

［**解析**］砖混结构是以小部分钢筋混凝土及大部分砖墙承重的结构。适合开间进深较小，房间面积小，多层或低层的建筑。

3. 地下室墙体垂直防水卷材外侧，一般做完水泥砂浆保护层后再做（　　）。

A. 500mm 宽隔水层　　B. 500mm 宽护水层

C. 一道冷底子油和两道热沥青　　D. 砖保护墙

答案：D

［**解题要点**］本题考查的是教材中的地下室卷材防水层示意图。由图中可知，在垂直防水卷材外侧先做水泥砂浆保护层，然后做砖保护墙。此墙可保护垂直防水层免遭破坏。

4. 一跨度 30m 的重型机械厂房，桥式吊车起重量为 100t，该厂房采用适宜的吊车梁类型为（　　）。

A. 非预应力混凝土 T 形截面　　B. 预应力混凝土 T 形截面

C. 预应力混凝土 I 形截面　　D. 预应力混凝土鱼腹式

答案：D

［**解题要点**］吊车梁的选择主要考虑厂房柱距和吊车起重量，本题未涉及柱距范围，所以只按起重量考虑，T 形工字形吊车梁的最大承受吨位在 10～25t。鱼腹式可适用于 150t。

5. 关于单层厂房承重结构性能，下列叙述正确的是（　　）。

A. 无檩体系屋盖适用于中小厂房

B. 预应力钢筋混凝土屋面梁跨度一般不大于 15m

C. 拱形屋架、木屋架均不宜用于有较大振动的厂房

D. 鱼腹式吊车梁受力合理、自重轻、承载大、制作简便

答案：C

［**解题要点**］无檩体系屋盖刚度比有檩体系大，所以适用于大中型厂房。普通钢筋混凝土屋面梁跨度一般不大于 15m，而预应力钢筋混凝土屋面梁跨度一般不大于 18m。鱼腹式吊车梁优点很多但制作复杂。拱形屋架和木屋架都不宜用于有较大振动的厂房。

6. 型钢混凝土组合结构比钢结构（　　）。

A. 防火性能好　　B. 节约空间

C. 抗震性能好　　D. 变形能力强

答案：A

［**解题要点**］本题考查民用建筑分类。型钢混凝土组合结构与钢结构相比，具有防火性能好、结构局部和整体稳定性好、节省钢材的优点。

7. 吊车吨位大的重型厂房适用（　　）柱。

A. 钢筋混凝土柱　　B. 钢-钢混凝土组合柱

C. 钢柱　　D. 木柱

答案：C

［**解题要点**］钢筋混凝土矩形柱仅适用于小型厂房，工字形柱大、中型厂房，双肢柱适用于柱的截面尺寸 $b \times h$ 大于 600mm ×1 500mm，吊车起重量大于 30t 的厂房；钢-钢混凝土组合柱，当柱较高，自重较重，因受吊装设备的限制，为减轻柱重量时一般采用钢-钢混凝土组合柱；钢柱适用吊车吨位大的重型厂房。

8. 设置伸缩缝的建筑物，其基础部分仍连在一起的原因是（　　）。

A. 基础受温度变化影响小　　B. 伸缩缝比沉降缝窄

C. 基础受房屋构件伸缩影响小　　D. 沉降缝已将基础断开

答案：A

［**解题要点**］伸缩缝又称温度缝，是防止房屋因气温变化而产生裂缝。基础埋在地下受气温变化影响小，不易产生温度裂缝，所以不必断开。

9. 不消耗常规能源建筑，完全依靠太阳能或者其他可再生能源，是（　）节能建筑的特点。

A. 被动式节能建筑　　B. 一般节能建筑

C. 零能耗建筑　　D. 产能型建筑

答案：C

［**解题要点**］被动式节能建筑不需要主动加热，它基本上是依靠被动收集来的热量来使房屋本身保持一个舒适的温度。使用太阳、人体、家电及热回收装置等带来的热能，不需要主动热源的供给。零能耗建筑是不消耗常规能源建筑，完全依靠太阳能或者其他可再生能源。产能型住宅一般被定义为住宅所产生的能量超过其自身运行所需要能量的住宅，这是一种新的住宅类型，在现今国家对建筑低碳节能标准不断提高的社会大背景下应运而生。

10. 采用箱形基础较多的建筑是（　）。

A. 单层建筑　　B. 多层建筑

C. 高层建筑　　D. 超高层建筑

答案：C

［**解题要点**］箱形基础一般由钢筋混凝土建造，减少了基础底面的附加应力，因而适用于地基软弱土层厚、荷载大和建筑面积不太大的一些重要建筑物，目前高层建筑中多采用箱形基础。

11. 建筑物地下室所有墙体都应设置水平防潮层，其中一道设置在地下室地坪附近，另一道设置的位置应当是（　）。

A. 室外地面散水以上 150～200mm 处　　B. 室内地坪以下 60mm 处

C. 垫层与地面面层之间　　D. 室外地面散水以下 150～200mm 处

答案：A

［**解题要点**］建筑物地下室所有墙体都应设置水平防潮层，其中一道设置在地下室地坪附近，另一道设置的位置应当是室外地面散水以上 150～200mm 处，以防止地下潮气沿地下墙身或勒脚渗入室内。

地下室防潮要求高时，其地层也应做防潮处理，一般设在垫层与地面面层之间，且与墙体水平防潮层在同一水平面上。

实心砖墙应在墙身中设置防潮层，当室内地面为实铺时，外墙防潮层设在室内地坪以下 60mm 处，当建筑物墙体两侧地坪不等高时，在每侧地表下 60mm 处，防潮层应分别设置，并在两个防潮层间的墙上加设垂直防潮层。

12. 下列叙述属于地下室外防水特点的是（　）。

A. 防水结构层设置于结构外侧

B. 防水材料置于迎水面，对防水不太有利

C. 将防水材料置于结构背水面的防水做法，对防水不太有利

D. 施工简便，易于维修，多用于修缮工程

答案：A

［**解题要点**］防水结构层设置于结构外侧的称为外防水，防水结构层设置于主体结构内侧的称为内防水。外防水方式中，由于防水材料置于迎水面，对防水较为有利。将防水材料置于结构内表面（背水面）的防水做法，对防水不太有利，但施工简便，易于维修，多用于修缮工程。

13. 下列叙述正确的是（　）。

A. 圈梁宽度不应小于 200mm　　B. 圈梁高度不应小于 190mm

C. 圈梁纵向钢筋数量不应少于 $4\phi12$　　D. 圈梁箍筋间距不应小于 200mm

答案：C

[解题要点] 圈梁宽度不应小于 190mm；圈梁高度不应小于 120mm；纵向钢筋数量不应少于 $4\phi12$；箍筋间距不应大于 200mm。

14. 对荷载较大、管线较多的商场，比较适合采用的现浇钢筋混凝土楼板是（　　）。

A. 板式楼板　　B. 梁板式肋形楼板

C. 井字形肋楼板　　D. 无梁式楼板

答案：D

[解题要点] 现浇钢筋混凝土楼板主要分为板式、梁板式、井字形密肋式、无梁式四种。板式楼板适用于房屋中跨度较小的房间（如厨房、厕所、贮藏室、走廊）及雨篷、遮阳等。梁板式肋形楼板适用于当房屋的开间、进深较大，楼面承受的弯矩较大。井字形肋楼板具有天棚整齐美观，有利于提高房屋的净空高度等优点，常用于门厅、会议厅等处。无梁楼板的底面平整，增加了室内的净空高度，有利于采光和通风，但楼板厚度较大，这种楼板比较适用于荷载较大、管线较多的商店和仓库等。

15. 叠合楼板是由预制板和现浇钢筋混凝土层叠合而成的装配整体式楼板，现浇叠合层内设置的钢筋主要是（　　）。

A. 构造钢筋　　B. 正弯矩钢筋

C. 负弯矩钢筋　　D. 下部受力钢筋

答案：C

[解题要点] 叠合楼板是由预制板和现浇钢筋混凝土层叠合而成的装配整体式楼板。预制板既是楼板结构的组成部分，又是现浇钢筋混凝土叠合层的永久性模板，现浇叠合层内应设置负弯矩钢筋，并可在其中敷设水平设备管线。叠合楼板的预制部分，可以采用预应力实心薄板，也可采用钢筋混凝土空心板。

16. 下列关于平屋顶柔性防水等级属于一级的是（　　）。

A. Ⅰ类防水使用环境下的对渗漏不敏感的工业建筑屋面

B. Ⅱ类防水使用环境下的民用建筑

C. Ⅲ类防水使用环境下的民用建筑

D. Ⅲ类防水使用环境下的对渗漏敏感的工业建筑

答案：B

[解题要点] 屋面工程防水等级应依据工程类别和工程防水使用环境类别分为一级、二级、三级。工程类别和工程防水使用环境类别见下表。

（1）一级防水：Ⅰ类、Ⅱ类防水使用环境下的甲类工程；Ⅰ类防水使用环境下的乙类工程。

（2）二级防水：Ⅲ类防水使用环境下的甲类工程；Ⅱ类防水使用环境下的乙类工程；Ⅰ类防水使用环境下的丙类工程。

（3）三级防水：Ⅲ类防水使用环境下的乙类工程；Ⅱ类、Ⅲ类防水使用环境下的丙类工程。

屋面工程防水类别及使用环境类别划分

工程防水类别		工程防水使用环境类别		
		Ⅰ类	Ⅱ类	Ⅲ类
甲类	民用建筑和对渗漏敏感的工业建筑	$P \geqslant 1\,300$	$400 \leqslant P < 1\,300$	$P < 400$
乙类	除甲类和丙类以外的建筑屋面			
丙类	对渗漏不敏感的工业建筑屋面			

注：P 为年降水量（mm）。

17. 平屋顶装配式混凝土板上的细石混凝土找平层厚度一般的是（　　）mm。

A. 15～20　　B. 20～25

C. 25～30　　D. 30～35

答案：D

［**解题要点**］找平层厚度及技术要求见下表。

找平层厚度及技术要求

找平层分类	适用的基层	厚度/mm	技术要求
水泥砂浆	整体现浇混凝土板	15～20	1：2.5 水泥砂浆
	整体材料保温	20～25	
细石混凝土	装配式混凝土板	30～35	C20 混凝土宜加钢筋网片
	板状材料保温板		C20 混凝土

18. 建筑物梯段跨度较大时，为了经济合理，通常不宜采用（　　）。

A. 预制装配墙承式楼梯　　B. 预制装配梁承式楼梯

C. 现浇钢筋混凝土梁式楼梯　　D. 现浇钢筋混凝土板式楼梯

答案：D

［**解题要点**］钢筋混凝土楼梯按施工方法不同，主要有现浇整体式和预制装配式两类。现浇钢筋混凝土楼梯是楼梯段与休息平台整体浇筑，因而楼梯的整体刚性好，坚固耐久。预制构件的整体性不好，灵活性也不如现浇。现浇钢筋混凝土楼梯按楼梯段传力的特点可以分为板式和梁式两种。板式楼梯的梯段底面平整，外形简洁，便于支撑施工，当梯段跨度不大时采用。当梯段跨度较大时，梯段板厚度增加，自重较大，不经济，当荷载或梯段跨度较大时，采用梁式楼梯比较经济。

19. 平屋面的涂膜防水构造有正置式和倒置式之分，所谓正置式的是指（　　）。

A. 隔热保温层在涂膜防水层之上　　B. 隔热保温层在找平层之上

C. 隔热保温层在涂膜防水层之下　　D. 基层处理剂在找平层之下

答案：C

［**解题要点**］正置式平屋面防水构造是隔热保温层在涂膜防水层的下面，其原因是传统的保温材料如珍珠岩、加气混凝土、陶粒混凝土和膜塑聚苯乙烯板等都普遍存在吸水率大的问题。

20. 下列有关水泥砂浆地面的叙述，正确的是（　　）。

A. 体积比应为 1：3

B. 厚度不应小于 10mm

C. 强度等级不应低于 M20

D. 构造简单、施工方便、造价低、热传导性高

答案：D

［**解题要点**］水泥砂浆地面通常是用水泥砂浆在地面基层或垫层上抹压而成，水泥砂浆地面是使用最广泛的低档地面面层类型。具有构造简单、施工方便、造价低、耐水、整体性能好等优点，但地面易起灰，无弹性，热传导性高，且装饰效果较差。水泥砂浆的强度等级不应低于 M15，水泥砂浆的体积比（强度等级）应符合设计要求，且体积比应为 1：2，厚度不应小于 20mm。

21. 相对中级道路而言，高级道路的结构组成增加了（　　）。

A. 磨耗层　　B. 保护层

C. 联结层　　D. 垫层

答案：C

［解题要点］道路工程结构组成一般分为路基、垫层、基层和面层四个部分。高级道路的结构由路基、垫层、底基层、基层、联结层和面层六部分组成。

22. 两个以上交通标志在一根支柱上并设时，从左到右排列正确的顺序是（　　）。

A. 禁令、警告、指示　　B. 指示、警告、禁令

C. 警告、指示、禁令　　D. 警告、禁令、指示

答案：D

［解题要点］交通标志应设置在驾驶人员和行人易于见到，并能准确判断的醒目位置。一般安设在车辆行进方向道路的右侧或车行道上方。为保证视认性，同一地点需要设置两个以上标志时，可安装在一根立柱上，但最多不应超过四个；标志板在一根支柱上并设时，应按警告、禁令、指示的顺序，先上后下，先左后右地排列。

23. 以下关于路面及路面排水的说法正确的是（　　）。

A. 高速公路的路面排水一般由路拱坡度、路肩横坡和边沟排水组成

B. 路肩横向坡度应较路面横向坡度大 2%～3%

C. 路面面层应具有足够的结构强度、良好的水稳定性

D. 路面结构由面层、基层和垫层组成

答案：D

［解题要点］路面是由不同的材料构成的，有以下特点：

（1）路面一般由面层、基层和垫层组成；

（2）面层材料应具有足够的结构强度、良好的温度稳定性、耐磨、抗滑、平整和不透水；

（3）基层材料必须有足够的强度，水稳性、扩散荷载的性能；

（4）路肩横向坡度应较路面横向坡度大 1%～2%；

（5）高速公路、一级公路的排水，一般由路肩与中央分隔带排水组成；

（6）二级和二级以下公路的路面排水由路拱坡度、路肩横坡和边沟排水组成。

24. 关于道路照明光源选择，下列叙述正确的是（　　）。

A. 快速路主干路应采用金属卤化物灯　　B. 商业步行街应采用白炽灯

C. 居住区人行道路可采用紧凑型荧光灯　　D. 市中心机动车道路采用自镇流高压汞灯

答案：C

［解题要点］快速路主干路应采用高压钠灯。商业步行街、居住区人行道采用金属卤化物灯、细管荧光灯或紧凑型荧光灯。道路照明不应采用自镇流高压汞灯和白炽灯。

25. 有关停车场及公共站点，下列叙述正确的是（　　）。

A. 停放场的最大纵坡平行通道方向为 3%，垂直通道方向为 1%

B. 停放场的最小纵坡为 0.4%～0.5%

C. 城区内停靠站间距为 300m

D. 停靠站站台长度按同时停靠 1～3 辆车长设置

答案：B

［解题要点］停放场最大纵坡度选项 A 数据正好相反。城区内停靠站间距宜为 400～800m。站台长度按同时停靠 2～4 辆车长设置。

26. 混凝土斜拉桥属于典型的（　　）。

A. 梁式桥　　B. 悬索桥

C. 刚架桥　　D. 组合式桥

答案：D

［解题要点］组合式桥是由几个不同的基本类型结构所组成的桥。各种各样的组合式桥根据其所组合的基本类型不同，其受力特点也不同，往往是所组合的基本类型结构的受力特点的综合表现。常

见的这类桥型有梁与拱组合式桥，如系杆拱、桁架拱及多跨拱梁结构等；悬索结构与梁式结构的组合式桥，如斜拉桥等。

27. 柔性桥墩的主要技术特点在于（ ）。

A. 桥台和桥墩柔性化　　B. 桥墩支座固定化

C. 平面框架代替墩身　　D. 桥墩轻型化

答案：D

［解题要点］柔性墩是桥墩轻型化的途径之一，它是在多跨桥的两端设置刚性较大的桥台，中墩均为柔性墩。同时，在全桥除在一个中墩上设置活动支座外，其余墩台均采用固定支座。典型的柔性墩为柔性排架桩墩，是由成排的预制钢筋混凝土沉入桩或钻孔灌注桩顶端连以钢筋混凝土盖梁组成。

28. 非整体式拱涵基础的适用条件是（ ）。

A. 拱涵地基为较密实的砂土　　B. 拱涵地基为较松散的砂土

C. 孔径小于 2m 的涵洞　　D. 允许承载力 200～300kPa 的地基

答案：A

［解题要点］拱涵基础分为整体式和非整体式两种。非整体式适用于孔径 2m 以上，地基土的允许承载力在 300kPa 以上、压缩性小的良好土壤（包括密实中砂、细砂、砾石、坚硬黏土等）。

二、多项选择题

1. 建展览馆应优先考虑的承重体系是（ ）。

A. 薄壁空间结构体系　　B. 悬索结构体系

C. 拱式结构体系　　D. 网架结构体系

E. 桁架结构体系

答案：A、B、C

［解题要点］民用建筑按承重体系分为：①混合结构体系。大多用在住宅、办公楼、教学楼建筑中，住宅建筑最适合采用混合结构，一般在 6 层以下。②框架结构体系。建筑平面布置灵活，可形成较大的建筑空间，建筑立面处理也比较方便。③剪力墙体系。适用于小开间的住宅和旅馆等。在 180m 高的范围内都可以适用。④框架-剪力墙结构体系。一般适用于不超过 170m 高的建筑。⑤筒体结构体系。适用于高度不超过 300m 的建筑。⑥桁架结构体系。可利用截面较小的杆件组成截面较大的构件。单层厂房的屋架常选用桁架结构。⑦网架结构体系。适于工业化生产。⑧拱式结构体系。适用于体育馆、展览馆等建筑中。⑨悬索结构体系。目前，悬索屋盖结构的跨度已达 160m，主要用于体育馆、展览馆中。⑩薄壁空间结构体系。常用于大跨度的屋盖结构，如展览馆、俱乐部、飞机库等。

2. 下列属于绿色建筑评价指标体系的是（ ）。

A. 安全耐久　　B. 健康舒适

C. 运营管理　　D. 设计管理

E. 生活便利

答案：A、B、E

［解题要点］绿色建筑评价指标体系由安全耐久、健康舒适、生活便利、资源节约、环境宜居 5 类指标组成。

3. 提高墙体抗震性能的构造主要有（ ）。

A. 圈梁　　B. 过梁

C. 构造柱　　D. 沉降缝

E. 防震缝

答案：A、C

[解题要点] ①圈梁是在房屋的檐口、窗顶、楼层、吊车梁顶或基础顶面标高处，沿砌体墙水平方向设置封闭状的按构造配筋的混凝土梁式构件。它可以提高建筑物的空间刚度和整体性，增加墙体稳定，减少由于地基不均匀沉降而引起的墙体开裂，并防止较大振动荷载对建筑物的不良影响。在抗震设防地区，设置圈梁是减轻震害的重要构造措施。②过梁是门窗等洞口上设置的横梁，承受洞口上部墙体与其他构件（楼层、屋顶等）传来的荷载，它的部分自重可以直接传给洞口两侧墙体，而不由过梁承受。不具有抗震功能。③构造柱是在砌体房屋墙体的规定部位，按构造配筋，并按先砌墙后浇灌混凝土柱的施工顺序制成的混凝土柱。圈梁在水平方向将楼板与墙体箍住，构造柱则从竖向加强墙体的连接，与圈梁一起构成空间骨架，提高了建筑物的整体刚度和墙体的延性，约束墙体裂缝的开展，从而增加建筑物承受地震作用的能力。因此，有抗震设防要求的建筑物中须设钢筋混凝土构造柱。④变形缝包括伸缩缝、沉降缝和防震缝，它的作用是保证房屋在温度变化、基础不均匀沉降或地震时能有一些自由伸缩，以防止墙体开裂，结构破坏。⑤沉降缝。当房屋相邻部分的高度、荷载和结构形式差别很大而地基又较弱时，房屋有可能产生不均匀沉降，致使某些薄弱部位开裂。为此，应在适当位置如复杂的平面或体形转折处、高度变化处、荷载、地基的压缩性和地基处理的方法明显不同处设置沉降缝。⑥防震缝。地震区设计的多层房屋，为防止地震使房屋破坏，应用防震缝将房屋分成若干形体简单、结构刚度均匀的独立部分。防震缝一般从基础顶面开始，沿房屋全高设置。

4. 现浇钢筋混凝土楼梯，按楼梯段传力特点划分的有（　　）。

A. 墙承式楼梯　　B. 梁式楼梯

C. 悬挑式楼梯　　D. 板式楼梯

E. 梁板式楼梯

答案：B、D

[解题要点] 钢筋混凝土楼梯按施工方法不同，主要有现浇整体式和预制装配式两类。现浇钢筋混凝土楼梯按楼梯段传力的特点可以分为板式和梁式两种。装配式钢筋混凝土楼梯根据构件尺度的差别，大致可分为：小型构件装配式、中型构件装配式和大型构件装配式。小型构件装配式楼梯，按照预制踏步的支承方式分为悬挑式、墙承式、梁承式三种。

5. 有关路基形式及构造，下列叙述正确的是（　　）。

A. 砌石路基顶宽 0.8m，砌石高度 2～15m

B. 护肩路基高度一般不超过 5m

C. 护脚路基高度不宜超过 2m

D. 砌石路基每隔 15～20m 设一道伸缩缝

E. 自然地面横坡陡于 1∶5 的半挖半填路基，基底台阶应做成 2%～4%的内倾斜坡度

答案：A、D、E

[解题要点] 此题是考核各种路基的细部构造要求。选项 B、C 所给数据正好相反。其余选项都正确。

6. 土基上的高级路面相对中级路面而言，道路的结构层中增设了（　　）。

A. 加强层　　B. 底基层

C. 垫层　　D. 联结层

E. 过渡层

答案：B、D

[解题要点] 道路的结构组成，土基上的低、中级路面由垫层、基层、面层组成，高级路面增加了底基层和联结层。

7. 桥面排水措施有（　　）。

A. 设纵向排水坡　　B. 设横向排水坡

C. 设流水槽　　D. 泄水管

E. 桥面铺装层下设防水层

答案：A、B、C、D

[解题要点] 桥梁设计中要有完整的桥面防水、排水系统。选项 A、B、C、D 均属排水措施，而选项 E 是防水措施。

8. 关于斜拉桥的说法，正确的有（　　）。

A. 是典型的悬索结构

B. 是典型的梁式结构

C. 是悬索结构和梁式结构的组合

D. 由主梁、拉索和索塔组成的组合结构体系

E. 由主梁和索塔受力，拉索起装饰作用

答案：C、D

[解题要点] 斜拉桥是典型的悬索结构和梁式结构组合的，由主梁、拉索及索塔组成的组合结构体系。

9. 下列有关缆线共同沟的特点，正确的是（　　）。

A. 断面尺寸大

B. 断面较小

C. 埋深深

D. 埋深浅

E. 不设通风设备

答案：B、D、E

[解题要点] 缆线共同沟的特点为空间断面较小，埋深浅，建设施工费用较少，不设通风、监控等设备，在维护及管理上较为简单。

10. 符合城市快速轨道交通系统的条件是（　　）。

A. 轮轨运行

B. 动能为电力

C. 时速大于 20km

D. 客运能力每小时 1 万人次

E. 每小时单向客流量超过 2 万人次

答案：A、B

[解题要点] 城市快速轨道交通系统的定义为：电能为动力，采用轮轨运行，旅行速度大于 30km/h，单向客运能力超过每小时 1 万人次。

第三章　工程材料

考纲要求

1. 结构材料的分类、特征及应用；
2. 装饰材料的分类、特征及应用；
3. 防水材料的分类、特征及应用。

本章知识架构

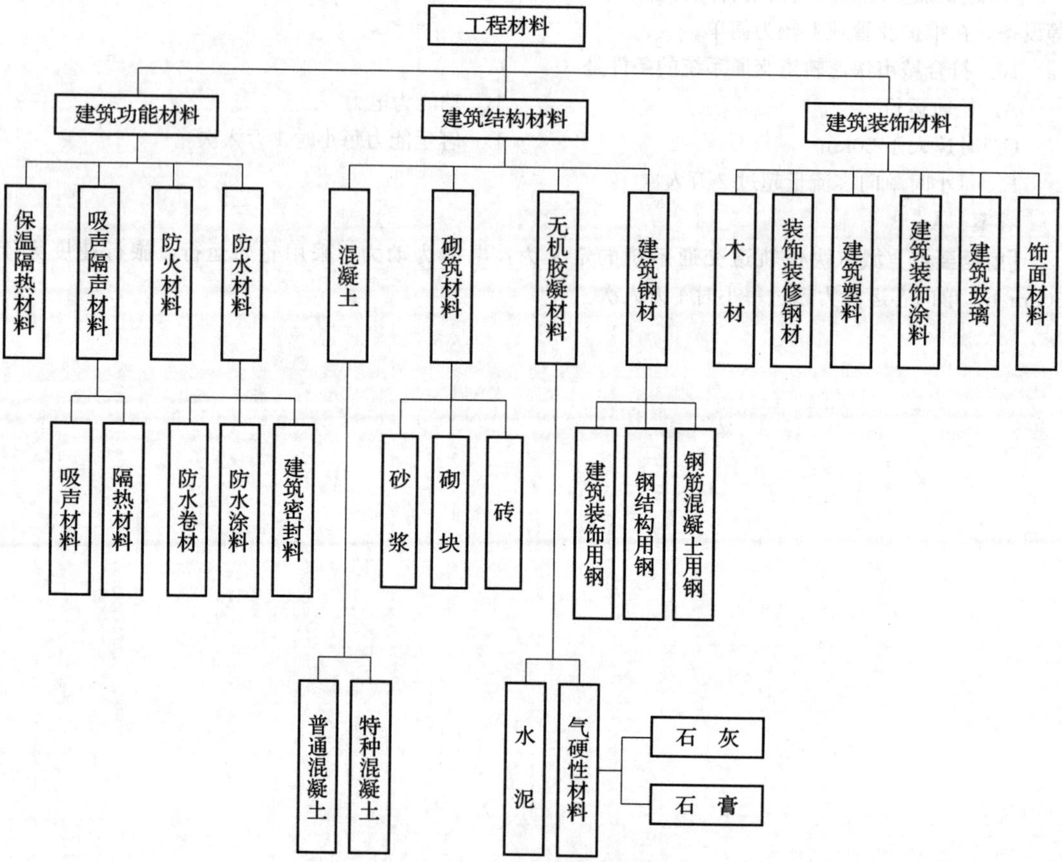

图 3-1　本章知识架构

考点与题型详解

考点一：建筑钢材分类、性能及应用

点评：本考点每年考试至少有1道题，内容围绕着性能和应用。在分类中要了解各类钢筋的牌号及其应用范围；在钢筋性能中，对抗拉性能应细致掌握。

知识要点集成

表3-1 钢筋分类、性能

钢筋分类	热轧钢筋		(1) 热轧光圆筋（HPB），热轧带肋筋（HRB，HRBF）； (2) 随着强度的提高，塑性下降
	冷加工钢筋	冷拉热轧筋	冷拉后屈服点提高，塑性、韧性降低
		冷轧带肋筋	CRB550、CRB600H为普通钢筋混凝土用钢筋，CRB650、CRB800、CRB800H为预应力混凝土用钢筋，CRB680H既可作为普通钢筋混凝土用钢筋，也可作为预应力混凝土用钢筋使用
		冷拔低碳钢丝	宜作为构造钢筋使用，不得作为预应力钢筋使用
	热处理钢筋		强度高、锚固性好、预应力稳定，用于预应力轨枕、预应力板、吊车梁
	钢丝、钢绞线		用于大跨度大负荷的桥梁、轨枕、电杆、屋架、大跨吊车梁等预应力结构
钢筋性能	力学性能	抗拉性能	(1) 描写抗拉性能的指标有屈服点σ_s、抗拉极限强度σ_b和伸长率δ。 (2) σ_s/σ_b越小，结构安全性越高，但太小钢材不能有效利用。 (3) 伸长率表示塑性变形能力，塑性变形在标距内分布是不均匀的，颈缩处的伸长较大
		冲击韧性	脆性临界温度越低，低温冲击韧性越好
		硬度	表面局部抵抗压入的能力，常用布氏硬度HB表示
		耐疲劳性	在交变应力下，在规定周期基数内不发生断裂所能承受的最大应力
	工艺性能	冷弯性能	揭示内部组织均匀度、内应力和含杂质程度
		焊接性能	反映焊缝处性能与母材性质一致的程度

经典考题剖析

一、2023 年考题

1. 下列热轧钢筋中，抗拉强度最高的是（　　）。

A. HPB300　　B. HRB400

C. HRB600　　D. HRBF500E

答案：C

[**解析**] 本题考查的是热轧钢筋的品种及技术要求的规定。抗拉强度最高的热轧钢筋是 HRB600。

2. 下列钢材的化学成分中，决定钢材性质的主要元素是（　　）。

A. 碳　　B. 硫　　C. 磷　　D. 氧

答案：A

[**解析**] 本题考查的是钢材的化学成分。碳是决定钢材性质的重要元素。土木建筑工程用钢材含碳量一般不大于 0.8%。在此范围内，随着钢中碳含量的增加，强度和硬度增加，而塑性、韧性和冷弯性能相应降低；碳还可显著降低钢材的可焊性，增加钢的冷脆性和时效敏感性，降低抗大气腐蚀能力。

3. 下列钢材性能技术指标，表示抗拉性能的有（　　）。

A. 伸长率　　B. 硬度值

C. 屈服强度　　D. 抗拉强度

E. 冲击韧性值

答案：A、C、D

[**解析**] 本题考查的是钢材的性能。抗拉性能是钢材的最主要性能，表征其性能的技术指标主要是屈服强度、抗拉强度和伸长率。

二、2022 年考题

下列冷轧带肋钢筋中，既可用于普通钢筋混凝土用钢筋，也可以用于预应力混凝土用结构钢筋的是（　　）。

A. CRB650　　B. CRB880　　C. CRB680H　　D. CRB800H

答案：C

[**解析**] 根据《冷轧带肋钢筋》GB/T 13788—2017 的规定，冷轧带肋钢筋分为 CRB550、CRB650、CRB800、CRB600H、CRB680H、CRB800H 六个牌号。CRB550、CRB600H 为普通钢筋混凝土用钢筋，CRB650、CRB800、CRB800H 为预应力混凝土用钢筋，CRB680H 既可作为普通钢筋混凝土用钢筋，也可作为预应力混凝土用钢筋。

三、2021 年考题

1. 钢筋强屈比越大，则（　　）。

A. 结构安全性越好　　B. 结构安全性越差

C. 利用率越高　　D. 冲击韧性越差

答案：A

[解析] 本题考查的是钢材的性能。强屈比越大，反映钢材受力超过屈服点工作时的可靠性越大，因而结构的安全性越高。但强屈比太大，则反映钢材不能有效地被。

2.（　　）可以用于预应力钢筋。

A. CRB600H　　B. CRB680H

C. CRB800H　　D. CRB650

E. CRB800

答案：B、C、D、E

[解析] 本题考查的是常用的建筑钢材。冷轧带肋钢筋 CRB550、CRB600H 为普通钢筋混凝土用钢筋，CRB650、CRB800、CRB800H 为预应力混凝土用钢筋，CRB680H 既可作为普通钢筋混凝土用钢筋，也可作为预应力混凝土用钢筋。

四、其他年份考题

1. 钢材 CDW550 主要用于（　　）。

A. 地铁钢轨　　B. 预应力钢筋

C. 吊车梁主筋　　D. 构造钢筋

答案：D

[解析] 本题考查的是常用的建筑钢材。冷拔低碳钢丝只有 CDW550 一个牌号。冷拔低碳钢丝宜作为构造钢筋使用，作为结构构件中纵向受力钢筋使用时应采用钢丝焊接网。冷拔低碳钢丝不得作为预应力钢筋使用。

2. 常用于普通钢筋混凝土的冷轧带肋钢筋有（　　）。

A. CRB650　　B. CRB800

C. CRB550　　D. CRB600H

E. CRB680H

答案：C、D、E

[解析] 本题考查的是常用的建筑钢材。根据《冷轧带肋钢筋》GB/T 13788—2017 的规定，冷轧带肋钢筋分为 CRB550、CRB650、CRB800、CRB600H、CRB680H、CRB800H 六个牌号。CRB550、CRB600H 为普通钢筋混凝土用钢筋，CRB650、CRB800、CRB800H 为预应力混凝土用钢筋，CRB680H 既可作为普通钢筋混凝土用钢筋，也可作为预应力混凝土用钢筋。

3. 制作预应力混凝土轨枕采用的预应力混凝土钢材应为（　　）。

A. 钢丝　　B. 钢绞线

C. 热处理钢筋　　D. 冷轧带肋钢筋

答案：C

[解析] 本题考查的是预应力钢筋混凝土。热处理钢筋主要用于预应力钢筋混凝土轨枕，也可以用于预应力混凝土板、吊车梁等构件。

4. 表征钢材抗拉性能的技术指标主要有（　　）。

A. 屈服强度　　B. 冲击韧性

C. 抗拉强度　　D. 硬度

E. 伸长率

答案：A、C、E

［**解析**］本题考查的是钢材的性能。抗拉性能是钢材的最主要性能，表征其性能的技术指标主要是屈服强度、抗拉强度和伸长率。

考点二：水泥分类、特征及应用

点评： 本考点每年的出题量为1～2题，而且硅酸盐系列的五种水泥的应用条件必有一题。铝酸盐水泥、硫铝酸盐水泥、膨胀水泥和自应力水泥、道路硅酸盐水泥的性质和应用以及硅酸盐和普通硅酸盐水泥技术性质也可能有一题。

知识要点集成

表3-2 硅酸盐及普通硅酸盐水泥技术性质

<table>
<tr><td>细度</td><td colspan="2">颗粒越细表面积越大，水化速度快早期强度高，但硬化收缩大，粉磨耗能大，成本高。比表面积要求＞300m²/kg</td></tr>
<tr><td rowspan="3">凝结时间</td><td>硅酸盐水泥</td><td>初凝≥45min，终凝≤6.5h；
初凝不合格报废，终凝不合格可降级使用</td></tr>
<tr><td>铝酸盐水泥 CA60－Ⅱ</td><td>初凝≥60min，终凝≤18h</td></tr>
<tr><td>其他铝酸盐水泥</td><td>初凝≥30min，终凝≤6h</td></tr>
<tr><td>体积安全性</td><td colspan="2">水泥硬化过程，体积变化是否均匀的性能，安全性不合格的水泥报废</td></tr>
<tr><td>强度</td><td colspan="2">是胶砂强度不是净浆强度，是评定水泥强度等级的依据。测3d和28d的试件抗折和抗压强度</td></tr>
<tr><td>含碱量</td><td colspan="2">水泥中的碱含量用 $Na_2O+0.658K_2O$ 计算值表示，水泥中碱含量不得大于0.60％</td></tr>
<tr><td>水化热</td><td colspan="2">水化热大小与水泥矿物成分、细度、外加剂、水泥品种、混合料掺量有关</td></tr>
</table>

表3-3 水泥分类、应用

<table>
<tr><td rowspan="4">硅酸盐系列</td><td colspan="2">硅酸盐水泥</td><td rowspan="2">适用于高强混凝土、早期强度要求高、抗冻工程。不适用于大体积混凝土、化学侵蚀、压力水作用及海水侵蚀</td></tr>
<tr><td colspan="2">普通硅酸盐水泥</td></tr>
<tr><td rowspan="2">掺混合料类水泥</td><td>矿渣水泥</td><td>适用于高温环境、大体积、蒸汽养护、抗硫酸盐侵蚀</td></tr>
<tr><td>火山灰质水泥</td><td>除与矿渣水泥相同外仍具有抗渗好和不适于干燥和耐磨环境</td></tr>
</table>

续表 3-3

硅酸盐系列	掺混合料类水泥	粉煤灰水泥	除与矿渣水泥相同外仍具有抗碳化能力较差
		复合硅酸盐水泥	由硅酸盐水泥熟料和 20%～50%的两种以上混合材料、适量石膏磨细制成的水硬性胶凝材料
铝酸盐水泥	(1) 按 Al_2O_3 含量百分数分为 CA50、CA60、CA70、CA80； (2) 可配制不定型耐火材料，可制成耐热混凝土，可用于冬季和抢修施工，抗硫酸盐腐蚀； (3) 不宜用于：大体积混凝土工程、接触碱溶液工程、蒸汽养护工程、高温季节施工工程不得与未硬化的硅酸盐水泥混凝土接触，不得与硅酸盐水泥或石灰混用		
硫铝酸盐水泥	快硬的硫铝酸盐水泥		初凝时间≥25min，终凝时间≤3h。 用于配制早强、抗渗、抗硫酸盐混凝土。用于浆锚、喷锚支护、抢修、抗硫酸盐腐蚀、海洋建筑工程
	低碱度的硫铝酸盐水泥		
	自应力的硫铝酸盐水泥		
道路硅酸盐水泥			初凝时间≥1.5h，终凝时间≤12h。 主要用于公路路面，机场跑道

经典考题剖析

一、2023 年考题

水化热较小的硅酸盐水泥有（　　）。

A. 硅酸盐水泥
B. 普通硅酸盐水泥
C. 粉煤灰硅酸盐水泥
D. 矿渣硅酸盐水泥
E. 火山灰硅酸盐水泥

答案：C、D、E

[解析] 本题考查的是水泥。水化热较小的硅酸盐水泥有粉煤灰硅酸盐水泥、矿渣硅酸盐水泥、火山灰硅酸盐水泥。

二、2022 年考题

下列常用水泥中，适用于大体积混凝土工程的有（　　）。

A. 硅酸盐水泥
B. 普通硅酸盐水泥
C. 矿渣硅酸盐水泥
D. 火山灰质硅酸盐水泥
E. 粉煤灰硅酸盐水泥

答案：C、D、E

［解析］适用于大体积混凝土工程的有矿渣硅酸盐水泥、火山灰质硅酸盐水泥、粉煤灰硅酸盐水泥。

三、2021 年考题

高温车间主体结构的混凝土配制优先选用的水泥品牌为（　　）。

A. 粉煤灰普通硅酸盐水泥　　B. 普通硅酸盐水泥

C. 硅酸盐水泥　　D. 矿渣硅酸盐水泥

答案：D

［解析］本题考查的是水泥。矿渣硅酸盐水泥适用于高温车间和有耐热、耐火要求的混凝土结构。

四、其他年份考题

1. 有耐火要求的混凝土应采用（　　）。

A. 硅酸盐水泥　　B. 普通硅酸盐水泥

C. 矿渣硅酸盐水泥　　D. 火山灰质硅酸盐水泥

答案：C

［解析］本题考查的是矿渣硅酸盐水泥。矿渣硅酸盐水泥适用于高温车间和有耐热、耐火要求的混凝土结构。

2. 水泥强度是指（　　）。

A. 水泥净浆的强度　　B. 水泥胶浆的强度

C. 水泥混凝土的强度　　D. 水泥砂浆砂石强度

答案：B

［解析］本题考查的是水泥强度。水泥强度是指胶砂的强度而不是净浆的强度，它是评定水泥强度等级的依据。

3. 干缩性较小的水泥有（　　）。

A. 硅酸盐水泥

B. 普通硅酸盐水泥

C. 矿渣硅酸盐水泥

D. 火山灰质硅酸盐水泥

E. 粉煤灰硅酸盐水泥

答案：A、B、E

［解析］本题考查的是水泥的特性。干缩性较小的水泥有硅酸盐水泥、普通硅酸盐水泥、粉煤灰硅酸盐水泥。

考点三：沥青

点评：本考点在考试中至少有 1 题。石油沥青的组成和技术性质为重点内容。

知识要点集成

表3-4 石油沥青

石油沥青的组分	油分	油分是沥青中分子量最小和密度最小的组分，不溶于酒精
	树脂（沥青脂胶）	使石油沥青具有良好的塑性和黏结性。沥青脂胶中绝大部分属于中性树脂，赋予沥青以良好的黏结性、塑性和可流动性。有利于石油沥青的可乳化性
	地沥青质（沥青质）	染色力强，对光的敏感性强，感光后就不能溶解。其含量越多，则软化点越高，黏性越大，也越硬脆。会降低石油沥青的黏结性和塑性。蜡是石油沥青的有害成分
石油沥青的技术性质	防水性	几乎完全不溶于水，故广泛用作土木工程的防潮、防水材料
	黏滞性（黏性）	黏滞性的大小与组分及温度有关。地沥青质含量较高，同时又有适量树脂，而油分含量较少时，则黏滞性较大。在一定温度范围内，当温度升高时，则黏滞性随之降低，反之则随之增大。针入度反映石油沥青抵抗剪切变形的能力，针入度值越小，表明黏度越大
	塑性	石油沥青的塑性与其组分、温度及沥青膜层厚度有关。石油沥青中树脂含量较多，且其他组分含量适当时，则塑性较大；温度升高则塑性增大，膜层越厚其塑性越高。故塑性还反映了沥青开裂后的自愈能力。石油沥青的塑性用延度（伸长度）表示，延度越大，塑性越好
	温度敏感性	石油沥青中地沥青质含量较多，在一定程度上能够减小其温度敏感性。在工程使用时往往加入滑石粉、石灰石粉或其他矿物填料来减小其温度敏感性。沥青中含蜡量较多时，则会增大温度敏感性
	大气稳定性	蒸发损失百分数越小和蒸发后针入度比越大，则表示大气稳定性越高，“老化”越慢
石油沥青的技术标准及选用	建筑石油沥青	建筑石油沥青按针入度不同分为10号、30号和40号三个牌号。建筑石油沥青针入度较小（黏性较大），软化点较高（耐热性较好），但延伸度较小（塑性较小），主要用作制造油纸、油毡、防水涂料和沥青嵌缝膏。绝大部分用于屋面及地下防水、沟槽防水防腐蚀及管道防腐等工程
	道路石油沥青	重交通道路石油沥青按针入度范围分为AH-130、AH-110、AH-90、AH-70、AH-50、AH-30六个牌号。重交通道路石油沥青主要用于高速公路、一级公路路面，机场道面及重要的城市道路路面工程。中、轻交通道路石油沥青主要用于一般的道路路面、车间地面等工程

表 3-5　沥青混合料的分类

分类	名　称	性　质	应　用
橡胶改性沥青	氯丁橡胶改性沥青	气密性、低温柔性、耐化学腐蚀性、耐气候性等得到大幅改善	用于路面的稀浆封层和制作密封材料和涂料等
	丁基橡胶改性沥青	具有优异的耐分解性，并有较好的低温抗裂性能和耐热性能	多用于道路路面工程和制作密封材料和涂料
	热塑性弹性体（SBS）橡胶改性沥青	具有良好的耐高温性、优异的低温柔性和耐疲劳性	是目前应用最成功和用量最大的一种改性沥青。主要用于制作防水卷材和铺筑高等级公路路面等
	再生橡胶改性沥青	具有一定弹性、塑性和黏结力良好的再生胶改性沥青材料	可以制成卷材、片材、密封材料、胶黏剂和涂料等
树脂改性沥青	古马隆树脂	黏性较大	—
	聚乙烯	耐高温性和耐疲劳性有显著改善，低温柔性也有所改善	—
	乙烯-乙酸乙烯共聚物（EVA）	制成的改性沥青具有良好的弹塑性、耐高温性和抗老化性	多用于防水卷材、密封材料和防水涂料等
	无规聚丙烯（APP）		
橡胶和树脂改性沥青	橡胶改性沥青	形成凝聚的网状混合结构	主要有卷、片材，密封材料，防水涂料等
	树脂改性沥青		
矿物填充料改性沥青	滑石粉	以提高沥青的机械强度和抗老化性能	可用于具有耐酸、耐碱、耐热和绝缘性能的沥青制品中
	石灰石粉	有较强的物理吸附力和化学吸附力	较好的矿物填充料
	硅藻土	轻质、绝热、吸音	—
	膨胀珍珠岩粉	—	可作这类沥青制品的矿物填充料
	石棉	具有耐酸、耐碱和耐热性能，是热和电的不良导体	掺入后可提高沥青的抗拉强度和热稳定性

经典考题剖析

一、2023年考题

反映沥青温度敏感性的重要指标是（ ）。

A. 延度
B. 针入度
C. 相对黏度
D. 软化点

答案：D

［解析］沥青软化点是反映沥青的温度敏感性的重要指标，一般采用环球法软化点仪测定沥青软化点。

二、2022年考题

决定石油沥青温度敏感性和黏性的重要组分是（ ）。

A. 油分
B. 树脂
C. 沥青质
D. 沥青碳

答案：C

［解析］地沥青质（沥青质）是决定石油沥青温度敏感性、黏性的重要组分，其含量越多，则软化点越高，黏性越大，也越硬脆。

三、2021年考题

橡胶改性沥青中，既具有良好的耐高温，又具有优异低温特性和耐疲劳性的是（ ）。

A. 丁基橡胶
B. 氯丁橡胶
C. SBS
D. 再生橡胶

答案：C

［解析］本题考查的是沥青。SBS改性沥青具有良好的耐高温性、优异的低温柔性和耐疲劳性，是目前应用最成功和用量最大的一种改性沥青。主要用于制作防水卷材和铺筑高等级公路路面等。

四、其他年份考题

1. 高等级公路路面铺筑应选用（ ）。

A. 树脂改性沥青
B. SBS改性沥青
C. 橡胶树脂改性沥青
D. 矿物填充料改性沥青

答案：B

［解析］本题考查的是改性石油沥青。SBS改性沥青具有良好的耐高温性、优异的低温柔性和耐疲劳性，是目前应用最成功和用量最大的一种改性沥青。主要用于制作防水卷材和铺筑高等级公路路面等。

2. 耐酸、耐碱、耐热和绝缘的沥青制品应选用（ ）。

A. 滑石粉填充改性沥青
B. 石灰石粉填充改性沥青

C. 硅藻土填充改性沥青　　　　　　　　D. 树脂改性沥青

答案：A

[**解析**] 本题考查的是矿物填充料改性沥青。滑石粉亲油性好（憎水），易被沥青润湿，可直接混入沥青中，以提高沥青的机械强度和抗老化性能，可用于具有耐酸、耐碱、耐热和绝缘性能的沥青制品中。

考点四：砂、石子性质及应用

点评： 本考点历年试题中可能有1题，一般出题范围是砂的规格、石子最大粒径和颗粒级配。有时也考表中数字。

知识要点集成

表 3-6　砂、石颗粒级配

<table>
<tr><td rowspan="7">砂</td><td>颗粒级配</td><td colspan="3">砂的大、中、小颗粒适当搭配称颗粒级配。级配良好的砂配制的混凝土，不仅节约水泥，还可提高和易性、密实度和强度</td></tr>
<tr><td rowspan="3">规格</td><td>粗砂</td><td>M_x=3.1～3.7</td><td rowspan="3">对于混凝土路面混凝土板，细度模数在2.5以上的粗、中砂</td></tr>
<tr><td>中砂</td><td>M_x=2.3～3.0</td></tr>
<tr><td>细砂</td><td>M_x=1.6～2.2</td></tr>
<tr><td>含泥量</td><td colspan="3">有抗渗、抗冻、抗腐蚀、耐磨和其他特殊要求的混凝土，砂的含泥量和泥块含量分别不应大于3.0%和1.0%；高强混凝土用砂的含泥量和泥块含量分别不应大于2.0%和0.5%</td></tr>
<tr><td>坚固性</td><td colspan="3">建设用砂的坚固性指标不应大于10%。对于有抗渗、抗冻、抗腐蚀、耐磨或其他特殊要求的混凝土，砂的坚固性指标不应大于8%</td></tr>
<tr><td>有害杂质含量</td><td colspan="3">砂中常有黏土、淤泥、有机物、云母、硫化物及硫酸盐等杂质。砂中有害杂质含量不超过规范规定的标准。钢筋混凝土用砂的氯离子含量不应大于0.03%，预应力混凝土用砂的氯离子含量不应大于0.01%。对于重要工程混凝土所用的砂，还应进行碱活性检验，以确定其适用性</td></tr>
<tr><td rowspan="2">石子</td><td rowspan="2">含泥量、泥块含量</td><td colspan="3">有抗渗、抗冻、抗腐蚀、耐磨或其他特殊要求的混凝土，粗骨料中含泥量和泥块含量分别不应大于1.0%和0.5%</td></tr>
<tr><td colspan="3">高强混凝土用粗骨料的含泥量和泥块含量分别不应大干0.5%和0.2%</td></tr>
</table>

续表 3-6

石子	最大粒径		（1）小于或等于结构截面最小尺寸的 1/4； （2）小于或等于钢筋最小净间距的 3/4； （3）不超过实心板厚的 1/3 且不大于 40mm； （4）泵送混凝土碎石的最大粒径应不大于输送管径的 1/3，卵石的最大粒径应不大于输送管径的 1/2.5
	颗粒级配	连续级配	水泥用量多，拌制的混凝土流动性、黏聚性均好
		间断级配	节约水泥但拌和物易离析，适用于机械振捣的干硬性混凝土
	强度	立方体强度	当混凝土强度等级为 C60 及以上时，应进行岩石抗压强度检验
		压碎指标	间接推测石子强度
	坚固性		结构混凝土用粗骨料的坚固性指标不应大于 12%
			有抗渗、抗冻、抗腐蚀、耐磨或其他特殊要求的混凝土粗骨料坚固性指标不应大于 8%

经典考题剖析

一、2022 年考题

下列关于粗骨料颗粒级配说法正确的是（　　）。

A. 混凝土间断级配比连续级配和易性好

B. 混凝土连续级配比间断级配易离析

C. 相比于间断级配，混凝土连续级配适用于机械振捣流动性低的干硬性拌和物

D. 连续级配是现浇混凝土最常用的级配形式

答案：D

[解析] 连续级配是指颗粒的尺寸由大到小连续分级，其中每一级石子都占适当的比例。连续级配比间断级配水泥用量稍多，但其拌制的混凝土流动性和黏聚性均较好，是现浇混凝土中最常用的一种级配形式。

间断级配是省去一级或几级中间粒级的集料级配，其大颗粒之间的空隙由比它小几倍的小颗粒来填充，减少空隙率，节约水泥。但由于颗粒相差较大，混凝土拌和物易产生离析现象。因此，间断级配较适用于机械振捣流动性低的干硬性拌和物。

二、2021 年考题

泵送混凝土宜选用的砂为（　　）。

A. 粗砂　　B. 中砂　　C. 细砂　　D. 3 区砂

答案：B

［解析］本题考查的是普通混凝土组成材料。对于泵送混凝土，宜选用中砂。

三、其他年份考题

在砂用量相同的情况下，若砂过细，则拌制的混凝土（　　）。

A. 黏聚性差　　　　B. 易产生离析现象

C. 易产生泌水现象　　　　D. 水泥用量大

答案：D

［解析］本题考查的是普通混凝土组成材料。砂的粗细程度是指不同粒径的砂混合在一起时的平均粗细程度。在砂用量相同的情况下，若砂子过粗，则拌制的混凝土黏聚性较差，容易产生离析、泌水现象；若砂过细，砂的总表面积增大，虽然拌制的混凝土黏聚性较好，不易产生离析、泌水现象，但水泥用量增大。

考点五：混凝土外加剂的分类、性质及应用

点评：本考点每年必有1～2题，考核内容多为各种外加剂的作用和品种，不可混淆。特别是一些外加剂的品种名称要加以梳理。

知识要点集成

表 3-7　混凝土外加剂

种类	作用及应用	常用品种
减水剂	保持坍落度不变可减水增强，同时可改善密实度提高耐久性。 如保持强度不变，掺减水剂可节约水泥	普通减水剂、高效减水剂、高性能减水剂
早强剂	缩短水泥凝结时间，提高混凝土早期强度，多用于抢修工程和冬季施工混凝土。 氯盐早强剂不能用于预应力混凝土结构。硫酸盐等无机盐类早强剂不宜用于：①处于水位变化的结构；②露天结构及经常受水淋、受水流冲刷的结构；③相对湿度大于80%的环境中使用的结构；④直接接触酸、碱或其他侵蚀性介质的结构；⑤有装饰要求的混凝土，特别是要求色彩一致或表面有金属装饰的混凝土。 三乙醇胺早强剂对钢筋无锈蚀作用，但三乙醇胺等有机胺类早强剂不宜用于蒸养混凝土。 炎热条件以及环境温度低于－5℃时不宜使用早强剂。 早强剂不宜用于大体积混凝土	氯盐早强剂（氯化钙、氯化钠）、硫酸盐早强剂（硫酸钠）、三乙醇胺早强剂

续表 3-7

种类	作用及应用	常用品种
引气剂及引气减水剂	引气剂能减少拌和物泌水离析，改善和易性，提高耐久性，兼有引气和减水作用的外加剂称为引气减水剂。 引气剂及引气减水剂除用于抗冻、防渗、抗硫酸盐外，还适用于泌水严重的混凝土、贫混凝土和轻骨料混凝土。不能用于蒸养混凝土和预应力混凝土	效果最好的是松香热聚物，松脂皂
缓凝剂	延缓混凝土凝结时间，适用于大体积混凝土、炎热条件下施工以及长距离运输条件下。 不宜单独用于蒸养混凝土	糖蜜和木质素磺酸钙
泵送剂	使混凝土顺利通过管道，不堵塞，不离析，且有良好黏塑性，其中包括缓凝及减水组分、增稠组分（保水剂）、引气组分及高比表面无机掺和料。 不宜用于蒸汽养护混凝土和蒸压养护的预制混凝土	—
膨胀剂	加入膨胀剂可抵消水泥硬化时产生的收缩，适用于防裂、防水接缝、补强堵塞，膨胀率远大于混凝土收缩率时，可实现自应力混凝土，多用于输气输液压力管道和容器。 掺硫铝酸钙膨胀剂的混凝土，不能用于长期处于环境温度为80℃以上的工程；掺硫铝酸钙类或石灰类膨胀剂的混凝土，不宜使用氯盐类外加剂	硫铝酸盐系、石灰系、铁粉系、氧化镁系和复合型系

经典考题剖析

一、2023 年考题

在抢修工程和冬季施工用混凝土中宜加入的外加剂是（　　）。

A. 引气剂　　B. 早强剂

C. 防水剂　　D. 泵送剂

答案：B

[解析] 本题考查的是常用混凝土外加剂。混凝土早强剂是指能提高混凝土早期强度，并对后期强度无显著影响的外加剂。若外加剂兼有早强和减水作用则称为早强减水剂。目前常用的早强剂有氯盐、硫酸盐、三乙醇胺和以它们为基础的复合早强剂。氯盐早强剂不能用于预应力混凝土结构。硫酸盐等无机盐类早强剂不宜用于：①处于水位变化的结构；②露天结构及经常受水淋、受水流冲刷的结构；③相对湿度大于 80%的环

境中使用的结构；④直接接触酸、碱或其他侵蚀性介质的结构；⑤有装饰要求的混凝土，特别是要求色彩一致或表面有金属装饰的混凝土。三乙醇胺早强剂对钢筋无锈蚀作用，但三乙醇胺等有机胺类早强剂不宜用于蒸养混凝土。早强剂多用于抢修工程和冬季施工的混凝土。炎热条件以及环境温度低于−5℃时不宜使用早强剂。早强剂不宜用于大体积混凝土。

二、2022 年考题

既可以提高混凝土拌和物流变性能，又可以提高耐久性的外加剂是（　　）。

A. 速凝剂　　B. 引气剂

C. 缓凝剂　　D. 加气剂

答案：B

［解析］外加剂按主要功能分类：①改善混凝土拌和物流变性能的外加剂，包括各种减水剂、引气剂和泵送剂等；②调节混凝土凝结时间、硬化性能的外加剂，包括缓凝剂、早强剂和速凝剂等；③改善混凝土耐久性的外加剂，包括引气剂、防水剂、防冻剂和阻锈剂等；④改善混凝土其他性能的外加剂，包括加气剂、膨胀剂、着色剂等。

三、其他年份考题

1. 关于混凝土泵送剂，说法正确的是（　　）。

A. 应用泵送剂温度不宜高于 25℃　　B. 过量掺入泵送剂不会造成堵泵现象

C. 宜用于蒸汽养护混凝土　　D. 泵送剂包含缓凝及减水组分

答案：D

［解析］本题考查的是混凝土泵送剂。选项 A 错误，应用泵送剂温度不宜高于 35℃；选项 B 错误，掺泵送剂过量可能造成堵泵现象；选项 C 错误，泵送剂不宜用于蒸汽养护混凝土和蒸压养护的预制混凝土。

2. 在正常的水量条件下，配制泵送混凝土宜掺入适量（　　）。

A. 氯盐早强剂　　B. 硫酸盐早强剂

C. 高效减水剂　　D. 硫铝酸钙膨胀剂

答案：C

［解析］本题考查的是外加剂。混凝土掺入减水剂的技术经济效果：①保持坍落度不变，掺减水剂可降低单位混凝土用水量，从而降低了水灰比，提高混凝土强度，同时改善混凝土的密实度，提高耐久性；②保持用水量不变，掺减水剂可增大混凝土坍落度（流动性）；③保持强度不变，掺减水剂可节约水泥用量。减水剂常用品种有普通减水剂、高效减水剂、高性能减水剂等。

考点六：普通混凝土强度、和易性、耐久性

点评：本考点系重要考点，教材内容应仔细阅读，命题范围多为影响混凝土强度、和易性和耐久性的影响因素。

知识要点集成

表 3-8 混凝土强度

立方体抗压强度	定义	150mm 见方试块，标准制作，标准养护 28d，一组 3 块抗压强度的平均值（N/mm^2）称为 f_{cu}。 混凝土强度等级是据立方强度标准值（$f_{cu,k}$）确定的
抗拉强度	抗拉强度为抗压强度的 1/10～1/20，且强度越高，该比值越小	
抗折强度	道路机场工程中，结构设计和质量控制指标	

表 3-9 混凝土和易性

和易性	概念	便于各种施工工序的操作，以保证获得均匀密实的混凝土的性能
	内涵	流动性、黏聚性、保水性
	评定	混凝土拌和物流动性通常采用坍落度及坍落扩展度试验和维勃稠度试验进行评定。混凝土拌和物的黏聚性和保水性主要通过目测结合经验进行评定
混凝土和易性	影响混凝土拌和物和易性的主要因素包括单位体积用水量、砂率、组成材料的性质、时间和温度等。单位体积用水量决定水泥浆的数量和稠度，它是影响混凝土和易性的最主要因素。砂率是指混凝土拌和物中砂的质量占砂、石总质量的百分率。组成材料的性质包括水泥的需水量和泌水性、骨料的特性、外加剂和掺和料的特性等几方面	

表 3-10 混凝土耐久性

定义	在使用条件下，抵抗各种破坏作用而长期保持强度和外观完整性的能力	
内涵	抗冻性	在饱和水状态经受多次冻融循环、不破坏、强度不显著降低的能力，用 $F(X)$ 表示，共有 9 个等级
	抗渗性	抵抗液体渗透的能力，抗渗等级用 $P(X)$ 表示，共有 5 个等级
	抗侵蚀性	抵抗淡水、硫酸盐、强碱、溶解性化学剂等腐蚀的能力
	抗碳化力	碳化是混凝土中的 $Ca(OH)_2$ 与 CO_2 作用生成 $CaCO_3$ 碱性降低的现象
提高耐久性措施	合理选用水泥品种	
	控制水灰比，保证足够的水泥用量	
	改善骨料的颗粒级配及选用合适的外加剂	

经典考题剖析

一、2022 年考题

普通混凝土和易性最敏感的影响因素是（ ）。

A. 砂率 B. 水泥浆

C. 温度和时间 D. 骨料品种与品质

答案：B

［解析］水泥浆是普通混凝土和易性最敏感的影响因素。

二、2021 年考题

1. 混凝土耐久性的主要性能指标包括（ ）。

A. 保水性 B. 抗冻性

C. 抗渗性 D. 抗侵蚀性

E. 抗碳化

答案：B、C、D、E

［解析］本题考查的是普通混凝土的技术性质，包括混凝土的抗冻性、抗渗性、抗侵蚀性及抗碳化能力等。

2. 下列材料适合于室内外环境的是（ ）。

A. 墙地砖 B. 高档釉面砖

C. 一级釉面砖 D. 陶瓷锦砖

E. 瓷质砖

答案：A、E

［解析］本题考查的是建筑饰面材料。釉面砖具有表面平整、光滑，坚固耐用，色彩鲜艳，易于清洁，防火、防水、耐磨、耐腐蚀等特点。但不应用于室外，因釉面砖砖体多孔，吸收大量水分后将产生湿胀现象，而釉吸湿膨胀非常小，从而导致釉面开裂，出现剥落、掉皮现象。陶瓷锦砖色泽稳定、美观，耐磨、耐污染、易清洗，抗冻性能好，坚固耐用，且造价较低，主要用于室内地面铺装。

三、其他年份考题

选定了水泥、砂和石子的品种后，混凝土配合比设计实质上是要确定（ ）。

A. 石子颗粒级配 B. 水灰比

C. 灰砂比 D. 单位用水量

E. 砂率

答案：B、D、E

［解析］本题考查的是普通混凝土配合比设计。从表面上看，混凝土配合比只是计算水泥、砂、石子、水这四种组成材料的用量。实质上是根据组成材料的情况，确定满足上述四项基本要求的三大参数：水灰比、单位用水量和砂率。

考点七：普通混凝土配合比设计

点评：本考点考生复习以概念为主。

知识要点集成

表 3-11　普通混凝土配合比设计

混凝土配合比设计的基本要求	（1）满足混凝土设计的强度等级； （2）满足施工要求的混凝土和易性； （3）满足混凝土使用要求的耐久性； （4）满足上述条件下做到节约水泥和降低混凝土成本。从表面上看，混凝土配合比只是计算水泥、砂、石子、水这四种组成材料的用量。实质上是根据组成材料的情况，确定满足上述四项基本要求的三大参数：水灰比、单位用水量和砂率
混凝土配合比设计的规定	混凝土应按《普通混凝土配合比设计规程》JGJ 55—2011 的有关规定，根据混凝土强度等级、耐久性和工作性等要求进行配合比设计。对有特殊要求的混凝土，其配合比设计尚应符合国家现行有关标准的专门规定
结构混凝土强度等级要求	结构混凝土应进行配合比设计，并应采取保证混凝土拌和物性能、混凝土力学性能和耐久性能的措施。结构混凝土强度等级的选用应满足工程结构的承载力、刚度及耐久性要求。对设计工作年限为 50 年的混凝土结构，结构混凝土的强度等级尚应符合下列规定。对设计工作年限大于 50 年的混凝土结构，结构混凝土的最低强度等级应比下列规定有所提高。 （1）素混凝土结构构件的混凝土强度等级不应低于 C20。钢筋混凝土结构构件的混凝土强度等级不应低于 C25。预应力混凝土楼板结构的混凝土强度等级不应低于 C30，其他预应力混凝土结构构件的混凝土强度等级不应低于 C40。型钢混凝土组合结构构件的混凝土强度等级不应低于 C30。 （2）承受重复荷载作用的钢筋混凝土结构构件，混凝土强度等级不应低于 C30。 （3）抗震等级不低于二级的钢筋混凝土结构构件，混凝土强度等级不应低于 C30。 （4）采用 500MPa 及以上等级钢筋的钢筋混凝土结构构件，混凝土强度等级不应低于 C30

经典考题剖析

一、2023 年考题

设计工作年限为 50 年的钢筋混凝土构件，其混凝土强度等级不应低于（　　）。

A. C20　　B. C25　　C. C30　　D. C40

答案：B

［**解析**］本题考查的是普通混凝土配合比设计。对设计工作年限为50年的混凝土结构，结构混凝土的强度等级尚应符合下列规定：①素混凝土结构构件的混凝土强度等级不应低于C20。钢筋混凝土结构构件的混凝土强度等级不应低于C25。预应力混凝土楼板结构的混凝土强度等级不应低于C30，其他预应力混凝土结构构件的混凝土强度等级不应低于C40。型钢混凝土组合结构构件的混凝土强度等级不应低于C30。②承受重复荷载作用的钢筋混凝土结构构件，混凝土强度等级不应低于C30。③抗震等级不低于二级的钢筋混凝土结构构件，混凝土强度等级不应低于C30。④采用500MPa及以上等级钢筋的钢筋混凝土结构构件，混凝土强度等级不应低于C30。

二、其他年份考题

关于混凝土配合比设计，说法正确的有（　　）。

A. 水灰比需根据粗骨料特性采用回归系数计算确定

B. 单位用水量可根据坍落度和骨料特性参照规程选用

C. 水泥用量不能大于550kg/m^3

D. 砂率可直接用重量法或体积法确定

E. 粗、细骨料的用量可直接按规程规定选用

答案：A、B、C

［**解析**］据混凝土设计步骤选项A、B、C都正确。砂率虽可直接由设计规程选用但不是用重量法或体积法确定的。粗细骨料用量需根据重量法或体积法结合已查得的砂率解联立方程计算得到的。

考点八：特种混凝土的性质及应用

点评：五种特种混凝土，复习时要在“特”字上下功夫，掌握分别“特”在哪里，如轻骨料混凝土的表观密度以及由此引起的特殊性质；防水混凝土之所以能防水，其途径是什么；碾压混凝土由于超干硬而带来的适用范围和碾压工序，高强混凝土对组成材料的特殊要求等。

知识要点集成

表3-12　特种混凝土

高性能混凝土	定义	用常规材料和工艺生产出满足力学性能更具有高耐久性、高工作性、高体积稳定性的混凝土
	特点	自密实性好、体积稳定性高、强度高、水化热低、收缩徐变小，而抗性好，但耐高温差

续表 3-12

高性能混凝土	制配技术	选用优质水泥和集料	
		选用高效减水剂	
		选用微细粉	具有一定潜在活性的矿物掺和料，如硅粉、粉煤灰、天然沸石粉、细矿渣粉
		改善施工工艺	水泥裹砂搅拌、超声波振捣、真空吸水、振动真空吸水等
高强混凝土	定义	采用普通原料和常规工艺，靠加高效减水剂和活性矿物料制成的≥C60 的混凝土	
	特点	优点	减少结构断面和钢筋用量，增加房屋有效面积和空间
			致密坚硬，抗渗、抗冻、耐蚀、抗冲击性好
			刚度大，变形小；可加大预应力和早施加预应力、收缩、徐变损失小
		缺点	施工质量管理水平要求高，延性差
	组成材料要求	水泥：要用质量稳定的硅酸盐水泥或普通硅酸盐水泥	
		粗骨料最大公称粒径不应大于 25mm，岩石抗压强度应比混凝土强度等级标准值高 30%	
		水泥用量：≤550kg/m^3	
轻骨料混凝土	物理力学性质	强度等级 LC5～LC60 共 13 级	
		耐久性明显改善	
		弹性模量比普通混凝土低，保温隔热性能好	
防水混凝土	自防水途径	提高混凝土密实度	调整混凝土的配合比提高密实度。一般应在保证混凝土拌和物和易性的前提下，改善骨料颗粒级配，减小水灰比，降低孔隙率，减少渗水通道。适当提高水泥用量、砂率和灰砂比，在粗骨料周围形成质量良好的、厚度足够的砂浆包裹层，阻断沿粗骨料表面的渗水孔隙
			掺入化学外加剂提高密实度，在混凝土中掺入适量减水剂、三乙醇胺早强剂或氯化铁防水剂均可提高密实度，增加抗渗性
			使用膨胀水泥（或掺用膨胀剂）提高混凝土密实度，提高抗渗性
		改善内部孔隙结构	掺入引气剂或引气减水剂
碾压混凝土	特点：结构密实强度高；干缩性小，耐久性好；水泥用量少，水化热低		
纤维混凝土	以混凝土为基体，外掺各种纤维材料而成，以提高混凝土的抗拉强度与降低其脆性		

经典考题剖析

一、2022年考题

关于高性能混凝土，下列说法正确的有（　　）。

A. 体积稳定性好　　B. 可减少结构断面，降低钢筋用量

C. 耐高温性好　　D. 早期收缩率随着早期强度提高而增大

E. 具有较高的密实性和抗渗性

答案：A、D、E

[解析] 本题考查的是高性能混凝土的特点。高性能混凝土自密实性好、体积稳定性好、强度高、水化热低、收缩量小、徐变少、耐久性好、耐高温（火）差。高性能混凝土的早期强度发展较快，而后期强度的增长率却低于普通强度混凝土。

二、其他年份考题

1. 与普通混凝土相比，高性能混凝土的明显特性有（　　）。

A. 体积稳定性好　　B. 耐久性好

C. 早期强度发展慢　　D. 抗压强度高

E. 自密实性差

答案：A、B、D

[解析] 本题考查的是特种混凝土。高性能混凝土的特性：①自密实性好；②体积稳定性；③强度高；④水化热低；⑤收缩量小；⑥徐变少；⑦耐久性好；⑧耐高温（火）差。

2. 高强混凝土与普通混凝土相比，下列说法正确的是（　　）。

A. 高强混凝土的延性比普通混凝土好

B. 高强混凝土的抗压能力优于普通混凝土

C. 高强混凝土抗拉强度的比值低于普通混凝土

D. 高强混凝土的最终收缩量与普通混凝土大体相同

E. 高强混凝土的耐久性优于普通混凝土

答案：B、C、D、E

[解析] 本题考查的是高强混凝土的特点。高强混凝土的优点：①高强混凝土可减少结构断面，降低钢筋用量，增加房屋使用面积和有效空间，减轻地基负荷；②高强混凝土致密坚硬，其抗渗性、抗冻性、耐蚀性、抗冲击性等诸方面性能均优于普通混凝土；③对预应力钢筋混凝土构件，高强混凝土由于刚度大、变形小，故可以施加更大预应力和更早地施加预应力，以及减少因徐变而导致的预应力损失。

高强混凝土的不利条件：①高强混凝土容易受到施工各环节中环境条件的影响，所以对其施工过程的质量管理水平要求高；②高强混凝土的延性比普通混凝土差。

高强混凝土的物理力学性能：①抗压性能。与中、低强度混凝土相比，高强混凝土中的孔隙较少，水泥石强度、水泥浆与骨料之间的界面强度、骨料强度这三者之间的差异也很小，所以更接近匀质材料，使得高强混凝土的抗压性能与普通混凝土相比有相当

大的差别。②早期强度与后期强度。高强混凝土的水泥用量大，早期强度发展较快，特别是加入高效减水剂促进水化，早期强度更高，早期强度高的后期增长较小，掺高效减水剂的混凝土后期强度增长幅度要低于没有掺减水剂的混凝土。③抗拉强度。混凝土的抗拉强度虽然随着抗压强度的提高而提高，但它们之间的比值却随着强度的增加而降低。④收缩。高强混凝土的初期收缩大，但最终收缩量与普通混凝土大体相同，用活性矿物掺和料代替部分水泥还可进一步减小混凝土的收缩。⑤耐久性。混凝土的耐久性包括抗渗性、抗冻性、耐磨性及抗侵蚀性等。高强混凝土在这些方面的性能均明显优于普通混凝土，尤其是外加矿物掺和料的高强度混凝土，其耐久性进一步提高。

考点九：沥青混合料

点评：本考点掌握沥青混合料的结构、技术性质，每年考核1题。

知识要点集成

表 3-13　沥青混合料组成与结构

材料组成与结构	主要材料要求	沥青混合料主要由沥青、粗集料、细集料、矿粉组成，有的还加入聚合物和木纤维素拌和而成	
	沥青混合料的组成结构	悬浮密实结构	具有较大的黏聚力，但内摩擦角较小，高温稳定性较差，如普通沥青混合料（AC）属于此种类型
		骨架空隙结构	粗骨料能充分形成骨架，骨料之间的嵌挤力和内摩阻力起重要作用。因此，这种沥青混合料内摩擦角较高，但黏聚力较低，受沥青材料性质的变化影响较小，因而热稳定性较好，但沥青与矿料的黏结力较小、空隙率大、耐久性较差
		骨架密实结构	内摩擦角较高，黏聚力较高，密实度、强度和稳定性都较好，是一种较理想的结构类型。如沥青玛琋脂混合料（SMA）属于此类型

表 3-14　沥青混合料的技术性质

沥青混合料的技术性质	高温稳定性	沥青混合料能抵抗高温的作用，保持稳定而不产生车辙和波浪等破坏现象。常用的测试评定方法有：马歇尔试验法、无侧限抗压强度试验法、史密斯三轴试验法等。马歇尔试验法比较简便仅适用于热拌沥青混合料
	低温抗裂性	沥青混合料具有低温的抗裂性，以保证路面在冬季低温时不产生裂缝。混合料的低温脆化一般用不同温度下的弯拉破坏试验来评定。低温收缩可采用低温收缩试验评定。而温度疲劳则可以用低频疲劳试验来评定

续表 3-14

沥青混合料的技术性质	耐久性	沥青油分减少，沥青质增加，使沥青的塑性逐渐减小，脆性增加，路面的使用品质下降；沥青混合料空隙率过小，将影响沥青混合料的高温稳定性；沥青混合料耐久性常用浸水马歇尔试验或真空饱水马歇尔试验评价
	抗滑性	为保证抗滑性能，面层集料应选用质地坚硬具有棱角的碎石，通常采用玄武岩。采取适当增大集料粒径、减少沥青用量及控制沥青的含蜡量等措施，均可提高路面的抗滑性
	施工和易性	影响施工和易性的因素很多，如气温、施工机械条件及混合料性质等。从混合料的材料性质看，影响施工和易性的是混合料的级配和沥青用量

经典考题剖析

其他年份考题

沥青路面的面层集料采用玄武岩碎石主要是为了保证路面的（　　）。

A. 高温稳定性　　B. 低温抗裂性

C. 抗滑性　　D. 耐久性

答案：C

［解析］本题考查的是沥青混合料的技术性质。沥青路面的抗滑性能与集料的表面结构（粗糙度）、级配组成、沥青用量等因素有关。为保证抗滑性能，面层集料应选用质地坚硬具有棱角的碎石，通常采用玄武岩。

考点十：砌筑材料的性质及应用

点评： *砖、砌块、砌筑砂浆砌块，每年轮换着考核 1 题。*

知识要点集成

表 3-15　砌筑材料类型、应用

砖	烧结砖	烧结普通砖	可砌筑墙体、柱、拱、窑炉、烟囱、沟道及基础
		烧结多孔砖	孔多而小，孔洞垂直受压面、孔洞率≥25%，用于 6 层以下的承重墙
		烧结空心砖	孔少而大，孔洞平行受压面，孔洞率≥40%，用于非承重墙
	蒸汽养护（压）砖	不能用于长期经受 200℃高温，急冷急热或有酸性介质侵蚀环境	

续表 3-15

砌块	砌块		可使墙体自重减轻、建筑功能改善、降低造价。是墙体技改的有效途径
	普通混凝土小型空心砌块		砌块的主规格尺寸为 390mm×190mm×190mm。其孔洞设置在受压面，有单排孔、双排孔、三排及四排孔洞。 普通混凝土小型空心砌块可用于承重结构和非承重结构。目前主要用于单层和多层工业与民用建筑的内墙和外墙，如果利用砌块的空心配置钢筋，可用于建造高层砌块建筑。 混凝土砌块的吸水率小，吸水速度慢，砌筑前不允许浇水，以免发生“走浆”现象，影响砂浆饱满度和砌体的抗剪强度。但在气候特别干燥炎热时，可在砌筑前稍喷水湿润
	轻骨料混凝土小型空心砌块		与普通混凝土小型空心砌块相比，轻骨料混凝土小型空心砌块密度较小、热工性能较好，但干缩值较大，使用时更容易产生裂缝，目前主要用于非承重的隔墙和围护墙
	蒸压加气混凝土砌块		加气混凝土砌块广泛用于一般建筑物墙体，还用于多层建筑物的非承重墙及隔墙，也可用于低层建筑的承重墙。体积密度级别低的砌块还用于屋面保温
			如无切实有效的措施，加气混凝土砌块墙不得在建筑±0.000 以下或长期浸水、干湿交替部位，以及受化学侵蚀的环境、制品表面经常处于 80℃ 以上的高温环境中使用
砌筑砂浆	砂浆的材料组成	胶凝材料	常用的胶凝材料有水泥、石灰、石膏等。在选用时应根据使用环境、用途等合理选择。在干燥条件下使用的砂浆既可选用气硬性胶凝材料（石灰、石膏），也可选用水硬性胶凝材料（水泥）；若在潮湿环境或水中使用的砂浆，则必须选用水泥作为胶凝材料。水泥宜采用通用硅酸盐水泥或砌筑水泥；M15 及以下强度等级的砌筑砂浆宜选用 32.5 级的通用硅酸盐水泥或砌筑水泥；M15 以上强度等级的砌筑砂浆宜选用 42.5 级通用硅酸盐水泥
		细骨料	对于砌筑砂浆用砂，优先选用中砂，既可满足和易性要求，又可节约水泥。毛石砌体宜选用粗砂。砂的技术质量标准应符合有关的标准规定。砂浆用砂还可根据原材料情况，采用人工砂、山砂、海砂、特细砂等，但应根据经验并经试验后，确定其技术要求。在保温砂浆、吸声砂浆和装饰砂浆中，还采用轻砂（如膨胀珍珠岩）、白色砂或彩色砂等
		掺和料	掺和料是指为改善砂浆和易性而加入的无机材料，如石灰膏、电石膏、黏土膏、粉煤灰、沸石粉等。掺和料对砂浆强度无直接影响。消石灰粉不能直接用于砌筑砂浆
		纤维	为改善砂浆韧性，提高抗裂性，常在砂浆中加入纤维，如纸筋、麻刀、木纤维、合成纤维等
		水	拌制砂浆的水应是不含有害物质的洁净水，食用水可用来拌制各类砂浆。若用工业废水和矿泉水时，须经化验合格后才能使用

续表 3-15

<table>
<tr><td rowspan="5">砌筑砂浆</td><td rowspan="3">砌筑砂浆的主要技术性质</td><td>流动性</td><td>砂浆的流动性指砂浆在自重或外力作用下流动的性能，用稠度表示。对于吸水性强的砌体材料和高温干燥的天气，要求砂浆稠度要大些；反之，对于密实不吸水的砌体材料和湿冷天气，砂浆稠度可小些。影响砂浆稠度的因素有：所用胶凝材料种类及数量；用水量；掺和料的种类与数量；砂的形状、粗细与级配；外加剂的种类与掺量；搅拌时间</td></tr>
<tr><td>保水性</td><td>保水性指砂浆拌和物保持水分的能力，用分层度表示。砂浆的分层度不得大于 30mm。通过保持一定数量的胶凝材料和掺和料，或采用较细砂并加大掺量，或掺入引气剂等，可改善砂浆的保水性</td></tr>
<tr><td>抗压强度与强度等级</td><td>砂浆的强度等级是以边长为 70.7mm 的立方体试件，在标准养护条件下，用标准试验方法测得 28d 龄期的抗压强度值（单位为 MPa）确定。水泥砂浆及预拌砂浆的强度等级可分为 M5、M7.5、M10、M15、M20、M25、M30；水泥混合砂浆的强度等级可分为 M5、M7.5、M10、M15。影响砂浆强度的因素很多，除了砂浆的组成材料、配合比、施工工艺、施工及硬化时的条件等因素外，砌体材料的吸水率也会对砂浆强度产生影响</td></tr>
<tr><td rowspan="2">预拌砂浆</td><td>湿拌砂浆</td><td>按用途可分为湿拌砌筑砂浆、湿拌抹灰砂浆、湿拌地面砂浆和湿拌防水砂浆。因特种用途的砂浆黏度较大，无法采用湿拌的形式生产，因而湿拌砂浆中仅包括普通砂浆</td></tr>
<tr><td>干混砂浆</td><td>按用途分为干混砌筑砂浆、干混抹灰砂浆、干混地面砂浆、干混普通防水砂浆、干混陶瓷砖黏结砂浆、干混界面砂浆、干混保温板黏结砂浆、干混保温板抹面砂浆、干混聚合物水泥防水砂浆、干混自流平砂浆、干混耐磨地坪砂浆和干混饰面砂浆。既有普通干混砂浆又有特种干混砂浆。普通干混砂浆主要用于砌筑、抹灰、地面及普通防水工程，而特种干混砂浆是指具有特种性能要求的砂浆</td></tr>
</table>

经典考题剖析

一、2021 年考题

地下砖基础可以用的材料是（　　）。

A. 蒸养砖　　　　B. 空心砖

C. 烧结空心砖　　　　D. 烧结实心砖

答案：D

［**解析**］本题考查的是砖。烧结普通砖具有较高的强度，良好的绝热性、耐久性、透气性和稳定性，且原料广泛，生产工艺简单，因而可用作墙体材料，砌筑柱、拱、窑

炉、烟囱、沟道及基础等。

二、其他年份考题

烧结多孔砖的孔洞率不应小于（ ）。

A. 20% B. 25% C. 30% D. 40%

答案：B

［解析］本题考查的是烧结砖。烧结多孔砖，大面有孔，孔多而小，孔洞垂直于大面（即受压面），孔洞率不小于25%。

考点十一：装饰材料分类、性质及应用

点评：饰面材料、玻璃、装饰涂料，每年轮换着考核1～2题。

知识要点集成

表3-16 装饰材料分类、应用

饰面材料	饰面石材	天然	(1) 花岗石板材坚硬、高强、耐磨、不易风化、耐久，但不耐火。 (2) 大理石板，抗压强度高、耐磨、易加工，但抗风化能力差
		放射性	民用建筑工程根据控制室内环境污染的不同要求，划分为以下两类：Ⅰ类民用建筑工程，包括住宅、医院、老年建筑、幼儿园、学校教室等民用建筑工程；Ⅱ类民用建筑工程，包括办公楼、商店、旅馆、文化娱乐场所、书店、图书馆、展览馆、体育馆、公共交通等候室、餐厅、理发店等民用建筑工程。A类产品的产销与使用范围不受限制；B类产品不可用于Ⅰ类民用建筑的内饰面，但可用于Ⅰ类民用建筑的外饰面及其他一切建筑物的内、外饰面；C类产品只可用于一切建筑物的外饰面
		人造	(1) 用高铝水泥做胶结料制成的水磨石板光泽、抗风化，耐火防潮。 (2) 合成石面板可做成弧形，曲面形状
	饰面陶瓷	釉面砖	表面光滑、耐用，防火、防水、耐磨、耐腐蚀。但不能用于室外
		墙地砖	坚固耐用、易清洗、防火、防水、耐磨、耐腐蚀
		马赛克	耐磨、耐污染、抗冻性好、造价较低
		瓷质砖	强度高、耐磨损、耐酸碱、不变色、寿命长，在建筑外墙壁上起隔声、隔热作用。又称同质砖、通体砖、玻化砖。正逐渐成为天然石材装饰材料的替代产品

续表 3-16

玻璃	平板玻璃		厚度为 2～25mm，12 种规格，典型脆性材料，可单独使用，也可作为其他玻璃的加工原片
	安全玻璃	防火玻璃	分隔热型（A 类）和非隔热型（C 类），耐火极限有 0.50h、1.00h、1.50h、2.00h、3.00h
		钢化玻璃	强度高、弹性好、热稳定性好，但可自爆，不能切割，边角不能碰击
		夹丝玻璃	具有安全性、防火性和防盗抢性，可切割
		夹层玻璃	层数有 2、3、5、7、9，抗冲击，有较高安全性，不能切割，有定型或定制
	节能装饰玻璃	着色玻璃	（1）着色玻璃能有效吸收太阳的辐射热，产生“冷室效应”； （2）着色玻璃能较强地吸收太阳的紫外线，有效地防止紫外线对室内物品的褪色和变质作用
		镀膜玻璃	有阳光控制镀膜和低辐射镀膜，节能效果好，用于门窗、幕墙
		中空玻璃	有双层和多层，双层居多。可用于保温隔热、隔声要求较高的建筑及车、船
		真空玻璃	比中空玻璃的保温隔热隔声效果更好
建筑装饰涂料	基本组成	主要成膜物	现代建筑涂料中主要成膜物多为树脂
		次要成膜物	颜料和填料（碳酸钙、硫酸钡、滑石粉）
		辅助成膜物	助剂（催干剂、增塑剂），溶剂（苯、丙酮、汽油）
	基本要求和品种	外墙涂料	（1）主要要求特点：耐候、耐污染； （2）品种有丙烯酸酯系、聚氨酯系、苯乙烯-丙烯酸酯乳液、合成树脂乳液砂壁状涂料
		内墙涂料	（1）主要要求特点：耐碱、耐水、耐粉化、透气性好； （2）品种有 106 涂料、聚醋酸乙烯乳液、醋酸乙烯-丙烯酸酯、多彩涂料
		地面涂料	（1）主要要求特点：耐磨、抗冲击； （2）品种：木质地面用聚氨酯漆、钙质地板漆、酚醛树脂漆。用于非木质的有过氯乙烯、聚氨酯、环氧树脂厚质等地面涂料

续表 3-16

建筑塑料制品	塑料基本组成	合成树脂		是塑料的主要组成，起胶黏剂作用。分为热塑性和热固性两类
		填料		增强硬度、韧性，耐热耐老化抗冲击。品种有木粉、棉布、纸屑、石棉、玻璃纤维
		增塑剂		改善可塑性和韧性，常用的有邻苯甲酸二丁酯、邻苯二甲酸二辛酯
		着色剂		染料和颜料
		固化剂		常用的有六亚甲基四胺、乙二胺等
		其他成分		稳定剂、润滑剂、抗静电剂、发泡剂、阻燃剂、防霉剂
	制品	塑料门窗		有良好的水密气密，隔声隔热性、装饰性好，易加工门窗多用中空异型材
		塑料地板		有塑料块板和铺地卷材，有耐燃性且价格便宜
		塑料墙纸		可用于室内墙面、梁、柱、顶棚装饰以及车船飞机的内部装饰
		玻璃钢制品		质量轻、强度接近钢材。制品有玻璃钢波形瓦、采光罩、卫生洁具
		塑料管材及配件	PVC-U	硬聚氯乙烯管用于给水（非饮用水）、排水、雨水管道
			PVC-C	氯化聚乙烯管，抗细菌滋生，用于冷热水管、消防和工业管道系统
			PP-R	抗紫外线差，阳光长期照易老化、可燃，不得用于消防系统
			PB	丁烯管适用于薄壁小口径压力管道，如地板辐射采暖的盘管
			PEX	交联聚乙烯管，阳光下易老化，主要用于地板辐射采暖的盘管

表 3-17 建筑装饰钢材

不锈钢及其制品	不锈钢是指含铬量在12%以上的铁基合金钢。用于建筑装饰的不锈钢材主要有薄板（厚度小于2mm）和用薄板加工制成的管材、型材等
轻钢龙骨	建筑用轻钢龙骨（简称龙骨）是以连续热镀锌钢板（带）或以连续热镀锌钢板（带）为基材的彩色涂层钢板（带）做原料，采用冷弯工艺生产的薄壁型钢。龙骨按荷载类型分，有上人龙骨和不上人龙骨。 轻钢龙骨是木龙骨的换代产品

续表 3-17

彩色涂层钢板	彩色涂层钢板按涂层分为无机涂层、有机涂层和复合涂层三大类。有机涂料常采用聚氯乙烯、聚丙烯酸酯、醇酸树脂、聚酯、环氧树脂等。按基体钢板与涂层的结合方式，分为涂料涂覆法和薄膜层压法两种。涂覆法主要采用静电喷涂或空气喷涂。层压法是用已成型和印花、压花的聚氯乙烯薄膜压贴在钢板上的一种方法，该种复合钢板也称为塑料复合钢板。 各类建筑物的外墙板、屋面板、室内的护壁板、吊顶板。还可作为排气管道、通风管道和其他类似的有耐腐蚀要求的构件及设备，也常用作家用电器的外壳
彩色压型钢板	彩色压型钢板是以镀锌钢板为基材，经辊压、冷弯成异型断面，表面涂装彩色防腐涂层或烤漆而制成的轻型复合板材。也可采用彩色涂层钢板直接成型制作彩色压型钢板。该种板材的基材钢板厚度只有 0.5～1.2mm，属薄型钢板。 压型钢板的型号表示方法由四个部分组成：压型钢板的代号（YX），波高 H，波距 S，有效覆盖宽度 B。如型号 YX 75－230－600 表示压型钢板的波高为 75mm，波距为 230mm，有效覆盖宽度为 600mm。 彩色压型钢板广泛用于外墙、屋面、吊顶及夹芯保温板材的面板等

表 3-18 木材性质、应用

<table>
<tr><td rowspan="12">木材</td><td>含水率</td><td colspan="3">影响木材物理力学性质和应用的最主要的含水率指标是纤维饱和点和平衡含水率</td></tr>
<tr><td>湿胀干缩与变形</td><td colspan="3">木材如受潮或干燥，只是自由水改变，故不会引起湿胀干缩。只有当含水率小于纤维饱和点时，表示水分都吸附在细胞壁的纤维上，它的增加或减少才能引起木材的湿胀干缩。即只有吸附水的改变才影响木材的变形，而纤维饱和点正是这一改变的转折点。缩会使木材翘曲、开裂、接榫松动、拼缝不严。湿胀可造成表面鼓凸</td></tr>
<tr><td rowspan="2">强度</td><td colspan="3">木材按受力状态分为抗拉、抗压、抗弯和抗剪四种强度，而抗拉、抗压和抗剪强度又有顺纹和横纹之分。顺纹是指作用力方向与纤维方向平行；横纹是指作用力方向与纤维方向垂直。木材的顺纹和横纹强度有很大差别</td></tr>
<tr><td colspan="3">木材的强度除由本身组成构造因素决定外，还与含水率、疵病、外力持续时间、温度等因素有关。木材的构造特点使其各种力学性能具有明显的方向性，木材在顺纹方向的抗拉和抗压强度都比横纹方向高得多，其中在顺纹方向的抗拉强度是木材各种力学强度中最高的，顺纹抗压强度仅次于顺纹抗拉和抗弯强度</td></tr>
<tr><td rowspan="8">应用</td><td>旋切微薄木</td><td colspan="2">可用于墙、门和各种柜体的面板</td></tr>
<tr><td>软木壁纸</td><td colspan="2">适用于室内墙面和顶棚装修</td></tr>
<tr><td>木质合成金属装饰材料</td><td colspan="2">主要用于装饰门框、墙面、柱面和顶棚</td></tr>
<tr><td>木地板</td><td colspan="2">有实木地板、强化木地板、实木复合地板和软木地板</td></tr>
<tr><td rowspan="4">人造木材</td><td>胶合板</td><td>3～13 都是奇数层，可制成大宽幅板，消除各向异性</td></tr>
<tr><td>纤维板</td><td>硬质的可作壁板、门板、地板、家具，中密度的用于装修，软质的用于绝热、吸声</td></tr>
<tr><td>细木工板</td><td>主要用于家具制作和室内装修</td></tr>
<tr><td>刨花板</td><td>材质均匀、花纹美观、质量轻，用于家具及室内、车船装修</td></tr>
</table>

经典考题剖析

一、2023 年考题

1. 木材各种力学强度中最高的是（　　）。

A. 顺纹抗压强度　　B. 顺纹抗弯强度

C. 顺纹抗拉强度　　D. 横纹抗压强度

答案：C

［解析］本题考查的是建筑装饰木材。木材的构造特点使其各种力学性能具有明显的方向性，木材在顺纹方向的抗拉和抗压强度都比横纹方向高得多，其中在顺纹方向的抗拉强度是木材各种力学强度中最高的，顺纹抗压强度仅次于顺纹抗拉和抗弯强度。

2. 外墙涂料应满足的基本要求有（　　）。

A. 耐候性良好　　B. 透气性良好

C. 耐磨性良好　　D. 抗冲击性良好

E. 耐污染性良好

答案：A、E

［解析］本题考查的是建筑装饰涂料。外墙涂料主要起装饰和保护外墙墙面的作用，要求有良好的装饰性、耐水性、耐候性、耐污染性，施工及维修容易。

3. 以下塑料管可用于冷热水及饮用水的有（　　）。

A. 硬聚氯乙烯管　　B. 氯化聚氯乙烯管

C. 无规共聚聚丙烯　　D. 丁烯管

E. 交联聚乙烯管

答案：C、D、E

［解析］本题考查的是建筑装饰塑料。选项 A 用于非饮用水；选项 B 因其使用的胶水有毒性，一般不用于饮用水管道系统。

二、2022 年考题

1. 与花岗石板材相比，天然大理石板材的缺点是（　　）。

A. 耐火性差　　B. 抗风化性能差

C. 吸水率低　　D. 高温下会发生晶型转变

答案：B

［解析］大理石板因其抗风化性能较差，故除个别品种（含石英为主的砂岩及石曲岩）外一般不宜用作室外装饰。

2. 下列陶瓷砖中，可用作室外装饰的材料是（　　）。

A. 瓷砖　　B. 釉面砖　　C. 墙地砖　　D. 马赛克

答案：C

［解析］釉面砖又称瓷砖，不应用于室外。墙地砖是墙砖和地砖的总称。该类产品作为墙面、地面装饰都可使用，故称为墙地砖，实际上包括建筑物外墙装饰贴面用砖和

室内外地面装饰铺贴用砖。马赛克主要用于室内地面铺装。

3. 下列建筑装饰玻璃中，兼有保温、隔热和隔声性能的是（　　）。

A. 中空玻璃　　B. 夹层玻璃

C. 真空玻璃　　D. 钢化玻璃

E. 镀膜玻璃

答案：A、C

［**解析**］中空玻璃具有光学性能良好、保温隔热、降低能耗、防结露、隔声性能好等优点。通过采用不同的原片玻璃，夹层玻璃还可具有耐久、耐热、耐湿、耐寒等性能。真空玻璃比中空玻璃有更好的隔热、隔声性能。钢化玻璃机械强度高、弹性好、热稳定性好、碎后不易伤人，但可发生自爆。镀膜玻璃分为阳光控制镀膜玻璃和低辐射镀膜玻璃。其中，阳光控制镀膜玻璃是对太阳光具有一定控制作用的镀膜玻璃，具有良好的隔热性能。

4. 常用的塑料管材中，可应用于饮用水管的有（　　）。

A. PVC－U　　B. PVC－C

C. PP－R　　D. PB

E. PEX

答案：C、D、E

［**解析**］PVC－U 主要应用于给水管道（非饮用水）、排水管道、雨水管道；PVC－C 因其使用的胶水有毒性，一般不用于饮用水管道系统。

三、2021 年考题

1. 天然花岗石板材作为装饰面材料缺点是耐火性差，其根本原因是（　　）。

A. 吸水率极高　　B. 含有石英

C. 含有云母　　D. 具有块状构造

答案：B

［**解析**］本题考查的是建筑饰面材料。但由于花岗岩石中含有石英，在高温下会发生晶型转变，产生体积膨胀，因此，花岗石耐火性差，但适宜制作火烧板。

2. 下面饰面砖中，接近且可替代天然饰面石材的为（　　）。

A. 墙面砖　　B. 釉面砖

C. 陶瓷锦砖　　D. 瓷质砖

答案：D

［**解析**］本题考查的是建筑饰面材料。瓷质砖是 20 世纪 80 年代后期发展起来的建筑装饰材料，正逐渐成为天然石材装饰材料的替代产品。

四、其他年份考题

1. 作为建筑饰面材料的天然花岗岩有很多优点，但其不能被忽视的缺点是（　　）。

A. 耐酸性差　　B. 抗风化差

C. 吸水率低　　D. 耐火性差

答案：D

［**解析**］本题考查的是花岗石板材。由于花岗石中含有石英，在高温下会发生晶型

转变，产生体积膨胀，因此花岗石耐火性差。

2. 型号为 YX75－230－600 的彩色涂层压型钢板的有效覆盖宽度是（　　）mm。

A. 750　　B. 230　　C. 600　　D. 1 000

答案：C

［解析］本题考查的是彩色压型钢板。型号 YX75－230－600 表示压型钢板的波高为 75mm，波距为 230mm，有效覆盖宽度为 600mm。

3. 与天然大理石板材相比，装饰用天然花岗石板材的缺点是（　　）。

A. 吸水率高　　B. 耐酸性差

C. 耐久性差　　D. 耐火性差

答案：D

［解析］本题考查的是天然饰面石材。由于花岗岩石中含有石英，在高温下会发生晶型转变，产生体积膨胀，因此，花岗石耐火性差，但适宜制作火烧板。

4. 可较好代替天然石材装饰材料的饰面陶瓷是（　　）。

A. 陶瓷锦砖　　B. 瓷质砖

C. 墙地砖　　D. 釉面砖

答案：B

［解析］本题考查的是饰面陶瓷。瓷质砖具有天然石材的质感，而且更具有高光度、高硬度、高耐磨、吸水率低、色差少以及规格多样化和色彩丰富等优点。瓷质砖是 20 世纪 80 年代后期发展起来的建筑装饰材料，正逐渐成为天然石材装饰材料的替代产品。

考点十二：防水材料分类、性能及应用

点评： 重点复习各种防水材料的特殊性能以及由此决定的特定的适用环境。

知识要点集成

表 3-19　防水材料类型、应用

防水卷材	聚合物改性沥青防水卷材	SBS	属弹性体沥青防水卷材，尤其适用于寒冷地区和结构变形频繁的建筑防水
		APP	属塑性体沥青防水卷材，尤其选用于高温或有强烈太阳辐射地区的防水
	合成高分子防水卷材（无胎卷材）	三元乙丙	耐候、耐臭氧、耐热、耐酸碱，广泛用于防水要求高耐用年限长的土木工程防水
		聚氯乙烯	耐热、耐腐蚀、耐细菌。适用于层面防水和水池、堤坝防水抗渗
		氯化聚乙烯	耐候、耐臭氧、耐油、耐化学药品及阻燃，应用广泛
		氯化聚乙烯-橡胶共混	耐臭氧、耐老化、具有高弹性、高延伸性和低温柔性。适用于寒冷地区或变形较大的建筑防水

续表 3-19

<table>
<tr><td>防水涂料</td><td colspan="3">适用于各种不规则部位的防水</td></tr>
<tr><td rowspan="6">建筑密封材料</td><td>定型</td><td colspan="2">有橡胶密封条、丁腈胶—PVC 密封条、自黏性橡胶、橡胶止水带、塑料止水带</td></tr>
<tr><td rowspan="5">不定型</td><td>沥青嵌缝油膏</td><td>主要用于屋面、墙面、沟槽的防水嵌缝材料</td></tr>
<tr><td>聚氯乙烯接缝膏（简称 PVC 接缝膏）和塑料油膏</td><td>具有良好的黏结性、防水性、弹塑性，耐热、耐寒、耐腐蚀和抗老化性能。适用于各种屋面嵌缝或涂布防水层，也可用于水渠、管道接缝</td></tr>
<tr><td>丙烯酸类密封胶</td><td>具有良好的黏结性、弹性和低温柔性和耐候性，无毒，无溶剂污染，但耐水性不好，主要用于屋面、墙板、门窗嵌缝</td></tr>
<tr><td>聚氨酯密封胶</td><td>黏结性、弹性、耐气候老化性都好，尤其适用于游泳池工程，公路及机场的跑道补缝、接缝</td></tr>
<tr><td>硅酮和改性硅酮密封胶</td><td>（1）硅酮建筑密封胶按用途分为三类，其中 F 类为建筑接缝用；Gn 类为普通装饰装修镶装玻璃用，不适用于中空玻璃；Gw 类为建筑幕墙非结构性装配用，不适用于中空玻璃。
（2）改性硅酮建筑密封胶按用途分为两类，其中 F 类为建筑接缝用；R 类为干缩位移接缝用，常见于装配式预制混凝土外挂墙板接缝</td></tr>
</table>

经典考题剖析

一、2022 年考题

下列防水卷材中，尤其适用于有强烈太阳辐射地区的建筑物防水的是（　　）。

A. SBS 改性沥青防水卷材　　B. APP 改性沥青防水卷材

C. 氯化聚乙烯防水卷材　　D. 氯化聚乙烯-橡胶型共混防水卷材

答案：B

［**解析**］APP 改性沥青防水卷材广泛适用于各类建筑防水、防潮工程，尤其适用于高温或有强烈太阳辐射地区的建筑物防水。

二、2021 年考题

1. 混凝土和金属框架的接缝黏结，优先选用（　　）。

A. 硅酮密封胶　　B. 聚氨酯密封胶
C. 聚氯乙烯接缝膏　　D. 沥青嵌缝油膏

答案：A

[**解析**] 本题考查的是防水材料。硅酮建筑密封胶按用途分为F类和G类两种类别。F类为建筑接缝用密封胶，适用于预制混凝土墙板、水泥板、大理石板的外墙接缝，混凝土和金属框架的黏结，卫生间和公路缝的防水密封等；G类为镶装玻璃用密封胶，主要用于镶嵌玻璃和建筑门、窗的密封。

2. 常用于外墙的涂料有（　　）。

A. 苯乙烯-丙烯酸酯乳液涂料　　B. 聚乙烯醇水玻璃涂料
C. 聚醋酸乙烯乳液涂料　　D. 合成树脂乳液砂壁状涂料
E. 醋酸乙烯-丙烯酸酯有光乳液涂料

答案：A、D

[**解析**] 本题考查的是建筑装饰涂料。常用于外墙的涂料有苯乙烯-丙烯酸酯乳液涂料、丙烯酸酯系外墙涂料、聚氨酯系外墙涂料、合成树脂乳液砂壁状涂料等。选项B、C、E是内墙涂料。

三、其他年份考题

下列防水卷材中更适于寒冷地区建筑工程防水的有（　　）。

A. SBS改性沥青防水卷材　　B. APP改性沥青防水卷材
C. 沥青复合胎柔性防水卷材　　D. 氯化聚乙烯防水卷材
E. 氯化聚乙烯-橡胶共混型防水卷材

答案：A、E

[**解析**] 本题考查的是防水卷材。SBS改性沥青防水卷材广泛适用于各类建筑防水、防潮工程，尤其适用于寒冷地区和结构变形频繁的建筑物防水，并可采用热熔法施工。APP改性沥青防水卷材广泛适用于各类建筑防水、防潮工程，尤其适用于高温或有强烈太阳辐射地区的建筑物防水。沥青复合胎柔性防水卷材适用于工业与民用建筑的屋面、地下室、卫生间等部位的防水防潮，也可用桥梁、停车场、隧道等建筑物的防水。氯化聚乙烯防水卷材适用于各类工业、民用建筑的屋面防水、地下防水、防潮隔气、室内墙地面防潮、地下室卫生间的防水，以及冶金、化工、水利、环保、采矿业防水防渗工程。氯化聚乙烯-橡胶共混型防水卷材兼有塑料和橡胶的特点。它不仅具有氯化聚乙烯所特有的高强度和优异的耐臭氧、耐老化性能，而且具有橡胶类材料所特有的高弹性、高延伸性和良好的低温柔性。因此，该类卷材特别适用于寒冷地区或变形较大的土木建筑防水工程。

考点十三：功能材料的分类及应用

点评：本考点内容扩增了保温隔热材料的燃烧性能。

知识要点集成

表 3-20 保温隔热材料分类及应用

保温隔热材料	纤维状材料	岩棉及矿渣棉	统称为矿物棉，适用于墙体、屋顶、天花板及热力管道
		石棉	主要用于工业建筑隔热、保温及防火覆盖
		玻璃棉	用于温度较低的热力设备及建筑中的保温隔热，还是良好的吸声材料
		陶瓷纤维	重量轻，耐高温（1 100～1 350℃），热稳定性好、导热率低、比热小、耐机械振动
	散粒状材料	膨胀蛭石	可呈松散状位于结构夹层中，也可与水泥、水玻璃拌和使用
		膨胀珍珠岩	具有吸湿小、无毒、不燃、抗菌、耐腐、施工方便等特点
		玻化微珠	玻化微珠保温砂浆有优良的绝热性能和防火耐老化性能，强度高不空鼓开裂
	多孔状材料	轻质混凝土	包括轻骨料混凝土、泡沫混凝土、加气混凝土，节能效果显著
		微孔硅酸钙	表观密度 200kg/m^3，最高使用温度 650℃
		泡沫玻璃	表观密度 150～600kg/m^3，最高使用温度 500℃
	有机绝热材料	泡沫塑料	聚苯乙烯板分膜塑和挤塑。挤塑聚苯板耐水保温效果好，被广泛采用
		植物纤维板	可用于墙体、地板、顶棚，也可用于冷库、包装箱等
	保温材料的燃烧性能等级要求		装饰材料按其燃烧性能划分 A（不燃性）、B_1（难燃性）、B_2（可燃性）、B_3（易燃性）四个等级。建筑内、外保温系统，宜采用燃烧性能为 A 级的保温材料，不宜采用 B_2 级保温材料，严禁采用 B_3 级保温材料。当建筑外墙外保温系统按有关规范要求采用燃烧性能为 B_1、B_2 级的保温材料时，应符合下列规定： （1）除采用 B_1 级保温材料且建筑高度不大于 24m 的公共建筑或采用 B_1 级保温材料且建筑高度不大于 27m 的住宅建筑外，建筑外墙上门、窗的耐火完整性不应低于 0.50h。 （2）应在保温系统中每层设置水平防火隔离带。防火隔离带应采用燃烧性能等级为 A 级的材料，防火隔离带的高度不应小于 300mm
吸声、隔声材料	吸声材料	薄板振动结构	常用胶合板、薄木板、硬质纤维板、金属板等，具有低频吸声特性
		柔性结构	常用的是聚氯乙烯泡沫塑料，具有在一定频率范围内出现一个或多个吸收频率的特点
		悬挂空间结构	空间吸声体有平板形、球形、椭圆形和棱锥形
		帘幕结构	是一种纺织品，对中、高频吸声效果明显
	隔声材料	凡密度大、质量大的材料均可作为隔声材料，如黏土砖、钢板、混凝土和钢筋混凝土，另在结构间加设弹性垫，也可隔绝声波的连续传递	

表 3-21 防火材料

<table>
<tr><td rowspan="6">防火材料</td><td>阻燃剂</td><td colspan="2">阻燃剂有添加型和反应型。
按阻燃剂所含元素分类有磷系、溴系、氯系、氮系和无机系</td></tr>
<tr><td>防火涂料</td><td colspan="2">是集防火和装饰为一体的特种涂料，具有隔热、阻燃、耐火和装饰的功能。
钢结构防火涂料分厚质型（7～45mm）、薄型（3～7mm）和超薄型（≤3mm）</td></tr>
<tr><td>水性防火阻燃液</td><td colspan="2">水性防火阻燃液是专门对木材、织物、纸张进行防火阻燃处理的液体，经处理后的材料具有难燃和离火自熄的特点</td></tr>
<tr><td rowspan="3">防火堵料</td><td>有机防火堵料</td><td>不硬化可塑性好，易封堵不规则形状孔洞，可重复使用，适用于需经常更换或增减的电缆、管道场合</td></tr>
<tr><td>无机防火堵料</td><td>固化快、耐火极限及力学强度较高，主要用于封堵后基本不变的场合</td></tr>
<tr><td>防火包</td><td>又称防火枕，适合于较大孔洞及需经常更换的孔洞的封堵，施工操作方便</td></tr>
</table>

经典考题剖析

其他年份考题

1. 下列绝热材料中可使用温度最高的是（　　）。

A. 玻璃棉　　B. 泡沫塑料

C. 陶瓷纤维　　D. 泡沫玻璃

答案：C

［解析］ 本题考查的是纤维状绝热材料。玻璃棉最高使用温度 400℃。泡沫塑料最高使用温度约 70℃。陶瓷纤维最高使用温度为 1 100～1 350℃。泡沫玻璃最高使用温度为 500℃。

2. 在众多防水卷材中，相比之下尤其适用于寒冷地区建筑物防水的有（　　）。

A. SBS 改性沥青防水卷材　　B. APP 改性沥青防水卷材

C. PVC 防水卷材　　D. 氯化聚乙烯防水卷材

E. 氯化聚乙烯-橡胶共混型防水卷材

答案：A、E

［解析］ 本题考查的是防水卷材。SBS 改性沥青防水卷材尤其适用于寒冷地区和结构变形频繁的建筑物防水。氯化聚乙烯橡胶共混型防水卷材，该类卷材特别适用于寒冷地区或变形较大的土木建筑防水工程。

3. 下列纤维状绝热材料中，最高使用温度限值最低的是（　　）。

A. 岩棉　　B. 石棉

C. 玻璃棉　　D. 陶瓷纤维

答案：C

［解析］ 本题考查的是保温隔热材料。岩棉最高使用温度约为 600℃，石棉最高使用温度可达 500～600℃，玻璃棉最高使用温度为 400℃，陶瓷纤维最高使用

温度为 1 100～1 350℃。故玻璃棉最低。

4. 关于保温隔热材料，下列说法正确的有（　　）。

A. 装饰材料燃烧性能 B_2 级属于难燃性

B. 高效保温材料的导热系数不大于 0.14W/（m·K）

C. 保温材料主要是防止室外热量进入室内

D. 装饰材料按其燃烧性能划分为 A、B_1、B_2、B_3 四个等级

E. 采用 B_2 级保温材料的外墙保温系统中每层应设置水平防火隔离带

答案：D、E

［解析］装饰材料按其燃烧性能划分 A（不燃性）、B_1（难燃性）、B_2（可燃性）、B_3（易燃性）四个等级。建筑内、外保温系统，宜采用燃烧性能为 A 级的保温材料，不宜采用 B_2 级保温材料，严禁采用 B_3 级保温材料。当建筑外墙外保温系统按有关规范要求采用燃烧性能为 B_1、B_2 级的保温材料时，应符合下列规定：

（1）除采用 B_1 级保温材料且建筑高度不大于 24m 的公共建筑或采用 B_1 级保温材料且建筑高度不大于 27m 的住宅建筑外，建筑外墙上门、窗的耐火完整性不应低于 0.50h。

（2）应在保温系统中每层设置水平防火隔离带。防火隔离带应采用燃烧性能等级为 A 级的材料，防火隔离带的高度不应小于 300mm。

难 题 解 析

一、单项选择题

1. 受震动或高速荷载作用的结构用钢，应特别注意选用（　　）。

A. 屈服强度高的钢材　　B. 冲击韧性好的钢材

C. 延伸率好的钢材　　D. 冷弯性能好的钢材

答案：B

［解题要点］本题的要点为：①冲击韧性是指钢材抵抗冲击载荷的能力，冲击韧性越好，钢材抵抗冲击载荷的能力越强；②冷弯性能属于钢材的重要工艺性能，是指钢材在常温下接受弯曲变形的能力，冷弯性能指标能揭示钢材内部组织均匀度、内应力和含杂质程度；③屈服强度是形容钢材抗拉性能的重要指标之一，设计时应以屈服强度作为钢材强度取值的依据；④延伸率是形容钢材抗拉性能的又一个重要指标，表明了钢材的塑性变形能力。

2. 甲、乙两种钢材，甲钢材原标距与试件的直径之比小于乙钢材，但甲、乙两种钢材计算出的伸长率一致，则表明（　　）。

A. 甲种钢材塑性好　　B. 乙种钢材塑性好

C. 甲种钢材试件细长　　D. 乙种钢材试件短粗

答案：B

［解题要点］钢材伸长率 $\delta=\frac{\Delta l}{l_0}\times 100\%$，是表示拉断时单位长度的伸长量，此值越大塑性越好。但拉伸试件有两种，一种是 $l_0=5d_0$（相对短粗），另一种是 $\delta_5>\delta_{10}$（相对细长），对同一种钢材，直径相同时，短钢筋的伸长率大于长钢筋。这是因为同种钢材伸长能力是相同的，但伸长量在短试件中占的比重就大，在长试件中所占比重就小。本题给出甲种钢的 δ_5 等于乙种钢的 δ_{10}。当然表明乙种钢的伸长能力即塑性更好些。

3. 有关钢材性能，下列叙述正确的是（　　）。

A. 钢材屈强比为0.8的比钢材屈强比为0.7的结构安全性大

B. 伸长率的大小与标距长度无关

C. 承受动荷载的结构应选用时效敏感性小的钢材

D. 耐疲劳性是钢材的重要工艺性能

答案：C

［解题要点］钢材屈强比是个小于1、大于0的数。其比值越大表明屈服强度和极限抗拉强度越接近。二者的差距越小，安全储备程度越小。如二者相差较多即屈强比值越小，结构安全度越大。同种钢材拉伸时通常在颈缩段拉断，其伸长量不因试件标距长短有明显改变，这一伸长量被长标距一除，单位长度内的伸长量就小了，所以同种钢材 $\delta_{10}<\delta_5$。钢材冷拉时会产生冷拉时效现象，即冷拉后屈服点提高，但塑性、韧性均降低。这种现象越明显的钢材称为时效敏感性强。对于承受动荷载的钢结构，不希望塑性、韧性降低得太厉害，即需要时效敏感性小的钢材。

4. 关于化学成分对钢材性能的影响，下列叙述错误的是（　　）。

A. 磷使钢材冷脆性增大，但可提高钢的耐磨性

B. 氮可减弱钢材的时效敏感性

C. 钛可改善钢材韧性，减小时效敏感性

D. 硫可加大钢材的热脆性，显著降低焊接性能

答案：B

［解题要点］氮可使钢材强度提高，但塑性特别是韧性明显下降，氮还会加剧钢的时效敏感性。

5. 水泥熟料中的各种矿物，抗硫酸盐侵蚀性最强的是（　　），水化热最大的是（　　）。

A. C_3S　C_4AF

B. C_2S　C_3A

C. C_4AF　C_2S

D. C_3S　C_2S

答案：B

［解题要点］水泥熟料中的各种矿物组成部分的特点见下表。

矿物名称	代号	主要特征				
		水化速度	水化热	强度	体积收缩	抗硫酸盐侵蚀性
硅酸三钙	C_3S	快	大	高	中	中
硅酸二钙	C_2S	慢	小	早期低，后期高	中	最好
铝酸三钙	C_3A	最快	最大	低	最大	差
铁铝酸四钙	C_4AF	较快	中	中	最小	好

6. 大体积混凝土工程适用的水泥为（　　）。

A. 普通硅酸盐水泥

B. 铝酸盐水泥

C. 火山灰质硅酸盐水泥

D. 硅酸盐水泥

答案：C

［解题要点］硅酸盐水泥因水化过程放出大量的热，故不宜用于大体积混凝土构筑物，水泥熟料掺入非活性混合材料如粒化高炉矿渣、粉煤灰、火山灰质混合材料可以减少水化热，宜用于大体积混凝土构件。铝酸盐水泥亦不宜用于大体积混凝土。

7. 下列关于水泥的适用条件，叙述正确的是（　　）。

A. 抗渗好的水泥是火山灰水泥和硫铝酸盐水泥

B. 高温车间的混凝土构件宜用硅酸盐水泥

C. 不能用蒸养的水泥是铝酸盐水泥和矿渣硅酸盐水泥

D. 膨胀水泥就是自应力水泥

答案：A

[解题要点] 火山灰水泥抗渗好。硫铝酸盐水泥宜用于配制早强、抗渗和抗硫酸盐侵蚀的混凝土。硅酸盐水泥耐热性较差，不宜用于高温车间。选项C中铝酸盐水泥不能蒸养，但后半句矿渣硅酸盐水泥可用于蒸汽养护的混凝土结构。膨胀水泥在硬化时不但不收缩还有不同程度的膨胀。但膨胀水泥不一定是自应力水泥，必须因膨胀产生的自应力达到大于2MPa时才称为自应力水泥。

8. 现浇混凝土矩形截面梁断面尺寸为200mm×400mm，受力钢筋配有单排3-$\phi22$，则浇筑混凝土所需碎石的最大粒径为（　　）mm。

A. 31.5　　　B. 50　　　C. 27.5　　　D. 25

答案：A

[解题要点] 根据施工规范规定，碎石最大粒径不得大于截面最小尺寸的1/4，即$D_{max}\leqslant\frac{200}{4}=50$（mm）。又规定不得大于钢筋净间距的3/4，即$D_{max}\leqslant\frac{200-50-66}{2}\times\frac{3}{4}=31.5$（mm）。以上两条应同时满足，所以答案应为$D_{max}\leqslant31.5$mm。

9. 有关混凝土耐久性，下列叙述不正确的是（　　）。

A. 耐久性包括抗冻性、抗渗性、抗蚀性和抗碳化能力

B. 抗冻性是评定混凝土耐久性的主要指标，据承受反复冻融次数划分为5个等级

C. 混凝土密实的抗冻性好，有封闭孔隙的抗冻性好

D. 对混凝土抗渗起决定作用的因素是水灰比

答案：B

[解题要点] 只有选项B是不正确的，因为抗冻性系按混凝土所能承受的反复冻融次数划分为9个等级。

10. 轻骨料混凝土的干表观密度（　　）。

A. 小于2t/m³

B. 在抗压强度相同的条件下，比混凝土低15%～25%

C. 保温轻骨料混凝土的干表观密度大于结构轻骨料混凝土

D. 结构保温轻骨料混凝土干表观密度≤0.8t/m³

答案：A

[解题要点] 轻骨料混凝土是干表观密度小于2t/m³的混凝土。保温轻骨料混凝土，干表观密度≤0.8t/m³，结构保温轻骨料混凝土干表观密度等级为0.8～1.4t/m³，结构轻骨料混凝土干表观密度等级为1.4～2.0t/m²。在抗压强度相同的条件下，其干表观密度比混凝土低25%～50%，故选项A正确。

11. 高强度混凝土是指硬化后强度等级不低于C60的混凝土，其水泥和矿物掺和料的总量不应大于（　　）kg/m³。

A. 500　　　B. 550　　　C. 600　　　D. 650

答案：C

[解题要点] 高强度混凝土是指硬化后强度等级不低于C60的混凝土，高强度混凝土的水泥用量不应大于550kg/m²，水泥和矿物掺和料的总量不应大于600kg/m³。

12. 有关特种混凝土性能，下列叙述正确的是（　　）。

A. 碾压混凝土是超干硬性拌和物、成本较高

B. 碾压混凝土的粗骨料应采用压碎指标高的石子

C. 纤维混凝土能很好地控制混凝土的结构性裂缝

D. 高强混凝土抗拉强度与抗压强度的比值比低强度混凝土要小

答案：D

［解题要点］碾压混凝土是超干硬性好的拌和物，但成本不高。碾压混凝土的粗骨料应有较高的抗压强度，而强度高的混凝土其压碎指标低而不是高。纤维混凝土能很好地控制非结构性裂缝而不是结构性裂缝。综上所述，选项A、B、C都不正确。普通混凝土的抗拉强度与抗压强度之比为1/10～1/20，而高强混凝土的上述比值为1/20～1/24。

13. 有关砌筑砂浆，下列叙述正确的是（　）。

A. 砌基础一般用水泥石灰混合砂浆

B. 砌墙体及砖柱一般采用水泥砂浆

C. 水泥砂浆的强度等级分为7级

D. 水泥混合砂浆强度等级分为7级

答案：C

［解题要点］砌筑砂浆据组成材料不同分为水泥砂浆、石灰砂浆、水泥石灰混合砂浆，一般砌基础采用水泥砂浆，砌主体及砖柱常用水泥石灰混合砂浆。砌筑水泥砂浆强度等级分为M5、M7.5、M10、M15、M20、M25、M30七个等级，水泥混合砂浆强度等级分为M5、M7.5、M10、M15四个等级。

14. 有关低辐射镀膜玻璃的性质，叙述错误的是（　）。

A. 对太阳可见光有较高透过率

B. 对太阳热射线可有效阻挡

C. 对室内热射线可有效阻挡

D. 对紫外线有较高透过率

答案：D

［解题要点］低辐射镀膜玻璃对太阳可见光及近红外线光有较高透过率，对阳光及室内物体发出的热辐射均可有效阻挡。对紫外线有较强的阻挡功能。

15. 建筑密封材料根据构成类型可分为（　）。

A. 溶剂型、乳液型和反应型

B. 单组分密封材料和多组分密封材料

C. 改性沥青密封材料和合成高分子密封材料

D. 丙烯酸类密封材料和硅酮类密封材料

答案：A

［解题要点］建筑密封材料根据构成类型可分为溶剂型、乳液型和反应型；根据使用时的组分分为单组分密封材料和多组分密封材料；根据组成材料分为改性沥青密封材料和合成高分子密封材料，丙烯酸类密封材料和硅酮类密封材料只是不定型密封材料的一种。

16. 有关保温隔热材料适用条件，下列叙述正确的是（　）。

A. 石棉主要用于民用建筑的绝热材料

B. 玻璃棉主要用于热力设备的绝热材料

C. 矿物棉可做热力管道的保温材料

D. 挤塑聚苯板比模塑聚苯板吸水性强

答案：C

［解题要点］石棉中的粉尘对人体有害，民用建筑很少采用。多用于工业建筑的隔热、保温及防火覆盖。玻璃棉广泛用于温度较低的热力设备而不是所有的热力设备。挤塑聚苯板吸水性小，是目前建筑业常用的隔热、防潮材料。综上，选项A、B、D都不正确。

17. 对中高频声波吸收效果较好的吸声结构是（　）。

A. 薄板振动结构

B. 悬挂空间结构

C. 帘幕结构

D. 柔性结构

答案：C

［解题要点］帘幕吸声结构是用通气性的纺织品，安装在离开墙面或窗洞一段距离，后面留有空气层。此种吸声体对中、高频率声波都有一定的吸声效果。

二、多项选择题

1. 由低合金钢加工而成的钢筋有（　　）。

A. 热轧光圆钢筋　　B. 热轧带肋钢筋

C. 冷轧带肋钢筋　　D. 冷拔低碳钢丝

E. 热处理钢筋

答案：B、E

［解题要点］ HPB300 钢筋由碳素结构钢筋轧制而成，表面光圆，其余热轧钢筋均由低合金高强度结构钢轧制而成，外表带肋。冷轧钢筋和冷拔低碳钢丝由低碳素钢加工而成，热处理钢筋是钢厂将热轧的带肋钢筋（中碳低合金钢）经淬火和高温回火调质处理而成的。选项 B、E 正确。

2. 高性能混凝土的特点有（　　）。

A. 自密实好　　B. 收缩、徐变小

C. 耐高温好　　D. 耐久性强

E. 强度高

答案：A、B、D、E

［解题要点］ 用水量虽少，但流动性很好，具有自密实性。强度愈高总收缩量愈小，因具有较高密实度，故耐久性也好，但在高温遇火时会产生爆裂、剥落现象。

3. 有关硅酸盐水泥技术性质，下列叙述中正确的有（　　）。

A. 终凝时间是指从加水拌和到水泥浆达到标号强度的时间

B. 体积安定性是指水泥在硬化过程中体积不收缩的性质

C. 水泥的净浆强度是评定水泥强度等级的依据

D. 水泥的碱含量越低越好

E. 硅酸盐水泥不宜用于海岸堤防工程

答案：D、E

［解题要点］ 水泥终凝时间是指从加水拌和到初具强度时间，体积安全性是指水泥硬化时体积收缩的均匀性，评定水泥强度等级的依据是水泥胶砂强度，硅酸盐水泥防腐蚀能力差，所以选项 A、B、C 都不正确。

4. 下列有关特种水泥性质的叙述，正确的有（　　）。

A. 硫铝酸盐水泥初凝时间不得早于 25min，终凝时间不得迟于 3h

B. 硫铝酸盐水泥宜用于高温环境的工程

C. 硫铝酸盐水泥具有较高的耐热性

D. 矾土水泥抗碱性差

E. 道路硅酸盐水泥的初凝时间不得早于 45min，终凝时间不得迟于 10h

答案：A、C、D

［解题要点］ 硫铝酸盐水泥具有速凝、早强性特点，所以规定其初凝终凝的时间都比较短（25min，3h），硫铝酸盐水泥水化后生成的钙矾石在高温下易脱水，发生晶变，造成强度下降，故不宜用于高温环境工程和高温施工条件。选项 C、D 正确。道路硅酸盐水泥初凝时间要求不早于 1.5h，不是 45min。

5. 纤维混凝土掺入纤维的目的是（　　）。

A. 改变混凝土的抗压性能　　B. 增强早期抗拉强度

C. 减少塑性裂缝和渗透性　　D. 降低混凝土脆性

E. 增强抗侵蚀性

答案：B、C、D

[解题要点] 纤维混凝土掺入纤维的目的是提高混凝土的抗拉强度与降低其脆性，减少表观裂缝和开裂宽度，增强混凝土的防渗性能、抗磨损抗冲击性能及增强结构整体性。

6. 作为建筑装饰涂料的辅助成膜物质的是（　　）。

A. 松香　　B. 硫酸铁

C. 丙酮　　D. 硝酸纤维

E. 苯

答案：C、E

[解题要点] 辅助成膜物质可用以改善涂膜的性能，常用的溶剂有苯、丙酮、汽油等。

7. 下列属于柔性防水材料的是（　　）。

A. 聚氯乙烯防水卷材　　B. 铝合金防水卷材

C. APP　　D. 膜材

E. SBS

答案：A、C、E

[解题要点] 防水材料分为柔性和刚性两种。本题主要考查对铝合金防水卷材和膜材的归属，不可由其名称而误认为属柔性防水材料。

8. 建筑塑料组成中，常用的固化剂有（　　）。

A. 林苯甲酸二丁酯　　B. 六亚甲基四胺

C. 乙二胺　　D. 热固性树脂

E. 邻苯二甲酸二辛酯

答案：B、C

[解题要点] 建筑塑料组成中主要有合成树脂、填料、增塑剂、固化剂、着色剂等，常用的固化剂有六亚甲基四胺和乙二胺，选项A、E内容属于增塑剂，选项D属于塑料的基本组成物。

9. 组成建筑塑料的填料有（　　）。

A. 玻璃纤维　　B. 石棉

C. 硫酸钡　　D. 滑石粉

E. 木粉

答案：A、B、E

[解题要点] 塑料组成中近一半是填料，填料可增强塑料的强度、硬度、韧性、耐热性、耐老化性和抗冲击性。常用的填料有木粉、棉布、纸屑、石棉、玻璃纤维等。

10. 下列属于塑料增塑剂的有（　　）。

A. 乙二胺　　B. 邻苯甲酸二丁酯

C. 丙酮　　D. 邻苯二甲酸二辛酯

E. 六亚甲基胺

答案：B、D

[解题要点] 增塑剂的作用是提高塑料加工时的可塑性、流动性和改善塑料制品的韧性。常用的增塑剂有邻苯甲酸二丁酯、邻苯二甲酸二辛酯。选项A、E属于固化剂。丙酮是建筑涂料的辅助成膜物。

11. 主要用于地板辐射采暖盘管的塑料管是（　　）。

A. 硬聚氯乙烯管　　B. 丁烯管

C. 氯化聚氯乙烯管　　D. 无规共聚聚丙烯管

E. 交联聚乙烯管

答案：B、E

[解题要点] 丁烯管强度高韧性好，特别适用于薄壁小口径压力管道，如地板辐射采暖的盘管。交联聚乙烯管在阳光照射下加速老化寿命缩短，通常是避光使用。主要用于地板辐射采暖的盘管。

第四章　工程施工技术

考 纲 要 求

1. 建筑工程施工技术；
2. 道路、桥梁与涵洞工程施工技术；
3. 地下工程施工技术。

本章知识架构

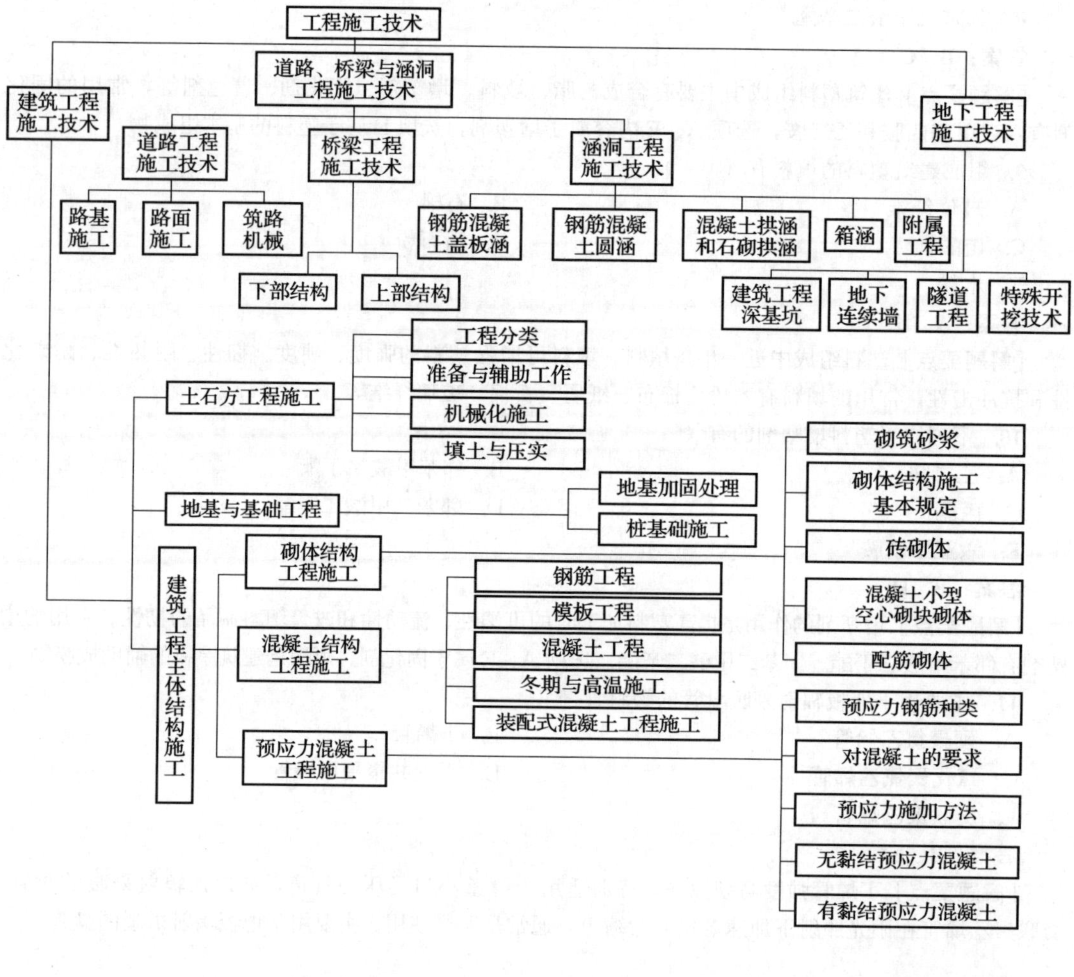

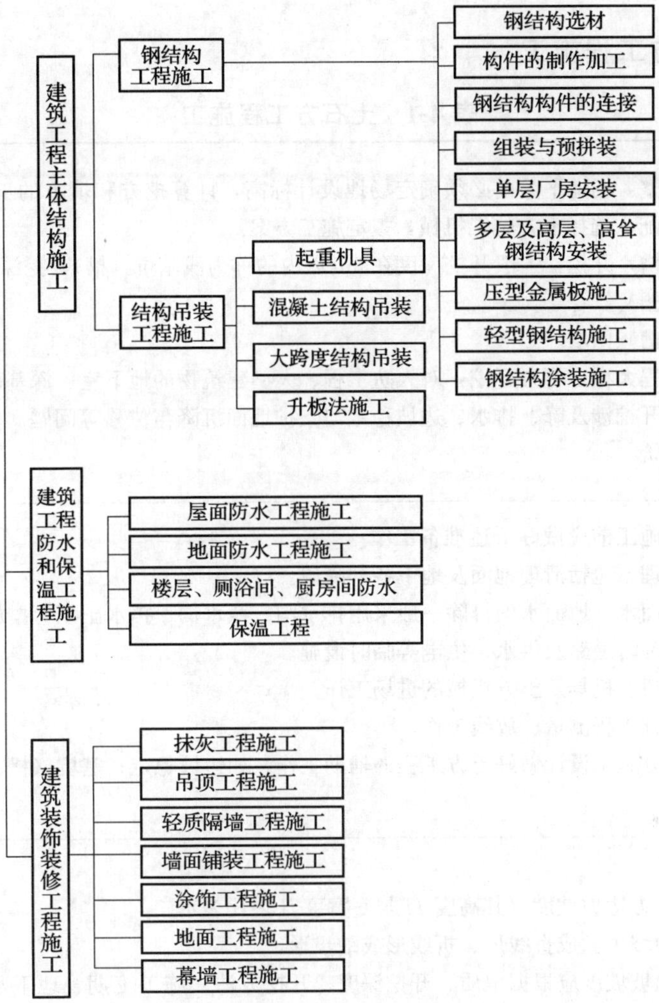

图 4-1　本章知识架构

考点与题型详解

考点一：建筑工程施工技术

点评：在施工技术部分，2023 年版教材与 2021 年版教材相比，扩容了“卷材防水屋面施工”中的铺贴方法的施工工艺，对“桩基础施工”内容进行了修订。考生在复习这部分内容时，应特别注意教材中新增加和有变化的内容。

知识要点集成

一、土石方工程施工

表 4-1　土石方工程施工

<table>
<tr><td colspan="3">土石方工程分类</td><td>（1）场地平整：场地平整前必须确定场地设计标高，计算挖方和填方的工程量，确定挖方、填方的平衡调配，选择土方施工机械，拟定施工方案。
（2）基坑（槽）开挖：一般开挖深度在 5m 以内的称为浅基坑（槽），挖深大于或等于 5m 的称为深基坑（槽）。
（3）基坑（槽）回填。
（4）地下工程大型土石方开挖：对人防工程、大型建筑物的地下室、深基础施工等进行的地下大型土石方开挖涉及降、排水、边坡稳定与支护地面沉降与位移等问题。
（5）路基修筑</td></tr>
<tr><td rowspan="3">土石方工程的准备与辅助工作</td><td colspan="2"></td><td>土石方工程施工前应做好下述准备工作：
（1）场地清理。包括清理地面及地下各种障碍。
（2）排除地面水。地面水的排除一般采用排水沟、截水沟、挡水土坝等措施。
（3）修筑好临时道路及供水、供电等临时设施。
（4）做好材料、机具及土方机械的进场工作。
（5）做好土方工程测量、放线工作。
（6）根据土方施工设计做好土方工程的辅助工作，如边坡稳定、基坑（槽）支护、降低地下水等</td></tr>
<tr><td colspan="2">土方边坡及其稳定</td><td>（1）土方边坡坡度以其高度 H 与底宽度 B 之比表示。
（2）边坡可做成直线形、折线形或踏步形。
（3）边坡坡度应根据土质、开挖深度、开挖方法、施工工期、地下水位、坡顶荷载气候条件件等因素确定</td></tr>
<tr><td>基坑（槽）支护（根据受力状态分）</td><td>横撑式支撑</td><td>（1）分类：横撑式土壁支撑根据挡土板的不同，分为水平挡土板式和垂直挡土板式两类；前者挡土板的布置又分间断式和连续式两种。
（2）适用范围：横撑式土壁支撑适用于开挖较窄的沟槽；间断式水平挡土板支撑适用于湿度小的黏性土，且挖土深度小于 3m；连续式水平挡土板支撑适用于松散、湿度大的土可用，挖土深度可达 5m。垂直挡土板式支撑适用于松散和湿度很高的土，其挖土深度不限</td></tr>
</table>

续表 4-1

土石方工程的准备与辅助工作	基坑（槽）支护（根据受力状态分）	重力式支护结构	（1）在支护结构设计中，首先要考虑周边环境的保护，其次要满足本工程地下结构施工的要求，最后则应尽可能降低造价、便于施工。 （2）重力式支护结构：是指主要通过加固基坑周边土形成一定厚度的重力式墙，以达到挡土的目的。 （3）水泥土搅拌桩： 1）定义：它是用搅拌机械将水泥、石灰等和地基土相拌和，形成相互搭接的格栅状结构形式，也可相互搭接成实体结构形式。又称深层搅拌桩，是近些年发展起来的一种重力式支护结构。 2）作用：具有防渗和挡土的双重功能。 3）构造要求：采用格栅形式时，要满足一定的面积转换率，对淤泥质土，不宜小于 0.7；对淤泥，不宜小于 0.8；对一般黏性土、砂土，不宜小于 0.6。由于采用重力式结构，开挖深度不宜大于 7m。 4）适用范围：适用于 4～6m 深的基坑，最深可达 7～8m。 5）工艺：可采用“一次喷浆、二次搅拌”或“二次喷浆、三次搅拌”，主要依据水泥掺入比及土质情况而定。“一次喷浆、二次搅拌”的施工工艺流程见 2023 年版教材图 4.1.2，适用于水泥掺量较小，土质较松的情况；“二次喷浆、三次搅拌”的施工工艺流程可在图示步骤（e）作业时也进行注浆，以后再重复一次（d）与（e）的过程。适用范围与“一次喷浆、二次搅拌”相反
		板式支护结构	（1）分类：悬臂式和支撑式。 （2）由两大系统组成：挡墙系统和支撑（或拉锚）系统。悬臂式板桩支护结构则不设支撑（或拉锚）。 （3）材料：挡墙系统常用的材料有槽钢、钢板桩、钢筋混凝土板桩、灌注桩及地下连续墙等；支撑系统一般采用大型钢管、H 型钢或格构式钢支撑，也可采用现浇钢筋混凝土支撑；拉锚系统材料一般用钢筋、钢索、型钢或土锚杆。 （4）施工方法：一般钢板桩、混凝土板桩采用打入法，而灌注桩及地下连续墙则采用就地成孔（槽）现浇的方法。 （5）钢板桩的特点：具有较好的隔水能力；在基础施工完毕后还可拔出重复使用。 （6）悬臂式挡墙适用于：基坑较浅，挡墙具有一定刚度；并且可以不设支撑点

续表 4-1

<table>
<tr><td rowspan="9">土石方工程的准备与辅助工作</td><td rowspan="9">降水与排水</td><td colspan="5">降水方法可分为重力降水（如积水井、明渠等）和强制降水（如轻型井点、深井泵、电渗井点等）。土石方工程中采用较多的是明排水法和轻型井点降水</td></tr>
<tr><td rowspan="8">常用方法</td><td>明排水法施工</td><td colspan="3">(1) 定义：是在基坑开挖过程中，在坑底设置集水坑，并沿坑底周围或中央开挖排水沟，使水流入集水坑，然后用水泵抽走。
(2) 适用范围：宜用于粗粒土层，也用于渗水量小的黏土层。
(3) 设置要求：集水坑应设置在基础范围以外，地下水走向的上游；其深度随着挖土的加深而加深，要经常低于挖土面 0.7～1.0m</td></tr>
<tr><td rowspan="7">井点降水施工</td><td colspan="3">定义：在基坑开挖之前，预先在基坑四周埋设一定数量的滤水管（井），利用抽水设备抽水，使地下水位降落到坑底以下，并在基坑开挖过程中仍不断抽水</td></tr>
<tr><td rowspan="6">分类</td><td rowspan="4">轻型井点</td><td>构造：沿基坑四周以一定间距埋入直径较细的井点管至地下蓄水层内，井点管的上端通过弯联管与总管相连接，利用抽水设备将地下水从井点管内不断抽出，使原有地下水位降至坑底以下</td></tr>
<tr><td>适用范围：
[单级]：土的渗透系数为 0.005～20m/d，可降低水位深度小于 6m。
[多级]：土的渗透系数为 0.005～20m/d，可降低水位深度小于 20m</td></tr>
<tr><td>布置：①需要考虑的因素：基坑平面的大小与深度、土质、地下水位高低与流向、降水深度要求；②方式：单排布置、双排布置、环形布置、U 形布置；③适用范围：单排布置适用于基坑、槽宽度小于 6m，且降水深度不超过 5m 的情况。井点管应布置在地下水的上游一侧，两端延伸长度不宜小于坑、槽的宽度；双排布置适用于基坑宽度大于 6m 或土质不良的情况；环形布置适用于大面积基坑；如采用 U 形布置，则井点管不封闭的一段应设在地下水的下游方向</td></tr>
<tr><td>施工：①主要包括施工准备、井点系统安装与使用。②安装顺序：挖井点沟槽、铺设集水总管；冲孔，沉设井点管，灌填砂滤料；弯联管将井点管与集水总管连接；安装抽水设备；试抽</td></tr>
<tr><td>喷射井点</td><td>(1) 适用范围：土的渗透系数为 0.005～20m/d，可降低水位深度小于 20m。
(2) 平面布置：当基坑宽度小于或等于 10m 时，井点可作单排布置；当大于 10m 时，可作双排布置；当基坑面积较大时，宜采用环形布置</td></tr>
<tr><td>电渗井点</td><td>(1) 适用范围：土的渗透系数<0.1m/d。在饱和黏土中，特别是淤泥和淤泥质黏土中，由于土的透水性较差，持水性较强。
(2) 施工：先埋设轻型井点或喷射井点管，预留出布置电渗井点阳极的位置，待轻型井点降水不能满足降水要求时，再埋设电渗阴极，以改善降水性能</td></tr>
</table>

续表 4-1

<table>
<tr><td rowspan="2">土石方工程的准备与辅助工作</td><td rowspan="2">降水与排水</td><td rowspan="2">常用方法</td><td rowspan="2">井点降水施工</td><td rowspan="2">分类</td><td>深井井点</td><td>适用范围：土的渗透系数为 0.1～200m/d，可降低水位深度大于 15m</td></tr>
<tr><td>管井井点</td><td>（1）定义：沿基坑每隔一定距离设置一个管井，每个管井单独用一水泵不断抽水来降低地下水位。
（2）适用范围：土的渗透系数为 0.1～200m/d，可降低水位深度不限</td></tr>
<tr><td rowspan="2">土石方工程机械化施工</td><td>推土机施工</td><td colspan="5">（1）运距：经济运距在 100m 以内，以 30～60m 为最佳运距。
（2）特点：操作灵活、运输方便，所需工作面较小，行驶速度较快，易于转移。推土机以单独使用，也可以卸下铲刀牵引其他无动力的土方机械。
（3）施工方法：
1）下坡推土法：适用于推土丘、回填管沟。
2）分批集中，一次推送法：适用于在较硬的土中，推土机的切土深度较小，一次铲土不多，可分批集中，再整批地推送到卸土区。
3）并列推土法：适用于较大面积的平整场地施工；一般采用 2 台或 3 台推土机并列推土，但并列台数不宜超过 4 台，否则互相影响。
4）沟槽推土法：可以和分批集中、一次推送法联合运用。
5）斜角推土法：一般适用于在管沟回填且无倒车余地的情况</td></tr>
<tr><td>铲运机施工</td><td colspan="5">（1）特点：是能独立完成铲土、运土、卸土、填筑、压实等工作，对行驶道路要求较低，行驶速度快，操纵灵活，运转方便，生产效率高。
（2）适用范围：常用于坡度在 20°以内的大面积场地平整，开挖大型基坑、沟槽，以及填筑路基等土方工程。铲运机可在Ⅰ～Ⅲ类土中直接挖土、运土。
（3）运距：适宜运距为 600～1 500m，当运距为 200～350m 时效率最高。
（4）开行路线：
1）环形路线：适用于施工地段较短、地形起伏不大的挖、填工程；当挖土和填土交替，而挖填之间距离又较短时，则可采用大环形路线，其优点是一个循环能完成多次铲土和卸土，从而减少了铲运机的转弯次数，提高了工作效率。
2）8 字形路线：适用于挖、填相邻、地形起伏较大，且工作地段较长的情况；其特点是铲运机行驶一个循环能完成两次作业，而每次铲土只需转弯一次，比环形路线可缩短运行时间，提高生产效率。同时，一个循环中两次转弯方向不同机械磨损较均匀。
（5）施工方法：
1）下坡铲土：适用于一般地面坡度在 5°～7°的范围。
2）跨铲法：适用于土埂高度不应大于 300mm，宽度以不大于拖拉机两履带间净距为宜。
3）助铲法：在地势平坦、土质较坚硬时，可采用推土机助铲以缩短铲土时间。一般每 3～4 台铲运机配 1 台推土机助铲</td></tr>
</table>

续表 4-1

<table>
<tr>
<td>土石方工程机械化施工</td>
<td>单斗挖掘机施工</td>
<td>（1）分类：按其行走装置的不同，分为履带式和轮胎式两种；按其工作装置的不同，可以分为正铲、反铲、拉铲和抓铲四种；按其传动装置，又可分为机械传动和液压传动两种。
（2）适用范围：当场地起伏高差较大、土方运输距离超过 1 000m，且工程量大而集中时，可采用挖土机挖土，配合自卸汽车运土，并在卸土区配备推土机平整土堆。
（3）按其工作装置不同的分类见下表。
<table>
<tr><td>正铲挖掘机</td><td>前进向上，强制切土</td><td>其挖掘力大，生产率高，能开挖停机面以内的Ⅰ～Ⅳ级土</td><td>开挖大型基坑时需设下坡道，适宜在土质较好、无地下水的地区工作</td></tr>
<tr><td>反铲挖掘机</td><td>后退向下，强制切土</td><td>其挖掘力比正铲小，能开挖停机面以下的Ⅰ～Ⅲ级的砂土或黏土</td><td>适宜开挖深度 4m 以内的基坑，对地下水位较高处也适用</td></tr>
<tr><td>拉铲挖掘机</td><td>后退向下，自重切土</td><td>其挖掘半径和挖土深度较大，能开挖停机面以下的Ⅰ～Ⅱ级土</td><td>适宜开挖大型基坑及水下挖土</td></tr>
<tr><td>抓铲挖掘机</td><td>直上直下，自重切土</td><td>其挖掘力较小，只能开挖Ⅰ～Ⅱ级土</td><td>可以挖掘独立基坑、沉井，特别适于水下挖土</td></tr>
</table>
</td>
</tr>
<tr>
<td rowspan="3">土石方填筑与压实</td>
<td>填筑压实的施工要求</td>
<td>（1）填方的边坡坡度，应根据填方高度、土的类别、使用期限及其重要性确定。
（2）填方宜采用同类土填筑，如采用不同透水性的土分层填筑时，下层宜填筑透水性较大、上层宜填筑透水性较小的填料，或将透水性较小的土层表面做成适当坡度，以免形成水囊。
（3）基坑（槽）回填前，应清除沟槽内积水和有机物，检查基础的结构混凝土达到一定的强度后方可回填。
（4）填方应按设计要求预留沉降量，如无设计要求时，可根据工程性质、填方高度、填料类别、压实机械及压实方法等，同有关部门共同确定。
（5）填方压实工程应由下至上分层铺填，分层压（夯）实，分层厚度及压（夯）实数，根据压（夯）实机械、密实度要求、填料种类及含水量确定。
填土施工时的分层厚度及压实遍数见下表。
填土施工时的分层厚度及压实遍数
<table>
<tr><th>压实机具</th><th>分层厚度/mm</th><th>每层压实遍数/次</th></tr>
<tr><td>平碾</td><td>250～300</td><td>6～8</td></tr>
<tr><td>振动压实机</td><td>250～350</td><td>3～4</td></tr>
<tr><td>柴油打夯机</td><td>200～250</td><td>3～4</td></tr>
<tr><td>人工打夯</td><td><200</td><td>3～4</td></tr>
</table>
</td>
</tr>
<tr>
<td>土料选择与填筑方法</td>
<td>（1）可作为填方土料：碎石类土、砂土、爆破石渣及含水量符合压实要求的黏性土。
（2）不能作填土：淤泥、冻土、膨胀性土及有机物含量大于 8%的土，以及硫酸盐含量大于 5%的土</td>
</tr>
<tr>
<td>填土压实方法</td>
<td>（1）分类：碾压法、夯实法及振动压实法。
（2）适用范围：平整场地等大面积填土多采用碾压法；小面积的填土工程多用夯实法；振动压实法主要用于压实非黏性土</td>
</tr>
</table>

二、地基与基础工程施工

表 4-2 地基与基础工程施工

基坑验槽	观察验槽		（1）基坑（槽）开挖后，对新鲜的未扰动的岩土直接观察，并与勘察报告核对，注意坑（槽）内是否有填土、坑穴、古墓、古井等分布，是否有因施工不当而使土质扰动、因排水不及时而使土质软化、因保护不当而使土体冰冻等现象。 （2）除观察基坑（槽）的位置、断面尺寸、标高和边坡等是否符合设计要求外，还应对整个坑（槽）底的土质进行全面观察。 （3）对难于鉴别的土质，应采用洛阳铲等挖至一定深度仔细鉴别。 （4）在进行直接观察时，可用袖珍贯入仪辅助。 （5）观察的重点应以柱基、墙角、承重墙下或其他受力较大的部位为主，如有异常部位，应会同勘察、设计等有关单位进行处理
	轻型动力触探		（1）采用轻型动力触探进行基坑（槽）检验时，应检查以下内容： 1）地基持力土层的强度和均匀性； 2）是否有浅部埋藏的软弱下卧层； 3）是否有浅部埋藏直接观察难以发现的坑穴、古墓、古井等。 （2）当贯入 30cm 锤击数大于 100 击或贯入 15cm 锤击数超过 50 击时，可停止试验。 （3）检验完毕后，触探孔要灌砂填实。 （4）基坑（槽）底部深处有承压水层，轻型动力触探可能造成冒水涌砂时，不宜进行轻型动力触探；持力层为砾石或卵石且厚度符合设计要求时，一般不需进行轻型动力触探
地基加固处理	地基问题		（1）强度和稳定性问题。 （2）压缩及不均匀沉降问题。 （3）地基的渗漏量超过容许值时，会发生水量损失导致发生事故。 （4）地震、机器以及车辆的振动、波浪作用和爆破等动力荷载可能引起地基土，特别是饱和无黏性土的液化、失稳和震陷等危害
	方法	换填地基法	（1）定义：先将基础底面以下一定范围内的软弱土层挖去，然后回填强度较高、压缩性较低并且没有侵蚀性的材料，如中粗砂、碎石或卵石、灰土、素土、石屑、矿渣等，再分层夯实后作为地基的持力层。 （2）分类：按其回填的材料可分为灰土地基、砂和砂石地基、粉煤灰地基等。 1）灰土地基适用范围：适用于加固深 1～4m 厚的软弱土、湿陷性黄土、杂填土等，还可用作结构的辅助防渗层。 2）砂和砂石地基适用范围：适于处理 3m 以内的软弱、透水性强的黏性土地基，包括淤泥、淤泥质土；不宜用于加固湿陷性黄土地基及渗透系数小的黏性土地基。 3）粉煤灰地基适用范围：可用于各种软弱土层换填地基的处理以及作大面积地坪的垫层等

续表 4-2

地基加固处理	方法	土工合成材料地基		可以分为土工织物地基和加筋土地基： （1）土工织物地基又称土工聚合物地基，是在软弱地基中或边坡上埋设土工织物作为加筋，使其共同作用形成弹性复合土体，达到排水、反滤、隔离、加固和补强等目的，以提高土体承载力，减少沉降和增加地基的稳定。 （2）加筋土地基是由填土、填土中布置的一定量带状筋体（或称拉筋）以及直立的墙面板三个部分组成的一个整体的复合结构
		夯实地基法	重锤夯实法	（1）定义：利用起重机械将夯锤（2～3t）提升到一定的高度，然后自由下落产生较大的冲击能来挤密地基、减少孔隙、提高强度，经不断重复夯击，使地基得以加固，达到满足建筑物对地基承载力和变形要求。 （2）适用范围：地下水距地面 0.8m 以上稍湿的黏土、砂土、湿陷性黄土、杂填土和分层填土，但在有效夯实深度内存在软黏土层时不宜采用。重锤表面夯实的加固深度一般在 1.2～2.0m。 （3）影响因素：夯锤的重量、锤底直径、落距、夯实的遍数、土的含水量及土质条件
			强夯法	（1）定义：用起重机械将大吨位（一般为 8～30t）夯锤起吊到 6～30m 高度后，自由落下，是我国目前最为常用和最经济的深层地基处理方法之一。 （2）适用范围：加固碎石土、砂土、低饱和度粉土、黏性土、湿陷性黄土、高填土、杂填土以及“围海造地”地基、工业废渣、垃圾地基等的处理；也可用于防止粉土及粉砂的液化，消除或降低大孔土的湿陷性等级；对于高饱和度淤泥、软黏土、泥炭、沼泽土，如采取一定技术措施也可采用，还可用于水下夯实。 （3）不适用范围：不得用于不允许对工程周围建筑物和设备有一定振动影响的地基加固，必需时，应采取防振、隔振措施。 （4）施工要求：强夯处理范围应大于建筑物基础范围，每边超出基础外缘的宽度宜为基底下设计处理深度的 1/2 至 2/3，并不宜小于 3m
		预压地基		（1）定义：又称排水固结法地基，在建筑物建造前，直接在天然地基或在设置有袋状砂井、塑料排水带等竖向排水体的地基上先行加载预压，使土体中孔隙水排出，提前完成土体固结沉降，逐步增加地基强度的一种软土地基加固方法。 （2）适用范围：适用于处理道路、仓库、罐体、飞机跑道、港口等各类大面积淤泥质土、淤泥及冲填土等饱和黏性土地基。 （3）特点：预压荷载是其中的关键问题，因为施加预压荷载后才能引起地基土的排水固结
		振冲地基		（1）定义：又称振动水冲法，是以起重机吊起振冲器，启动潜水电机带动偏心块使振动器产生高频振动；同时启动水泵通过喷嘴喷射高压水流，在边振边冲的共同作用下，将振动器沉到土中的预定深度，经清孔后，从地面向孔内逐段填入碎石，或不加填料，使地基在振动作用下被挤密实，达到要求的密实度后即可提升振动器，如此重复填料和振密直至地面，在地基中形成一个大直径的密实桩体与原地基构成复合地基，从而提高地基的承载力，减少沉降和不均匀沉降。 （2）特点：是一种快速、经济、有效的加固方法

续表 4-2

地基加固处理	方法	砂桩、碎石桩和水泥粉煤灰碎石桩	(1) 碎石桩和砂桩：合称为粗颗粒土桩；是指用振动、冲击或振动水冲等方式在软弱地基中成孔，再将碎石或砂挤压入孔，形成大直径的由碎石或砂所构成的密实桩体，具有挤密、置换、排水、垫层和加筋等加固作用。 (2) 水泥粉煤灰碎石桩（CFG 桩）： 1) 定义：在碎石桩基础上加进一些石屑、粉煤灰和少量水泥，加水拌和制成的具有一定黏结强度的桩。 2) 适用范围：适用于多层和高层建筑地基，是近年来新开发的一种地基处理技术。 (3) 褥垫层： 1) 作用：是保证桩和桩间土共同作用承担荷载，水泥粉煤灰碎石桩形成复合地基的重要条件。 2) 施工要求：褥垫层材料宜用中砂、粗砂、级配砂石和碎石，最大粒径不宜大于 30mm。不宜采用卵石，由于卵石咬合力差，施工时扰动较大、褥垫厚度不容易保证均匀。褥垫层的位置位于 CFG 桩和建筑物基础之间，厚度可取 200～300mm
		土桩和灰土桩	(1) 定义：由桩间挤密土和填夯的桩体组成的人工“复合地基”。 (2) 适用范围：处理地下水位以上，深度 5～15m 的湿陷性黄土或人工填土地基；土桩主要适用于消除湿陷性黄土地基的湿陷性，灰土桩主要适用于提高人工填土地基的承载力。地下水位以下或含水量超过 25％的土不宜采用
		深层搅拌桩	(1) 定义：是利用水泥、石灰等材料作为固化剂的主剂，通过特制的深层搅拌机械在地基深处就地将软土和固化剂（浆液或粉体）强制搅拌，利用固化剂和软土之间所产生的一系列物理—化学反应，使软土硬结成具有整体性的并具有一定承载力的复合地基。 (2) 适用范围：适宜于加固各种成因的淤泥质土、黏土和粉质黏土等，用于增加软土地基的承载能力，减少沉降量，提高边坡的稳定性和各种坑槽工程施工时的挡水帷幕。 (3) 分类：根据施工工艺分为旋喷桩和粉喷桩。 (4) 施工要求：竖向承载搅拌桩施工时，停浆（灰）面应高于桩顶设计标高 300～500mm。在开挖基坑时，应将搅拌桩顶端施工质量较差的桩段用人工挖除
		柱锤冲扩桩	(1) 定义：是指反复将柱状重锤提到高处使其自由下落冲击成孔，然后分层填料夯实形成扩大桩体，与桩间土组成复合地基的处理方法。 (2) 特点：该方法施工简便，振动及噪声小。 (3) 适用范围：适用于处理杂填土、粉土、黏性土、素填土、黄土等地基，对地下水位以下饱和松软土层应通过现场试验确定其适用性。地基处理深度不宜超过 6m，复合地基承载力特征值不宜超过 160kPa

续表 4-2

地基加固处理	方法	高压喷射注浆桩	（1）定义：以高压旋转的喷嘴将水泥浆喷入土层与土体混合，形成连续搭接的水泥加固体。 （2）适用范围：处理淤泥、淤泥质土、流塑、软塑或可塑黏性土、粉土、砂土、黄土、素填土和碎石土等地基。 （3）分类：旋喷、定喷和摆喷三种类别。根据工程需要和土质要求，施工时可分别采用单管法、二重管法、三重管法和多重管法。按高压喷射注浆法固结体形状可分为垂直墙状、水平板状、柱列状和群状
桩基础施工			（1）定义：桩基础是由若干根桩和桩顶的承台组成的一种常用的深基础。 （2）特点：它具有承载能力大、抗震性能好、沉降量小等特点。 （3）优点：采用桩基施工可省去大量土方、排水、支撑、降水设施，而且施工简便，可以节约劳动力和压缩工期。 （4）分类： 1）根据桩在土中受力情况不同，可分为端承桩和摩擦桩。 2）根据施工方法的不同，桩身可分为预制桩和灌注桩两大类。 3）根据成孔方法的不同可分为：钻孔、挖孔、冲孔灌注桩，沉管灌注桩和爆扩桩等
桩基础施工	钢筋混凝土预制桩		（1）制作：①长度在 10m 以下的短桩，一般多在工厂预制，较长的桩，因不便于运输，通常就在打桩现场附近露天预制。②制作预制桩有并列法、间隔法、重叠法、翻模法等。现场预制桩多用重叠法预制；重叠层数不超过 4 层；层与层之间应涂刷隔离剂，上层桩或邻近桩的灌注，应在下层桩或邻近桩混凝土达到设计强度等级的 30%以后进行。 （2）运输：钢筋混凝土预制桩应在混凝土达到设计强度的 70%方可起吊；达到设计强度的 100%才能运输和打桩。如提前吊运，应采取措施并经验算合格后方可进行。桩在起吊和搬运时，吊点应符合设计规定，满足吊桩弯矩最小的原则。 （3）堆放：桩的堆放场地应平整、坚实，不得产生不均匀沉陷。桩堆放时应设垫木，垫木的位置与吊点位置相同，各层垫木应上下对齐，堆放层数不宜超过 4 层。不同规格的桩应分别堆放
桩基础施工	钢筋混凝土预制桩 沉桩	锤击沉桩	（1）适用范围：桩径较小（一般桩径 0.6m 以下），地基土土质为可塑性黏土、砂性土、粉土、细砂以及松散的碎卵石类土的情况。 （2）特点：此方法施工速度快，机械化程度高，适应范围广，现场文明程度高，但施工时有挤土、噪声和振动等公害，对城市中心和夜间施工有所限制

续表 4-2

<table>
<tr><td rowspan="6">桩基础施工</td><td rowspan="6">钢筋混凝土预制桩</td><td rowspan="6">沉桩</td><td rowspan="4">锤击沉桩</td><td rowspan="4">施工</td><td>打桩机具选择</td><td>(1) 打桩机具主要包括桩锤、桩架和动力装置三个部分。
(2) 确定打桩机具：根据地基土壤的性质、工程的大小、桩的种类、施工期限、动力供应条件和现场情况确定。
(3) 桩锤的选择：锤重应大于或等于桩重；当锤重大于桩重的 1.5～2 倍时，能取得良好的效果；当桩重大于 2t 时，可采用比桩轻的桩锤，但也不能小于桩重的 75%</td></tr>
<tr><td colspan="2">打桩前的准备工作</td></tr>
<tr><td>确定打桩顺序</td><td>(1) 影响因素：桩的密集程度、基础的设计标高、现场地形条件、土质情况等。
(2) 分类：逐排打设、自中间向四周打设和分段打设。
(3) 适用范围：一般当基坑不大时，打桩应从中间开始分头向两边或四周进行；当基坑较大时，应将基坑分为数段，而后在各段范围内分别进行。
(4) 注意事项：打桩应避免自外向内，或从周边向中间进行。当桩基的设计标高不同时，打桩顺序宜先深后浅；当桩的规格不同时，打桩顺序宜先大后小、先长后短</td></tr>
<tr><td colspan="2">打桩方法</td></tr>
<tr><td>静力压桩</td><td colspan="3">(1) 定义：利用压桩架的自重及附属设备（卷扬机及配重等）的重量，通过卷扬机的牵引，由钢丝绳滑轮及压梁将整个压桩架的重量传至桩顶，将桩逐节压入土中。
(2) 特点：施工时无冲击力，噪声和振动较小，桩顶不易损坏且无污染，对周围环境的干扰小；适用于软土地区、城市中心或建筑物密集处的桩基础工程，以及精密工厂的扩建工程。
(3) 施工工艺程序：测量定位→压桩机就位→吊桩、插桩→桩身对中调制→静压沉桩→接桩→再静压沉桩→送桩→终止压桩→切割桩头。当第一节桩压入土中，其上端距地面 0.5～1.0m 时，将第二节桩接上，继续压入</td></tr>
<tr><td>射水沉桩</td><td colspan="3">(1) 定义：是锤击沉桩的一种辅助方法。利用高压水流经过桩侧面或空心桩内部的射水管冲击桩尖附近土层，便于锤击沉桩。一般是边冲水边打桩，当沉桩至最后 1～2m 时停止冲水，用锤击至规定标高。
(2) 适用范围：砂土和碎石土，有时对于特别长的预制桩，单靠锤击有一定困难时，也可用水冲法辅助之。
(3) 应用：在砂夹卵石层或坚硬土层中，一般以射水为主，锤击或振动为辅；在亚黏土或黏土中，为避免降低承载力，一般以锤击或振动为主，以射水为辅，并应适当控制射水时间和水量；下沉空心桩，一般用单管内射水</td></tr>
</table>

续表 4-2

<table>
<tr><td rowspan="6">桩基础施工</td><td rowspan="5">钢筋混凝土预制桩</td><td>沉桩</td><td>振动沉桩</td><td>（1）定义：是借助固定于桩头上的振动箱所产生的振动力，以减小桩与土壤颗粒之间的摩擦力，使桩在自重与机械力的作用下沉入土中。
（2）适用范围：砂土、砂质黏土、亚黏土层，在含水砂层中的效果更为显著。但在砂砾层中采用此法时，尚需配以水冲法。
（3）优点：设备构造简单，使用方便，效能高，所消耗的动力少，附属机具设备也少。
（4）缺点：适用范围较窄，不宜用于黏性土以及土层中夹有孤石的情况</td></tr>
<tr><td rowspan="2">接桩与拔桩</td><td>接桩</td><td>（1）分类：焊接、法兰或硫黄胶泥锚接。焊接接桩应用最多。
（2）适用范围：焊接和法兰接桩适用于各类土层；硫黄胶泥锚接适用于软弱土层。
（3）材料要求：焊接接桩钢板宜用低碳钢，焊条宜用 E43。法兰接桩时钢板和螺栓也宜用低碳钢并紧固牢靠。硫黄胶泥锚接桩使用的硫黄胶泥配合比应通过试验确定</td></tr>
<tr><td>拔桩</td><td>（1）长桩可用拔桩机进行，一般桩可用人字桅杆借卷扬机。
（2）用钢丝绳捆紧桩头部借横梁用液压千斤顶抬起。
（3）采用气锤打桩可直接用蒸汽锤拔桩</td></tr>
<tr><td>桩头处理</td><td colspan="2">（1）截桩头时不能破坏桩身，要保证桩身的主筋伸入承台，长度应符合设计要求。
（2）当桩顶标高在设计标高以下时，在桩位上挖成喇叭口，凿掉桩头混凝土，剥出主筋并焊接接长至设计要求长度，与承台钢筋绑扎在一起，用桩身同强度等级的混凝土与承台一起浇筑接长桩身</td></tr>
<tr><td rowspan="2">钢管桩</td><td colspan="3">（1）适用范围：适用于加固沿海及内陆冲积平原地区，土质常为很厚（深达 50～60m）的软土层地基。
（2）优点：重量轻、刚性好，承载力高，桩长易于调节，排土量小，对邻近建筑物影响小，接头连接简单，工程质量可靠，施工速度快。
（3）缺点：钢材用量大，工程造价较高；打桩机具设备较复杂，振动和噪声较大；桩材保护不善、易腐蚀等缺点</td></tr>
<tr><td>打桩顺序</td><td colspan="2">在软土地区，一般采取先打桩后挖土的施工法，其施工顺序是：桩机安装→桩机移动就位→吊桩→插桩→锤击下沉→接桩→锤击至设计深度→内切钢管桩→精割→焊桩盖→浇筑垫层混凝土→绑钢筋→支模板→浇筑混凝土基础承台</td></tr>
</table>

续表 4-2

<table>
<tr><td rowspan="4">桩基础施工</td><td rowspan="4">混凝土灌注桩</td><td colspan="2">(1) 定义：是直接在桩位上就地成孔，然后在孔内安放钢筋笼（也有直接插筋或省缺钢筋的），再灌注混凝土而成。
(2) 优点：能适应地层的变化，无须接桩，施工时无振动、无挤土和噪声小，适宜在建物密集地区使用。
(3) 缺点：其操作要求严格，施工后需一定的养护期方可承受荷载，成孔时有大量土基或泥浆排出。
(4) 常用的施工方法：泥浆护壁成孔、干作业成孔、人工挖孔、套管成孔和爆扩成孔等</td></tr>
<tr><td>泥浆护壁成孔灌注桩</td><td>(1) 按成孔工艺和成孔机械不同分为：正循环钻孔灌注桩、反循环钻孔灌注桩、钻孔扩底灌注桩和冲击成孔灌注桩。
(2) 使用范围：
1) 正循环钻孔灌注桩适用于：黏性土、砂土、强风化、中等到微风化岩石。可用于桩径小于 1.5m、孔深一般≤50m 场地。
2) 反循环钻孔灌注桩适用于：黏性土、砂土、细粒碎石土及强风化、中等-微风化岩石，可用于桩径小于 2.0m，孔深一般≤60m 的场地。
3) 钻孔扩底灌注桩适用于：黏性土、砂土、细粒碎石土、全风化、强风化、中等风化岩石时，孔深一般≤40m。
4) 冲击成孔灌注桩适用于：黏性土、砂土、碎石土和各种岩层。对厚砂层软塑-流塑状态的淤泥及淤泥质土应慎重使用。
(3) 泥浆护壁成孔灌注桩的施工流程见 2023 年版教材图 4.1.11。灌注桩的桩顶标高至少比设计标高高出 1.0m，桩底清孔质量按不同成桩工艺有不同的要求，应按规范规定执行</td></tr>
<tr><td>干作业成孔灌注桩</td><td>(1) 定义：指在地下水位以上地层可采用机械或人工成孔并灌注混凝土的成桩工艺。
(2) 优点：施工振动小、噪声低、环境污染少。
(3) 施工工艺程序见 2023 年版教材图 4.1.12</td></tr>
<tr><td>人工挖孔灌注桩</td><td>(1) 定义：是采用人工挖土成孔，浇筑混凝土成桩。
(2) 特点：
1) 单桩承载力高，结构受力明确，沉降量小。
2) 可直接检查桩直径、垂直度和持力层情况，桩质量可靠。
3) 施工机具设备简单，工艺操作简单，占场地小。
4) 施工无振动、无噪声、无环境污染，对周边建筑无影响</td></tr>
</table>

续表 4-2

桩基础施工	混凝土灌注桩	套管成孔灌注桩	（1）套管成孔灌注桩是目前采用最为广泛的一种灌注桩。 （2）分类：锤击沉管灌注桩、振动沉管灌注桩和套管夯打灌注桩三种
			（1）套管成孔灌注桩有锤击沉管灌注桩、振动沉管灌注桩等。 （2）利用锤击沉桩设备沉管、拔管时，称为锤击沉管灌注桩；利用激振器振动沉管、拔管时，称为振动沉管灌注桩。 （3）套管成孔灌注桩施工可选用单打法、复打法或反插法。单打法适用于含水量较小的土层，复打法或反插法适用于饱和土层。 （4）套管成孔灌注桩成桩过程：桩机就位→锤击（振动）沉管→上料→边锤击（振动）边拔管，并继续浇筑混凝土→下钢筋笼，继续浇筑混凝土及拔管→成桩。 （5）施工要求： 1）桩管沉到设计标高并停止振动后应立即浇筑混凝土。管内灌满混凝土后应先振动，再拔管。拔管过程中，应分段添加混凝土，保持管内混凝土面不低于地表面或高于地下水位 1.0～1.5m。 2）桩身配钢筋笼时，第一次混凝土应先浇至钢筋笼笼底标高，然后放置钢筋笼，再浇混凝土到桩顶标高。 3）套管成孔灌注桩全长复打桩施工时，第一次灌注混凝土应达到自然地面，复打施工应在第一次浇筑的混凝土初凝之前完成。初打与复打的桩中心线应重合
		爆扩成孔灌注桩	（1）定义：爆扩成孔灌注桩又称爆扩桩，是由桩柱和扩大头两部分组成。 （2）特点：桩成孔方法简便，能节省劳动力，降低成本，做成的桩承载力也较大。 （3）适用范围：适用范围较广，除软土和新填土外，其他各种土层中均可使用
	钻孔压浆桩	优缺点	优点： （1）振动小，噪声低。 （2）能在流砂、淤泥、砂卵石、易塌孔和地下水的地质条件成孔成桩。 （3）可解决断桩、缩颈、桩底虚土等问题，还有局部膨胀扩径现象，提高承载力。 （4）因不用泥浆护壁，就没有因大量泥浆制备和处理而带来的污染环境、影响施工速度和质量等弊端。 （5）施工速度快、工期短。 （6）单承载力较高
			缺点： （1）因为桩身用无砂混凝土，故水泥消耗量较普通钢筋混凝土灌注桩多，其脆性比普通钢筋混凝土桩要大。 （2）桩身上部的混凝土密实度比桩身下部差，静载试验时有发生桩顶压裂现象。 （3）注浆结束后，地面上水泥浆流失较多。 （4）遇到厚流砂层，成桩较难

续表 4-2

桩基础施工	钻孔压浆桩	适用范围	适应性较广，几乎可用于各种地质土层条件施工，既能在水位以上干作业成孔成桩，也能在地下水位以下成孔成桩；既能在常温下施工，也能在低温条件下施工；采用特制钻头可在风化岩层、盐渍土层及砂卵石层中成孔；采用特殊措施可在厚流砂层中成孔；还能在紧邻持续振动源的困难环境下施工。钻孔压浆桩的桩长最大可达 31m
		施工流程	钻机就位→钻进→首次注浆→提钻→放钢筋笼和注浆管→放骨料→二次注浆（补浆）
	灌注桩后压浆	施工流程	准备工作→管阀制作→灌注桩施工（后压浆管埋设）→压浆设备选型及加筋软管与桩身压浆管连接安装→打开排气阀并开泵放气调试→关闭排气阀压清水开塞→按设计水灰比拌制水泥浆液→水泥浆经过滤至储浆桶（不断搅拌）→待压浆管道通畅后压注水泥浆液→桩检测
		工艺要求	（1）压浆管与管阀埋设。 （2）压浆设备安装。高压压浆泵与压浆管之间采用能承受 2 倍以上最大压浆压力的加筋软管，其长度一般不超过 50cm，输浆软管与压浆管之间设置卸压阀。 （3）浆液制备。采用与灌注桩水泥同强度等级的普通硅酸盐水泥与清水拌制成水泥浆液，浆液的水灰比应根据土的饱和度、渗透性设计确定。《建筑桩基技术规范》JGJ 94—2008 规定，饱和土的水灰比宜为 0.45～0.65，非饱和土的水灰比宜为 0.7～0.9，松散碎石土、砂砾的水灰比宜为 0.5～0.6。 （4）开塞。 （5）压浆。开塞后立即进行压浆，原则上开一管注一管，不允许普遍开塞。 （6）压浆终止条件。压浆过程采用“双控”的方法进行控制压浆终止条件，当满足下列条件之一可终止压浆： 1）压浆总量和压浆压力均达到设计要求。 2）压浆总量已经达到设计值的 70%，且压浆压力达到设计压浆压力的 150%并维持 5min 以上。 3）压浆总量已经达到设计值的 70%，且桩顶或地面出现明显上抬。桩体上抬不得超过 2mm。 （7）桩检测。压浆后的桩通常要求保养至少 25d 以上，以便桩底浆液凝固，方可按规定采用弹性波反射法进行桩基检测，以取得真实的注浆桩基承载力

三、砌筑工程施工

表 4-3　砌筑工程施工

砌筑砂浆	（1）对水泥的要求： 1）水泥进场时应对其品种、等级、包装或散装仓号、出厂日期等进行检查，并应对其强度、安定性进行复验。 2）在使用中对水泥质量有怀疑或水泥出厂超过三个月（快硬硅酸盐水泥超过一个月）时，应复查试验，并按复验结果使用。 3）不同品种的水泥，不得混合使用。 • 抽检数量：按同一生产厂家、同品种、同等级、同批号连续进场的水泥，袋装水泥不超过 200t 为一批，散装水泥不超过 500t 为一批，每批抽样不少于一次。 • 检验方法：检查产品合格证、出厂检验报告和进场复验报告。 （2）建筑生石灰、建筑生石灰粉熟化为石灰膏，分别不得少于 7d 和 2d；沉淀池中储存的石灰膏，其熟化时应防止干燥、冻结和污染，严禁采用脱水硬化的石灰膏；建筑生石灰粉、消石灰粉不得替代石灰膏配制水泥石灰砂浆。 （3）砌筑砂浆应进行配合比设计。 （4）施工中不应采用强度等级小于 M5 水泥砂浆替代同强度等级水泥混合砂浆，如需替代，应将水泥砂浆提高一个强度等级。 （5）砌筑砂浆应采用机械搅拌，搅拌时间自投料完起算应符合下列规定： 1）水泥砂浆和水泥混合砂浆不得少于 120s。 2）水泥粉煤灰砂浆和掺用外加剂的砂浆不得少于 180s。 3）掺增塑剂的砂浆，从加水开始，搅拌时间不得少于 210s。 （6）现场拌制的砂浆应随拌随用，拌制的砂浆应在 3h 内使用完毕；当施工期间最高气温超过 30℃时，应在 2h 内使用完毕。 （7）砌筑砂浆试块强度验收时其强度合格标准应符合下列规定： 1）同一验收批砂浆试块强度平均值应大于或等于设计强度等级值的 1.10 倍。 2）同一验收批砂浆试块抗压强度的最小一组平均值应大于或等于设计强度等级值的 85％
砌体结构施工基本规定	（1）砌筑顺序应符合下列规定： 1）基底标高不同时，应从低处砌起，并应由高处向低处搭砌。当设计无要求时，搭接长度 L 不应小于基础底的高差 H，搭接长度范围内下层基础应扩大砌筑。 2）砌体的转角处和交接处应同时砌筑，当不能同时砌筑时，应按规定留槎、接槎。 （2）砌筑墙体应设置皮数杆。 （3）在墙上留置临时施工洞口，其侧边离交接处墙面不应小于 500mm，洞口净宽度不应超过 1m。抗震设防烈度为 9 度地区建筑物的临时施工洞口位置，应会同设计单位确定。临时施工洞口应做好补砌。

续表 4-3

砌体结构施工基本规定	(4) 不得在下列墙体或部位设置脚手眼： 1) 120mm 厚墙、清水墙、料石墙、独立柱和附墙柱。 2) 过梁上与过梁成 60°角的三角形范围及过梁净跨度 1/2 的高度范围内。 3) 宽度小于 1m 的窗间墙。 4) 门窗洞口两侧石砌体 300mm，其他砌体 200mm 范围内；转角处石砌体 600mm，其他砌体 450mm 范围内。 5) 梁或梁垫下及其左右 500mm 范围内。 6) 设计不允许设置脚手眼的部位。 7) 轻质墙体。 8) 夹心复合墙外叶墙。 (5) 设计要求的洞口、沟槽、管道应于砌筑时正确留出或预埋，未经设计同意，不得打凿墙体和在墙体上开凿水平沟槽。宽度超过 300mm 的洞口上部，应设置钢筋混凝土过梁。不应在截面长边小于 500mm 的承重墙体、独立柱内埋设管线。 (6) 砌体施工质量控制等级分为 A、B、C 三级，砌体施工质量控制等级为 A 级的砌筑工人要求为中级工以上，其中高级工不少于 30%，B 级的要求高、中级工不少于 70%，C 级的要求为初级工以上。 (7) 正常施工条件下，砖砌体、小砌块砌体每日砌筑高度宜控制在 1.5m 或一步脚手架高度内；石砌体不宜超过 1.2m。 (8) 砌体结构工程检验批的划分应同时符合下列规定： 1) 所用材料类型及同类型材料的强度等级相同。 2) 不超过 250m^3 砌体。 3) 主体结构砌体一个楼层（基础砌体可按一个楼层计）；填充墙砌体量少时可多个楼层合并
砖砌体工程	(1) 内容包括：抄平、放线、摆砖样、立皮数杆、挂准线、铺灰、砌砖等工序。如果是清水墙，则还要进行勾缝。 (2) 施工工艺要求： 1) 混凝土多孔砖、混凝土实心砖、蒸压灰砂砖、蒸压粉煤灰砖等块体的产品龄期不应小于 28d。 2) 有冻胀环境和条件的地区，地面以下或防潮层以下的砌体，不应采用多孔砖。 3) 不同品种的砖不得在同一楼层混砌。 4) 采用铺浆法砌筑砌体，铺浆长度不得超过 750mm；当施工期间气温超过 30℃时，铺浆长度不得超过 500mm。 5) 多孔砖的孔洞应垂直于受压面砌筑。半盲孔多孔砖的封底面应朝上砌筑。 6) 砖墙灰缝宽度宜为 10mm，且不应小于 8mm，也不应大于 12mm。竖向灰缝不应出现瞎缝、透明缝和假缝。

续表 4-3

砖砌体工程	7）砖砌体的转角处和交接处应同时砌筑，严禁无可靠措施的内外墙分砌施工。 • 在抗震设防烈度为 8 度及 8 度以上地区，对不能同时砌筑而又必须留置的临时间断处应砌成斜槎。 • 普通砖砌体斜槎水平投影长度不应小于高度的 2/3，多孔砖砌体的斜槎长高比不应小于 1/2。 • 斜槎高度不得超过一步脚手架的高度。 8）非抗震设防及抗震设防烈度为 6 度、7 度地区的临时间断处，当不能留斜槎时，除转角处外，可留直槎，但直槎必须做成凸槎，且应加设拉结钢筋，拉结钢筋应符合下列规定： • 每 120mm 墙厚放置 1ϕ6 拉结钢筋（240mm 厚墙应放置 2ϕ6 拉结钢筋）。 • 间距沿墙高不应超过 500mm，且竖向间距偏差不应超过 100mm。 • 埋入长度从留槎处算起每边均不应小于 500mm，对抗震设防烈度 6 度、7 度的地区，不应小于 1 000mm。 • 末端应有 90°弯钩
混凝土小型空心砌块砌体工程	（1）主要工序：铺灰、砌块安装就位、校正、灌缝、镶砖。 （2）施工工艺要求： 1）小砌块的产品龄期不应小于 28d，承重墙体使用的小砌块应完整、无破损、无裂缝。 2）底层室内地面以下或防潮层以下的砌体，应采用强度等级不低于 C20（或 Cb20）的混凝土灌实小砌块的孔洞。 3）砌筑普通混凝土小型空心砌块砌体，不需对小砌块浇水湿润，如遇天气干燥炎热，宜在砌筑前对其喷水湿润；对轻骨料混凝土小砌块，应提前浇水湿润，块体的相对含水率宜为 40%～50%。雨天及小砌块表面有浮水时，不得施工。 4）小砌块墙体应孔对孔、肋对肋错缝搭砌。 • 单排孔小砌块的搭接长度应为块体长度的 1/2。 • 多排孔小砌块的搭接长度可适当调整，但不宜小于小砌块长度的 1/3，且不应小于 90mm。 • 墙体的个别部位不能满足上述要求时，应在灰缝中设置拉结钢筋或钢筋网片，但竖向通缝仍不得超过两皮小砌块。 5）小砌块应将生产时的底面朝上反砌于墙上。 6）砌块水平灰缝和竖向灰缝的砂浆饱满度，按净面积计算不得低于 90%。 7）墙体转角处和纵横交接处应同时砌筑。 • 临时间断处应砌成斜槎，斜槎水平投影长度不应小于斜槎高度。 • 施工洞口可预留直槎，但在洞口砌筑和补砌时，应在直槎上下搭砌的小砌块孔洞内用强度等级不低于 C20（或 Cb20）的混凝土灌实。 • 砌体的水平灰缝厚度和竖向灰缝宽度宜为 10mm，但不应小于 8mm，也不应大于 12mm

续表 4-3

<table>
<tr><td>配筋砌体工程</td><td colspan="3">(1) 填充墙在平面和竖向的布置宜均匀对称，避免形成薄弱层或短柱。
(2) 砌筑填充墙时，轻骨料混凝土小型空心砌块和蒸压加气混凝土砌块的产品龄期不应小于28d，蒸压加气混凝土砌块的含水率宜小于30%。
(3) 砌体的砂浆强度等级不应低于M5；实心块体的强度等级不宜低于MU2.5，空心块体的强度等级不宜低于MU3.5；墙顶应与框架梁密切结合。
(4) 填充墙应沿框架柱全高每隔500～600mm设2ϕ6拉筋，拉筋伸入墙内的长度，6度、7度抗震设防时宜沿墙全长贯通，8度、9度抗震设防时应全长贯通。
(5) 墙长大于5m时，墙顶与梁宜有拉结；墙长超过8m或层高2倍时，宜设置钢筋混凝土构造柱；墙高超过4m时，墙体半高宜设置与柱连接且沿墙全长贯通的钢筋混凝土水平系梁。
(6) 植筋工艺流程：钻孔→清孔→填胶黏剂→安装钢筋→凝胶。
(7) 楼梯间和人流通道的填充墙，尚应采用钢丝网砂浆面层加强。
(8) 在厨房、卫生间、浴室等处采用轻骨料混凝土小型空心砌块、蒸压加气混凝土砌块砌筑墙体时，墙底部宜现浇混凝土坎台，其高度宜为150mm。
(9) 蒸压加气混凝土砌块、轻骨料混凝土小型空心砌块不应与其他块体混砌，不同强度等级的同类块体也不得混砌。
(10) 填充墙砌体砌筑，应待承重主体结构检验批验收合格后进行。填充墙与承重主体结构间的空（缝）隙部位施工，应在填充墙砌筑14d后进行</td></tr>
<tr><td>砌筑用脚手架</td><td>脚手架</td><td>多立杆式脚手架</td><td>多立杆式脚手架由立杆、纵向水平杆、横向水平横杆、剪刀撑、横向斜撑、抛撑、连墙杆、脚手板等组成，脚手架应采用钢管搭设，禁止采用竹（木）材料搭设脚手架。根据使用的要求，多立杆式脚手架可以搭设成双排式和单排式两种形式。双排式是沿墙外侧设两排立杆，纵向水平杆沿墙外侧垂直于立杆搭设，横向水平横杆的两端支承在纵向水平杆上；单排式是沿墙外侧仅设一排立杆，横向水平横杆一端与纵向水平杆连接，另一端支撑在墙上。
扣件式钢管脚手架目前广泛应用，属于多立杆式脚手架的一种，不仅可用作外脚手架，还可用作里脚手架、大跨度建筑内部的满堂脚手架和钢筋混凝土结构模板系统的支架等，其特点是：一次性投资较大，但其周转次数多，摊销费用低；装拆方便，杆配件数量少，利于施工操作；搭设灵活，搭设高度大，使用方便。具体搭设要求如下：
(1) 底座、垫板均应准确地放在定位线上；垫板应采用长度不少于2跨、厚度不小于50mm、宽度不小于200mm的木垫板。
(2) 作业层上的施工荷载应符合作业要求，不得超载。不得将模板支架、缆风绳、泵送混凝土和砂浆的运输管等固定在脚手架上；严禁悬挂起重设备。
(3) 脚手架必须配合施工进度搭设，一次搭设高度不应超过相邻连墙件以上两步。</td></tr>
</table>

续表 4-3

砌筑用脚手架	脚手架	多立杆式脚手架	（4）纵向水平杆应设置在立杆内侧，其长度不应小于 3 跨。 （5）纵向水平杆接长应采用对接扣件连接或搭接。纵向水平杆的对接扣件应交错布置：两根相邻纵向水平杆的接头不应设置在同步或同跨内；不同步或不同跨两个相邻接头在水平方向错开的距离不应小于 500mm；各接头中心至最近主节点的距离不应大于纵距的 1/3。搭接长度不应小于 1m，应等间距设置 3 个旋转扣件固定，端部扣件盖板边缘至搭接纵向水平杆杆端的距离不应小于 100mm。 （6）主节点处必须设置一根横向水平杆，用直角扣件扣接且严禁拆除。主节点处的两个直角扣件的中心距不应大于 150mm。在双排脚手架中，离墙一端的外伸长度不应大于 0.4 倍的两节点的中心长度，且不应大于 500mm。作业层上非主节点处的横向水平杆，最大间距不应大于纵距的 1/2。 （7）冲压钢脚手板、木脚手板、竹串片脚手板等，应设置在三根横向水平杆上。当脚手板长度小于 2m 时，可采用两根横向水平杆支撑，但应将脚手板两端与其可靠固定，严防倾翻。此三种脚手板的铺设应采用对接平铺或搭接铺设。脚手板对接平铺时，接头处必须设两根横向水平杆，脚手板外伸长应取 130～150mm，两块脚手板外伸长度之和不应大于 300mm；脚手板搭接铺设时，接头必须支在横向水平杆上，搭接长度不应小于 200mm，其伸出横向水平杆的长度不应小于 100mm。 （8）脚手架必须设置纵、横向扫地杆，纵向扫地杆应采用直角扣件固定在距底座上皮不大于 200mm 处的立杆上。横向扫地杆宜采用直角扣件固定在紧靠纵向扫地杆下方的立杆上。当立杆的基础不在同一高度上时，必须将高处的纵向扫地杆向低处延长两跨与立杆固定，高低差不应大于 1m。靠边坡上方的立杆轴线到边坡的距离不应小于 500mm。 （9）立杆必须用连墙件与建筑物可靠连接，连墙件布置间距要符合规定。 （10）立杆接长除顶层顶步可采用搭接外，其余各层各步接头必须采用对接扣件连接。立杆上的对接扣件应交错布置，两根相邻立杆的接头不应设置在同步内，同步内每隔一根立杆的两个相邻接头在高度方向错开的距离不宜小于 500mm；各接头中心至主节点的距离不宜大于步距的 1/3。搭接长度不应小于 1m，应采用不少于 2 个旋转扣件固定，端部扣件盖板的边缘至杆端距离不应小于 100mm。 （11）开口形脚手架的两端必须设置连墙件，连墙件的垂直间距不应大于建筑物的层高，且不应大于 4m。 （12）对高度 24m 及以下的单、双排脚手架，宜采用刚性连墙件与建筑物可靠连接，亦可采用钢筋与顶撑配合使用的附墙连接方式。严禁使用只有钢筋的柔性连墙件。对高度 24m 以上的双排脚手架，必须采用刚性连墙件与建筑物可靠连接。

续表 4-3

砌筑用脚手架	脚手架	多立杆式脚手架	（13）连墙件必须采用可承受拉力和压力的构造。采用拉筋必须配用顶撑，顶撑应可靠地顶在混凝土圈梁、柱等结构部位。拉筋应采用两根以上直径 4mm 的钢丝拧成一股，使用时不应少于两股；也可采用直径不小于 6mm 的钢筋。 （14）剪刀撑应随立杆、纵向和横向水平杆等同步设置，各底层斜杆下端均必须支承在垫块或垫板上。高度在 24m 以下的单、双排脚手架，均必须在外侧两端、转角及中间不超过 15m 的立面上，各设置一道剪刀撑，并应由底至顶连续设置；高度在 24m 及以上的双排脚手架在外侧全立面连续设置剪刀撑。开口形双排脚手架的两端均必须设置横向支撑
		门式脚手架	门式脚手架又称多功能门型脚手架。其可用于搭设外脚手架、里脚手架、施工操作平台。但门式脚手架不得用于搭设满堂承重支撑架体系
		里脚手架	里脚手架是搭设在施工对象内部的脚手架。主要用于在楼层上砌墙和进行内部装修等施工作业。由于建筑内部施工作业量大，平面分布十分复杂，要求里脚手架频繁搬移和装拆。因此，里脚手架必须轻便灵活、稳固可靠、搬移和装拆方便。常用的如折叠式里脚手架和支柱式里脚手架
	脚手架的拆除	（1）拆除作业必须由上而下逐层进行，严禁上下同时作业。 （2）同层杆件和构配件必须按先外后内的顺序拆除；剪刀撑、斜撑杆等加固杆件必须在拆卸至该部位杆件时再拆除。 （3）连墙件必须随脚手架逐层拆除，严禁先将连墙件整层拆除后再拆脚手架；分段拆除高差不应大于 2 步，如高差大于 2 步，应增设连墙件加固。 （4）拆除的构配件应采用起重设备吊运或人工传递到地面，严禁抛掷	

四、混凝土结构工程施工

表 4-4 混凝土结构工程施工

<table>
<tr><td rowspan="5">钢筋工程</td><td>钢筋验收</td><td colspan="2">（1）钢筋进场时，应按国家现行相关标准的规定抽取试件做力学性能和重量偏差检验，检验结构必须符合有关标准的规定。钢筋应平直、无损伤，表面不得有裂纹、油污、颗粒状或片状老锈。
（2）对有抗震设防要求的结构，其纵向受力钢筋的性能应满足设计要求；当设计无具体要求时，对按一、二、三级抗震等级设计的框架和斜撑构件（含梯段）中的纵向受力钢筋应采用 HRB400E、HRB500E、HRBF400E 或 HRBF500E 钢筋，其强度和最大力下总伸长率的实测值应符合下列规定：
1）钢筋的抗拉强度实测值与屈服强度实测值的比值不应小于 1.25。
2）钢筋的屈服强度实测值与屈服强度标准值的比值不应大于 1.30。
3）钢筋的最大力下总伸长率不应小于 9%。
（3）当发现钢筋脆断、焊接性能不良或力学性能显著不正常等现象时，应停止使用该批钢筋，并应对该批钢筋进行化学成分检验或其他专项检验</td></tr>
<tr><td rowspan="4">钢筋的加工</td><td colspan="2">钢筋加工包括冷拉、调直、除锈、剪切和弯曲等，宜在常温状态下进行，加工过程中不应对钢筋进行加热。钢筋应一次弯折到位</td></tr>
<tr><td>调直</td><td>钢筋宜采用无延伸功能的机械设备进行调直，也可采用冷拉方法调直。当采用冷拉方法调直时，HPB235、HPB300 光圆钢筋的冷拉率不宜大于 4%；HRB400、HRB500、HRBF400、HRBF500 及 RRB400 带肋钢筋的冷拉率不宜大于 1%</td></tr>
<tr><td>剪切</td><td>（1）钢筋下料剪断可用钢筋剪切机或手动剪切器。
（2）手动剪切器一般只用于剪切直径小于 12mm 的钢筋；钢筋剪切机可剪切直径小于 40mm 的钢筋；直径大于 40mm 的钢筋则需用锯床锯断或用氧-乙炔焰或电弧割切</td></tr>
<tr><td>弯曲</td><td>（1）受力钢筋的弯钩和弯折应符合下列规定：
1）HPB300 级钢筋末端应做 180°弯钩，其弯弧内直径不应小于钢筋直径的 2.5 倍，弯钩的弯后平直部分长度不应小于钢筋直径的 3 倍。
2）当设计要求钢筋末端做 135°弯钩时，HRB400 级钢筋的弯弧内直径不应小于钢筋直径的 4 倍，弯钩的弯后平直部分长度应符合设计要求。
3）钢筋做不大于 90°的弯折时，弯折处的弯弧内直径不应小于钢筋直径的 5 倍。
（2）除焊接封闭环式箍筋外，箍筋的末端应做弯钩，弯钩形式应符合设计要求；当设计无要求时，应符合下列规定：
1）箍筋弯钩的弯弧内直径除满足受力钢筋的弯钩和弯折的有关规定外，尚应不小于受力钢筋的直径。
2）箍筋弯钩的弯折角度：对一般结构，不应小于 90°；对有抗震等要求的结构，应为 135°。
3）箍筋弯后平直部分长度：对一般结构，不宜小于箍筋直径的 5 倍；对有抗震要求的结构，不应小于箍筋直径的 10 倍</td></tr>
</table>

续表 4-4

<table>
<tr>
<td rowspan="7">钢筋工程</td>
<td rowspan="7">钢筋连接</td>
<td colspan="3">（1）钢筋的连接方法有焊接连接、绑扎搭接连接和机械连接。
（2）钢筋连接的基本要求：
1）钢筋的接头宜设置在受力较小处。同一纵向受力钢筋不宜设置两个或两个以上接头，接头末端至钢筋弯起点的距离不应小于钢筋直径的 10 倍。
2）当受力钢筋采用机械连接接头或焊接接头时，设置在同一构件内的接头宜相互错开。纵向受力钢筋机械连接接头及焊接接头连接区段的长度为 35d（d 为纵向受力钢的较大直径），且不小于 500mm，凡接头中点位于该连接区段长度内的接头均属于同一连接区段。同一连接区段内，纵向受力钢筋机械连接及焊接的接头面积百分率，为该区段内有接头的纵向受力钢筋截面面积与全部纵向受力钢筋截面面积的比值。同一连接区段内，纵向受力钢筋的接头面积百分率应符合设计要求；当设计无具体要求时，应符合下列规定：
• 在受拉区不宜大于 50%。
• 接头不宜设置在有抗震设防要求的框架梁端、柱端的箍筋加密区；当无法避开时，对等强度高质量机械连接接头，不应大于 50%。
• 直接承受动力荷载的结构构件中，不宜采用焊接接头；当采用机械连接接头时，不应大于 50%</td>
</tr>
<tr>
<td rowspan="6">焊接连接</td>
<td colspan="2">（1）要求：直接承受动力荷载的结构构件中，纵向钢筋不宜采用焊接接头。
（2）方法：闪光对焊、电弧焊、电阻点焊、电渣压力焊、埋弧压力焊、气压焊等</td>
</tr>
<tr>
<td>闪光对焊</td>
<td>（1）适用范围：广泛应用于钢筋纵向连接及预应力钢筋与螺丝端杆的焊接。
（2）在非固定的专业预制厂（场）或钢筋加工厂（场）内，对直径大于或等于 22mm 的钢筋进行连接作业时，不得使用钢筋闪光对焊工艺</td>
</tr>
<tr>
<td>电弧焊</td>
<td>适用范围：广泛应用于钢筋接头、钢筋骨架焊接、装配式结构接头的焊接、钢筋与钢板的焊接及各种钢结构的焊接</td>
</tr>
<tr>
<td>电阻点焊</td>
<td>适用范围：主要用于小直径钢筋的交叉连接，如用来焊接钢筋骨架、钢筋网中交叉钢筋的焊接</td>
</tr>
<tr>
<td>电渣压力焊</td>
<td>适用范围：适用于现浇钢筋混凝土结构中直径 14～40mm 的竖向或斜向钢筋的焊接接长</td>
</tr>
<tr>
<td>气压焊</td>
<td>适用范围：不仅适用于竖向钢筋的连接，也适用于各种方位布置的钢筋连接。当不同直径钢筋焊接时，两钢筋直径差不得大于 7mm</td>
</tr>
</table>

续表 4-4

钢筋工程	钢筋连接	绑扎搭接连接	绑扎搭接接头的规定： （1）同一构件中相邻纵向受力钢筋的绑扎搭接接头宜相互错开。绑扎搭接接头中钢筋的横向净距不应小于钢筋直径，且不应小于 25mm。 （2）钢筋绑扎搭接接头连接区段的长度为 $1.3L_1$（L_1 为搭接长度）。凡搭接接头中点位于该连接区段长度内的搭接接头均属于同一连接区段。同一连接区段内，纵向钢筋搭接接头面积百分率为该区段内有搭接接头的纵向受力钢筋截面面积与全部纵向受力钢筋截面面积的比值。同一连接区段内，纵向受拉钢筋搭接接头面积百分率应符合设计要求；当设计无具体要求时，应符合下列规定： • 对梁类、板类及墙类构件，不宜大于 25%。 • 对柱类构件，不宜大于 50%。 • 当工程中确有必要增大接头面积百分率时，对梁类构件不应大于 50%；对其他构件，可根据实际情况放宽。 （3）在梁、柱类构件的纵向受力钢筋搭接长度范围内，应按设计要求配置箍筋。当设计无具体要求时，应符合下列规定： • 箍筋直径不应小于搭接钢筋较大直径的 25%。 • 受拉搭接区段的箍筋间距不应大于搭接钢筋较小直径的 5 倍，且不应大于 100mm。 • 受压搭接区段的箍筋间距不应大于搭接钢筋较小直径的 10 倍，且不应大于 200mm。 • 当柱中纵向受力钢筋直径大于 25mm 时，应在搭接接头两端外 100mm 范围内各设置两个箍筋，其间距宜为 50mm
		机械连接	（1）分类：包括钢筋套筒挤压连接和钢筋螺纹套管连接。 （2）适用范围：钢筋套筒挤压连接适用于竖向、横向及其他方向的较大直径变形钢筋的连接；钢筋螺纹套筒连接施工速度快，不受气候影响，自锁性能好，对中性好，能承受拉、轴向力和水平力，可在施工现场连接同径或异径的竖向、水平或任何倾角的钢筋，已在我国广泛应用
模板工程	模板类型与基本要求	木模板体系	优点是制作、拼装灵活，较适用于外形复杂或异型混凝土构件，以及冬期施工的混凝土工程；缺点是制作量大，木材资源浪费大等
		胶合板模板体系	面板采用高耐候、耐水性的Ⅰ类木胶合板或竹胶合板，优点是自重轻、板幅大、板面平整、施工安装方便简单等，缺点是功效低、损耗大等

续表 4-4

模板工程	模板类型与基本要求	组合中小钢模板体系	优点是轻便灵活、拆装方便、通用性强、周转率高等；缺点是接缝多且严密性差，导致混凝土成型后外观质量差
		铝合金模板体系	采用铝合金材料挤压而成的 U 形面板，按模数制作成不同尺寸的模板，配以相应的卡件、早拆柱头、可调支撑、背楞等组成的体系。优点是强度高、整体性好、拼装灵活、拆装方便、周转率高、占用机械少等；缺点是拼缝多、人工拼装、倒运频繁等
		大模板体系	由板面结构、支撑系统、操作平台和附件等组成，是现浇墙、壁结构施工的一种工具式模板，特点是以建筑物的开间、进深和层高确定大模板尺寸，优点是模板整体性好、抗振性强，拼缝少等；缺点是模板重量大，移动安装需起重机械吊运
		滑升模板体系	滑升模板是一种工具式模板，由模板系统、操作平台系统和液压系统三部分组成。适用于现场浇筑高耸的构筑物和高层建筑物等，如烟囱、筒仓、电视塔、竖井、沉井、双曲线冷却塔和剪力墙体系及筒体体系的高层建筑等。用滑升模板施工，可以节约模板和支撑材料、加快施工速度和保证结构的整体性。但模板一次性投资多、耗钢量大，对建筑的立面造型和构件断面变化有一定的限制。施工时宜连续作业，施工组织要求较严
		爬升模板体系	爬升模板简称爬模，国外也称跳模，是施工剪力墙体系和筒体体系的钢筋混凝土结构高层建筑的一种有效的模板体系。由于模板能自爬，不需起重运输机械吊运，减少了高层建筑施工中起重运输机械的吊运工作量，能避免大模板受大风影响而停止工作。由于自爬的模板上悬挂有脚手架，所以还省去了结构施工阶段的外脚手架，又因能减少起重机械的数量、加快施工速度而经济效益较好
		台模体系	台模是一种大型工具式模板，主要用于浇筑平板式或带边梁的楼板，一般是一个房间一块台模，有时甚至更大。利用台模施工楼板可省去模板的装拆时间，能降低劳动消耗和加速施工，但一次性投资较大
		早拆模板体系	在模板支架立柱的顶端采用柱头的特殊构造装置，在保证国家现行标准规定的拆模原则前提下，达到尽早拆除部分模板的体系，优点是部分模板可早拆，加快周转，节约成本
		其他	飞模、模壳模板、钢框木（竹）模板、胎模及永久性压型钢板模板和各种配筋的混凝土薄板模板等

续表 4-4

<table>
<tr>
<td rowspan="3">模板工程</td>
<td colspan="2">模板安装</td>
<td>模板安装的基本要求如下：
（1）安装现浇结构的上层模板及其支架时，下层楼板应具有承受上层荷载的承载能力，或加设支架；上、下层支架的立柱应对准，并铺设垫板。
（2）在涂刷模板隔离剂时，不得沾污钢筋和混凝土接槎处。
（3）模板的接缝严密，不应漏浆；在浇筑混凝土前，木模板应浇水湿润，但模板内不应有积水。
（4）模板与混凝土的接触面应清理干净并涂刷隔离剂，但不得采用影响结构性能或妨碍装饰工程施工的隔离剂。
（5）浇筑混凝土前，模板内的杂物应清理干净。
（6）对清水混凝土工程及装饰混凝土工程，应使用能达到设计效果的模板。
（7）用作模板的地坪、胎模等应平整光洁，不得产生影响构件质量的下沉、裂缝、起砂或起鼓。
（8）对跨度不小于 4m 的钢筋混凝土梁、板，其模板应按设计要求起拱；当设计无具体要求时，起拱高度宜为跨度的 1/1 000～3/1 000。
（9）固定在模板上的预埋件、预留孔和预留洞均不得遗漏，且应安装牢固，其偏差应符合规定。
（10）模板安装应保证结构和构件各部分的形状、尺寸和相互间位置的正确性，其偏差应符合规定。
（11）构件简单，装拆方便，能多次周转使用</td>
</tr>
<tr>
<td rowspan="2">模板拆除</td>
<td>模板拆除要求</td>
<td>（1）底模及其支架拆除时的混凝土强度应符合设计要求；当设计无具体要求时，混凝土强度应符合下表的规定。
<table>
<tr><th>构件类型</th><th>构件跨度/m</th><th>达到设计的混凝土立方体抗压强度标准值/%</th></tr>
<tr><td rowspan="3">板</td><td>≤2</td><td>≥50</td></tr>
<tr><td>＞2，≤8</td><td>≥75</td></tr>
<tr><td>＞8</td><td>≥100</td></tr>
<tr><td rowspan="2">梁、拱、壳</td><td>≤8</td><td>≥75</td></tr>
<tr><td>＞8</td><td>≥100</td></tr>
<tr><td>悬臂构件</td><td>—</td><td>≥100</td></tr>
</table>
（2）对后张法预应力混凝土结构构件，侧模宜在预应力张拉前拆除；底模支架的拆除应按施工技术方案执行，当无具体要求时，不应在结构构件建立预应力前拆除。
（3）后浇带模板的拆除和支顶应按施工技术方案执行。
（4）侧模拆除时的混凝土强度应能保证其表面及棱角不受损伤。
（5）模板拆除时，不应对楼层形成冲击荷载。拆除的模板和支架宜分散堆放并及时清运</td>
</tr>
<tr>
<td>模板拆除顺序</td>
<td>（1）模板的拆除顺序：一般是先拆非承重模板，后拆承重模板；先拆侧模板，后拆底模板。
（2）框架结构模板的拆除顺序：一般是柱、楼板、梁侧模、梁底模。拆除大型结构的模板时，必须事先制定详细方案</td>
</tr>
</table>

续表 4-4

混凝土工程	原材料的质量要求	（1）水泥： 1）进场时应对其品种、级别、包装或散装仓号、出厂日期等进行检查，并应对其强度、安定性及其他必要的性能指标进行复验。 2）当在使用中对水泥质量有怀疑或水泥出厂超过 3 个月（快硬硅酸盐水泥超过 1 个月）时，应进行复验，并按复验结果使用。 3）钢筋混凝土结构、预应力混凝土结构中，严禁使用含氯化物的水泥。 （2）混凝土外加剂种类： 1）预应力混凝土结构中，严禁使用含氯化物的外加剂。 2）钢筋混凝土结构中，当使用含氯化物的外加剂时，混凝土中氯化物的总含量应符合现行国家标准的规定。 （3）粗、细骨料：应符合国家现行标准的规定。 （4）拌制混凝土宜采用饮用水。 （5）混凝土中氯化物和碱的总含量应符合现行国家标准的规定
	混凝土搅拌	混凝土拌和物的入模温度不应低于 5℃，且不高于 35℃。 （1）混凝土搅拌机类型及选用： 1）混凝土搅拌机按其工作原理，可以分为自落式和强制式两大类。 2）自落式混凝土搅拌机适用于搅拌塑性混凝土；强制式搅拌机的搅拌作用比自落式搅拌机强烈，宜于搅拌干硬性混凝土和轻骨料混凝土。 （2）混凝土搅拌制度确定：为了拌制出均匀优质的混凝土，除合理地选择搅拌机外，还必须正确地确定搅拌制度，即进料容量、混凝土搅拌时间和投料顺序。 （3）商品混凝土搅拌站： 1）固定式混凝土搅拌站是一种生产规模较小的混凝土生产装置，整套设备简单，投资少，建设快，适用于中、小型混凝土预制构件厂。 2）拆装式混凝土搅拌站由几个大型组件拼装而成，投资少，比较经济，生产量小，在施工现场之间转移拆装方便，适用于混凝土用量不大的工地。 3）移动式混凝土搅拌站是把搅拌站的混凝土生产装置安装在一台或几台拖车上，可随时转移，主要用于一些短期工程项目中。 4）固定式混凝土搅拌楼，常建成大型的生产混凝土的工厂，具有自动化程度高、生产能力大等优点，主要用在商品混凝土工厂、大型预制构件厂和水利工地
	混凝土的运输	（1）无论用何种运输方法，混凝土在运输过程中，都应满足下列要求： 1）在运输过程中应保持混凝土的均质性，不发生离析现象。 2）混凝土运至浇筑点开始浇筑时，应满足设计配合比所规定的坍落度。 3）应保证在混凝土初凝之前能有充分时间进行浇筑和振捣。 （2）混凝土运输方法分为地面运输、垂直运输和楼地面运输三种

续表 4-4

混凝土工程	混凝土的浇筑	一般规定	（1）混凝土运输、输送、浇筑过程中严禁加水；混凝土运输、输送、浇筑过程中散落的混凝土严禁用于结构浇筑；混凝土运输、浇筑及间歇的全部时间不应超过混凝土的初凝时间。同一施工段的混凝土应连续浇筑，并应在底层混凝土初凝之前将上一层混凝土浇筑完毕。当底层混凝土初凝后浇筑上一层混凝土时，应按施工技术方案中对施工缝的要求进行处理。 （2）浇筑混凝土前，应清除模板内或垫层上的杂物。表面干燥的地基、垫层、模板上还应洒水湿润；现场环境温度高于35℃时宜对金属模板进行洒水降温；洒水后不得留有积水。 （3）混凝土输送宜采用泵送方式。混凝土粗骨料最大粒径不大于25mm时，可采用内径不小于125mm的输送泵管；混凝土粗骨料最大粒径不大于40mm时，可采用内径不小于150mm的输送泵管。输送泵管安装接头应严密，输送泵管道转向宜平缓。输送泵管应采用支架固定，支架应与结构牢固连接，输送泵管转向处支架应加密。 （4）在浇筑竖向结构混凝土前，应先在底部填以不大于30mm厚与混凝土内砂浆成分相同的水泥砂浆；浇筑过程中混凝土不得发生离析现象。 （5）柱、墙模板内的混凝土浇筑时，当无可靠措施保证混凝土不产生离析，其自由倾落高度应符合如下规定，当不能满足时，应加设串筒、溜管、溜槽等装置。 1）粗骨料料径大于25mm时，不宜超过3m。 2）粗骨料料径不大于25mm时，不宜超过6m。 （6）在浇筑与柱和墙连成整体的梁和板时，应在柱和墙浇筑完毕后停歇1～1.5h，再继续浇筑。 （7）梁和板宜同时浇筑混凝土，有主次梁的楼板宜顺着次梁方向浇筑，单向板宜沿着板的长边方向浇筑；拱和高度大于1m的梁等结构，可单独浇筑混凝土
		大体积混凝土结构浇筑	（1）定义：大体积混凝土结构是指混凝土结构物实体最小几何尺寸不小于1m的大体量混凝土，或预计会因混凝土中胶凝材料水化引起的温度变化和收缩而导致有害裂缝产生的混凝土。 （2）要防止大体积混凝土结构浇筑后产生裂缝，就要降低混凝土的温度应力，大体积混凝土施工温度控制应符合下列规定： 1）混凝土入模温度不宜大于30℃；混凝土最大绝热温升不宜大于50℃。 2）在覆盖养护或带模养护阶段，混凝土浇筑体表面以内40～100mm位置处的温度与混凝土浇筑体表面温度差值不宜大于25℃；结束覆盖养护或拆模后，混凝土浇筑体表面以内40～100mm位置处的温度与环境温度差值不应大于20℃。 3）混凝土降温速率不宜大于2.0℃/d。 （3）采取相应的措施有： 1）应优先选用水化热低的水泥。 2）在满足设计强度要求的前提下，尽可能减少水泥用量。 3）掺入适量的粉煤灰（粉煤灰的掺量一般以15%～25%为宜）。 4）降低浇筑速度和减小浇筑层厚度。 5）采取蓄水法或覆盖法进行人工降温措施。 6）必要时经过计算和取得设计单位同意后可留后浇带或施工缝且分层分段浇筑。 （4）大体积混凝土结构的浇筑方案，一般分为全面分层、分段分层和斜面分层三种。目前应用较多的是斜面分层法

续表 4-4

混凝土工程	混凝土的浇筑	密实成型	（1）混凝土振动密实成型。用于振动捣实混凝土拌和物的振动器，按其工作方式可分为内部振动器、外部振动器、表面振动器和振动台四种。 1）内部振动器：又称插入式振动器： • 适用于基础、柱、梁、墙等深度或厚度较大的结构构件的混凝土捣实。 • 应按分层浇筑厚度分别进行振捣，振动棒的前端应插入前一层混凝土中，插入深度不应小于 50mm；振动棒应垂直于混凝土表面并快插慢拔均匀振捣；当混凝土表面无明显塌陷、有水泥浆出现、不再冒气泡时，可结束该部位振捣；振动棒与模板的距离不应大于振动棒作用半径的 1/2；振捣插点间距不应大于振动棒的作用半径的 1.4 倍。 2）外部振动器：又称附着式振动器，适用于振捣断面较小或钢筋较密的柱、梁、墙等构件。 3）表面振动器：又称平板振动器，适用于振捣楼板、地面和薄壳等薄壁构件。 4）振动台：是混凝土预制构件厂中的固定生产设备，用于振实预制构件。 （2）混凝土真空作业法。 1）按真空作业的方式，分为表面真空作业和内部真空作业。 2）表面真空作业是在混凝土构件的上、下表面或侧面布置真空腔进行吸水。上表面真空作业适用于楼板、预制混凝土平板、道路、机场跑道等；下表面真空作业适用于薄壳、隧道顶板等；墙壁、水池、桥墩等则宜用侧表面真空作业
		施工缝留置及处理	（1）施工缝的留置： 1）施工缝宜留置在结构受剪力较小且便于施工的部位。 2）柱子宜留在基础顶面、梁或吊车梁牛腿的下面、吊车梁的上面、无梁楼盖柱帽的下面。 3）与板连成整体的大断面梁应留在板底面以下 20～30mm 处，当板下有梁托时，留置在梁托下部。 4）单向板应留在平行于板短边的任何位置。 5）有主次梁楼盖宜顺着次梁方向浇筑，应留在次梁跨度的中间 1/3 跨度范围内。 6）楼梯应留在楼梯长度中间 1/3 长度范围内。 7）墙可留在门洞口过梁跨中 1/3 范围内，也可留在纵横墙的交接处。 8）双向受力的楼板、大体积混凝土结构、拱、薄壳、多层框架等及其他结构复杂的结构，应按设计要求留置施工缝。 （2）施工缝的处理： 1）已浇筑的混凝土，其抗压强度不应小于 $1.2N/mm^2$。 2）在已硬化的混凝土表面上，应清除水泥薄膜和松动石子以及软弱混凝土层，并加以充分湿润和冲洗干净，且不得积水。 3）在浇筑混凝土前，宜先在施工缝处刷一层水泥浆（可掺适量界面剂）或铺一层与混凝土内成分相同的水泥砂浆。 4）混凝土应细致捣实，使新旧混凝土紧密结合。 （3）后浇带的规定： 1）通常根据设计要求留设，并在主体结构保留一段时间（若设计无要求，则至少保留 28d）后再浇筑，将结构连成整体。 2）填充后浇带，可采用微膨胀混凝土、强度等级比原结构强度提高一级，并保持至少 14d 湿润养护。 3）后浇带接缝处按施工缝的要求处理

续表 4-4

混凝土工程	混凝土的养护		（1）分类：标准养护、加热养护和自然养护。 （2）选择养护方式应考虑：现场条件、环境温湿度、构件特点、技术要求、施工操作等因素
		标准养护	（1）定义：混凝土在温度为20℃±3℃，相对湿度为90%以上的潮湿环境或水中的条件下进行的养护，称为标准养护。 （2）适用范围：用于对混凝土立方体试件进行养护
		加热养护	（1）定义：为了加速混凝土的硬化过程，对混凝土拌和物进行加热处理，使其在较高的温度和湿度环境下迅速凝结、硬化的养护，称为加热养护。 （2）常用的热养护方法是蒸汽养护
		自然养护	（1）定义：在常温下（平均气温不低于5℃）采用适当的材料覆盖混凝土，并采取浇水润湿、防风防干、保温防冻等措施所进行的养护，称为自然养护。 （2）自然养护分洒水养护和喷涂薄膜养生液养护两种： 1）洒水养护就是用草帘将混凝土覆盖，经常浇水使其保持湿润。 2）喷涂薄膜养生液养护适用于不宜浇水养护的高耸构筑物和大面积混凝土结构。 （3）混凝土的自然养护应符合下列规定： 1）应在浇筑完毕后的12h以内对混凝土加以覆盖并保湿养护；干硬性混凝土应于浇筑完毕后立即进行养护。当日平均气温低于5℃时，不得浇水。 2）混凝土浇水养护的时间：当采用硅酸盐水泥、普通硅酸盐水泥或矿渣硅酸盐水泥时，不得少于7d；当采用其他品种水泥时，养护时间应根据水泥性能确定；当采用缓凝型外加剂、大掺量矿物掺和料配制的混凝土，不应少于14d；抗渗混凝土、强度等级C60及以上的混凝土，不应少于14d；后浇带混凝土的养护时间不应少于14d；地下室底层和上部结构首层柱、墙混凝土带模养护时间，不宜少于3d。 3）浇水次数应能保持混凝土处于湿润状态，混凝土养护用水应与拌制用水相同。 4）采用塑料布覆盖养护的混凝土，其敞露的全部表面应覆盖严密，并应保持塑料布内有凝结水。 5）混凝土强度达到1.2N/mm²前，不得在其上踩踏或安装模板及支架
混凝土冬期与高温施工	混凝土冬期施工		（1）条件：当室外日平均气温连续5日稳定低于5℃时，应采取冬期施工措施；当混凝土未达到受冻临界强度而气温骤降至0℃以下时，应按冬期施工的要求采取应急防护措施。 （2）材料：冬期施工配制混凝土宜选用硅酸盐水泥或普通硅酸盐水泥。采用蒸汽养护时，宜选用矿渣硅酸盐水泥。采用非加热养护方法时，混凝土中宜掺入引气剂、引气型减水剂或含有引气组分的外加剂，混凝土含气量宜控制在3.0%～5.0%

续表 4-4

混凝土冬期与高温施工	混凝土冬期施工	混凝土受冻临界强度	（1）定义：是指混凝土在遭受冻结前具备抵抗冰胀应力的能力，使混凝土受冻后的强度损失不超过 5%，而必需的临界强度。 （2）影响因素：混凝土遭受冻结后强度损失，与遭冻时间的早晚、冻结前混凝土的强度、水灰比等有关。遭冻结时间越早、受冻前强度越低、水灰比越大，则强度损失越多，反之则损失越少
		混凝土冬期施工措施	（1）宜采用硅酸盐水泥或普通硅酸盐水泥；采用蒸汽养护时，宜采用矿渣硅酸盐水泥。 （2）降低水灰比，减少用水量，使用低流动性或干硬性混凝土。 （3）浇筑前将混凝土或其组成材料加温，提高混凝土的入模温度，使混凝土既早强又不易冻结。宜加热拌和水、粗细骨料。水泥、外加剂、矿物掺和料不得直接加热，应事先贮于暖棚内预热。但水泥不能与 80℃以上的水直接接触。 （4）对已经浇筑的混凝土采取保温或加温措施，人工制造一个适宜的温湿条件，对混凝土进行养护。 （5）搅拌时，加入一定的外加剂，加速混凝土硬化、尽快达到临界强度，或降低水的冰点，使混凝土在负温下不致冻结
		混凝土冬期养护方法	（1）养护法的三个基本要素是混凝土的入模温度、维护层的总传热系数和水泥水化热值。 （2）不加热的方法，如蓄热法、掺外加剂法等；混凝土养护期间加热的方法，如电热法、蒸汽加热法和暖棚法等；综合方法，如目前常用的综合蓄热法，即在蓄热法基础上掺外加剂（早强剂或防冻剂）或进行短时加热等综合措施
	高温施工		（1）条件：当日平均气温达到 30℃及以上时，应按高温施工要求采取措施。 （2）材料：宜采用低水泥用量的原则，并可采用粉煤灰取代部分水泥。宜选用水化热较低的水泥；混凝土坍落度不宜小于 70mm，混凝土浇筑入模温度不应高于 35℃

续表 4-4

装配式混凝土施工	材料要求	（1）装配整体式结构中，预制构件的混凝土强度等级不宜低于 C30；预应力混凝土预制构件的混凝土强度等级不宜低于 C40，且不应低于 C30；现浇混凝土的强度等级不应低于 C25。 （2）预制构件吊环应采用未经冷加工的 HPB300 钢筋制作
	构件预制	（1）带面砖或石材饰面的预制构件宜采用反打一次成型工艺制作，并应符合下列要求： 1）当构件饰面层采用面砖时，在模具中铺设面砖前，应根据排砖图的要求进行配砖和加工；饰面砖应采用背面带有燕尾槽或黏结性能可靠的产品。 2）当构件饰面层采用石材时，在模具中铺设石材前，应根据排版图的要求进行配板和加工；应按设计要求在石材背面钻孔、安装不锈钢卡钩、涂覆隔离层。 3）应采用具有抗裂性和柔韧性、收缩小且不污染饰面的材料嵌填面砖或石材之间的接缝，并应采取防止面砖或石材在安装钢筋、浇筑混凝土等生产过程中发生位移的措施。 （2）夹心外墙板宜采用平模工艺生产，生产时应先浇筑外叶墙板混凝土层，再安装保温材料和拉结件，最后浇筑内叶墙板混凝土层；当采用立模工艺生产时，应同步浇筑内外叶墙板混凝土层，并应采取保证保温材料及拉结件位置准确的措施。 （3）混凝土应采用强制式搅拌机搅拌，并宜采用机械振捣。 （4）预制构件采用洒水、覆盖等方式进行常温养护时。 （5）预制构件采用加热养护时，应制定养护制度对静停、升温、恒温和降温时间进行控制，宜在常温下静停 2～6h，升温、降温速度不应超过 20℃/h，最高养护温度不宜超过 70℃，预制构件出池的表面温度与环境温度的差值不宜超过 25℃。 （6）脱模起吊时，预制构件的混凝土立方体抗压强度应满足设计要求，且不应小于15N/mm^2
	连接构造要求	（1）装配整体式结构中，节点及接缝处的纵向钢筋连接应符合国家现行有关标准的规定。 1）纵向钢筋采用套筒灌浆连接时，预制剪力墙中钢筋接头处套筒外侧钢筋的混凝土保护层厚度不应小于 15mm，预制柱中钢筋接头处套筒外侧箍筋的混凝土保护层厚度不应小于 20mm；套筒之间的净距不应小于 25mm。 2）纵向钢筋采用浆锚搭接连接时，直径大于 20mm 的钢筋不宜采用浆锚搭接连接，直接承受动力荷载构件的纵向钢筋不应采用浆锚搭接连接。 （2）预制构件与后浇混凝土、灌浆料、坐浆材料的结合面应设置粗糙面、键槽 （3）预制楼梯与支承构件之间宜采用简支连接。预制楼梯宜一端设置固定铰，另一端设置滑动铰，其转动及滑动变形能力应满足结构剧间位移的要求，且预制楼梯端部在支承构件上的最小搁置长度 6 度、7 度抗震设防时为 75mm、8 度度抗震设防时为 100mm。预制楼梯设置滑动铰的端部应采取防止滑落的构造措施

续表 4-4

装配式混凝土施工	构件储运		（1）堆放场地应平整、坚实，并应有排水措施；预埋吊件应朝上，标识宜朝向堆垛间的通道；构件支垫应坚实，垫块在构件下的位置宜与脱模、吊装时的起吊位置一致；重叠堆放构件时，每层构件间的垫块应上下对齐，堆垛层数应根据构件、垫块的承载力确定，并应根据需要采取防止堆垛倾覆的措施；堆放预应力构件时，应根据构件起拱值的大小和堆放时间采取相应措施。 （2）当采用靠放架堆放或运输构件时，靠放架应具有足够的承载力和刚度，与地面倾斜角度宜大于 80°；墙板宜对称靠放且外饰面朝外，构件上部宜采用木垫块隔离；运输时构件应采取固定措施。 （3）当采用插放架直立堆放或运输构件时，宜采取直立运输方式；插放架应有足够的承载力和刚度，并应支垫稳固。 （4）采用叠层平放的方式堆放或运输构件时，应采取防止构件产生裂缝的措施
	结构施工	一般规定	（1）装配式结构施工前应制定施工组织设计、施工方案。 （2）施工方案的内容应包括构件安装及节点施工方案、构件安装的质量管理及安全措施等
		构件吊装与就位	（1）吊装用吊具应根据预制构件形状、尺寸及重量等参数进行配置，吊索水平夹角不宜小于 60°，且不应小于 45°；对尺寸较大或形状复杂的预制构件，宜采用有分配梁或分配桁架的吊具。 （2）装配式结构施工前，宜选择有代表性的单元进行预制构件试安装，并应根据试安装结果及时调整完善施工方案和施工工艺。 （3）预制构件吊装就位后，应及时校准并采取临时固定措施，每个预制构件的临时支撑不宜少于 2 道
		构件安装	（1）安装准备。多层预制剪力墙底部采用坐浆材料时，其厚度不宜大于 20mm。 （2）钢筋套筒连接施工。灌浆作业应符合下列规定：灌浆施工时，环境温度不应低于 5℃；当连接部位养护温度低于 10℃时，应采取加热保温措施；灌浆操作全过程应有专职检验人员负责旁站监督并及时形成施工质量检查记录；应按产品使用说明书的要求计量灌浆料和水的用量，并搅拌均匀；每次拌制的灌浆料拌和物应进行流动度的检测，且其流动度应满足规定；灌浆作业应采用压浆法从下口灌注，当浆料从上口流出后应及时封堵，必要时可设分仓进行灌浆；灌浆料拌和物应在制备后 30min 内用完。 （3）后浇混凝土施工。浇筑用的材料的强度等级应符合设计要求，设计无要求时，浇筑用材料的强度等级不应低于连接处构件混凝土强度设计等级的较大值；同一配合比的混凝土，每工作班且建筑面积不超过 1 000m² 应制作 1 组标准养护试件，同一楼层应制作不少于 3 组标准养护试件。构件连接部位后浇混凝土及灌浆料的强度达到设计要求后，方可拆除临时固定措施

五、预应力混凝土工程施工

表 4-5 预应力混凝土工程施工

<table>
<tr><td>原理</td><td colspan="3">（1）预应力：是在构件承受外荷载前，预先在构件的受拉区对混凝土施加的预压力。
（2）原理：构件在使用阶段的外荷载作用下产生的拉应力，首先要抵消预压应力，这就推迟了混凝土裂缝的出现，同时也限制了裂缝的开展，从而提高了构件的抗裂度和刚度</td></tr>
<tr><td>预应力钢筋种类</td><td colspan="3">（1）冷拉钢筋。
（2）高强度钢丝。
（3）钢绞线。
（4）热处理钢筋。
注：高强的预应力钢绞线、钢丝作为我国预应力混凝土结构的主力钢筋</td></tr>
<tr><td>对混凝土的要求</td><td colspan="3">（1）在预应力混凝土结构中，混凝土的强度等级不应低于 C30。
（2）当采用钢绞线、钢丝、热处理钢筋作预应力钢筋时，混凝土强度等级不宜低于 C40。
（3）在预应力混凝土构件的施工中，不能掺用对钢筋有侵蚀作用的氯盐、氯化钠等，否则会发生严重的质量事故</td></tr>
<tr><td rowspan="3">预应力施加方法</td><td colspan="3">（1）根据与构件制作相比较的先后顺序，分为先张法、后张法两大类。
（2）当工程所处环境温度低于−15℃时，不宜进行预应力筋张拉</td></tr>
<tr><td rowspan="2">先张法</td><td colspan="2">（1）定义：是在台座或模板上先张拉预应力筋并用夹具临时固定，再浇筑混凝土，待混凝土达到一定强度后，放张预应力筋，通过预应力筋与混凝土的黏结力，使混凝土产生预压应力的施工方法。
（2）适用范围：多用于预制构件厂生产定型的中、小型构件，也常用于生产预应力桥跨结构等</td></tr>
<tr><td>预应力筋的张拉</td><td>（1）预应力筋的张拉程序：
$0 \rightarrow 1.03\sigma_{con}$ 或 $0 \rightarrow 1.05\sigma_{con}$（持荷 2min）$\rightarrow \sigma_{con}$
建立上述张拉程序的目的是减少预应力的松弛损失。
（2）预应力筋张拉的相关规定：
1）预应力筋应根据设计和专项施工方案的要求采用一端或两端张拉。
2）采用两端张拉时，宜两端同时张拉，也可一端先张拉，另一端补张拉。
3）当设计无具体要求时，应符合下列规定：
• 有黏结预应力筋长度不大于 20m 时可一端张拉，大于 20m 时宜两端张拉；预应力筋为直线形时，一端张拉的长度可延长至 35m。
• 无黏结预应力筋长度不大于 40m 时可一端张拉，大于 40m 时宜两端张拉</td></tr>
</table>

续表 4-5

预应力施加方法	先张法	混凝土的浇筑与养护		（1）采用重叠法生产构件时，应待下层构件的混凝土强度达到 5.0MPa 后，方可浇筑上层构件的混凝土。 （2）混凝土可采用自然养护或湿热养护。但必须注意，当预应力混凝土构件进行湿热养护时，应采取正确的养护制度以减少由于温差引起的预应力损失
		预应力筋放张		为保证预应力筋与混凝土的良好黏结，预应力筋张拉时，混凝土强度应符合设计要求；当设计无具体要求时，不应低于设计的混凝土立方体抗压强度标准值的 75%，先张法预应力筋放张时不应低于 30MPa
	后张法			（1）定义：是在混凝土达到一定强度的构件或结构中，张拉预应力筋并用锚具永久固定，使混凝土产生预压应力的施工方法。 （2）特点： 1）直接在构件上张拉预应力筋，构件在张拉预应力筋的过程中，完成混凝土的弹性压缩，因此，混凝土的弹性压缩，不直接影响预应力筋有效预应力值的建立。 2）预应力的传递主要靠预应力筋两端的锚具。锚具作为预应力构件的一个组成部分，永远留在构件上，不能重复使用。 （3）分类：分为有黏结后张法施工和无黏结预应力施工。 （4）适用范围：宜用于现场生产大型预应力构件、特种结构和构筑物，可作为一种预应力预制构件的拼装手段
		锚具		（1）后张法预应力筋、锚具和张拉机具是配套使用的。 （2）锚具是建立预应力值和保证结构安全的关键（永久）
		施工工艺	孔道的留设	（1）孔道留设应符合下列规定： 1）预留孔道的定位应牢固，浇筑混凝土时不应出现移位和变形。 2）孔道应平顺，端部的预埋锚垫板应垂直于孔道中心线。 3）成孔用管道应密封良好，接头应严密且不得漏浆。 4）灌浆孔的间距：对预埋金属螺旋管不宜大于 30m，对抽芯成型孔道不宜大于 12m。 5）在曲线孔道的曲线波峰部位应设置排气兼泌水管，必要时可在最低点设置排水孔。 6）灌浆孔及泌水管的孔径应能保证浆液畅通。 （2）孔道留设的方法有以下几种： 1）钢管抽芯法。 2）胶管抽芯法。 3）胶管里波纹管法

续表 4-5

预应力施加方法	后张法	施工工艺	预应力筋张拉	（1）张拉预应力筋时，构件混凝土的强度应按设计规定，如设计无规定，则不低于设计的混凝土立方体抗压强度标准值的 75%。对后张法预应力梁和板，现浇结构混凝土的龄期分别不宜小于 7d 和 5d。 （2）后张法预应力筋的张拉程序与所采用的锚具种类有关，为减少松弛应力损失，张拉程序一般与先张法相同。 （3）预应力筋应根据设计和专项施工方案的要求采用一端或两端张拉。采用两端张拉时，两端同时张拉，也可一端先张拉，另一端补张拉。当设计无具体要求时，应符合下列规定： 1）有黏结预应力筋长度不大于 20m 时可一端张拉，大于 20m 时宜两端张拉；预应力筋为直线形时，一端张拉的长度可延长至 35m。 2）无黏结预应力筋长度不大于 40m 时可一端张拉，大于 40m 时宜两端张拉
			孔道渠浆	（1）施工条件：当工程所处环境温度高于 35℃或连续 5 日环境日平均温度低于 5℃时，不宜进行灌浆施工。冬期灌浆施工时，应对预应力构件采取保温措施或采用抗冻水泥浆。 （2）灌浆施工应符合下列规定： 1）宜先灌注下层孔道，后灌注上层孔道。 2）灌浆应连续进行。 3）当泌水较大时，宜进行二次灌浆或泌水孔重力补浆。 4）因故停止灌浆时，应用压力水将孔道内已注入的水泥浆冲洗干净
无黏结预应力混凝土				（1）施工方法：在预应力筋表面刷涂料并包塑料布（管）后，如同普通钢筋一样先铺设在安装好的模板内，然后浇筑混凝土，待混凝土达到设计要求强度后，进行预应力筋张拉锚固。 （2）优点：不需要预留孔道和灌浆，施工简单，张拉时摩阻力较小，预应力筋易弯成曲线形状。 （3）适用范围：适用于曲线配筋的结构

六、钢结构工程施工

表 4-6 钢结构工程施工

钢结构工程施工	钢结构的材料	（1）钢结构工程中，常用钢材有普通碳素钢、优质碳素结构钢、普通低合金钢等。 （2）钢材的品种、规格、性能等应符合现行国家产品标准和设计要求。进口钢材产品的质量应符合设计和合同规定标准的要求。 （3）钢材的堆放要便于搬运，要尽量减少钢材的变形和锈蚀，钢材端部应树立标牌，标牌应标明钢材规格、钢号、数量和材质验收证明书
	钢结构构件的制作	（1）准备工作：钢结构构件加工前，应先进行施工详图设计、审查图纸、提料、备料、工艺试验和工艺规程的编制、技术交底等工作。施工详图和节点设计文件应经原设计单位确认。 （2）钢结构构件生产的工艺流程：放样→号料→切割下料→平直矫正→边缘及端部加工→滚圆→煨弯→制孔→钢结构组装→连接→涂装

续表 4-6

钢结构工程施工	钢结构构件的连接	（1）焊接。 1）建筑工程中钢结构常用的焊接方法有手工焊、半自动焊和全自动焊等。 2）根据焊接接头的连接部位，可以将熔化焊接头分为：对接接头、角接接头、T形及十字接头、搭接接头和塞焊接头等。 3）焊工应经考试合格并取得资格证书，应在认可的范围内进行焊接作业，严禁无证上岗。施工单位首次采用的钢材、焊接材料、焊接方法、接头形式、焊接位置、焊后热处理制度以及焊接工艺参数、预热和后热措施等各种参数及参数的组合，应在钢结构制作及安装前进行焊接工艺评定试验。 4）根据设计要求、接头形式、钢材牌号和等级等合理选择、使用、保管好焊接材料及焊剂、焊接气体。 5）焊缝缺陷通常分为六类：裂纹、孔穴、固体夹杂、未熔合、未焊透、形状缺陷和上述以外的其他缺陷。可采用补焊或铲去缺陷部分的焊缝金属重新焊接的方式来处理。 （2）高强度螺栓。 1）高强度螺栓按连接形式通常分为摩擦连接、张拉连接和承压连接等，其中，摩擦连接是目前广泛采用的基本连接形式。 2）高强度螺栓安装时应先使用安装螺栓和冲钉。高强度螺栓不得兼作安装螺栓。 3）高强度大六角头螺栓连接副施拧可采用扭矩法或转角法。同一接头中，高强度螺栓连接副的初拧、复拧、终拧应在24h内完成。高强度螺栓连接副初拧、复拧和终拧原则上应以接头刚度较大的部位向约束较小的方向、螺栓群中央向四周的顺序进行。 4）高强度螺栓和焊接并用的连接节点，当设计文件无规定时，宜按先螺栓紧固后焊接的施工顺序
	钢结构防火与防腐	（1）防腐涂料涂装。防腐涂料涂装施工流程为：基面处理→底漆涂装→中间漆涂装→面漆涂装→检查验收。 钢结构构件采用涂料防腐涂装时，可采用机械除锈和手工除锈方法进行处理。 钢结构防腐涂装施工宜在钢构件组装和预拼装工程检验批的施工质量验收合格后进行。 （2）防火涂装。钢结构的防火保护可采用下列措施之一或其中几种的复（组）合： 1）喷涂（抹涂）防火涂料； 2）包覆防火板； 3）包覆柔性毡状隔热材料； 4）外包混凝土、金属网抹砂浆或砌筑砌体。 钢结构采用喷涂防火涂料保护时，应符合下列规定： 1）室内隐蔽构件，宜选用非膨胀型防火涂料； 2）设计耐火极限大于1.50h的构件，不宜选用膨胀型防火涂料； 3）室外、半室外钢结构采用膨胀型防火涂料时，应选用符合环境对其性能要求的产品； 4）非膨胀型防火涂料涂层的厚度不应小于10mm； 5）防火涂料与防腐涂料应相容、匹配； 6）涂装施工常用方法：通常采用喷涂方法施涂，对于薄型钢结构防火涂料的面装饰涂装也可采用刷涂或滚涂等方法施涂

七、结构吊装工程施工

表 4-7　结构吊装工程施工

<table>
<tr><td>起重机具</td><td colspan="2">（1）结构吊装工程中常采用的起重机具包括索具设备与起重机械。
（2）结构吊装工程中常用的起重机械有自行杆式起重机、塔式起重机等。自行杆式起重机包括履带式起重机、汽车起重机和轮胎起重机等。
（3）履带式起重机：
1）主要参数有三个：起重量 Q、起重高度 H 和起重半径 R。
2）在装配式钢筋混凝土单层工业厂房结构吊装中得到广泛的使用。
3）缺点是稳定性较差，未经验算不宜超负荷吊装。
（4）汽车起重机：不能负荷行驶；灵活性好，能够迅速转移场地，广泛用于土木工程。
（5）轮胎起重机：优点是行驶速度较高，能迅速地转移工作地点或工地，对路面破坏小。但这种起重机不适合在松软或泥泞的地面上工作。
（6）塔式起重机包括轨道式、爬升式（又称内爬式）、附着式（又称自升式）</td></tr>
<tr><td>混凝土结构吊装</td><td>预制构件吊装工艺</td><td>（1）预制构件吊装工艺应考虑构件的制作、运输、堆放、平面布置和构件的吊装过程。
（2）预制构件的制作和运输：
1）预制构件如柱、屋架、梁、桥面板等一般在现场预制或工厂预制。
2）对构件运输时的混凝土强度要求是：如设计无规定时，不应低于设计的混凝土强度标准值的75%。
（3）预制构件的吊装：吊装过程一般包括绑扎、吊升、就位、临时固定、校正和最后固定等工序。
1）柱的吊装。
• 一般中、小型柱绑扎一点；重型柱或配筋少而细长的柱常绑扎两点甚至两点以上，以减少柱的吊装弯矩。必要时，需经吊装应力和裂缝控制计算后确定。一点绑扎时，绑扎位置在牛腿下面。
• 柱的起吊方法，按柱在吊升过程中柱身运动的特点分为旋转法和滑行法；按使用起重机的数量，有单机起吊和双机抬吊。旋转法的特点是柱吊升中所受震动较小，但对起重机的机动性要求高。一般采用自行式起重机。滑行法其特点是起重机只需转动吊杆，即可将柱子吊装就位，较安全，但滑行过程中柱子受震动。故只有起重机、场地受限时才采用此法。
• 柱的最后固定。柱灌筑工作分两次进行，第一次先浇至楔块底面，待混凝土强度达到设计强度的25%后，拔去楔块再第二次灌筑混凝土至杯口顶面。
2）吊车梁的吊装：吊装需在柱子最后固定好，接头混凝土达到设计强度的70%后进行。
3）屋盖的吊装：吊装一般都按节间逐一依次采用综合吊装法。吊装的施工顺序是：绑扎、扶直堆放、吊升、就位、临时固定、校正和最后固定</td></tr>
</table>

续表 4-7

混凝土结构吊装	单层工业厂房结构吊装	(1) 起重机械选择： 起重机械的选择直接影响构件的吊装方法、起重机开行路线与停机点位置、构件平面布置等问题。首先，应根据厂房结构特点、跨度、构件重量、吊装高度、吊装方法以及施工现场条件和当地现有机械设备等确定起重机械类型。一般中小型厂房结构吊装多采用自行杆式起重机；当厂房的高度和跨度较大时，可选用塔式起重机吊装屋盖结构；当工期紧或现场起重机械不受限制时，可采用多型号或多台起重机同时进行吊装。 起重机主要的工作参数有起重量 Q、起重高度 H、起重半径 R。所选起重机的三个工作参数必须满足构件的安装要求。 (2) 起重机械布置： 1) 单侧布置：当房屋平面宽度较小，构件也较轻时，塔式起重机可单侧布置。此时起重半径应满足： $$R \geqslant b+a$$ 式中：R——塔式起重机吊装最大起重半径（m）； b——房屋宽度（m）； a——房屋外侧至塔式起重机轨道中心线的距离，a＝外脚手的宽度＋1/2 轨距＋0.5m。 2) 双侧布置：当建筑物平面宽度较大或构件较大，单侧布置起重力矩满足不了构件的吊装要求时，起重机可双侧布置，每侧各布置一台起重机，其起重半径应满足： $$R \geqslant b/2+a$$ 此种方案布置时，两台起重臂高度应错开，吊装时防止相撞。 3) 跨内单行和跨内环形布置：适用于工程不大，工期不紧，两侧各布置一台塔吊将造成机械上的浪费。当建筑物四周场地狭窄，起重机不能布置在建筑物外侧，或者由于构件较重、房屋较宽，起重机布置在外侧满足不了吊装所需要的力矩时，可将起重机布置在跨内。 (3) 结构吊装方法与吊装顺序： 1) 分件吊装法： • 定义：起重机在车间内或沿着间外每开行一次，仅吊装一种或两种构件。通常分三次开行吊装完全部构件：第一次开行，吊装全部柱子，并加以校正及最后固定；第二次开行，吊装全部吊车梁、连系梁及柱间支撑；第三次开行，分节间吊装屋架、天窗架、屋面板及屋面支撑等。 • 优点：由于每次均吊装同类型构件，可减少起重机变幅和索具的更换次数，从而提高吊装效率，能充分发挥起重机的工作能力，构件供应与现场平面布置比较简单，也能给构件校正、接头焊接、灌筑混凝土和养护提供充分的时间。 • 缺点：不能为后续工序及早提供工作面，起重机的开行路线较长。 • 应用：是目前单层工业厂房结构吊装中采用较多的一种方法。 2) 综合吊装法： • 定义：起重机在车间内每开行一次（移动一次），就分节间吊装完节间内有各种类型的构件。即先吊装 4～6 根柱子，并加以校正和最后固定；随后吊装这个节间内的吊车梁、连系梁、屋架和屋面板等构件。一个节间的全部构件吊装完后，起重机移至下一个节间进行吊装，直至整个厂房结构吊装完毕。 • 优点：开行路线短，停机点少；吊完一个节间，其后续工种就可进入节间内工作，使各个工种进行交叉平行流水作业，有利于缩短工期。 • 缺点：每次吊装不同构件需要频繁变换索具，工作效率低；使构件低；使构件供应紧张和平面布置复杂；构件的校正困难。 • 应用：目前较少采用

续表 4-7

大跨度结构吊装	（1）分类：大跨度结构的体系分为平面结构和空间结构两大类。平面结构有桁架、刚架与拱等结构，空间结构有网架、薄壳、悬索等结构。 （2）特点：跨度大、构件重、安装位置高	
	大跨度结构整体吊装法施工	（1）定义：整体吊升法是焊接球节点网架吊装的一种常用方法。它是在地面（单层建筑）或在网架设计位置的下层楼边上（多层建筑）将网架一次拼装成整体，然后采用吊升设备将网架整体吊升到设计位置就位固定。 （2）特点：此法不需高大的拼装支架，高空作业少，易保证整体焊接质量，但需要大起重量的起重设备，技术较复杂。 （3）适用范围：此法较适合焊接球节点钢管网架。 （4）分类：根据所用设备的不同，整体吊升法可分为多机抬吊法、桅杆吊升法。不论哪种方法，都要合理确定网架吊点的位置
	大跨度结构滑移法施工	（1）特点：滑移法所需的牵引力较大，但高空拼装作业地点集中在起点一端，搭设脚手架较少。 （2）优点：滑移法可采用一般土建单位常用的施工机械，同时还有利于室内土建施工平行作业，特别是场地狭窄，起重机械无法出入时更为有效。 （3）适用范围：这种新工艺在大跨度桁架结构和网架结构安装中经常采用
	大跨度结构高空拼装法施工	（1）特点： 1）高空拼装法对施工场地，起重设备的能力要求不高，但要搭设满堂或部分拼装支架，高空作业量大，且网架几何尺寸的总调整较麻烦，特别是拼装支架发生移动、沉降时，校正困难，影响网架的安装精度。 2）采用焊接节点的网架时，对安全防火应充分重视。故此法用于螺栓连接（包括螺栓球、高强螺栓）的非焊接节点的各种类型网架较为适宜。 （2）适用范围：目前多用于钢网架结构的吊装
	大跨度结构整体顶升法施工	（1）特点：此法所需设备简单，顶升能力大，容易掌握。但为满足顶升需要，柱的截面尺寸一般较大。 （2）适用范围：目前此法在国内还只用于净空不高和尺寸不大的薄壳结构吊装中。 （3）分类：根据千斤顶安放位置的不同，顶升法可分为上顶升法和下顶升法两种。 1）上顶升法： • 定义：也称为柱块法，它是将千斤顶倒置固定于柱帽下，在顶升屋盖过程中，同时配合砌筑柱块，从而逐步将屋盖顶升至设计位置。 • 特点：上顶升法的稳定性好，但高空作业较多。 2）下顶升法： • 定义：是千斤顶在顶升过程中始终位于柱基上，每次顶升循环即在千斤顶上面填筑一个柱块，无须临时垫块，屋盖随柱徐徐上升，直至设计标高为止。 • 特点：下顶升法的高空作业少，但在顶升时稳定性较差，所以工程中一般较少采用
升板法施工	（1）定义：是利用柱子作为导杆，配备相应的提升设备，将预制在地面上的各层楼板，提升到设计标高，然后加以固定。 （2）特点：柱网布置灵活，设计结构单一；各层板叠浇制作，节约大量模板；提升设备简单，不用大型机械；高空作业减少，施工较为安全；劳动强度减轻，机械化程度提高；节省施工用地，适宜狭地施工；但用钢量较大，造价偏高	

八、建筑工程防水和保温工程施工技术

表 4-8　建筑工程防水和保温工程施工技术

屋面防水工程施工	卷材防水屋面施工	基本要求	(1) 混凝土结构层宜采用结构找坡，坡度不应小于 3%；当采用材料找坡时，宜采用质量轻、吸水率低和有一定强度的材料，坡度宜为 2%。 (2) 保温层上的找平层应在水泥初凝前压实抹平，并应留设分格缝，缝宽宜为 5～20mm，纵横缝的间距不宜大于 6m。水泥终凝前完成收水后应二次压光，并应及时取出分格条。养护时间不得少于 7d。 (3) 找平层设置的分格缝可兼作排气道，排汽道的宽度宜为 40mm；排气道应纵横贯通，并应与大气连通的排气孔相通，排气孔可设在檐口下或纵横排气道的交叉处；排气道纵横间距宜为 6m，屋面面积每 $36m^2$ 宜设置一个排气孔，排气孔应做防水处理；在保温层下也可铺设带支点的塑料板
		铺贴方法	(1) 卷材防水层一般用满粘法、点粘法、条粘法和空铺法等来进行铺贴。 (2) 当卷材防水层上有重物覆盖或基层变形较大时，应优先采用空铺法、点粘法、条粘法或机械固定法，但距屋面周边 800mm 内以及叠层铺贴的各层之间应满粘；当防水层采取满粘法施工时，找平层的分隔缝处宜空铺，空铺的宽度宜为 100mm。 (3) 立面或大坡面铺贴卷材时，应采用满粘法，并宜减少卷材短边搭接。 (4) 高聚物改性沥青防水卷材的施工方法一般有热熔法、冷粘法和自粘法等。沥青类防水卷材热熔工艺（明火施工），不得用于地下密闭空间、通风不畅空间、易燃材料附近的防水工程。 (5) 合成高分子防水卷材的施工方法一般有冷粘法、自粘法、焊接法和机械固定法
		铺贴方向	(1) 当屋面坡度小于 3%时，宜平行于屋脊铺贴。 (2) 当屋面坡度在 3%～15%时，卷材可平行或垂直于屋脊铺贴，但尽可能地优先采用平行于屋脊方向铺贴卷材，这样做可减少卷材接头，便于施工操作。 (3) 当屋面坡度大于 15%或屋面受震动时，由于沥青软化点较低，防水层厚而重，沥青油毡应垂直于屋脊方向铺贴，以免发生流淌而下滑。 (4) 高聚物改性沥青防水卷材和合成高分子防水卷材，既可平行于屋脊铺贴，又可垂直于屋脊铺贴。 (5) 当屋面坡度大于 25%时，一般不宜使用卷材作防水层，若用卷材作防水层，则应采取措施将卷材固定，并尽量避免短边搭接。如必须短边搭接，在搭接部位应采取机械固定措施，防止下滑。 (6) 当采用叠层卷材组成防水层时，上、下层卷材不允许相互垂直铺贴，因为这样铺贴后卷材间的重叠缝较多，铺贴就不易平整，交叉处不平顺，容易造成屋面渗漏水。 (7) 铺贴天沟、檐沟卷材时，宜顺天沟、檐沟方向，减少卷材的搭接

续表 4-8

屋面防水工程施工	卷材防水屋面施工	铺贴顺序与卷材接缝	（1）卷材防水层施工时，应先进行细部构造处理，然后由屋面最低标高向上铺贴；檐沟、天沟卷材施工时，宜顺檐沟、天沟方向铺贴，搭接缝应顺流水方向；卷材宜平行屋脊铺贴，上下层卷材不得相互垂直铺贴。 （2）铺贴卷材应采用搭接法卷材搭接缝应符合下列规定： 1）平行屋脊的搭接缝应顺流水方向； 2）同一层相邻两幅卷材短边搭接缝错开不应小于 500mm； 3）上、下层卷材长边搭接缝应错开，且不应小于幅宽的 1/3； 4）叠层铺贴的各层卷材，在天沟与屋面的交接处，应采用叉接法搭接，搭接缝应错开；搭接缝宜留在屋面与天沟侧面，不宜留在沟底
		卷材防水层的施工环境温度	（1）热熔法和焊接法不宜低于−10℃； （2）冷粘法和热粘法不宜低于 5℃； （3）自粘法不宜低于 10℃
	涂膜防水屋面施工		定义：在屋面基层上涂刷防水涂料，经固化后形成一层有一定厚度和弹性的整体结膜，从而达到防水的目的
		一般要求	（1）涂膜防水层的施工应按“先高后低，先远后近”的原则进行。 （2）涂膜应根据防水涂料的品种分层分遍涂布，待先涂的涂层干燥成膜后，方可涂后一遍涂料，且前后两遍涂料的涂布方向应相互垂直。涂膜施工应先做好细部处理，再进行大面积涂布；屋面转角及立面的涂膜应薄涂多遍，不得流淌和堆积。 （3）需铺设胎体增强材料时，屋面坡度小于 15%时，可平行屋脊铺设，屋面坡度大于 15%时应垂直于屋脊铺设。胎体长边搭接宽度不应小于 50mm，短边搭接宽度不应小于 70mm。采用二层胎体增强材料时，上、下层不得相互垂直铺设，搭接缝应错开，其间距不应小于幅宽的 1/3。涂膜间夹铺胎体增强材料时，宜边涂布边铺胎体；胎体应铺贴平整，应排除气泡，并应与涂料黏结牢固。在胎体上涂布涂料时，应使涂料浸透胎体，并应覆盖完全，不得有胎体外露现象。最上面的涂膜厚度不应小于 1.0mm。 （4）涂膜防水层应沿找平层分隔缝增设带有胎体增强材料的空铺附加层，其空铺宽度宜为 100mm

续表 4-8

<table>
<tr>
<td rowspan="3">地下防水工程施工</td>
<td colspan="3">（1）地下工程防水方案主要有以下三类：
1）结构自防水。
2）表面防水层防水。
3）防排结合。
（2）地下防水工程不得在雨天、雪天和 5 级及以上风力时施工</td>
</tr>
<tr>
<td>防水混凝土</td>
<td colspan="2">（1）防水混凝土在施工中应注意事项：
1）保持施工环境干燥，避免带水施工。
2）防水混凝土采用预拌混凝土时，入泵坍落度宜控制在 120～140mm，坍落度每小时损失不应大于 20mm，坍落度总损失值不应大于 40mm。
3）防水混凝土浇筑时的自落高度不得大于 1.5m；防水混凝土应采用机械振捣，并保证振捣密实。
4）防水混凝土应自然养护，养护时间不少于 14d。
5）喷射混凝土终凝 2h 后应采取喷水养护，养护时间不得少于 14d；当气温低于 5℃时，不得喷水养护。
6）防水混凝土结构的变形缝、施工缝、后浇带、穿墙管、埋设件等设置和构造必须符合设计要求。
（2）防水混凝土应连续浇筑，宜少留施工缝。当留设施工缝时，应遵守列规定：
1）墙体水平施工缝不应留在剪力与弯矩最大处或底板与侧墙的交接处，应留在高出底板表面不小于 300mm 的墙体上。拱（板）墙结合的水平施工缝，宜留在拱（板）墙接缝线以下 150～300mm 处。墙体有预留孔洞时，施工缝距孔洞边缘不应小于 300mm。
2）垂直施工缝应避开地下水和裂隙水较多的地段，并宜与变形缝相结合。
3）水平施工缝浇筑混凝土前，应将其表面浮浆和杂物清除，然后铺设净浆、涂刷混凝土界面处理剂或水泥基渗透结晶型防水涂料，再铺 30～50mm 厚 1∶1 的水泥砂浆，并及时浇筑混凝土</td>
</tr>
<tr>
<td>表面防水层</td>
<td>水泥砂浆防水层</td>
<td>（1）特点：取材容易，施工方便，防水效果较好，成本较低，适用于地下砖石结构的防水层或防水混凝土结构的加强层。但水泥砂浆防水层抵抗变形的能力较差，当结构产生不均匀下沉，易产生裂缝或剥落。对于受腐蚀、高温及反复冻融的砖砌体工体工程不宜采用。
（2）施工应注意下列事项：
1）水泥砂浆的配制，应按所掺材料的技术要求准确计量。
2）分层铺抹或喷涂，铺抹时应压实、抹平，最后一层表面应提浆压光。
3）防水层各层应紧密黏合，每层宜连续施工；必须留设施工缝时，应采用阶梯坡形槎，但与阴阳角的距离不得小于 200mm。
4）水泥砂浆终凝后应及时进行养护，养护温度不宜低于 5℃，并应保持砂浆表面湿润，养护时间不得少于 14d。
5）聚合物水泥砂浆防水层厚度单层施工宜为 6～8mm，双层施工宜为 10～12mm，掺外加剂、掺和料等的水泥砂浆防水层厚度宜为 18～20mm。聚合物水泥防水砂浆未达到硬化状态时，不得浇水养护或直接受雨水冲刷，硬化后应采用干湿交替的养护方法。潮湿环境中，可在自然条件下养护</td>
</tr>
</table>

续表 4-8

地下防水工程施工	表面防水层	涂膜防水层	（1）适用范围：施工具有较大的随意性，无论是形状复杂的基面，还是面积狭小的节点，凡是能涂刷到的部位，均可做涂膜防水层，因此在地下工程中广泛应用。 （2）分类：地下工程涂膜防水层的设置有内防水、外防水和内外结合防水。 （3）涂膜防水层的施工应符合下列规定： 1）多组分涂料应按配合比准确计量，搅拌均匀，并应根据有效时间确定每次配制的用量。 2）涂料应分层涂刷或喷涂，涂层应均匀，涂刷应待前遍涂层干燥成膜后进行；每遍涂刷时应交替改变涂层的涂刷方向，同层涂膜的先后搭压宽度宜为 30～50mm。 3）涂膜防水层的甩槎处接缝宽度不应小于 100mm，接涂前应将其甩槎表面处理干净。 4）采用有机防水涂料时，基层阴阳角处应做成圆弧；在转角处、变形缝、施工缝、穿墙管等部位应增加胎体增强材料和增涂防水涂料，宽度不应小于 50mm。 5）胎体增强材料的搭接宽度不应小于 100mm，上、下两层和相邻两幅胎体的接缝应错开 1/3 幅宽，且上下两层胎体不得相互垂直铺贴。 6）涂膜防水层的平均厚度应符合设计要求，最小厚度不得低于设计厚度的 90%。 （4）涂膜防水层完工并经验收合格后应及时做保护层。保护层应符合下列规定： 1）顶板的细石混凝土保护层与防水层之间宜设置隔离层。细石混凝土保护层厚度：机械回填时不宜小于 70mm，人工回填时不宜小于 50mm。 2）底板的细石混凝土保护层厚度不应小于 50mm。 3）侧墙宜采用软质保护材料或铺抹 20mm 厚 1：2.5 的水泥砂浆
		卷材防水层	（1）分类（按其与地下防水结构施工的先后顺序）： 1）外贴法： • 定义：是指在地下建筑墙体做好后，直接将卷材防水层铺贴墙上，然后砌筑保护墙。 • 优点：构筑物与保护墙有不均匀沉降时，对防水层影响较小；防水层做好后即可进行漏水试验，修补方便。 • 缺点：工期较长，占地面积较大，底板与墙身接头处卷材易受损。 2）内贴法： • 定义：是指在地下建筑墙体施工前，先砌筑保护墙，然后将卷材防水层铺贴在保护墙上，最后进行地下建筑墙体浇筑。 • 优点：施工比较方便，不必留接头，施工占地面积小。

续表 4-8

<table>
<tr><td rowspan="2">地下防水工程施工</td><td>表面防水层</td><td>卷材防水层</td><td>• 缺点：构筑物与保护墙有不均匀沉降时，对防水层影响较大；保护墙稳定性差；竣工后如发现漏水较难修补。
（2）卷材防水层完工并经验收合格后应及时做保护层，其规定与涂膜防水层的保护层相同</td></tr>
<tr><td colspan="2">止水带防水</td><td>（1）常见的止水带材料有：橡胶止水带、塑料止水带、氯丁橡胶止水板和金属止水带等。
1）橡胶及塑料止水带均为柔性材料，抗渗、适应变形能力强，是常用的止水带材料。
2）氯丁橡胶止水板是一种新的止水材料，具有施工简便、防水效果好、造价低且易修补的特点。
3）金属止水带一般仅用于高温环境条件下，而无法采用橡胶止水带或塑料止水带时。
（2）止水带构造形式有：粘贴式、可卸式和埋入式等。目前较多采用的是埋入式</td></tr>
<tr><td>楼层、厕浴间、厨房间防水</td><td colspan="3">（1）防水涂料涂布于复杂的细部构造部位，能形成没有接缝的、完整的涂膜防水层。由于防水涂膜的延伸性较好，基本能适应基层变形的需要。
（2）防水砂浆则以补偿收缩水泥砂浆较为理想，其微膨胀的特性，能防止或减少砂浆收缩开裂，使砂浆致密化，提高其抗裂性和抗渗性</td></tr>
<tr><td rowspan="2">墙体节能</td><td rowspan="2">外墙外保温</td><td rowspan="2">聚苯板薄抹灰外墙外保温系统</td><td>聚苯板薄抹灰外墙外保温系统是以阻燃型聚苯乙烯泡沫塑料板为保温材料，用聚苯板胶黏剂（必要时加设机械锚固件）安装于外墙外表面，用耐碱玻璃纤维网格布或者镀锌钢丝网增强的聚合物砂浆作防护层，用涂料、饰面砂浆或饰面砖等进行表面装饰，具有保温功能和装饰效果的构造总称。聚苯乙烯泡沫塑料板保温板包括模塑聚苯板（EPS 板）和挤塑聚苯板（XPS 板）。采取防火构造措施后，聚苯板薄抹灰外墙外保温系统适用于各类气候区域，按设计需要保温、隔热的新建、扩建、改建，高度在 100m 以下的住宅建筑和 24m 以下的非幕墙建筑。为了确保聚苯板与外墙基层黏结牢固，高度在 20m 以上的建筑物，宜使用锚栓辅助固定。基层墙体可以是混凝土或砌体结构</td></tr>
<tr><td>施工流程：施工准备基层处理→测量、放线挂基准线→配胶黏剂（XPS 板背面涂界面）→贴翻包网布→粘贴聚装板（按设计要求安装锚固件，做装饰条）→打磨、修理、隐检→抹聚合物砂浆底层→压入翻包网布和增强网布→贴压增强网布→抹聚合物砂浆面层→修整、验收→外饰面→检测验收。粘贴聚苯板时，基面平整度≤5mm 时宜采用条粘法，基面平整度＞5mm 时宜采用点框法；当设计饰面为涂料时，黏结面积率不小于 40%；设计饰面为面砖时黏结面积率不小于 50%；聚苯板应错缝粘贴，板缝拼严。对于 XPS 板宜采用配套界面剂涂刷后使用。锚固件数量应符合有关规定，当采用涂料饰面时，墙体高度在 20～50m 时，不宜少于 4 个/m^2，50m 以上时不宜少于 6 个/m^2；当采用面砖饰面时不宜小于 6 个/m^2。锚固件安装应在聚苯板粘贴 24h 后进行，涂料饰面外保温系统安装时锚固件盘片压住聚苯板，面砖饰面盘片压住抹面层的增强网。增强网应符合有关规定，涂料饰面时应采用耐碱玻纤网，面砖饰面时宜采用后热镀锌钢丝网；施工时增强网应绷紧绷平，搭接长度玻纤网不少于 80mm，钢丝网不少于 50mm 且保证两个完整网格的搭接</td></tr>
</table>

续表 4-8

墙体节能	外墙外保温	胶粉聚苯颗粒保温复合型外墙外保温系统	胶粉聚苯颗粒保温复合型外墙外保温系统是设置在外墙外侧，由胶粉聚苯颗粒保温浆料复合基层墙体或复合其他保温材料构成的具有保温隔热、防护和装饰作用的构造系统。其较典型的做法有胶粉聚苯颗粒外墙外保温系统（简称保温浆料系统）和胶粉聚苯颗粒贴砌聚苯板外墙外保温系统（简称贴砌聚苯板系统）。采取防火构造措施后，胶粉聚苯颗粒复合型外墙外保温系统可适用于建筑高度在 100m 以下的住宅建筑和 50m 以下的非幕墙建筑，基层墙体可以是混凝土或砌体结构。而单一胶粉聚苯颗粒外墙外保温系统不适用于严寒和寒冷地区
			施工流程：基层处理→喷刷基层界面砂浆→吊垂直线、弹控制线→抹胶粉聚苯颗粒保温浆料（或贴砌聚苯板→喷刷聚苯板界面砂→抹胶粉聚苯颗粒找平浆料→抹抗裂砂浆复合增强网布）→外饰面→检测验收。采用保温浆料系统时，应先按厚度控制线做标准厚度灰饼、冲筋；当保温层厚度大于 20mm 时应分层施工，抹灰不应少于两遍，每遍施工间隔应在 24h 以上，最后一遍宜为 10mm。采用贴砌聚苯板系统时，梯形槽 EPS 板应在工厂预制好横向梯形槽并且槽面涂刷好界面砂浆；XPS 板应预先用专用机械钻孔，贴砌面涂刷 XPS 板界面剂；贴砌聚苯板时，胶粉聚苯颗粒黏结层厚度约 15mm，聚苯板间留约 10mm 的板缝用浆料砌筑，灰缝不饱满处及聚苯两开孔处用浆料填平；贴砌 24h 后再满涂聚苯板界面砂浆，涂刷界面砂浆再经 24h 后用胶粉聚苯颗粒黏结找平砂浆罩面找平。涂料饰面时抗裂砂浆满铺复合耐碱玻纤网布
		聚苯板钢丝网架现浇混凝土外墙外保温系统	聚苯板钢丝网架现浇混凝土外墙外保温系统是采用外表面有梯形凹槽和带斜插丝的单面钢丝网架聚苯板，在聚苯板内外表面及钢丝网架上喷涂界面剂，将带网架的聚苯板安装于墙体钢筋之外，在聚苯板上插入经防锈处理的 L 形 $\phi6$ 钢筋或尼龙锚栓，并与墙体钢筋绑扎，安装内外大模板，浇筑混凝土墙体并拆模后，有网聚苯板与混凝土墙体联结成一体，在有网聚苯板表面厚抹掺有抗裂剂的水泥砂浆，再做饰面层
			施工流程：钢丝网架聚苯板分块→钢丝网架聚苯板安装→模板安装→混凝土浇筑模板拆除→抹专用抗裂砂浆→外饰面。安装聚苯板时，保温板内外表面及钢丝网均应涂刷界面砂浆，施工时外墙钢筋外侧需绑扎水泥砂浆垫块（不得采用塑料垫卡），安装保温板就位后，应将塑料锚栓穿过保温板，锚入混凝土长度不得小于 50mm，螺丝应拧入套管，保温板和钢丝网宜按楼层层高断开，中间放入泡沫塑料棒，外表用嵌缝膏嵌缝
		聚苯板现浇混凝土外墙外保温系统	采用内表面带有齿槽的聚苯板作为现浇混凝土外墙的外保温材料，聚苯板内外表面喷涂界面剂，安装于墙体钢筋之外，用尼龙锚栓将聚苯板与墙体钢筋绑扎，安装内外大模板，浇筑混凝土墙体并拆模后，聚苯板与混凝土墙体联结成一体，在聚苯板表面薄抹抹面抗裂砂浆，同时铺设玻纤网格布，再做涂料饰面层

续表 4-8

墙体节能	外墙外保温	聚苯板现浇混凝土外墙外保温系统	施工流程：聚苯板分块→聚苯板安装→模板安装→混凝土浇筑→模板拆除→涂刮抹面层浆→压入玻纤网布→饰面→检测验收。聚苯板安装时，当采用XPS保温板时，内外表面及钢丝网均应涂刷界面砂浆，采用EPS保温板时，外表面应涂刷界面砂浆。施工时先安装阴阳角保温构件，再安装角板之间的保温板。安装前先在保温板高低槽口均匀涂刷聚苯胶，将保温板竖缝两侧相互黏结在一起。在保温板上弹线标出锚栓的位置再安装尼龙锚栓，其锚入混凝土长度不得小于50mm
	外墙内保温	保温板外墙内保温系统	保温层与面板黏合构成复合板。保温层品种有EPS板、XPS板、PU板、纸蜂窝填充憎水型膨胀珍珠岩保温板等；面板品种有纸面石膏板、无石棉纤维水泥平板、无石棉硅酸钙板。保温层与面板按照设计要求组合的品种和规格，在工厂预制，现场安装铺贴黏结。铺贴前，宜先在基层墙体上做界面处理，采用以粘为主，粘锚结合方式铺贴。铺贴完成后再进行饰面层施工
		保温砂浆外墙内保温系统	基本施工流程：基层墙体→抹界面砂浆→抹保温砂浆→防护层抹面层施工（抹面胶浆＋耐碱纤维网布）→饰面层施工（腻子＋涂料或墙纸、墙布或面砖）
		喷涂硬泡聚氨酯（外墙）内保温系统	基本施工流程：基层墙体→水泥砂浆聚氨酯防潮底漆→喷涂保温层（硬泡聚氨酯）→抹界面砂浆或界面剂→做保温砂浆或聚合物水泥砂浆找平层→防护层施工（抹面胶浆＋玻纤网布）→饰面层施工
屋面保温	保温层施工	施工准备	（1）审查图纸，编制施工方案，对施工人员进行安全技术交底。 （2）进场的保温材料应检验下列项目：板状保温材料检查表观密度或干密度、压缩强度或抗压强度、导热系数、燃烧性能；纤维保温材料应检验表观密度、导热系数、燃烧性能。 （3）保温材料的储运、保管应采取防雨、防潮、防火的措施，并分类存放。 （4）清理基层，保持基层平整、干燥、干净。 （5）现场设置防火措施
		施工操作要点	（1）施工工艺流程一般分为：基层处理→弹线→保温层铺设→质量验收。 （2）当设计有隔汽层时，先施工隔汽层，然后再施工保温层。隔汽层四周应向上沿墙面连续铺设，并高出保温层表面不得小于150mm。 （3）块状材料保温层施工时，相邻板块应错缝拼接，分层铺设的板块上下层接缝应相互错开，板间缝隙应采用同类材料嵌填密实。铺贴方法有干铺法、粘贴法和机械固定法。 （4）纤维材料保温层施工时，应避免重压，并应采取防潮措施；屋面坡度较大时，宜采用机械固定法施工。 （5）喷涂硬泡聚氨酯保温层施工时，喷嘴与基层的距离宜为200～400mm；一个作业面应分遍喷涂完成，每遍喷涂厚度不宜大于20mm；当日施工作业面应连续施工完成；喷涂后30min严禁上人；作业时应采取防止污染的遮挡措施。

续表 4-8

屋面保温	保温层施工	施工操作要点	（6）现浇泡沫混凝土保温层施工时，浇筑出口离基层的高度不宜超过 1m，泵送时应采取低压泵送；泡沫混凝土应分层浇筑，一次浇筑厚度不宜超过 200mm，保湿养护时间不得少于 7 天。 （7）保温层施工环境温度要求：干铺的保温材料可在负温度下施工；用水泥砂浆粘贴的块状保温材料不宜低于 5℃；喷涂硬泡聚氨酯宜为 15～35℃，空气相对湿度宜小于 85%，风速不宜大于三级；现浇泡沫混凝土宜为 5～35℃；雨天、雪天、五级风以上的天气停止施工
	倒置式屋面保温层要求	（1）倒置式屋面基本构造自下而上宜由结构层、找坡层、找平层、防水层、保温层及保护层组成。 （2）倒置式屋面坡度不宜小于 3%。当大于 3%时，应在结构层采取防止防水层、保温层及保护层下滑的措施。坡度大于 10%时，应在结构层上沿垂直于坡度方向设置防滑条。 （3）当采用二道防水设防时，宜选用防水涂料作为其中一道防水层；硬泡聚氨酯防水保温复合板可作为次防水层。 （4）倒置式屋面保温层的厚度应根据《民用建筑热工设计规范》GB 50176—2016 进行计算；其设计厚度应按照计算厚度增加 25%取值，且最小厚度不得小于 25mm。 （5）低女儿墙和山墙的保温层应铺到压顶下；高女儿墙和山墙内侧的保温层应铺到顶部；保温层应覆盖变形缝挡墙的两侧；屋面设施基座与结构层相连时，保温层应包裹基座的上部。 （6）保温层板材施工，坡度不大于 3%的不上人屋面可采用干铺法，上人屋面宜采用黏结法；坡度大于 3%的屋面应采用黏结法，并应采用固定防滑措施	
	种植屋面保温层要求	种植屋面又分为覆土类种植屋面和无土种植屋面两种，覆土类种植屋面的土壤厚度一般约为 200mm。 （1）种植屋面不宜设计为倒置式屋面。屋面坡度大于 50%时，不宜做种植屋面。 （2）种植屋面防水层应采用不少于两道防水设防，上道应为耐根穿刺防水材料；两道防水层应相邻铺设且防水层的材料应相容。 （3）当屋面坡度大于 20%时，绝热层、防水层、排（蓄）水层、种植土层均应采取防滑措施。 （4）种植屋面绝热材料可采用喷涂硬泡聚氨酯、硬泡聚氨酯板、挤塑聚苯乙烯泡沫塑料保温板、硬质聚异氰脲酸酯泡沫保温板、酚醛硬泡保温板等轻质绝热材料，不得采用散状绝热材料。种植屋面保温隔热材料的密度不宜大于 $100kg/m^3$，压缩强度不得低于 100kPa。100kPa 压缩强度下，压缩比不得大于 10%。 （5）耐根穿刺防水材料的厚度要求：改性沥青防水卷材的厚度不应小于 4mm；聚氯乙烯防水卷材、热塑性聚烯烃防水卷材、高密度聚乙烯土工膜、三元乙丙橡胶防水卷材等厚度均不应小于 1.2mm；聚乙烯丙纶防水卷材厚度不应小于 0.6mm；喷涂聚脲防水涂料的厚度不应小于 2mm。 （6）种植平屋面的基本构造层次包括（从下而上）：基层、绝热层、找（坡）平层、普通防水层、耐根穿刺防水层、保护层、排（蓄）水层、过滤层、种植土层和植被层等。可根据各地区气候特点、屋面形式、植物种类等情况，增减构造层次。 （7）种植平屋面排水坡度不宜小于 2%；天沟、檐沟的排水坡度不宜小于 1%。 （8）种植坡屋面的绝热层应采用黏结法和机械固定法施工	

九、建筑装饰装修工程施工技术

表 4-9 建筑装饰装修工程施工技术

抹灰工程	(1) 抹灰用的水泥宜为硅酸盐水泥、普通硅酸盐水泥，其强度等级不应小于 32.5。不同品种不同标号的水泥不得混合使用。抹灰用砂宜选用中砂，砂使用前应过筛，不得含有杂物。抹灰用石灰膏的熟化期不应少于 15d。罩面用磨细石灰粉的熟化期不应少于 3d。 (2) 室内墙面、柱面和门洞口的阳角做法应符合设计要求，设计无要求时，应采用 1：2 的水泥砂浆做暗护角，其高度不应低于 2m，每侧宽度不应小于 50mm。水泥砂浆抹灰层应在抹灰 24h 后进行养护。 (3) 基层处理应符合下列规定： 1) 砖砌体，应清除表面杂物、尘土，抹灰前应洒水湿润。 2) 混凝土，表面应凿毛或在表面洒水润湿后涂刷 1：1 的水泥砂浆。 3) 加气混凝土，应在湿润后边刷界面剂，边抹强度不大于 M5 的水泥混合砂浆。 (4) 大面积抹灰前应设置标筋。 (5) 用水泥砂浆和水泥混合砂浆抹灰时，应待前一抹灰层凝结后方可抹后一层；用石灰砂浆抹灰时，应待前一抹灰层七八成干后方可抹后一层
吊顶工程	(1) 后置埋件、金属吊杆、龙骨应进行防腐处理。木吊杆、木龙骨、造型木板和木饰面板应进行防腐、防火、防蛀处理。 (2) 重型灯具、电扇及其他重型设备严禁安装在吊顶龙骨上。 (3) 龙骨的安装应符合下列要求： 1) 应根据吊顶的设计标高在四周墙上弹线。 2) 主龙骨吊点间距、起拱高度应符合设计要求。当设计无要求时，吊点间距应小于 1.2m，应按房间短向跨度适当起拱。主龙骨安装后应及时校正其位置标高。 3) 吊杆应通直，距主龙骨端部距离不得超过 300mm。 4) 次龙骨应紧贴主龙骨安装。 5) 暗龙骨系列横撑龙骨应用连接件将其两端连接在通长次龙骨上。明龙骨系列的横撑龙骨与通长龙骨搭接处的间隙不得大于 1mm。 (4) 纸面石膏板和纤维水泥加压板安装应符合下列规定： 1) 板材应在自由状态下进行安装，固定时应从板的中间向板的四周固定。 2) 纸面石膏板螺钉与板边距离。 3) 板周边钉距宜为 150～170mm，板中钉距不得大于 200mm。 4) 安装双层石膏板时，下层板的接缝应错开，不得在同一根龙骨上接缝。 5) 螺钉头宜略埋入板面，并不得使纸面破损。 6) 石膏板的接缝应按设计要求进行板缝处理。 (5) 石膏板、钙塑板的安装应符合下列规定： 1) 当采用钉固法安装时，螺钉与板边距离不得小于 15mm，螺钉间距宜为 150～170mm，并应与板面垂直。 2) 当采用粘接法安装时，胶黏剂应涂抹均匀，不得漏涂

续表 4-9

轻质隔墙工程	轻钢龙骨	安装应符合下列规定： （1）龙骨与基体的固定点间距应不大于 1m。 （2）安装竖向龙骨应垂直，龙骨间距应符合设计要求。潮湿房间和钢板网抹灰墙，龙骨间距不宜大于 400mm。 （3）安装支撑龙骨时，应先将支撑卡安装在竖向龙骨的开口方向，卡距宜为 400～600mm，距龙骨两端的距离宜为 20～25mm。 （4）安装贯通系列龙骨时，低于 3m 的隔墙安装一道，3～5m 隔墙安装两道。 （5）饰面板横向接缝处不在沿地、沿顶龙骨上时，应加横撑龙骨固定
	木龙骨	安装应符合下列规定： （1）木龙骨的横截面面积及纵、横向间距应符合设计要求。 （2）骨架横、竖龙骨宜采用开半榫、加胶、加钉连接。 （3）安装饰面板前应对龙骨进行防火处理
	纸面石膏板	安装应符合以下规定： （1）石膏板宜竖向铺设，长边接缝应安装在竖龙骨上。 （2）龙骨两侧的石膏板及龙骨一侧的双层板的接缝应错开。 （3）轻钢龙骨应用自攻螺钉固定，木龙骨应用木螺钉固定。 （4）沿石膏板周边钉间距不得大于 200mm，板中钉间距不得大于 300mm，螺钉与板边距离应为 10～15mm。 （5）安装石膏板时应从板的中部向板的四边固定。 （6）石膏板的接缝应按设计要求进行板缝处理
	胶合板	安装应符合下列规定： （1）胶合板安装前应对板背面进行防火处理。 （2）轻钢龙骨应采用自攻螺钉固定。 （3）阳角处宜做护角。 （4）胶合板用木压条固定时，固定点间距不应大于 200mm
	玻璃砖墙	安装应符合下列规定： （1）玻璃砖墙宜以 1.5m 高为一个施工段。 （2）当玻璃砖墙面积过大时应增加支撑。 （3）玻璃砖应排列均匀整齐，表面平整，嵌缝的油灰或密封膏应饱满密实
墙面铺装工程	（1）湿作业施工现场环境温度宜在 5℃以上。 （2）裱糊时空气相对湿度不得大于 85％	

续表 4-9

墙面铺装工程	墙面砖	铺贴应符合下列规定： （1）墙面砖铺贴前应浸水 2h 以上。 （2）铺贴前应进行放线定位和排砖，非整砖应排放在次要部位或阴角处。每面墙不宜有两列非整砖，非整砖宽度不宜小于整砖的 1/3。 （3）铺贴前应确定水平及竖标志，垫好底尺，挂线铺贴。 （4）结合砂浆宜采用 1∶2 的水泥砂浆，砂浆厚度宜为 6～10mm。水泥砂浆应满铺在墙砖背面，一面墙不宜一次铺贴到顶，以防塌落
	墙面石材	铺装应符合下列规定： （1）墙面砖铺贴前应按设计要求进行预拼。 （2）强度较低或较薄的石材应在背面粘贴玻璃纤维网布。 （3）当采用湿作业法施工时，固定石材的钢筋网应与预埋件连接牢固。 （4）当采用粘贴法施工时，基层处理应平整但不应压光
	木装饰装修墙	制作安装应符合下列规定： （1）打孔安装木砖或木楔，深度应不小于 40mm，木砖或木楔应做防腐处理。 （2）龙骨间距应符合设计要求。当设计无要求时：横向间距宜为 300mm，竖向间距宜为 400mm
涂饰工程	（1）混凝土或抹灰基层涂刷溶剂型涂料时，含水率不得大于 8%；涂刷水性涂料时，含水率不得大于 10%；木质基层含水率不得大于 12%。 （2）施工现场环境温度宜在 5～35℃。 （3）涂饰施工一般方法：滚涂法；喷涂法；刷涂法。 （4）木质基层涂刷调和漆。 （5）对泛碱、析盐的基层应先用 3%的草酸溶液清洗。 （6）浮雕涂饰的中层涂料应颗粒均匀，面层为水性涂料应采用喷涂，溶剂型涂料应采用刷涂。间隔时间宜在 4h 以上	
地面铺装工程	石材、地面砖	铺贴应符合下列规定： （1）石材、地面砖铺贴前应浸水湿润。 （2）结合层砂浆宜采用体积比为 1∶3 的干硬性水泥砂浆。铺贴前应在水泥砂浆上刷一道水灰比为 1∶2 的素水泥浆或干铺水泥 1～2mm 后洒水。 （3）铺贴 24h 后应用 1∶1 水泥浆灌缝
	竹、实木地板	铺装应符合下列规定： （1）基层平整度误差不得大于 5mm。 （2）铺装层进行防潮处理。 （3）铺装前应对地板进行选配。 （4）木龙骨应与基层连接牢固，固定点间距不得大于 600mm。 （5）毛地板应与龙骨成 30°或 45°铺钉，板缝应为 2～3mm。 （6）在龙骨上直接铺装地板时，主次龙骨的间距应根据地板的长宽模数计算确定。 （7）毛地板及地板与墙之间应留有 8～10mm 的缝隙

续表 4-9

地面铺装工程	强化复合地板	铺装应符合下列规定： （1）防潮垫层应满铺平整，接缝处不得叠压。 （2）安装第一排时应凹槽面靠墙。 （3）房间长度或宽度超过 8m 时，应在适当位置设置伸缩缝
	地毯	铺装应符合下列规定： （1）地毯对花拼接应按毯面绒毛和织纹走向的同一方向拼接。 （2）当使用张紧器伸展地毯时，用力方向应呈 V 字形，应由地毯中心向四周展开。 （3）当使用倒刺板固定地毯时，应沿房间四周将倒刺板与基层固定牢固。 （4）地毯铺装方向，应是毯面绒毛走向的背光方向。 （5）满铺地毯，应用扁铲将毯边塞入卡条和墙壁间的间隙中或塞入踢脚下面。 （6）裁剪楼梯地毯时，长度应留有一定余量，以便在使用中可挪动常磨损的位置
建筑幕墙		（1）分类：按幕墙材料可分为玻璃幕墙、石材幕墙、金属幕墙、混凝土幕墙和组合幕墙。 （2）特点：具有新颖耐久、美观时尚，装饰感强、施工快捷、便于维修等特点。 （3）建筑幕墙是国内外目前最常用的一种幕墙，广泛运用于现代化高档公共建筑的外墙装，是用玻璃板片做墙面板材与金属构件组成悬挂在建筑物主体结构上的非承重连续外围墙体
	施工准备工作	（1）建筑幕墙预埋件中平板型预埋件的加工要求如下： 1）锚板宜采用 Q235、Q345 级钢，受力预埋件的锚筋应采用 HRB400（带肋）或 HPB300（光圆）钢筋，不应使用冷加工钢筋。除受压直锚筋外，当采用光圆钢筋时，钢筋末端应做 180°弯钩。 2）直锚筋与锚板应采用 T 形焊。当锚筋直径不大于 20mm 时，宜采用压力埋弧焊；当锚筋直径大于 20mm 时，宜采用穿孔塞焊。当采用手工焊时，焊缝高度不宜小于 6mm 及 $0.5d$（HPB300 级钢筋）或 0.64（HRB400 级钢筋），d 为锚筋直径。 （2）为保证预埋件与主体结构连接的可靠性，连接部位的主体结构混凝土强度等级不应低于 C20。预埋件的锚筋应置于混凝土构件最外排主筋的内侧。轻质填充墙不应作幕墙的支承结构
	玻璃幕墙施工	有框玻璃幕墙工艺流程： 测量、放线→调整和后置预埋件→确认主体结构轴线和各面中心线→以中心线为基准向两侧排基准竖线→按图样要求安装钢连接件和立柱、校正误差→钢连接件满焊固定、表面防腐处理→安装横框→上下边密封、修整→安装玻璃组件→安装开启窗扇→填充泡沫塑料棒→注胶→清洁、整理→检查、验收
		全玻璃幕墙工艺流程： 定位放线→上部钢架安装→下部和侧面嵌槽安装→玻璃肋、玻璃板安装就位→镶嵌固定及注入密封胶→表面清洗和验收

续表 4-9

建筑幕墙	玻璃幕墙施工	(1) 点式连接玻璃幕墙主要有：玻璃肋点式连接玻璃幕墙，钢桁架点式连接玻璃幕墙和拉索式点式连接玻璃幕墙。 (2) 拉索式点式玻璃幕墙施工与其他玻璃幕墙不同，需要施加预应力，其工艺流程为：测设轴线及标高→支撑结构的安装→索桁架的安装→索桁架张拉→玻璃幕墙的安装→安装质量控制→幕墙的竣工验收
	石材幕墙施工	石材幕墙的构造一般采用框支承结构，因石材面板连接方式的不同，可分为钢销式、槽式和背栓式等。 钢销式连接需要在石材的上下两边或四周开设销孔，石材通过钢销以及连接板与幕墙骨架连接。它拓孔方便，但受力不合理，容易出现应力集中导致石材局部破坏，使用受到限制。 槽式连接需要在石材的上下两边或四周开设槽口，与钢销式连接相比，它的适应性更强。根据槽口的大小，可以分为短槽式和通槽式两种。短槽式连接的槽口较小，通过连接片与幕墙骨架连接，它对施工安装的要求较高。通槽式槽口为两边或四周通长，通过通长铝合金型材与幕墙骨架连接，主要用于单元式幕墙中。 背栓式连接与钢销式及槽式连接不同，它将连接石材面板的部位放在面板背部，改善了面板的受力。通常先在石材背面钻孔，插入不锈钢背栓，并扩张使之与石板紧密连接，然后通过连接件与幕墙骨架连接
	铝板幕墙施工	铝板幕墙的构造组成与隐框玻璃幕墙类似，采用框支承受力方式，也需要制作铝板板块，铝板板块通过铝角与幕墙骨架连接。 铝板板块由加劲肋和面板组成。板块的制作需要在铝板背面设置边肋和中肋等加劲肋。在制作板块时，铝板应四周折边以便与加劲肋连接。加劲肋常采用铝合金型材，以槽形或角形型材为主。面板与加劲肋之间通常的连接方式有铆接、电栓焊接、螺栓连接以及化学黏结等。为了方便板块与骨架体系的连接需在板块的周边设置铝角，铝角一端常通过铆接方式固定在板块上，另一端采用自攻螺丝固定在骨架上

经典考题剖析

一、2023 年考题

1. 开挖较窄的沟槽时，适用于湿度较高的松散土质，且挖土深度不限的基坑支护形式是（　　）。

A. 重力式支护结构　　B. 垂直挡土板式支撑

C. 间断式水平挡土板支撑　　D. 连续式水平挡土板支撑

答案：B

[解析] 本题考查的是土石方工程的准备与辅助工作。湿度小的黏性土挖土深度小于3m时，可用间断式水平挡土板支撑；对松散、湿度大的土，可用连续式水平挡土板支撑，挖土深度可达5m。对松散和湿度很高的土，可用垂直挡土板式支撑，其挖土深度不限。

2. 抓铲挖掘机的挖土特点是（　　）。

A. 直上直下，自重切土　　B. 直上直下，强制切土

C. 后退向下，强制切土　　　　　　　　D. 前进向上，强制切土

答案：A

[**解析**] 本题考查的是土石方工程施工技术。抓铲挖掘机的挖土特点是：直上直下，自重切土。

3. 锤击沉桩施工钢筋混凝土预制桩，通常采用的锤击方式是（　　）。

A. 重锤高击　　　　　　　　　　　　B. 轻锤高击

C. 重锤低击　　　　　　　　　　　　D. 轻锤低击

答案：C

[**解析**] 本题考查的是桩基础施工。打桩机具主要包括桩锤、桩架和动力装置三部分。桩锤是对桩施加冲击力，将桩打入土中的主要机具；桩架是将桩吊到打桩位置，并在打桩过程中引导桩的方向，保证桩锤能沿要求的方向冲击打桩设备；动力装置包括驱动桩锤及卷扬机用的动力设备。在选择打桩机具时，应根据地基土壤的性质、工程的大小、桩的种类、施工期限、动力供应条件和现场情况确定。桩锤的选择应先根据施工条件确定桩锤的类型，然后决定锤重。要求锤重应有足够的冲击能，锤重应大于或等于桩重。实践证明，当锤重大于桩重的1.5～2.0倍时，能取得良好的效果，但桩锤也不能过重，过重易将桩打坏；当桩重大于2t时，可采用比桩轻的桩锤，但也不能小于桩重的75%。

这是因为在施工中，宜采用“重锤低击”，即锤的重量大而落距小，这样，桩锤不易产生回跃，不致损坏桩头，且桩易打入土中，效率高；反之，若“轻锤高击”，则桩锤易产生回跃，易损坏桩头，桩难以打入土中。

4. 抗震设防烈度7度地区的砖砌体工程，直处加设拉结钢筋的埋入长度应（　　）。

A. 从留楼处算起每边均不应小于500mm

B. 从间断处算起每边均不应小于500mm

C. 从留搓处算起每边均不应小于1 000mm

D. 从间断处算起每边均不应小于1 000m

答案：C

[**解析**] 本题考查的是砌体结构工程施工。抗震设防及抗震设防烈度为6度、7度地区的临时间断处，当不能留斜槎时，除转角处外，可留直槎，但直槎必须做成凸槎，且应加设拉结钢筋，拉结钢筋应符合下列规定：①每120mm墙厚放置16拉结钢筋（240mm厚墙应放置26拉结钢筋）；②间距沿墙高不应超过500mm，且竖向间距偏差不应超过100mm；③埋入长度从留槎处算起每边均不应小于500mm，对抗震设防烈度6度、7度的地区，不应小于1 000mm；④末端应有90°弯钩。

5. 对于设计无具体要求时，跨度为6m板底模拆除时混凝土强度为设计强度的（　　）。

A. 50%　　　　B. 75%　　　　C. 100%　　　　D. 30%

答案：B

[**解析**] 本题考查的是模板工程。对于设计无具体要求时，跨度为6m板底模拆除时混凝土强度为设计强度的75%。

6. 与综合吊装法相比，分件吊装法的特点是（　　）。

A. 构件的校正困难

B. 有利于各工种交叉平后流水作业，缩短工期

C. 开行线路短，停机点少

D. 可减少起重机变换和索具的更换次数，提高吊装效率

答案：D

[解析] 本题考查的是结构吊装工程施工。分件吊装法的优点是：由于每次均吊装同类型构件，可减少起重机变幅和索具的更换次数，从而提高吊装效率，能充分发挥起重机的工作能力，构件供应与现场平面布置比较简单，也给构件校正、接头焊接、灌筑混凝土和养护提供充分的时间。缺点是：不能为后继工序及早提供工作面，起重机的开行路线较长。分件吊装法是目前单层工业厂房结构吊装中采用较多的一种方法。

7. 涂膜防水屋面防水层的施工顺序是（　　）。

A. 先低后高，先近后远　　B. 先低后高，先远后近

C. 先高后低，先近后远　　D. 先高后低，先远后近

答案：D

[解析] 本题考查的是屋面防水工程施工。涂膜防水层的施工应按“先高后低、先远后近”的原则进行。遇高低跨屋面时，一般先涂高跨屋面，后涂低跨屋面；对相同高度屋面，要合理安排施工段，先涂布距离上料点远的部位，后涂布近处；对同一屋面上，先涂布排水较集中的水落口、天沟、檐沟、檐口等节点部位，再进行大面积涂布。

8. 聚苯板、硬质聚氨酯泡沫塑料等有机材料作为屋面保温层时，其保温层厚度应为（　　）mm。

A. 10～20　　B. 90～120

C. 25～80　　D. 150～260

答案：C

[解析] 本题考查的是节能工程施工技术。屋面保温材料有聚苯板、硬质聚氨酯泡沫塑料等有机材料，保温层厚度在25～80mm；水泥膨胀珍珠岩板、水泥膨胀蛭石板、加气混凝土等无机材料，保温层厚度在80～260mm。

9. 下列关于墙面铺装工程施工的说法，正确的是（　　）。

A. 湿作业施工现场环境温度宜在0℃以上

B. 砂浆宜采用1：3水泥砂浆，厚度6～10mm

C. 墙面砖铺贴前应进行挑选，并浸水2h以上，保持表面水分

D. 每面墙不宜有两列非整砖，且非整砖宽度不宜小于整砖的1/3

答案：D

[解析] 本题考查的是装饰装修工程施工技术。选项A，湿作业施工现场环境温度宜在5℃以上；选项B，砂浆宜采用1：2水泥砂浆，厚度6～10mm；选项C，墙面砖铺贴前应进行挑选，并浸水2h以上，晾干表面水分。

10. 下列关于扣件式外脚手架搭设要求的说法，正确的有（　　）。

A. 必须设置横向扫地杆，一般不设纵向扫地杆

B. 高度24m以上的双排脚手架必须采用刚性连墙件

C. 一次搭设高度不应超过相邻连墙件以上两步

D. 纵向水平杆应设置在立杆内侧，其长度不小于2跨

E. 主节点处必须设置一根横向水平杆，用直角扣件扣接且严禁拆除

答案：B、C、E

［解析］本题考查的是砌体结构工程施工。选项A错误，脚手架必须设置纵、横向扫地杆，纵向扫地杆应采用直角扣件固定在距底座上皮不大于200mm处的立杆上；选项B正确，对高度24m及以下的单、双排脚手架，宜采用刚性连墙件与建筑物可靠连接，也可采用钢筋与顶撑配合使用的附墙连接方式；选项C正确，脚手架必须配合施工进度搭设，一次搭设高度不应超过相邻连墙件以上两步；选项D错误，纵向水平杆应设置在立杆内侧，其长度不应小于3跨；选项E正确，主节点处必须设置一根横向水平杆，用直角扣件扣接且严禁拆除。

11. 大体积混凝土结构施工方案，常用的施工方案有（　　）。

A. 全面分层　　B. 全面分段

C. 斜面分层　　D. 斜面分段

E. 分段分层

答案：A、C、E

［解析］本题考查的是混凝土结构工程施工。大体积混凝土结构的浇筑方案，一般分为全面分层、分段分层和斜面分层三种。全面分层法要求的混凝土浇筑强度较大，斜面分层法混凝土浇筑强度较小，施工中可根据结构物的具体尺寸、捣实方法和混凝土供应能力，认真选择浇筑方案。目前应用较多的是斜面分层。

二、2022年考题

1. 开挖深度小于3m，湿度小的黏性土沟槽，适合采用的支护方式是（　　）。

A. 重力式支护结构　　B. 垂直挡土板支撑

C. 板式支护结构　　D. 水平挡土板支撑

答案：D

［解析］湿度小的黏性土挖土深度小于3m时，可用间断式水平挡土板支撑；对松散、湿度大的土可用连续式水平挡土板支撑，挖土深度可达5m。对松散和湿度很高的土可用垂直挡土板支撑，其挖土深度不限。

2. 关于土石方工程施工，下列说法正确的是（　　）。

A. 铲运机的经济运距为30～60m

B. 推土机分批集中一次推送能减少土的散失

C. 铲运机适于在坡度＞20°的大面积场地平整

D. 抓铲挖掘机特别适于水下挖土

答案：D

［解析］铲运机适宜运距为600～1 500m，当运距为200～350m时效率最高；并列推土法能减少土的失散；铲运机常用于坡度在20°以内的大面积场地平整。

3. 为保证填方工程质量，下列工程中可作为填方材料的是（　　）。

A. 膨胀土　　B. 有机物含量大于5%的土

C. 砂土、爆破石渣　　D. 含水量大的黏土

答案：C

[解析] 碎石类土、砂土、爆破石渣及含水量符合压实要求的黏性土可作为填方土料。

4. 地基加固处理方法中，排水固结法的关键问题是（ ）。

A. 预压荷载
B. 预压时间
C. 防震隔震措施
D. 竖向排水体设置

答案：A

[解析] 预压地基又称排水固结法地基，预压荷载是其中的关键问题，因为施加预压荷载后才能引起地基土的排水固结。

5. 钢筋混凝土预制桩的起吊和运输，要求混凝土强度至少分别达到设计强度的（ ）。

A. 65%、85%
B. 70%、100%
C. 75%、95%
D. 70%、80%

答案：B

[解析] 钢筋混凝土预制桩应在混凝土达到设计强度的70%方可起吊；达到100%方可运输和打桩。如提前吊运，应采取措施并经验算合格后方可进行。

6. 正常施工条件下，石砌体每日砌筑高度宜为（ ）m。

A. 1.2
B. 1.5
C. 1.8
D. 2.3

答案：A

[解析] 正常施工条件下，砖砌体、小砌块砌体每日砌筑高度宜控制在1.5m或一步脚手架高度内；石砌体不宜超过1.2m。

7. 关于扣件式钢管脚手架的搭设与拆除，下列说法正确的是（ ）。

A. 垫板应准确地放在定位线上，宽度不大于200mm
B. 高度24m的双排脚手架必须采用刚性连墙件
C. 同层杆件须按先内后外的顺序拆除
D. 连墙件必须随脚手架逐层拆除

答案：D

[解析] 底座、垫板均应准确地放在定位线上；垫板应采用长度不少于2跨、厚度不小于50mm、宽度不小于200mm的木垫板。对高度24m及以下的单、双排脚手架，宜采用刚性连墙件与建筑物可靠连接，也可采用钢筋与顶撑配合使用的附墙连接方式。严禁使用只有钢筋的柔性连墙件。对高度24m以上的双排脚手架，必须采用刚性连墙件与建筑物可靠连接。同层杆件和构配件必须按先外后内的顺序拆除。连墙件必须随脚手架逐层拆除，严禁先将连墙件整层拆除后再拆脚手架。

8. 适用于竖向较大直径变形钢筋连接方式的是（ ）。

A. 钢筋螺纹套管连接
B. 钢筋套筒挤压连接
C. 电渣压力焊
D. 钢筋绑扎连接

答案：B

[解析] 钢筋套筒挤压连接适用于竖向、横向及其他方向的较大直径变形钢筋的连接。

9. 在预应力混凝土工程中，后张法预应力的传递主要依靠（ ）。

A. 预应力筋
B. 预应力筋两端锚具
C. 孔道灌浆
D. 锚固夹具

答案：B

[解析] 后张法预应力的传递主要靠预应力筋两端的锚具。

10. 关于轻型井点的布置，下列说法正确的有（　　）。

A. 环形布置适用于大面积基坑

B. 双排布置适用于土质不良的情况

C. U 形布置适用于基坑宽度不大于 6m 的情况

D. 单排布置适用于基坑宽度小于 6m，且降水深度不超过 5m 的情况

E. U 形布置井点管不封闭的一段应该在地下水的下游方向

答案：A、B、D、E

[解析] 环形布置适用于大面积基坑。如采用 U 形布置，则井点管不封闭的一段应设在地下水的下游方向。双排布置适用于基坑宽度大于 6m 或土质不良的情况。单排布置适用于基坑、槽宽度小于 6m，且降水深度不超过 5m 的情况。当土方施工机械需进出基坑时，也可采用 U 形布置。

11. 单层工业厂房的结构吊装中，与分件吊装法相比，综合吊装法的优点有（　　）。

A. 停机点少　　B. 开行路线短

C. 工作效率高　　D. 构件供应与现场平面布置简单

E. 起重机变幅和索具更换次数少

答案：A、B

[解析] 综合吊装法的优点：开行路线短，停机点少；吊完一个节间，其后续工种就可进入节间内工作，使各个工种进行交叉平行流水作业，有利于缩短工期。

三、2021 年考题

1. 开挖深度 4m，长边长度不小于 30m 的基坑，宜采用的支撑方式是（　　）。

A. 横撑式支撑　　B. 板式支护

C. 水泥土搅拌桩　　D. 墙板支护

答案：C

[解析] 本题考查的是基坑（槽）支护。水泥土搅拌桩（或称深层搅拌桩）支护结构是近年来发展起来的一种重力式支护结构。由于采用重力式结构，开挖深度不宜大于 7m。

2. 大型建筑群场地平整，场地坡度最大 15°，距离 300～500m，土壤含水量低，可选用的机械有（　　）。

A. 推土机　　B. 装载机

C. 铲运机　　D. 正铲挖掘机

答案：C

[解析] 本题考查的是土石方工程机械化施工。铲运机常用于坡度在 20°以内的大面积场地平整，开挖大型基坑、沟槽，以及填筑路基等土方工程。铲运机可在 1～3 类土中直接挖土、运土，适宜运距为 600～1 500m，当运距为 200～350m 时效率最高。

3. 关于钢结构高强螺栓连接说法正确的有（　　）。

A. 高强螺栓可兼作安装螺栓

B. 摩擦连接是目前最广泛采用的基本连接方式

C. 同一接头中连接副的初拧、复拧、终拧应在12h内完成

D. 高强度螺栓群连接副施拧时，应从中央向四周顺序进行

E. 设计文件无规定的高强螺栓和焊接并用的连接节点宜先焊接再紧固

答案：B、D

[**解析**] 本题考查的是钢结构工程施工。高强度螺栓不得兼作安装螺栓。高强度螺栓按连接形式通常分为摩擦连接、张拉连接和承压连接等。其中，摩擦连接是目前广泛采用的基本连接形式。同一接头中，高强度螺栓连接副的初拧、复拧、终拧应在24h内完成。高强度螺栓连接副初拧、复拧和终拧原则上应以接头刚度较大的部位向约束较小的方向、螺栓群中央向四周的顺序进行。高强度螺栓和焊接并用的连接节点，当设计文件无规定时，宜按先螺栓紧固后焊接的施工顺序。

4. 关于涂膜防水屋面施工方法，下列说法正确的有（ ）。

A. 高低跨屋面，一般先涂高跨屋面，后涂低跨屋面

B. 相同高度屋面，按照距离上料点“先近后远”的原则进行涂布

C. 同一屋面，先涂布排水较集中的节点部位，再进行大面积涂布

D. 采用双层胎体增强材料时，上、下层应互相垂直铺设

E. 涂膜应根据防水涂料的品种分层分遍涂布，且前后两遍涂布方向平行

答案：A、C

[**解析**] 本题考查的是屋面防水工程施工。对相同高度屋面，要合理安排施工段，先涂布距离上料点远的部位，后涂布近处。采用二层胎体增强材料时，上、下层不得相互垂直铺设，搭接缝应错开，其间距不应小于幅宽的1/3。膜应根据防水涂料的品种分层分遍涂布，待先涂的涂层干燥成膜后，方可涂后一遍涂料，且前后两遍涂料的涂布方向应相互垂直。

四、其他年份考题

1. 在松散且湿度很大的土中挖6m深的沟槽，支护应优先选用（ ）。

A. 水平挡土板式支撑　　B. 垂直挡土板式支撑

C. 重力式支护结构　　D. 板式支护结构

答案：B

[**解析**] 本题考查的是横撑式支撑。对松散和湿度很高的沟槽土可用垂直挡土板式支撑，其挖土深度不限。

2. 在淤泥质黏土中开挖近10m深的基坑时，降水方法应优先选用（ ）。

A. 单级轻型井点　　B. 管井井点

C. 电渗井点　　D. 深井井点

答案：C

[**解析**] 本题考查的是电渗井点。在饱和黏土中，特别是淤泥和淤泥质黏土中，由于土的透水性较差，持水性较强，用一般喷射井点和轻型井点降水效果较差，此时宜增加电渗井点来配合轻型或喷射井点降水，以便对透水性较差的土起疏干作用，使水排出。

3. 水下开挖独立基坑，工程机械应优先选用（ ）。

A. 正铲挖掘机　B. 反铲挖掘机　C. 拉铲挖掘机　D. 抓铲挖掘机

答案：D

［解析］本题考查的是单斗挖掘机施工。抓铲挖掘机可以挖掘独立基坑、沉井，特别适于水下挖土。

4. 某建筑物设计基础底面以下有 2～3m 厚的湿陷性黄土需要换填加固，回填材料应优先采用（　　）。

A. 灰土　　B. 粗砂　　C. 砂砾石　　D. 粉煤灰

答案：A

［解析］本题考查的是换填地基法。灰土地基是将基础底面下要求范围内的软弱土层挖去，用一定比例的石灰与土在最佳含水量情况下，充分拌和分层回填夯实或压实而成。适用于加固深 1～4m 厚的软弱土、湿陷性黄土、杂填土等，还可用作结构的辅助防渗层。

5. 在含水砂层中施工钢筋混凝土预制桩基础，沉桩方法应优先选用（　　）。

A. 锤击沉桩　　B. 静力压桩　　C. 射水沉桩　　D. 振动沉桩

答案：D

［解析］本题考查的是振动沉桩。振动沉桩主要适用于砂土、砂质黏土、亚黏土层。在含水砂层中的效果更为显著，但在砂砾层中采用此法时，尚需配以水冲法。

6. 砌筑砂浆试块强度验收合格标准是，同一验收批砂浆试块强度平均值不应小于设计强度等级值的（　　）。

A. 90％　　B. 100％　　C. 110％　　D. 120％

答案：C

［解析］本题考查的是砌体结构工程施工。砌筑砂浆试块强度验收时其强度合格标准应符合下列规定：同一验收批砂浆试块强度平均值应大于或等于设计强度等级值的 1.10 倍。

7. 关于钢筋安装，下列说法正确的是（　　）。

A. 框架梁钢筋应安装在柱纵向钢筋的内侧

B. 牛腿钢筋应安装在柱纵向钢筋的外侧

C. 柱帽钢筋应安装在柱纵向钢筋的外侧

D. 墙钢筋的弯钩应沿墙面朝下

答案：A

［解析］本题考查的是钢筋工程。框架梁、牛腿及柱帽等钢筋应放在柱子纵向钢筋内侧，钢筋的弯钩应朝向混凝土内。

8. 混凝土浇筑应符合的要求为（　　）。

A. 梁、板混凝土应分别浇筑，先浇梁、后浇板

B. 有主、次梁的楼板宜顺着主梁方向浇筑

C. 单向板宜沿板的短边方向浇筑

D. 高度大于 1.0m 的梁可单独浇筑

答案：D

［解析］本题考查的是混凝土的浇筑。梁和板宜同时浇筑混凝土；有主、次梁的楼板宜顺着次梁方向浇筑；单向板宜沿着板的长边方向浇筑。

9. 关于装配式混凝土施工，下列说法正确的是（　　）。

A. 水平运输梁、柱构件时，叠放不宜超过 3 层

B. 水平运输板类构件时，叠放不宜超过 7 层

C. 钢筋套筒连接灌浆施工时，环境温度不低于10℃

D. 钢筋套筒连接施工时，连接钢筋偏离孔洞中心线不宜超过10mm

答案：A

[解析] 本题考查的是装配式混凝土施工。板类构件叠放不宜超过6层；灌浆施工时，环境温度不应低于5℃；连接钢筋偏离套筒或孔洞中心线不宜超过5mm。

10. 关于混凝土灌注桩施工，下列说法正确的有（　　）。

A. 泥浆护壁成孔灌注桩实际成桩顶标高应比设计标高高出0.8～1.0m

B. 地下水位以上地层可采用人工成孔工艺

C. 泥浆护壁正循环钻孔灌注桩适用于桩径2.0m以下桩的成孔

D. 干作业成孔灌注桩采用短螺旋钻孔机一般需分段多次成孔

E. 爆扩成孔灌注由桩柱、爆扩部分和桩底扩大头三个部分组成

答案：A、B、D

[解析] 本题考查的是混凝土灌注桩施工。正循环钻孔灌注桩适用于黏性土、砂土、强风化、中等到微风化岩石，可用于桩径小于1.5m、孔深一般小于或等于50m的场地。爆扩成孔灌注桩又称爆扩桩，由桩柱和扩大头两个部分组成。

11. 与正铲挖掘机相比，反铲挖掘机的显著优点是（　　）。

A. 对开挖土层级别的适应性宽　　B. 对基坑大小的适应性宽

C. 对开挖土层的地下水位适应性宽　　D. 装车方便

答案：C

[解析] 本题考查的是挖掘机的特点。反铲挖掘机的特点是：后退向下，强制切土。其挖掘力比正铲小，能开挖停机面以下的Ⅰ～Ⅲ级的沙土或黏土，适合开挖深度4m以内的基坑，对地下水位较高处也适用。

12. 石材幕墙的石材与幕墙骨架的连接有多种方式，其中使石材面板受力较好的连接方式是（　　）。

A. 钢销式连接　　B. 短槽式连接

C. 通槽式连接　　D. 背栓式连接

答案：D

[解析] 本题考查的是石材幕墙施工。背栓式连接与钢销式连接及槽式连接不同，它将连接石材面板的部位放在面板背部，改善了面板的受力。通常先在石材背面钻孔，插入不锈钢背栓，并扩胀使之与石板紧密连接，然后通过连接件与幕墙骨架连接。

13. 在钢筋混凝土结构构件中同一钢筋连接区段内纵向受力钢筋的接头，对设计无规定的，应满足的要求是（　　）。

A. 在受拉区接头面积百分率≤50%

B. 直接承受动力荷载的结构中，必须采用焊接连接

C. 直接承受动力荷载的结构中，采用机械连接其接头面积百分率≤50%

D. 必要时可在构件端部箍筋加密区设高质量机械连接接头，但面积百分率≤50%

E. 一般在梁端箍筋加密区不宜设置接头

答案：A、C、D、E

[解析] 本题考查的是混凝土结构工程施工。同一连接区段内，纵向受力钢筋的接

头面积百分率（同一连接区段内，纵向受力钢筋机械连接及焊接的接头面积百分率为该区段内有接头的纵向受力钢筋截面面积与全部纵向受力钢筋截面面积的比值）应符合设计要求；当设计无具体要求时，应符合下列规定：①在受拉区不宜大于5.0%；②接头不宜设置在有抗震设防要求的框架梁端、柱端的箍筋加密区；当无法避开时，对等强度高质量机械连接接头；不应大于50%；③直接承受动力荷载的结构构件中，不宜采用焊接接头；当采用机械连接接头时，不应大于50%。

14. 地下防水工程防水混凝土正确的防水构造措施有（　　）。

A. 竖向施工缝应设置在地下水和裂缝水较多的地段

B. 竖向施工缝尽量与变形缝相结合

C. 贯穿防水混凝土的铁件应在铁件上加焊止水铁片

D. 贯穿铁件端部混凝土覆盖厚不少于250mm

E. 水平施工缝应避开底板与侧墙交接处

答案：B、C、D、E

［**解析**］本题考查的是地下防水工程施工。垂直施工缝应避开地下水和裂隙水较多的地段，并宜与变形缝相结合。地下建筑施工中墙体模板的穿墙螺栓，穿过底板的基坑围护结构等，均是贯穿防水混凝土的铁件。为保证地下建筑的防水要求，可在铁件上加焊一道或数道止水铁片，延长渗水路径、减小渗水压力，达到防水目的。埋设件端部或预留孔、槽底部的混凝土厚度不得小于250mm；当混凝土厚度小于250mm时，应局部加厚或采取其他防水措施。墙体水平施工缝不应留在剪力与弯矩最大处或底板与侧墙的交接处，应留在高出底板表面不小于300mm的墙体上。

15. 屋面保温层施工应满足的要求有（　　）。

A. 先施工隔汽层再施工保温层

B. 隔汽层沿墙面高于保温层

C. 纤维材料保温层不宜采用机械固定法施工

D. 现浇泡沫混凝土保温层现浇的自落高度≤1m

E. 泡沫混凝土一次浇筑厚度≤200mm

答案：A、B、D、E

［**解析**］本题考查的是屋面保温工程。当设计有隔汽层时，先施工隔汽层，然后施工保温层；隔汽层四周应向上沿墙面连续铺设，并高出保温层表面不得小于150mm。纤维材料保温层施工时，应避免重压，并应采取防潮措施；屋面坡度较大时，宜采用机械固定法施工。现浇泡沫混凝土保温层施工时，浇筑出口离基层的高度不宜超过1m，泵送时应采取低压泵送。泡沫混凝土应分层浇筑，一次浇筑厚度不宜超过200mm，保湿养护时间不得少于7d。

考点二：道路、桥梁与涵洞工程施工技术

点评：考生在复习这部分内容时，应特别注意教材中近几年新增加和有变化的内容。在施工技术部分，2023年版教材与2021年版教材相比，对“路面施工”内容进行了修订。

知识要点集成

一、道路工程施工技术

表 4-10 道路工程施工技术

路基施工	一般路基土方施工	路堤的填筑	基底的处理	（1）当基底为松土或耕地时，应先清除有机土、种植土、草皮等，清除深度应达到设计要求，一般不小于15cm，平整后按规定要求压实。当基底土质湿软而深厚时，应按软土地基处理。 （2）基底应在填筑前进行压实，基底原状土的强度不符合要求时，应进行换填，换填深度应不小于30cm，并予以分层压实到规定要求。高速公路、一级公路、二级公路路堤基底的压实度应不小于90%，当路堤填土高度小于路床厚度（0.8m）时，基底的压实度不宜小于路床的压实度标准。 （3）基底土密实稳定，且地面横坡缓于1∶10，填方高大于0.5m时，基底可不处理；路堤填方高低于0.5m的地段，应清除原地表杂草。横坡为1∶10～1∶5时，应清除地表草皮杂物再填筑；横坡陡于1∶5时，应按设计要求挖台阶或设置成坡度向内并大于4%、宽度大于2m的台阶
			填料的选择	（1）优先采用：碎石、卵石、砾石、粗砂等具有良好透水性，且强度高、稳定性好的材料。 （2）可采用：亚砂土、亚黏土等经压实后也具有足够的强度。 （3）不宜作路堤填料：粉性土，水稳定性差。 （4）慎重采用：重黏土、黏性土、捣碎后的植物土等，其透水性差
			填筑方法	（1）水平分层填筑法的特点：该法易于达到规定的压实度，易于保证质量，是填筑路堤的基本方法。 （2）纵向分层填筑法： 1）适用范围：适用于地面纵坡大于12%、用推土机从路堑取料、填筑距离较短的路堤； 2）缺点：不易碾压密实。 （3）竖向填筑法： 1）适用范围：地面纵坡大于12%的深谷陡坡地段；竖向填筑因填土过厚不易压实，仅用于无法自下而上填筑的深谷、陡坡、断岩、泥沼等机械无法进场的路堤； 2）施工时采取的措施：选用高效能压实机械；采用沉陷量较小的砂性土或附近开挖路堑的废石方，并一次填足路堤全宽；在底部进行拨土夯实。 （4）混合填筑法： 1）适用范围：如因地形限制或堤身较高时，不宜采用水平分层填筑或横向填筑法进行填筑时，可采用混合填筑法； 2）特点：在施工中，单机或多机作业均可，一般沿线路分段进行，每段距离以20～40m为宜，多在地势平坦，或两侧有可利用的山地土场的场合采用

续表 4-10

<table>
<tr><td rowspan="7">路基施工</td><td>一般路基土方施工</td><td>路堑的开挖</td><td colspan="3">（1）横挖法：
1）单层横向全宽挖掘法是从开挖路堑的一端或两端按断面全宽一次性挖到设计标高，逐渐向纵深挖掘，挖出的土方一般都是向两侧运送，适用于挖掘浅且短的路堑。
2）多层横向全宽挖掘法是从开挖路堑的一端或两端按断面分层挖到设计标高，适用于挖掘深且短的路堑。
（2）纵挖法：多采用机械作业分层纵挖法、通道纵挖法和分段纵挖法三种。
1）分层纵挖法：适用于较长的路堑开挖。
2）通道纵挖法：适合于路堑较长、较深、两端地面纵坡较小的路堑开挖。
3）分段纵挖法：适用于路堑过长，弃土运距过长的傍山路堑，其一侧堑壁不厚的路堑开挖。
4）土质路堑纵向挖掘，多采用机械化施工。
（3）混合法：该法适用于路线纵向长度和挖深很大的路堑开挖</td></tr>
<tr><td rowspan="6">软土路基施工</td><td colspan="4">软土一般指淤泥、泥炭土、流泥、沼泽土和湿陷性大的黄土、黑土等，通常含水量大、承载力小、压缩性高，尤其是沼泽地，水分过多，强度很低</td></tr>
<tr><td rowspan="4">表层处理法</td><td colspan="2">砂垫层</td><td>（1）适用范围：
1）路堤高度小于 2 倍极限高度（在天然软土地基上，基底不做特殊加固处理而用快速施工方法修筑路堤的填筑最大高度）软土层及其硬壳较薄，或软土表面渗透性很低的硬壳等情况。
2）软土层稍厚但具有双面排水条件的地基。
（2）分类：排水砂垫层、换土砂垫层、砂垫层和土工布混合使用等形式。
（3）特点：施工简便，不需特殊机具设备，占地较少。
（4）施工要求：用于施工期限不紧迫、砂料来源充足、运距不远的施工环境</td></tr>
<tr><td colspan="2">反压护道</td><td>（1）适用范围：路堤高度不大于 1.5～2 倍的极限高度，非耕作区和取土不太困难的地区。
（2）特点：不需特殊的机具设备和材料，施工简易方便，但占地多，土用量大，后期沉降大，以后的养护工作量也大</td></tr>
<tr><td rowspan="2">土工聚合物处置</td><td>土工布</td><td>（1）土工布在软土地基加固中的作用包括排水、隔离、应力分散和加筋补强。
（2）土工布连接一般采用搭接法或缝接法。缝接法有一般缝法、丁缝法和蝶形法。
（3）土工布当铺设两层以上时，层与层之间要夹 10～20cm 的砂或砂砾垫层，以提高基底透水性</td></tr>
<tr><td>土工格栅</td><td>机理：格栅与土的相互作用。一般可归纳为格栅表面与土的摩擦作用、格栅孔眼对土的锁定作用和格栅肋的被动抗阻作用</td></tr>
</table>

续表 4-10

<table>
<tr><td rowspan="7">路基施工</td><td rowspan="7">软土路基施工</td><td rowspan="4">换填法</td><td colspan="3">一般适用于地表下 0.5～3.0m 的软土处置</td></tr>
<tr><td>开挖换填法</td><td colspan="2">（1）定义：将软弱地基层全部挖除或部分挖除，用透水性较好的材料（如砂砾、碎石、钢渣等）进行回填。
（2）特点：简单易行，也便于掌握。
（3）适用范围：对于软基较浅（1～2m）的泥沼地特别有效。但对于深层软基处理，要求沉降控制较严的路基、桥涵构造物、引道等，应考虑采用其他方法。
（4）分类：按软土层的分布形态与开挖部位，有全面开挖换填和局部开挖换填两种</td></tr>
<tr><td>抛石挤淤法</td><td colspan="2">（1）定义：在路基底部抛投一定数量片石，将淤泥挤出基底范围，以提高地基的强度。
（2）特点：施工简单、迅速、方便。
（3）适用范围：常年积水的洼地，排水困难，泥炭呈流动状态，厚度较薄，表层无硬壳，片石能沉达底部的泥沼或厚度为 3～4m 的软土；在特别软弱的地面上施工由于机械无法进入，或是表面存在大量积水无法排除时；石料丰富、运距较短的情况。
（4）施工要求：抛投顺序，应先从路堤中部开始，中部向前突进后再渐次向两侧扩展，以使淤泥向两旁挤出。当软土或泥沼底面有较大的横坡时，抛石应从高的一侧向低的一侧扩展，并在低的一侧多抛填一些</td></tr>
<tr><td>爆破排淤法</td><td colspan="2">（1）分类：
1）一种方法是先在原地面上填筑低于极限高度的路堤，再在基底下爆破，适用于稠度较大的软土或泥沼。
2）另一种方法是先爆后填，适用于稠度较小，回淤较慢的软土。
（2）适用范围：用于当淤泥（泥炭）层较厚，稠度大，路堤较高和施工期紧迫时；路段内没有桥涵等构造物，路基承载力均衡一致，因整体沉降对道路不会产生破坏，也可考虑换填。但对桥涵构造物及两侧引道等，应考虑采用其他方法</td></tr>
<tr><td rowspan="3">重压法</td><td>堆载预压法</td><td colspan="2">（1）适用范围：对各类软弱地基均有效。
（2）特点：
1）使用材料、机具简单，施工操作方便。
2）堆载预压需要一定的时间，适合工期要求不紧的项目</td></tr>
<tr><td rowspan="2">其他重压法</td><td>真空预压法</td><td>适用范围：适用于含水量高、孔隙比大、强度低、渗透系数和固结系数均较小的黏土</td></tr>
<tr><td>真空预压加堆载预压法</td><td>是堆载预压和真空预压两种方法的结合，原理与真空预压相同，但加载更大，预压时间缩短了一半</td></tr>
</table>

续表 4-10

<table>
<tr><td rowspan="7">路基施工</td><td rowspan="6">软土路基施工</td><td>垂直排水固结法</td><td>（1）适用范围：用于解决软土地基的沉降问题，可使地基沉降在加载预压期间基本完成或大部分完成，使公路完工后在营运期间不发生过大的沉降和减少桥头段沉降差。
（2）组成：是由排水系统和堆载系统两部分组成</td></tr>
<tr><td>稳定剂处置法</td><td>（1）原理：是利用生石灰、熟石灰、水泥等稳定材料，掺入软弱的表层黏土中，以改善地基的压缩性和强度特征，保证机械作业条件，提高路堤填土稳定及压实效果。
（2）施工时应注意以下几点：
1）工地存放的水泥、石灰不可太多，以一天使用量为宜，最长不宜超过三天的使用量，应做好防水、防潮措施。
2）压实要达到规定压实度，用水泥和熟石灰稳定处理土应在最后一次拌和后立即压实；而用生石灰稳定土的压实，必须有拌和时的初碾压和生石灰消解结束后的再次碾压</td></tr>
<tr><td>开挖换填法</td><td>（1）原理：在一定范围内，把软土挖除，用无侵蚀作用的低压缩散体材料置换，分层夯实。
（2）分类：按软土层的分布形态与开挖部位，有全面开挖换填和局部开挖换填两种</td></tr>
<tr><td>反压护道法</td><td>（1）缺点：利用这种方法用地宽度显著增加，为此需要大量的土地。在用地困难、征地费高以及难以得到廉价填土材料的情况下是很不经济的。
（2）适用范围：这种方法大多是用在施工过程中已经明显出现不稳定的填方或发生了滑坍破坏填方时，作为应急措施和修复措施</td></tr>
<tr><td>振冲置换（或称砂桩、碎石桩加固法）</td><td>（1）原理：利用能产生水平向振动的管桩机械在软弱黏土上地基中钻孔，再在孔内分批填入碎石或矿渣，制成桩体，使桩体和周围的地基土构成复合地基以提高地基承载力，并减少压缩性。
（2）适用范围：软弱黏性土地基，但对于抗剪强度较低的软黏土采用本方法务必慎重</td></tr>
<tr style="display:none"></tr>
<tr><td>路基石方开挖施工</td><td>爆破方法</td><td>（1）光面爆破：在开挖限界的周边，适当排列一定间隔的炮孔，在有侧向临空面的情况下，用控制抵抗线和药量的方法进行爆破，使之形成一个光滑平整的边坡。
（2）预裂爆破：在开挖限界处按适当间隔排列炮孔，在没有侧向临空面和最小抵抗线的情况下，用控制药量的方法，预先炸出一条裂缝，使拟爆体与山体分开，作为隔震减震带，起保护开挖限界以外山体或建筑物和减弱地震对其破坏的作用。
（3）微差爆破：两相邻药包或前后排药包以若干毫秒的时间间隔（一般为15～75ms）依次起爆，称为微差爆破，也称毫秒爆破。
（4）定向爆破：利用爆能将大量土石方按照指定的方向，搬移到一定的位置并堆积成路堤的一种爆破施工方法。
（5）洞室爆破：为使爆破设计断面内的岩体大量抛掷（抛坍）出路基，减少爆破后的清方工作量，保证路基的稳定性，可根据地形和路基断面形式，采用抛掷爆破、定向爆破、松动爆破方法</td></tr>
</table>

续表 4-10

路基施工	路基石方开挖施工	爆破作业主要工序	（1）炮位选择。 （2）凿孔。 （3）装药。 1）集中药包； 2）分散药包：适用于高作业面的开挖段； 3）药壶药包：适用于结构均匀致密的硬土、次坚石和坚石、量大而集中的石方施工； 4）坑道药包：适用于土石方大量集中、地势险要或工期紧迫的路段，以及一些特殊的爆破工程。 （4）药孔的堵塞。 （5）起爆。 （6）清方：就经济性来说，运距在 30～40m 以内，采用推土机较好；40～60m 用装载机自铲运较好；100m 以上用挖掘机配合自卸汽车较好
	路基石方填筑施工	填石路堤的填筑方法	山区填石路堤材料要求：石料来源主要是路堑和隧道爆破后的石料，其强度（饱水试件极限抗压强度）要求和风化程度应符合规定，最大粒径应不大于 500mm，并不宜大于层厚的 2/3。路床底面以下 400mm 范围内，填料粒径应小于 150mm。 （1）竖向填筑法（倾填法）： 1）适用范围：主要用于二级及二级以下，且铺设低级路面的公路，也可用在陡峻山坡施工特别困难或大量以爆破方式挖开填筑的路段；以及无法自下而上分层填筑的陡坡、断岩、泥沼地区和水中作业的填石路堤。 2）特点：施工路基压实、稳定问题较多。 （2）分层压实法（碾压法）： 适用范围：高速公路、一级公路和铺设高级路面的其他等级公路的填石路堤。 （3）冲击压实法： 1）优点：具有分层法连续性的优点，又具有强力夯实法压实厚度深的优点。 2）缺点：在周围有建筑物时，使用受到限制。 （4）强力夯实法：特点：机械设备简单，击实效果显著，施工中不需铺撒细粒料，施工速度快，有效解决了大块石填筑地基厚层施工的夯实难题。对强夯施工后的表层松动层，采用振动碾压法进行压实
路面施工	路面基层施工	石灰稳定土基层与水泥稳定土基层施工	（1）材料与拌和。城区施工应采用厂拌（异地集中拌和）方式，不得使用路拌方式，以保证配合比准确且达到文明施工要求。应根据原材料含水量变化、集料的颗粒组成变化、施工温度的变化、运输距离及时调整拌和用水量。稳定土拌和前，应先筛除集料中不符合要求的粗颗粒。宜用强制式拌和机进行拌和，拌和应均匀。

续表 4-10

路面施工	路面基层施工	石灰稳定土基层与水泥稳定土基层施工	（2）运输与摊铺。拌成的稳定土类混合料应及时运送到铺筑现场。水泥稳定土材料自搅拌至摊铺完成，不应超过 3h。运输中应采取防止水分蒸发和防扬尘的措施。宜在春末和气温较高季节施工，施工气温不应低于 5℃。厂拌石灰土类混合料摊铺时路床应润湿。雨期施工应防止石灰、水泥和混合料淋雨；降雨时应停止施工，已摊铺的应尽快碾压密实。 （3）压实与养护。压实系数应经试验确定。摊铺好的石灰稳定土应当天碾压成活，碾压时的含水量宜在最佳含水量的允许偏差范围内。水泥稳定土宜在水泥初凝前碾压成活。直线和不设超高的平曲线段，应由两侧向中心碾压；设超高的平曲线段，应由内侧向外侧碾压。纵、横接缝（槎）均应设直槎。纵向接缝宜设在路中线处，横向接缝应尽量减少。石灰土压实成活后应立即浇水（或覆盖）养护，保持湿润，直至上部结构施工为止；水泥土分层摊铺时，应在下层养护 7d 后方可摊铺上层材料。养护期应封闭交通
		石灰粉煤灰稳定砂砾（碎石）基层（也可称二灰混合料）施工	（1）材料与拌和。对石灰、粉煤灰等原材料应进行质量检验，符合要求后方可使用。按规范要求进行混合料配合比设计，使其符合设计与检验标准的要求。采用厂拌（异地集中拌和）方式，强制式拌和机拌制，配料应准确，拌和应均匀。拌和时应先将石灰、粉煤灰拌和均匀，再加入砂砾（碎石）和水均匀拌和。混合料含水量宜略大于最佳含水量。 （2）运输与摊铺。运送混合料应覆盖，防止水分蒸发和遗撒、扬尘。应在春末和夏季组织施工，施工期的日最低气温应在 5℃以上。根据试验确定的松铺系数控制虚铺厚度。 （3）压实与养护。每层最大压实厚度为 200mm，且不宜小于 100mm。碾压时采用先轻型、后重型压路机碾压。禁止用薄层贴补的方法进行找平。混合料的养护采用湿养，始终保持表面潮湿，也可采用沥青乳液和沥青下封层进行养护，养护期视季节而定，常温下不宜小于 7d
		级配砂砾（碎石）、级配砾石（碎砾石）基层施工	（1）材料与拌和。所用原材料的压碎值、含泥量及细长扁平颗粒含量等技术指标应符合规范要求，级配符合要求。采用厂拌方式，强制式拌和机拌制。 （2）运输与摊铺。运输中应采取防止遗撒和防扬尘的措施。宜采用机械摊铺，摊铺应均匀一致，发生粗、细集料离析（“梅花”或“砂窝”）现象时，应及时翻拌均匀。压实系数均应通过试验段确定，每层应按虚铺厚度一次铺齐，颗粒分布应均匀，厚度一致。 （3）压实与养护。碾压前和碾压中应适量洒水。碾压中对存在过碾压现象的部位，应进行换填处理。级配碎石及级配碎砾石视压实碎石的缝隙情况撒布嵌缝料。控制碾压速度，碾压至轮迹不大于 5mm，表面平整、坚实。碎石压实后及成活中适量洒水。未铺装上层前不得开放交通

续表 4-10

<table>
<tr>
<td>路面施工</td>
<td>路面面层施工</td>
<td>热拌沥青混合料路面施工</td>
<td>(1) 施工准备。
施工准备包括喷洒透层、粘层、封层油，运输与布料等。
1) 透层。为使沥青混合料面层与非沥青材料基层结合良好，在基层上喷洒能很好渗入表面的沥青类材料薄层。沥青混合料面层摊铺前应在基层表面喷洒透层油。根据基层类型选择渗透性好的液体沥青、乳化沥青作透层油。用于石灰稳定土类或水泥稳定土类基层的透层油，宜紧接在基层碾压成型后表面稍变干燥，但尚未硬化的情况下喷洒，洒布透层油后，应封闭交通。透层油洒布后的养护时间应根据透层油的品种和气候条件由试验确定。液体沥青中的稀释剂全部挥发或乳化沥青水分蒸发后，应及时铺筑沥青混合料面层。
2) 粘层。为加强路面沥青层之间，沥青层与水泥混凝土路面之间的黏结而洒布的沥青材料薄层。在既有结构和路缘石、检查井等构筑物与沥青混合料层的连接面应喷洒粘层油。粘层油宜采用快裂或中裂乳化沥青、改性乳化沥青，也可采用快凝或中凝液体石油沥青作粘层油。粘层油宜在摊铺面层当天洒布。
3) 封层。铺筑在面层表面的称为上封层，铺筑在面层下面的称为下封层。封层油宜采用改性沥青或改性乳化沥青，封层集料应质地坚硬、耐磨、洁净且粒径与级配应符合要求。
4) 透层、粘层宜采用沥青洒布车或手动沥青洒布机喷洒，喷洒应呈雾状，洒布均匀，用量与渗透深度宜按设计及规范要求并通过试洒确定。封层宜采用层铺法表面处治或稀浆封层法施工。当气温在10℃及以下，风力大于5级及以上时，不应喷洒透层、粘层、封层油。
5) 运输与布料。为防止沥青混合料黏结运料车车厢板，装料前应喷洒一薄层隔离剂或防粘接剂。运输中沥青混合料上宜用篷布覆盖保温、防雨和防污染。运料车轮胎上不得沾有泥土等可能污染路面的脏物，施工时发现沥青混合料不符合施工温度要求或结团成块、已遭雨淋，则不得使用。应按施工方案安排运输和布料，摊铺机前应有足够的运料车等候。对高等级道路，等候的运料车宜在5辆以上。运料车应在摊铺机前100～300mm外空挡等候，摊铺时被摊铺机缓缓顶推前进并逐步卸料，避免撞击摊铺机。每次卸料必须倒净，如有余料应及时清除，防止硬结。
(2) 摊铺作业。
1) 热拌沥青混合料应采用机械摊铺。摊铺机在开始受料前应在受料斗涂刷薄层隔离剂或防粘接剂。
2) 城市快速路、主干路宜采用两台以上摊铺机联合摊铺，其表面层宜采用多机全幅摊铺，以减少施工接缝。每台摊铺机的摊铺宽度宜小于6m。通常采用2台或多台摊铺机前后错开10～20m呈梯队方式同步摊铺，两幅之间应有30～60mm宽度的搭接，并应避开车道轮迹带，上下层搭接位置宜错开200mm以上。
3) 摊铺前应提前0.5～1.0h预热摊铺机熨平板使其不低于100℃。铺筑时熨平板振捣或夯实装置应选择适宜的振动频率和振幅，以提高路面初始压实度。
4) 摊铺机必须缓慢、均匀、连续不间断地摊铺，不得随意变换速度或中途停顿，以提高平整度、减少沥青混合料的离析。摊铺速度宜为2～6m/min。当发现沥青混合料面层出现明显的离析、波浪、裂缝、拖痕时，应分析原因，及时予以消除。</td>
</tr>
</table>

续表 4-10

路面施工	路面面层施工	热拌沥青混合料路面施工	5）摊铺机应采用自动找平方式。下面层宜采用钢丝绳或路缘石、平石控制高程与摊铺厚度，上面层宜采用导梁或平衡梁的控制方式。 6）最低摊铺温度根据铺筑层厚度、气温、沥青混合料种类、风速、下卧层表面温度等，按规范要求执行。例如，铺筑普通沥青混合料，下卧层的表面温度为15～20℃，铺筑层厚度为小于50mm、50～80mm、大于80mm三种情况下，最低摊铺温度分别是140℃、135℃、130℃。 7）松铺系数应根据混合料类型、施工机械和施工工艺等通过试铺试压确定。施工中随时检查铺筑层厚度、路拱及横坡，并以铺筑的沥青混合料总量与面积之比校验平均厚度。 8）摊铺沥青混合料应均匀、连续不间断。摊铺机的螺旋布料器转动速度与摊铺速度应保持均衡。为减少摊铺中沥青混合料的离析，布料器两侧应保持有不少于布料器2/3高度的混合料。摊铺的混合料，不宜用人工反复修整。 9）人工摊铺。不具备机械摊铺条件时（如路面狭窄部分、平曲线半径过小的匝道或加宽部分，以及小规模工程），可采用人工摊铺作业。半幅施工时，路中一侧宜预先设置挡板；摊铺时应扣锹布料，不得扬锹远甩；边摊铺边整平，严防集料离析；摊铺不得中途停顿，并尽快碾压；低温施工时，卸下的沥青混合料应覆盖篷布保温。 （3）压实成型与接缝。 1）压实施工应配备足够数量、状态完好的压路机，选择合理的压路机组合方式，根据摊铺完成的沥青混合料温度情况严格控制初压、复压、终压（包括成型）时机。压实层最大厚度不宜大于100mm，各层压实度及平整度应符合要求。压路机应以慢而均匀的速度碾压，且符合规范要求。碾压温度应根据沥青和沥青混合料种类、压路机、气温、层厚等因素经试压确定。 2）初压应采用钢轮压路机静压1～2遍。碾压时应将压路机的驱动轮面向摊铺机，从外侧向中心碾压，在超高路段和披道上则由低处向高处碾压。复压应紧跟初压连续进行。碾压路段长度宜为60～80m。 3）密级配沥青混凝土混合料复压宜优先采用重型轮胎压路机进行碾压，以增加密实性，其总质量不宜小于25t。相邻碾压带应重叠1/3～1/2轮宽。以粗集料为主的混合料，宜优先采用振动压路机复压（厚度宜大于30mm），振动频率宜为35～50Hz，振幅宜为0.3～0.8mm。层厚较大时宜采用高频大振幅，厚度较薄时宜采用低振幅，以防止集料破碎。相邻碾压带宜重叠100～200mm。当采用三钢轮压路机时，总质量不小于12t，相邻碾压带宜重叠后轮的1/2轮宽，并不应小于200mm。 4）终压应紧接在复压后进行。宜选用双钢轮压路机，碾压至无明显轮迹为止。 5）为防止沥青混合料粘轮，对压路机钢轮可涂刷隔离剂或防粘接剂，严禁刷柴油。也可向碾轮喷淋添加少量表面活性剂的雾状水。 6）压路机不得在未碾压成型路段上转向、掉头、加水或停留。在当天成型的路面上，不得停放各种机械设备或车辆，不得散落矿料、油料及杂物。 7）路面接缝必须紧密、平顺。上、下层的纵向热接缝应错开15cm；冷接缝应错开30～40cm。相邻两幅及上、下层的横向接缝均应错位1m以上。应采用3m直尺检查，确保平整度达到要求。

续表 4-10

路面施工	路面面层施工	热拌沥青混合料路面施工	8）采用梯队作业方式摊铺时应选用热接缝，将已铺部分留下 100～200mm 宽暂不碾压，作为后续部分的基准面，然后跨缝压实。如半幅施工采用冷接缝时，宜加设挡板或将先铺的沥青混合料刨出毛槎，涂刷粘层油后再铺新料，新料跨缝摊铺与已铺层重叠 50～100mm，软化下层后铲走重叠部分，再跨缝压密挤紧。 9）高等级道路的表面层横向接缝应采用垂直的平接缝，以下各层和其他等级的道路的各层可采用斜接缝。平接缝宜采用机械切割或人工刨除层厚不足部分，使工作缝成直角连接。清除切割时留下的泥水，干燥后涂刷粘层油，铺筑新混合料，接槎软化后，先横向碾压，再纵向充分压实，连接平顺
		改性沥青混合料路面施工	（1）生产。改性沥青混合料通常宜较普通沥青混合料的生产温度提高 10～20℃。改性沥青混合料宜采用间歇式拌和设备生产。改性沥青混合料拌和时间根据具体情况经试拌确定，以沥青均匀包裹集料为度。间歇式拌和机每盘的生产周期不宜少于 45s（其中干拌时间不少于 5～10s）。改性沥青 SMA 混合料的拌和时间应适当延长。拌和机宜备有保温性能好的成品储料仓，贮存过程中混合料温降不得大于 10℃。改性沥青混合料的贮存时间不宜超过 24h；改性沥青 SMA 混合料只限当天使用；大孔隙排水式沥青混合料（OGFC）宜随拌随用。 （2）摊铺。在喷洒粘层油的路面上铺筑改性沥青混合料时，宜使用履带式摊铺机。改性沥青 SMA 混合料施工温度应经试验确定，一般情况下，摊铺温度不低于 160℃。摊铺速度宜放慢至 1～3m/min。松铺系数应通过试验段取得。摊铺机应采用自动找平方式，中、下面层宜采用钢丝绳或导梁引导的高程控制方式，上面层宜采用非接触式平衡梁。 （3）压实与成型。初压开始温度不低于 150℃，碾压终了的表面温度不应低于 90～120℃。摊铺后应紧跟碾压，保持较短的初压区段，使混合料碾压温度不致降得过低。宜采用振动压路机或钢轮压路机碾压，不应采用轮胎压路机碾压。OGFC 宜采用 12t 以上钢轮压路机碾压。振动压实应遵循“紧跟、慢压、高频、低幅”的原则，即紧跟在摊铺机后面，采取高频率、低振幅的方式慢速碾压，这是保证平整度和密实度的关键。 （4）接缝。尽量避免出现冷接缝。摊铺时应保证充足的运料车次，以满足摊铺的需要，使纵向接缝成为热接缝。在摊铺特别宽的路面时，可在边部设置挡板。在处理横接缝时，应在当天改性沥青混合料路面施工完成后，在其冷却之前垂直切割端部不平整及厚度不符合要求的部分（先用 3m 直尺进行检查），并冲净、干燥，第二天，涂刷粘层油，再铺新料。其他接缝做法执行普通沥青混合料路面施工要求
		水泥混凝土路面施工	（1）混凝土配合比设计。混凝土配合比设计在兼顾经济性的同时应满足弯拉强度、工作性、耐久性三项指标要求；符合《城镇道路工程施工与质量验收规范》CJJ 1—2008 的有关规定。不同摊铺方式的混凝土最佳工作性范围及最大用水量、混凝土含气量、混凝土最大水灰比和最小单位水泥用量应符合规范要求，严寒地区混凝土抗冻等级不宜小于 F250，寒冷地区不宜小于 F200。

续表 4-10

路面施工	路面面层施工	水泥混凝土路面施工	（2）搅拌。搅拌设备应优先选用间歇式拌和设备，并在投入生产前进行标定和试拌，搅拌机配料计量偏差应符合规范规定。根据拌和物的黏聚性、均质性及强度稳定性经试拌确定最佳拌和时间。钢纤维混凝土的搅拌应符合《城镇道路工程施工与质量验收规范》CJJ 1—2008 的有关规定。 （3）运输。应根据施工进度、运量、运距及路况，选配车型和车辆总数。不同摊铺工艺的混凝土拌和物从搅拌机出料到铺筑完成的最长允许时间应符合规定。如施工气温为 10～19℃时，滑模、轨道机械施工 2.0h，而三辊轴机组、小型机具施工 1.5h；20～29℃时，前者 1.5h，后者 1.25h；30～35℃时，前者 1.25h，后者 1.0h。 （4）模板安装。宜使用钢模板，钢模板应顺直、平整，每 1m 设置 1 处支撑装置。如采用木模板，应质地坚实，变形小，无腐朽、扭曲、裂纹，且用前须浸泡，木模板直线部分板厚不宜小于 50mm，每 0.8～1m 设 1 处支撑装置；弯道部分板厚宜为 15～30mm，每 0.5～0.8m 设 1 处支撑装置，模板与混凝土接触面及模板顶面应刨光。模板制作偏差应符合规范规定。模板安装应符合下列规定：支模前应核对路面标高、面板分块、胀缝和构造物位置；模板应安装稳固、顺直、平整，无扭曲，相邻模板连接应紧密平顺，不得错位；严禁在基层上挖槽嵌入模板；使用轨道摊铺机应采用专用钢制轨模；模板安装完毕，应进行检验，合格后方可使用；模板安装检验合格后表面应涂隔离剂，接头应粘贴胶带或塑料薄膜等密封。 （5）钢筋设置。钢筋安装前应检查其原材料品种、规格与加工质量，确认符合设计要求与规范规定；钢筋网、角隅钢筋等安装应牢固、位置准确。钢筋安装后应进行检查，合格后方可使用；传力杆安装应牢固、位置准确。胀缝传力杆应与胀缝板、提缝板一起安装。当一次铺筑宽度小于面层宽度时，应设置纵向施工缝，纵向施工缝宜采用平缝加拉杆型。 （6）摊铺与振动。 1）三辊轴机组铺筑混凝土面层时，辊轴直径应与摊铺层厚度匹配，且必须同时配备一台安装了插入式振捣器组的排式振捣机；当面层铺装厚度小于 150mm 时，可采用振捣梁；当一次摊铺双车道面层时应配备纵缝拉杆插入机，并配有插入深度控制和拉杆间距调整装置。铺筑作业时卸料应均匀，布料应与摊铺速度相适应；设有纵缝、缩缝拉杆的混凝土面层，应在面层施工中及时安设拉杆；三辊轴整平机分段整平的作业单元长度宜为 20～30m，振捣机振实与三辊轴整平工序之间的时间间隔不宜超过 15min；在一个作业单元长度内，应采用前进振动、后退静滚方式作业，最佳滚压遍数应经过试验段确定。 2）采用轨道摊铺机铺筑时，最小摊铺宽度不宜小于 3.75m，并选择适宜的摊铺机型；坍落度宜控制在 20～40mm，根据不同坍落度时的松铺系数计算出松铺高度；轨道摊铺机应配备振捣器组，当面板厚度超过 150mm，坍落度小于 30mm 时，必须插入振捣；轨道摊铺机应配备振动梁或振动板对混凝土表面进行振捣和修整，使用振动板提浆饰面时，提浆厚度宜控制在（4±1）mm；面层表面整平时，应及时清除余料，用抹平板完成表面整修。

续表 4-10

路面施工	路面面层施工	水泥混凝土路面施工	3）采用滑模摊铺机摊铺时应布设基准线，清扫湿润基层，在拟设置胀缝处牢固安装胀缝支架，支撑点间距为 40～60cm。调整滑模摊铺机各项工作参数达到最佳状态，根据前方卸料位置，及时旋转布料器，横向均匀地两侧布料。振动仓内料位高度一般应高出路面 10cm。混凝土坍落度小，应用高频振动、低速度摊铺；混凝土坍落度大，应用低频振动、高速度摊铺。在摊铺过程中要做到起步缓慢、机械运行平稳、速度均匀、机组人员配合默契，摊铺机行走速度为 1～3m/min，振捣频率为 8 000～9 000r/min。 4）采用小型机具摊铺混凝土施工时，松铺系数宜控制在 1.10～1.25；摊铺厚度达到混凝土板厚的 2/3 时，应拔出模内钢钎，并填实钎孔；混凝土面层分两次摊铺时，上层混凝土的摊铺应在下层混凝土初凝前完成，且下层厚度宜为总厚的 3/5；混凝土摊铺应与钢筋网、传力杆及边缘角隅钢筋的安放相配合；一块混凝土板应一次连续浇筑完毕，并按要求做好振捣。 （7）接缝。 1）普通混凝土路面在与结构物衔接处、道路交叉和填挖土方变化处应设胀缝。胀缝应设置胀缝补强钢筋支架、胀缝板和传力杆。胀缝应与路面中心线垂直，缝壁必须垂直，缝宽必须一致，缝中不得连浆。缝上部灌填缝料，下部安装胀缝板和传力杆。当一次铺筑宽度小于面层加硬路肩总宽度时，应按设计要求设置纵向施工缝。 2）传力杆的固定安装方法有两种。一种是端头木模固定传力杆安装方法，宜用于混凝土板不连续浇筑时设置的胀缝。传力杆长度的一半应穿过端头挡板，固定于外侧定位模板中。混凝土拌和物浇筑前应检查传力杆位置；浇筑时，应先摊铺下层混凝土拌和物并用插入式振捣器振实，且应校正传力杆位置后，再浇筑上层混凝土拌和物。另一种是支架固定传力杆安装方式，宜用于混凝土板连续浇筑时设置的胀缝。传力杆长度的一半应穿过胀缝板和端头挡板，并应采用钢筋支架固定就位。浇筑时应先检查传力杆位置，再在胀缝两侧前置摊铺混凝土拌和物至板面，振捣密实后，抽出端头挡板，空隙部分填补混凝土拌和物，并用插入式振捣器振实。胀缝板应连续贯通整个路面板宽度。 3）缩缝应垂直板面，采用切缝机施工，宽度宜为 4～6mm。切缝深度：设传力杆时，不应小于面层厚的 1/3，且不得小于 70mm；不设传力杆时不应小于面层厚的 1/4，且不应小于 60mm。当混凝土达到设计强度的 25%～30%时，采用切缝机进行切割。 4）纵缝有平缝、企口缝等形式。平缝纵缝，对已浇筑混凝土板的缝隙涂刷沥青，避免涂在拉杆上。浇筑邻板时缝的上部压成规定深度的缝槽。企口缝纵缝，宜先浇筑混凝土板凹榫的一边，缝壁涂刷沥青，浇筑邻板时靠缝壁浇筑。纵缝设置拉杆时，拉杆应设置在板厚中间，设置拉杆的纵缝模板，预先根据拉杆的设计位置放样打眼。 5）混凝土板养护期满后，缝槽应及时填缝。填缝料的充实度根据施工季节而定，常温施工与路面平，冬期施工宜略低于板面。填缝料应与混凝土缝壁黏附紧密，不渗水。在面层混凝土弯拉强度达到设计强度，且填缝完成前，不得开放交通。 （8）养护。混凝土浇筑完成后应及时进行养护，可采取喷洒养护剂或保湿覆盖等方式；在雨天或养护用水充足的情况下，可采用保湿膜、土工毡、麻袋、草袋、草帘等覆盖物洒水湿养护方式，不宜使用围水养护；昼夜温差大于 10℃以上的地区或日均温度低于 5℃施工的混凝土板应采用保温养护措施。养护时间应根据混凝土弯拉强度增长情况而定，不宜小于设计弯拉强度的 80%，一般宜为 14～21d。应特别注重前 7d 的保湿（温）养护

续表 4-10

	土石方施工机械	（1）平地机：可进行地面平整、挖沟、刮土、推土、松土、除雪等多种作业。 （2）破碎筛分机械
筑路机械	压实机械	（1）静力压路机： 1）光轮压路机： • 又称钢轮压路机，用来压实路基路面，有时也被用来碾压密实土方，是公路和城市道路施工必备的施工机械。 • 根据光轮压路机的整机质量，可分轻型（6～8t）、中型（8～10t、10～12t）、重型（12～15t 以上）。 • 轻型压路机适用于城市道路、简易公路路面压实和临时场地压实及公路养护工作等；中型压路有二轮二轴式和三轮二轴式两种，前者大多用来压实、压平各种路面，后者大多用于压实路基、地基以及初压铺砌层；重型压路机主要用于最终压实路基和其他基础层。 2）轮胎压路机： • 用于压实工程设施基础，压平砾石、碎石、沥青混凝土路面，是市政、公路和水利等工程不可缺少的压实机械。 • 轮胎压路机具有可增减配重与改变轮胎充气压力的性能。 （2）振动压路机：适用于公路工程的土方碾压，垫层、基层、底基层的各种材料碾压，在沥青混凝土路面施工时，初压和终压适宜静压，在复压时可以使用振动碾压。 （3）夯实机械：适用于对黏性土壤和非黏性土壤进行夯实作业，夯实厚度可达到1～1.5m
筑路机械	路面施工机械	（1）摊铺机： 1）沥青混凝土摊铺机： • 是用于铺筑沥青混凝土路面的专用设备。 • 适用于公路、城市道路、机场等铺筑作业。 • 履带式摊铺机的最大优点是对路基的不平度敏感性差，因而摊铺工作稳定性好，又因其接地压力低，具有较大的牵引力，所以很少出现打滑现象，多用于新建公路及大规模的城市道路施工。 • 轮胎式沥青混凝土摊铺机的最大优点是机动性好，适用于经常转移工地或较大距离的运行。但在摊铺宽度较大、厚度超厚时，轮胎易出现打滑现象，轮胎式摊铺机多用于城市道路施工。 2）水泥混凝土摊铺机： • 是完成水泥混凝土路面铺筑的专用机械。 • 适用于水泥混凝土路面（公路、机场跑道、大面积地坪等）的混凝土摊铺。 （2）沥青洒布机： 1）按运行方式可分为自行式和拖式两种。 2）自行式适用于大型路面工程和距离沥青供应基地较远的野外筑路工程。拖式适用于路面维修

二、桥梁工程施工技术

表 4-11 桥梁工程施工技术

<table>
<tr><td rowspan="4">桥梁下部结构施工</td><td rowspan="3">桥梁墩台施工</td><td rowspan="2">整体式墩台施工</td><td>石砌墩台</td><td>(1) 砌石时所采用的施工脚手架应环绕墩台搭设，主要用于堆放材料。
(2) 轻型脚手架有适用于 6m 以下墩台的固定式轻型脚手架、适用于 25m 以下墩台的简易活动脚手架；较高的墩台可用悬吊脚手架</td></tr>
<tr><td>混凝土墩台</td><td>(1) 混凝土墩台的模板、支架稳定计算中应考虑风力影响。根据施工经验，当墩台高度小于 30m 时采用固定模板施工；当高度大于或等于 30m 时常用滑动模板施工。
(2) 墩台的混凝土的自身特点：
1) 墩台混凝土特别是实体墩台均为大体积混凝土，水泥应优先选用矿山渣水泥，火山灰水泥，采用普通水泥时强度等级不宜过高。
2) 当墩台截面小于或等于 $100m^2$ 时应连续灌注混凝土，以保证混凝土的完整性；当墩台截面大于 $100m^2$ 时，允许适当分段浇筑。分块数量，墩台水平截面面积在 $200m^2$ 内不得超过 2 块；在 $300m^2$ 以内不得超过 3 块。每块面积不得小于 $50m^2$。
3) 墩台混凝土宜水平分层浇筑，每层高度宜为 1.5～2.0m。
4) 墩台混凝土分块浇筑时，接缝应与墩台截面尺寸较小的一边平行，邻层分块接缝应错开，接缝宜做成企口形。
(3) 采用预制混凝土管做柱身外模时，预制管安装应符合下列要求：
1) 基础面宜采用凹槽接头，凹槽深度不得小于 50mm；
2) 上下管节安装就位后，应采用四根竖方木对称设置在管柱四周并绑扎牢固，防止撞击错位；
3) 混凝土管柱外模应设斜撑，保证浇筑时的稳定；
4) 管节接缝应采用水泥砂浆等材料密封</td></tr>
<tr><td>装配式墩台施工</td><td colspan="2">适用于山谷架桥、跨越平缓无漂流物的河沟、河滩等的桥梁，特别是在工地干扰多、施工场地狭窄、缺水与砂石供应困难地区，其效果更为显著</td></tr>
<tr><td>墩台基础施工</td><td colspan="3">(1) 挖扩大基础施工。
(2) 桩与管柱基础施工：
1) 锤击沉桩：一般适用于中密砂类土、黏性土。
2) 射水沉桩：在砂夹卵石层或坚硬土层中，一般以射水为主，锤击或振动为辅；在亚黏土或黏土中，为避免降低承载力，一般以锤击或振动为主，以射水为辅，并应适当控制射水时间和水量。
3) 振动沉桩：适用于砂质土、硬塑及软塑的黏性土和中密或较松散的碎、卵石类土。对于软塑类黏土及饱和砂质土，当基桩入土深度小于 15m 时，可采用振动沉桩机。除此情况外，宜采用射水配合沉桩。
4) 静力压桩：适用于高压缩性黏土或砂性较轻的亚黏土层。
5) 水中沉桩。
(3) 沉井基础施工</td></tr>
</table>

续表 4-11

<table>
<tr><td rowspan="4">桥梁上部结构施工</td><td rowspan="4">桥梁承载结构的施工方法</td><td>支架现浇法</td><td colspan="2">（1）优点：
就地浇筑施工无须预制场地，而且不需要大型起吊、运输设备，梁体的主筋可不中断，桥梁整体性好。
（2）缺点：
1）工期长，施工质量不容易控制。
2）对预应力混凝土梁由于混凝土的收缩、徐变引起的应力损失比较大。
3）施工中的支架、模板耗用量大，施工费用高。
4）搭设支架影响排洪、通航，施工期间可能受到洪水和漂流物的威胁</td></tr>
<tr><td>预制安装法</td><td colspan="2">特点：
（1）由于是工场生产制作，构件质量好，有利于确保构件的质量和尺寸精度，并尽可能多地采用机械化施工。
（2）上、下部结构可以平行作业，因而可缩短现场工期。
（3）能有效利用劳动力，并由此而降低了工程造价。
（4）由于施工速度快可适用于紧急施工工程。
（5）将构件预制后由于要存放一段时间，因此在安装时已有一定龄期，可减少混凝土收缩、徐变引起的变形</td></tr>
<tr><td rowspan="2">悬臂施工法</td><td>特点</td><td>（1）悬臂施工宜在营运状态的结构受力与施工阶段的受力状态比较近的桥梁中选用。
（2）非墩梁固接的预应力混凝土梁桥，采用悬臂施工时应采取措施使墩、梁临时固结。
（3）采用悬臂施工的机具设备种类较多，可根据实际情况选用。
（4）悬臂浇筑施工简便，结构整体性好，施工中可不断调整位置，常在跨径大于 100m 的桥梁上选用；悬臂拼装法施工速度快，桥梁上、下部结构可平行作业，但施工精度要求比较高，可在跨径 100m 以下的大桥中选用。
（5）悬臂施工法可不用或少用支架，施工不影响通航或桥下交通</td></tr>
<tr><td>注意事项</td><td>（1）悬浇梁体一般应分四大部分浇筑：墩顶梁段（0 号块）；墩顶梁段（0 号块）两侧对称悬浇梁段；边孔支架现浇梁段；主梁跨中合龙段。
（2）悬浇顺序及要求：
1）在墩顶托架或膺架上浇筑 0 号段并实施墩梁临时固结。
2）在 0 号块段上安装悬臂挂篮，向两侧依次对称分段浇筑主梁至合龙前段。
3）在支架上浇筑边跨主梁合龙段。
4）最后浇筑中跨合龙段形成连续梁体系。
5）悬臂浇筑混凝土时，宜从悬臂前端开始，最后与前段混凝土连接。
6）桥墩两侧梁段悬臂施工应对称、平衡，平衡偏差不得大于设计要求。
（3）张拉及合龙：
1）预应力混凝土连续梁悬臂浇筑施工中，顶板、腹板纵向预应力筋的张拉顺序为上下、左右对称张拉，设计有要求时按设计要求施作。
2）预应力混凝土连续梁合龙顺序一般是先边跨、后次跨、最后中跨</td></tr>
</table>

续表 4-11

桥梁上部结构施工	桥梁承载结构的施工方法	转体施工法	特点： （1）可以利用地形，方便预制构件。 （2）施工期间不断航，不影响桥下交通，并可在跨越通车线路上进行桥梁施工。 （3）施工设备少，装置简单，容易制作并便于掌握。 （4）节省木材，节省施工用料。 （5）减少高空作业，施工工序简单，施工迅速，当主要结构先期合拢后，给以后施工带来方便。 （6）转体施工适合于单跨和三跨桥梁，可在深水、峡谷中建桥采用，同时也适应在平原区以及用于城市跨线桥。 （7）大跨径桥梁采用转体施工将会取得良好的技术经济效益，转体重量轻型化，多种工艺综合利用，是大跨及特大路桥施工有力的竞争方案
		顶推法施工	特点： （1）顶推法可以使用简单的设备建造长大桥梁，施工费用低，施工平稳无噪声，可在水深、山谷和高桥墩上采用，也可在曲率相同的弯桥和坡桥上使用。 （2）主梁分段预制，连续作业，结构整体性好；由于不需要大型起重设备，所以施工节段的长度一般可取用 10～20m。 （3）桥梁节段固定在一个场地预制，便于施工管理，改善施工条件，避免高空作业。同时，模板、设备可多次周转使用，在正常情况下，节段的预制周期为7～10d。 （4）顶推施工时，用钢量较高。 （5）顶推法宜在等截面梁上使用，当桥梁跨径过大时，选用等截面梁会造成材料用量的不经济，也增加施工难度，因此以中等跨径的桥梁为宜，桥梁的总长也以 500～600m 为宜
		移动模架逐孔施工法	特点： （1）移动模架法不需设置地面支架，不影响通航和桥下交通，施工安全、可靠。 （2）有良好的施工环境，保证施工质量，一套模架可多次周转使用，具有在预制场生产的优点。 （3）机械化、自动化程度高，节省劳力，降低劳动强度，上、下部结构可以平行作业，缩短工期。 （4）通常每一施工梁段的长度取用一孔梁长，接头位置一般可选在桥梁受力较小的部位。 （5）移动模架设备投资大，施工准备和操作都较复杂。 （6）移动模架逐孔施工宜在桥梁跨径小于 50m 的多跨长桥上使用

续表 4-11

桥梁上部结构施工	桥梁承载结构的施工方法	横移法施工	特点： （1）由于混凝土桥具有较大的自重，横移法施工常在钢桥上使用。 （2）横向位移施工多用于正常通车线路上的桥梁工程的换梁。 （3）横移施工也可与其他施工方法配合使用
		提升与浮运施工	特点： （1）是一种采用竖向运动施工就位的方法。 （2）提升施工是在未来安置结构物以下的地面上预制该结构并把它提升就位。 （3）浮运施工是将桥梁在岸上预制，通过大型浮船移运至桥位，利用船的上下起落安装就位的方法

三、涵洞工程施工技术

表 4-12 涵洞工程施工技术

钢筋混凝土盖板涵施工	砌筑基础	（1）挖基： 1）基坑的开挖应根据土质、基坑深度、工期以及有无地下水或地表水等因素，采用人工或机械挖基。 2）基底若有局部超挖之处，不能用松土填补，只能在砌筑基础时调平。 3）如基底不够密实，可进行原地面夯实，或夯填一层卵、碎石。 4）基坑开挖后，如发现土质与设计资料不符或有疑问时，应在基底高程处取土样做土工试验。 5）对于土质和结构复杂的涵洞，必要时可在基底做载重试验来确定地基承载力。 6）基础砌筑前，应经过检查部门的检验（或委托检验），并在工程检查证上签字后才能砌筑基础。 （2）砌筑基础： 1）基础的砌筑还应按设计图纸的要求留出沉降缝的位置，在灌筑基础混凝土时，可用沥青浸制木板作隔板和混凝土一起灌筑在基础中。 2）如施工时不用木板，沉降缝也可用黏土填塞。 3）如基础是浆砌片石，沉降缝处砌筑端面应垂直、整齐、方正，不得交错。 4）当基础不厚，在砌完后用黏土填满沉降缝。如基础较厚，可边砌边填黏土，并在流水面边缘以 1∶3 水泥砂浆填塞，深约 150mm
	砌筑边墙	（1）当在基顶已放好边墙底平面尺寸后，利用木板条制成边墙断面挂线样板，把它固定在沉降缝的位置上，挂上线绳作为砌筑时的依据。 （2）边墙顶部与盖板接触面以下 0.4m 范围内，用 C15 混凝土，此部分以下及翼墙均有 M10 水泥砂浆砌片石
钢筋混凝土圆涵施工	施工顺序	围堰（筑坝）→抽水→除淤清基→管位放样→基槽开挖→铺筑垫层→浇捣管基→排管→接缝处理→端墙砌筑→洞口铺砌→坡脚浇捣→砌护坡→养护→拆坝通水

续表 4-12

钢筋混凝土圆涵施工	施工方法	（1）围堰（筑坝）。坝顶比施工期间可能出现的最高水位至少要高出 0.5～1m，以防淹没。 （2）基槽开挖。涵管施工的基槽开挖一般采用无支撑梯形断面，以便于大型筑管的吊装。 （3）涵管基础。涵管基础的标高、厚度由打入槽底的木桩控制，涵管基础分管座、管基和垫层。垫层铺筑按基槽宽满铺。管基采用混凝土浇捣。 （4）排管。涵管需用吊车下管。 （5）接缝处理。涵管接缝一般采用柔性接口，并设有预制钢筋混凝土套环。 （6）拆模还土。为防止涵管渗漏，涵管四周宜用黏土做 15cm 厚的防水层。涵洞周围填土均须用黏土或亚黏土回填。 （7）洞口砌筑。浆砌块石强度达到 80%以上时可填土
混凝土拱涵和石砌拱涵施工	拱圈施工	拱架立好，经过检查无误，即可砌筑拱圈，原则上都是自两拱座起对称并进至拱顶刹尖。 （1）小跨度石拱涵多采用块石砌筑。 （2）当拱圈为混凝土块砌体时，灰缝宽度宜为 2cm。在寒冷或严寒地区所用石料及混凝土块，应符合冻融试验指标。采用混凝土块砌拱圈时，砌块应提前制作，宜比封顶时间提前 4 个月。 （3）当拱涵用混凝土预制拱圈安装时，成品达到设计强度的 70%时才允许搬运、安装。拱座与拱圈、拱圈与拱圈以及盖板与边墙的接触面，应浇水湿润，以不低于 M10 水泥砂浆（稠度宜小）铺设接触面或填塞接触缝。 （4）就地灌筑的混凝土拱圈及端墙的施工，应铺好底模及堵头板；并标整出拱圈中线。要求全拱一次灌完，不能中途间歇；如因工程量大，一次难以完成全拱时，可按基础沉降缝分节进行，每节应一次连续灌完，绝不可水平分段，也不宜按拱圈辐射方向分层
	拆除拱架与拱顶填土	（1）当拱圈中砂浆强度达到设计强度的 70%时，即可拆除拱圈支架，但须待达到设计强度的 100%后，方可填土。当拱圈支架未拆除，拱圈中砂浆强度达到设计强度的 70%时，可进行拱顶填土，但应待拱圈中砂浆强度达到设计强度的 100%后，方能拆除拱圈支架。 （2）对同一排拱拱架，拆除时可自中央向两侧用手锤打出楔木，将支架平顺地降下。 （3）拆除钢轨拱架时，当楔木已去除，拱架仍不降落，可采取反扣螺栓张拉拱架两端底部，促使其下降

续表 4-12

<table>
<tr><td>箱涵</td><td colspan="2">就地浇筑的箱涵与盖板涵的区别是：
（1）盖板涵的台身与盖板是分开浇筑的，台身还可以采用砌石圬工，成为简支结构。
（2）箱涵的上下顶板、底板与左右墙身是连续浇筑的，成为刚性结构</td></tr>
<tr><td rowspan="3">涵洞附属工程</td><td>沉降缝施工</td><td>（1）涵洞和急流槽、端墙、翼墙、进出水口急流槽等，须在结构分段处设置沉降缝。
（2）沉降缝必须贯穿整个断面（包括基础），缝宽约 2～3cm。涵身一般每隔 4～6m 设沉降缝一道。
（3）凡地基土质发生变化，基础埋置深度不一，基础对地基的压力发生较大变化，基础填挖交界处，以及采用填石抬高基础的涵洞，都应设置沉降缝。
（4）斜交正做涵洞，沉降缝与涵洞中心线垂直；斜交斜做涵洞，沉降缝与路基中心线平行。
（5）沉降缝的填塞方法如下：
1）基础顶面以下，填嵌沥青木板或沥青砂板，也可以用黏土填入捣实。
2）在基础顶面以上，接缝外侧以热沥青浸制麻絮填塞。
3）各式有基础涵洞的基础顶面以上，均应顺沉降缝外侧周围设置黏土保护层。对于无圬工基础涵洞，保护层宜使用沥青混凝土或沥青胶砂</td></tr>
<tr><td>防水层施工</td><td>（1）各式钢筋混凝土涵洞的涵身及端墙，在基础面以上凡被土掩填部分，均涂以热沥青两道。
（2）混凝土及石砌涵洞（及端、翼墙）被土掩埋部分，只需将圬工表面做平，没有凹入存水部位，可不设防水层。
（3）钢筋混凝土明涵可采用 2cm 厚的防水砂浆或 4～6cm 厚的防水混凝土</td></tr>
<tr><td>涵洞进出水口</td><td>（1）涵洞进出水口工程是指涵洞端墙、翼墙（包括八字墙、锥坡、平行廊墙）以外的部分。
（2）平原地区的处理工程。涵洞出入口的沟床应整理顺直，与上、下排水系统的连接应圆顺、稳固，保证流水顺畅，避免损害路堤、村舍、农田、道路等。
（3）山丘区的处理工程。在山丘区的涵洞底纵坡超过 5%时，除进行上述处理外，还应对沟床进行干砌或浆砌片石防护，翼墙以外的沟床当坡度较大时，也应铺砌防护</td></tr>
</table>

经典考题剖析

一、2023 年考题

1. 用表层处理法进行软土路基施工时，软土层顶面铺砂垫层的主要作用是（　　）。

A. 浅层水平排水　　B. 提高路堤填土压实效果

C. 减少路基填土量　　D. 取代土工聚合物处置

答案：A

［解析］本题考查的是路基施工。在软土层顶面铺砂垫层，主要起浅层水平排水作用，使软土在路堤自重的压力作用下，加速沉降发展，缩短固结时间。但对基底应力分布和沉降量的大小无显著影响。

2. 在跨越通车线路上进行大跨及特大路桥上部结构施工，宜采用的施工方法是（ ）。

A. 支架现浇法　　B. 悬臂施工法

C. 转体施工法　　D. 顶推施工法

答案：C

［解析］本题考查的是桥梁上部结构的施工。转体施工施工期间不断航，不影响桥下交通，并可在跨越通车线路上进行桥梁施工。大跨径桥梁采用转体施工将会取得良好的技术经济效益，转体重量轻型化、多种工艺综合利用，是大跨及特大路桥施工有力的竞争方案。

3. 斜交斜做箱涵伸缩缝位置，下列说法正确的是（ ）。

A. 与路基中心线平行　　B. 与路基中心线垂直

C. 与涵洞中心线平行　　D. 与涵洞中心线垂直

答案：A

［解析］本题考查的是涵洞工程施工技术。斜交正做涵洞，沉降缝与涵洞中心线垂直；斜交斜做涵洞，沉降缝与路基中心线平行。但拱涵、管涵的沉降缝应与涵洞中心线垂直。

4. 下列关于混凝土桥梁墩台施工工艺要求的说法，正确的有（ ）。

A. 墩台截面小于 $100m^2$ 时应连续灌注混凝土

B. 当墩合高度高于 30m 时，常采用固定模板施工

C. 墩台混凝土分块浇筑时，邻层分块接缝宜错开

D. 墩台混凝土宜水平分层浇筑，每层高度宜为 12～18m

E. 实体墩台为大体积混凝土时，应优先选用矿渣水泥或火山灰水泥

答案：A、C、E

［解析］本题考查的是桥梁下部结构施工。选项 A 正确，当墩台截面小于或等于 $100m^2$ 时应连续灌注混凝土，以保证混凝土的完整性；当墩台截面面积大于 $100m^2$ 时，允许适当分段浇筑。选项 B 错误，当墩台高度小于 30m 时采用固定模板施工；当高度大于或等于 30m 时常用滑动模板施工。选项 C 正确，墩台混凝土分块浇筑时，接缝应与墩台截面尺寸较小的一边平行，邻层分块接缝应错开，接缝宜做成企口形。选项 D 错误，墩台混凝土宜水平分层浇筑，每层高度宜为 1.5～2.0m。选项 E 正确，墩台混凝土特别是实体墩台均为大体积混凝土时，水泥应优先选用矿山渣水泥，火山灰水泥，采用普通水泥时强度等级不宜过高。

二、2022 年考题

1. 下列地质路堑开挖方法中，适用于浅且短的路堑开挖方法是（ ）。

A. 单层横向全宽挖掘法　　B. 多层横向全宽挖掘法

C. 通道纵挖法　　　　D. 分层纵挖法

答案：A

［解析］本题考查的是道路工程施工技术。单层横向全宽挖掘法，适用于挖掘浅且短的路堑；多层横向全宽挖掘法，适用于挖掘深且短的路堑；通道纵挖法，适合于路堑较长、较深、两端地面纵坡较小的路堑开挖；分层纵挖法，适用于较长的路堑开挖。

2. 关于桥梁墩台施工，下列说法正确的是（　　）。

A. 墩台混凝土宜垂直分层浇筑

B. 实体墩台为大体积混凝土的，水泥应选用硅酸盐水泥

C. 墩台混凝土分块浇筑时，接缝应与墩台截面尺寸较大的一边平行

D. 墩台混凝土分块浇筑时，邻层接缝宜做成企口形

答案：D

［解析］本题考查的是桥梁下部结构施工。墩台混凝土宜水平分层浇筑；墩台混凝土特别是实体墩台均为大体积混凝土，水泥应优先选用矿山渣水泥，火山灰水泥，采用普通水泥时强度等级不宜过高；墩台混凝土分块浇筑时，接缝应与墩台截面尺寸较小的一边平行，邻层分块接缝应错开，接缝宜做成企口形。

3. 大型涵管排管宜选用的方法是（　　）。

A. 外壁边线排管　　　　B. 基槽边线排管

C. 中心线法排管　　　　D. 基础标高排管

答案：C

［解析］本题考查的是钢筋混凝土圆涵施工。中小型涵管可采用外壁边线排管，大型涵管须用中心线法排管。

4. 根据加固性质，下列施工方法中，适用于软土路基的有（　　）。

A. 分层压实法　　　　B. 表层处理法

C. 竖向填筑法　　　　D. 换填法

E. 重压法

答案：B、D、E

［解析］软土一般指淤泥、泥炭土、流泥、沼泽土和湿陷性大的黄土、黑土等，通常含水量大、承载力小、压缩性高，尤其是沼泽地，水分过多，强度很低。按加固性质，软土路基施工主要有表层处理法、换填法、重压法、垂直排水固结法、稳定剂处置法、振冲置换法。

5. 下列桥梁上部结构的施工方法中，施工期间不影响通航或桥下交通的有（　　）。

A. 悬臂施工法　　　　B. 支架现浇法

C. 预制安装法　　　　D. 转体施工法

E. 提升浮运施工法

答案：A、D、E

［解析］搭设支架影响排洪、通航，施工期间可能受到洪水和漂流物的威胁。预制安装的方法很多，根据实际情况可采用自行式吊车安装、跨墩龙门架安装、架桥机安装、扒杆安装、浮吊安装等，可能影响桥下交通。浮运施工是将桥梁在岸上预制，通过

大型浮船移运至桥位，利用船的上下起落安装就位的方法。

三、2021 年考题

1. 在浇筑与混凝土柱和墙相连的梁和板混凝土时，正确的施工顺序应为（ ）。

A. 与柱同时进行

B. 与墙同时进行

C. 与柱和墙协调同时进行

D. 在浇筑柱和墙完毕后 1～1.5h 后进行

答案：D

［解析］本题考查的是混凝土结构工程施工——混凝土工程。在浇筑与柱和墙连成整体的梁和板时，应在柱和墙浇筑完毕后停歇 1～1.5h，再继续浇筑。

2. 下列预应力混凝土结构中，通常使用先张法施工的构件（ ）。

A. 桥跨结构　　B. 现场预制的大型构件

C. 特形结构　　D. 大型构筑物构件

答案：A

［解析］本题考查的是预应力混凝土工程施工。先张法多用于预制构件厂生产定型的中小型构件，也常用于生产预应力桥跨结构等。

3. 关于自行杆式起重机的特点，以下说法正确的是（ ）。

A. 履带式起重机的稳定性高

B. 轮胎起重机不适合在松软地面上工作

C. 汽车起重机可以负荷行驶

D. 履带式起重机的机身回转幅度小

答案：B

［解析］本题考查的是结构吊装工程施工。履带式起重机由行走装置、回转机构、机身及起重杆等组成。采用链式履带的行走装置，对地面压力大为减小，装在底盘上的回转机构使机身可回转 360°。机身内部有动力装置、卷扬机及操纵系统。其缺点是稳定性较差，未经验算不宜超负荷吊装。汽车起重机不能负荷行驶。

4. 与内贴法相比，地下防水施工外贴法的优点是（ ）。

A. 施工速度快

B. 占地面积小

C. 墙与底板结合处不容易受损

D. 外墙和基础沉降时，防水层不容易受损

答案：D

［解析］本题考查的是地下防水工程施工。外贴法的优点是构筑物与保护墙有不均匀沉降时，对防水层影响较小；防水层做好后即可进行漏水试验，修补方便。其缺点是工期较长，占地面积较大；底板与墙身接头处卷材易受损。

5. 下列关于屋面保温工程中保温层的施工要求，说法正确的为（ ）。

A. 倒置式屋面高女儿墙和山墙内侧的保温层应铺到压顶下

B. 种植屋面的绝热层应采用黏结法和机械固定法施工

C. 种植屋面宜设计为倒置式

D. 坡度不大于3%的倒置式上人屋面，保温层板材施工可采用干铺法

答案：B

［解析］本题考查的是节能工程施工技术。选项A错误，高女儿墙和山墙内侧的保温层应铺到顶部。选项B正确，种植坡屋面的绝热层应采用黏结法和机械固定法施工。选项C错误，种植屋面不宜设计为倒置式屋面。选项D错误，保温层板材施工，坡度不大于3%的不上人屋面可采用干铺法，上人屋面宜采用黏结法；坡度大于3%的屋面应采用黏结法，并应采用固定防滑措施。

6. 浮雕涂饰工程中，水性涂料面层应选用的施工方法（　　）。

A. 喷涂法　　B. 刷漆法

C. 滚涂法　　D. 粘贴法

答案：A

［解析］本题考查的是装饰装修工程施工技术。浮雕涂饰的中层涂料应颗粒均匀，用专用塑料辊蘸煤油或水均匀滚压，厚薄一致，待完全干燥固化后，才可进行面层涂饰，面层为水性涂料应采用喷涂，溶剂型涂料应采用刷涂。

7. 下列关于路石方施工中的爆破作业，说法正确的有（　　）。

A. 浅孔爆破适宜用潜孔钻机凿孔

B. 采用集中药包可以使岩石均匀地破碎

C. 坑道药包用于大型爆破

D. 导爆线起爆爆速快、成本较低

E. 塑料导爆管起爆使用安全、成本较低

答案：C、E

［解析］本题考查的是路基施工。浅孔爆破通常用手提式凿岩机凿孔，深孔爆破常用冲击式钻机或潜孔钻机凿孔。集中药包，炸药完全装在炮孔的底部，爆炸后对于工作面较高的岩石崩落效果较好，但不能保证岩石均匀破碎。坑道药包，药包安装在竖井或平洞底部的特制的储药室内，装药量大，属于大型爆破的装药方式。导爆线起爆速度快，主要用于深孔爆破和药室爆破。塑料导爆管起爆具有抗杂电、操作简单、使用安全可靠、成本较低等优点。

8. 下列关于路面施工机械特征描述，说法正确的有（　　）。

A. 履带式沥青混凝土摊铺机，对路基的不平度敏感性高

B. 履带式沥青混凝土摊铺机，易出现打滑现象

C. 轮胎式沥青混凝土摊铺机的机动性好

D. 水泥混凝土摊铺机因其移动形式不同分为自行式和拖式

E. 水泥混凝土摊铺机主要由发动机、布料机、平整机等组成

答案：C、E

［解析］本题考查的是筑路机械。选项A错误，履带式摊铺机的最大优点是对路基的不平度敏感性差；选项B错误，很少出现打滑现象；选项D错误，水泥混凝土摊铺机因其移动形式不同分为轨道式摊铺机和滑模式摊铺机两种。

四、其他年份考题

1. 下列关于一般路基土方施工，说法正确的是（　）。

A. 填筑路堤时，对一般的种植土、草皮可不做清除

B. 高速公路路堤基底的压实度不小于90%

C. 基底土质湿软而深厚时，按一般路基处理

D. 填筑路堤时，为便于施工，尽量采用粉性土

答案：B

[**解析**] 本题考查的是路基施工。当基底为松土或耕地时，应先清除有机土、种植土、草皮；当基底土质湿软而深厚时，应按软土地基处理；粉性土水稳定性差，不宜作路堤填料。

2. 软土路基施工时，采用土工格栅的主要目的是（　）。

A. 减少开挖深度　　B. 提高施工机械化程度

C. 约束土体侧向位移　　D. 提高基底防渗性

答案：C

[**解析**] 本题考查的是土工聚合物处治。土工格栅充分约束土的颗粒侧向位移，从而大大地增加了土体的自身稳定性，对土的加固效果，明显高于其他土工织物。

3. 关于桥梁上部结构顶推法施工特点，下列说法正确的是（　）。

A. 减少高空作业，无须大型起重设备

B. 施工材料用量少，施工难度小

C. 适宜于大跨在桥梁施工

D. 施工周期短，但施工费用高

答案：A

[**解析**] 本题考查的是顶推法施工。顶推施工时，用钢量较高；以中等跨径的桥梁为宜；施工费用低。

4. 下列关于道路工程压实机械的应用，说法正确的有（　）。

A. 重型光轮压路机主要用于最终压实路基和其他基础层

B. 轮胎压路机适用于压实砾石、碎石路面

C. 新型振动压路机可以压实平、斜面作业面

D. 夯实机械适用于黏性土壤和非黏性土壤的夯实作业

E. 手扶式振动压路机适用于城市主干道的路面压实作业

答案：A、B、D

[**解析**] 本题考查的是压实机械。适用黏土坝坝面板压实的平、斜面的是两用振动压路机；手扶振动压路机适宜边坡、路肩、堤岸、水渠、人行道、管道沟槽等狭窄地段施工。

5. 桥梁上部结构转体法施工的主要特点有（　）。

A. 构件须在预制厂标准加工制作　　B. 施工设备和工序较复杂

C. 适用于大跨及特大桥施工　　D. 施工期间对桥下交通影响小

E. 可以跨越通车线路进行施工

答案：C、D、E

［解析］本题考查的是转体施工法。转体施工法可以利用地形，方便预制构件；转体施工法施工设备少，装置简单，容易制作并便于掌握。

6. 关于路基石方爆破施工，下列说法正确的有（　　）。

A. 光面爆破主要是通过加大装药量来实现

B. 预裂爆破主要是为了增大一次性爆破石力量

C. 微差爆破相邻两药包起爆时差可以为 50ms

D. 定向爆破可有效提高石方的堆积效果

E. 洞室爆破可减少清方工程量

答案：C、D、E

［解析］本题考查的是路基石方施工。光面爆破用控制抵抗线和药量的方法进行爆破；预裂爆破主要为了预先炸出一条裂缝，使拟爆体与山体分开，作为隔震减震带，起保护开挖限界以外山体或建筑物和减弱地震对其破坏的作用。

7. 路基基底原状土开挖换填的主要目的在于（　　）。

A. 便于导水　　B. 便于蓄水

C. 提高稳定性　　D. 提高作业效率

答案：C

［解析］本题考查的是路堤的填筑。为保证路堤的强度和稳定性，在填筑路堤时，要处理好基底，选择良好的填料，保证必需的压实度及正确选择填筑方案。基底应在填筑前进行压实，基底原状土的强度不符合要求时，应进行换填，换填深度不应小于 300mm，并予以分层压实到规定要求。

8. 用水泥和熟石灰稳定剂处置法处理软土地基，施工时关键应做好（　　）。

A. 稳定土的及时压实工作　　B. 土体自由水的抽排工作

C. 垂直排水固结工作　　D. 土体真空预压工作

答案：A

［解析］本题考查的是稳定剂处置法。施工时应注意以下几点：①工地存放的水泥、石灰不可太多，以 1 天使用量为宜，最长不宜超过 3 天的使用量，应做好防水、防潮措施。②压实要达到规定压实度，用水泥和熟石灰稳定处理土应在最后一次拌和后立即压实；而用生石灰稳定土的压实，必须有拌和时的初碾压和生石灰消解结束后的再次碾压。压实后若能获得足够的强度，可不必进行专门养生，但由于土质与施工条件不同，处置土强度增长不均衡，则应做约一周时间的养生。

9. 涵洞沉降缝适宜设置在（　　）。

A. 涵洞和翼墙交接处　　B. 洞身范围中段

C. 进水口外缘面　　D. 端墙中心线处

答案：A

［解析］本题考查的是沉降缝。为防止由于荷载分布不均及基底土壤性质不同引起的不均匀沉陷而导致涵洞不规则的断裂，将涵洞全长分为若干段，每段之间以及洞身与端墙之间设置沉降缝，使各段可以独自沉落而互不影响。

10. 大跨径连续梁上部结构悬臂预制法施工的特点有（　　）。

A. 施工速度较快　　　　　　　　　　B. 桥梁上、下部结构可平行作业
C. 一般不影响桥下交通　　　　　　　D. 施工较复杂
E. 结构整体性较差

答案：A、B、C

[**解析**] 本题考查的是悬臂拼装法。悬臂拼装法施工速度快，桥梁上、下部结构可平行作业，但施工精度要求比较高，可在跨径100m以下的大桥中选用。

考点三：地下工程施工技术

点评：考生在复习这部分内容时，应特别注意教材中近几年新增加和有变化的内容。在施工技术部分，2023年版教材与2021年版教材相比，对“导墙施工”内容进行了修订。

知识要点集成

表4-13　地下工程施工技术

<table>
<tr><td rowspan="3">建筑工程深基坑施工技术</td><td rowspan="2">深基坑土方开挖施工</td><td colspan="2">（1）基坑的土方开挖工艺，主要分为放坡挖土、中心岛式（也称墩式）挖土，盆式挖土和逆作法挖土。前者无支护结构，后三者皆有支护结构。
（2）采取哪种形式，主要根据基坑的深浅、维护结构的形式，地基土岩性，地下水位及渗水量，开挖设备及场地大小、周围环境等情况决定</td></tr>
<tr><td>放坡挖土</td><td>（1）当采用放坡挖土时，宜设置多级平台分层开挖，每级平台的宽度不宜小于1.5m，分层挖土厚度不宜超过2.5m。中心岛式挖土的支撑形式为角撑、环梁式或边桁（框）架式。盆式挖土周边留置的土坡，其宽度、高度和坡度大小均应通过稳定验算确定。
（2）整个土方的开挖顺序必须与支护结构的设计工况严格一致，要遵循开槽支撑、先撑后挖、分层开挖、严禁超挖的原则。同一基坑内当深浅不同时，土方开挖宜先从基坑浅处开始，如条件允许可待基坑浅处底板浇筑后，再挖基坑较深处的土方。当两个深浅不同的基坑同时挖土时，土方开挖宜先从较深基坑开始，待较深基坑底板浇筑后，再开始挖较浅基坑的土方。基坑采用机械挖土，坑底应保留200～300mm厚基土，用人工清理整平，防止坑底土扰动</td></tr>
<tr><td>深基坑降排水施工</td><td colspan="2">（1）深基坑降水方法有集水沟明排水法和人工降低地下水位法等。
（2）可以根据基坑规模、深度、场地及周边工程、水文与地质条件、需降水深度、周围环境状况、支护结构种类、工期要求及技术经济效益等全面综合考虑、分析、比较后合理选用降水类型，其与土石方工程中基坑降水类似</td></tr>
</table>

续表 4-13

<table>
<tr><td>建筑工程深基坑施工技术</td><td>深基坑支护施工</td><td>深基坑支护形式</td><td>
（1）深基坑支护的基本形式：
<table>
<tr><td rowspan="14">支护形式</td><td>水泥土桩墙</td><td colspan="2">深层搅拌水泥土桩墙
高压喷射注浆桩墙
粉体喷射注浆桩墙</td></tr>
<tr><td rowspan="10">排桩与桩墙</td><td rowspan="3">排桩式</td><td>钻孔灌注桩</td></tr>
<tr><td>挖孔灌注桩</td></tr>
<tr><td>钢管桩、预制钢筋混凝土桩</td></tr>
<tr><td rowspan="3">板桩式</td><td>型钢横挡板</td></tr>
<tr><td>钢板桩</td></tr>
<tr><td>钢筋混凝土板桩</td></tr>
<tr><td rowspan="2">板墙式</td><td>现浇地下连续墙</td></tr>
<tr><td>预制装配式地下连续墙</td></tr>
<tr><td rowspan="2">组合式</td><td>钻孔灌注桩与水泥土桩组合</td></tr>
<tr><td>加筋水泥土围护墙</td></tr>
<tr><td rowspan="2">边坡稳定式</td><td colspan="2">土钉墙</td></tr>
<tr><td colspan="2">喷锚支护</td></tr>
<tr><td colspan="3">逆作拱墙式</td></tr>
<tr><td></td><td colspan="3">放坡开挖式</td></tr>
</table>
（2）深基坑支护基本形式的选择：
1）影响因素：应综合考虑工程地质与水文地质条件、基础类型、基坑开挖深度、降排水条件、周边环境对基坑侧壁位移的要求、基坑周边荷载、施工季节、支护结构使用期限等因素。
2）深基坑支护形式的选择应考虑基坑结构的安全等级，对同一基坑的不同部位，可采用不同的安全等级。
<table>
<tr><th>安全等级</th><th>破坏后果</th><th>r_0</th></tr>
<tr><td>一级</td><td>支护结构破坏、土体失稳或过大变形对基坑周边环境及地下结构施工影响很严重</td><td>1.10</td></tr>
<tr><td>二级</td><td>支护结构破坏、土体失稳或过大变形对基坑周边环境及地下结构施工影响一般</td><td>1.00</td></tr>
<tr><td>三级</td><td>支护结构破坏、土体失稳或过大变形对基坑周边环境及地下结构施工影响不严重</td><td>0.90</td></tr>
</table>
</td></tr>
</table>

续表 4-13

<table>
<tr>
<td rowspan="2">建筑工程深基坑施工技术</td>
<td rowspan="2">深基坑支护施工</td>
<td>深基坑支护形式</td>
<td>3）深基坑支护基本形式：
• 水泥土桩墙
特点：具有挡土、截水双重功能，施工机具设备相对较简单，成墙速度快，使用材料单一，造价较低等特点。
适用条件：基坑侧壁安全等级宜为二、三级；水泥土墙施工范围内地基承载力不宜大于150kPa；基坑深度不宜大于6m；基坑周围具备水泥土墙的施工宽度。
• 排桩与桩墙
特点：具有刚度大，抗弯强度高，变形小，适应性强，需工作场地不大，振动小，噪声低等特点，但排桩墙不能止水，连续墙施工需要较多机具设备。
适用条件：适于基坑侧壁安全等级一、二、三级；悬臂式结构在软土场地中不宜大于5m；当地下水位高于基坑底面时，宜采用降水、排桩与水泥土桩组合截水帷幕或采用地下连续墙；用作逆作法施工。
• 边坡稳定式
特点：具有结构简单，承载力较高，可阻水，变形小，安全可靠，适应性强，施工机具简单，施工灵活，污染小，噪声低，对周边环境影响小，支护费用低等特点。
适用条件：基坑侧壁安全等级宜为二、三级非软土场地；土钉墙基坑深度不宜大于12m；喷锚支护适用于无流砂、含水量不高、不是淤泥等流塑土层的基坑，开挖深度不大于18m；当地下水位高于基坑底面时，应采取降水或截水措施。
• 逆作拱墙式
特点：该种结构受压应力，可充分发挥材料特性，结构截面小，底部不用嵌固，可减少埋深，具有受力安全可靠，变形小，外形简单，施工方便、快速，质量易保证，费用低等特点。
适用条件：基坑侧壁安全等级宜为二、三级；淤泥和淤泥质土场地不宜采用；基坑平面尺寸近似方形或圆形，施工场地适合拱圈布置；拱墙轴线的矢跨比不宜小于1/8，坑深不宜大于12m；地下水位高于基坑底面时，应采取降水或截水措施。
• 放坡开挖式
特点：对土质较好，地下水位低，场地开阔的基坑按照规范允许的坡度放坡开挖，或仅在坡脚叠袋护脚，坡面作适当保护。此种方法不用支撑支护，需加强边坡稳定监测，土方量大，需外运。
适用条件：基坑侧壁安全等级宜为三级；基坑周围场地应满足放坡条件，土质较好；当地下水位高于坡脚时，应采取降水措施</td>
</tr>
<tr>
<td>深基坑支护技术</td>
<td>（1）复合土钉墙支护技术：
1）定义：是由普通土钉墙与一种或若干种单项轻型支护技术（如预应力锚杆、竖向钢管、微型桩等）或截水技术（深层搅拌桩、旋喷桩等）有机组合而成的支护——截水体系。
2）主要构成要素：土钉（钢筋土钉或钢管土钉）、预应力锚杆（索）、截水帷幕、微型桩（树根桩）、挂网喷射混凝土面层、原位土体等。
3）特点：具有轻型、复合、机动灵活、针对性强、适用范围广、支护能力强的特点，可作超前支护，并兼备支护、截水等效果。</td>
</tr>
</table>

续表 4-13

建筑工程深基坑施工技术	深基坑支护施工	深基坑支护技术	4）适用范围：可用于回填土、淤泥质土、黏性土、砂土、粉土等常见土层，施工时可不降水；在工程规模上，深度 16m 以上的深基坑均可使用。 5）施工要点： • 土方开挖与土钉喷射混凝土等工艺必须密切配合，这是确保复合土钉墙顺利施工的关键。 • 控制开挖时间和开挖顺序，及时施作喷锚支护。 • 合理选择土钉。选用钢管土钉，施工时还应注意以下要点： ⅰ 钢管土钉在土层中严禁引孔（帷幕除外），由于设备能力不够而造成土钉不能全部被打进时，则应更换设备。 ⅱ 钢管土钉外端应有足够的自由段长度，自由段一般不小于 3m。 ⅲ 在帷幕上开孔的钢管土钉，土钉安装后必须对孔口进行封闭，防止渗水漏水。 （2）组合内支撑技术： 1）适用范围：周围建筑物密集，相邻建筑物基础埋深较大，周围土质情况复杂，施工场地狭小，软土场地等深大基坑。 2）特点：该技术可在各种地质情况和复杂周边环境下使用，施工速度快，支撑形式多样，计算理论成熟，并可拆卸重复利用，节省投资。 （3）型钢水泥土复合搅拌桩支护技术（SMW 工法）： 1）定义：又称 SMW 工法，也被称为加筋水泥地下连续墙工法，它是在一排相互连续搭接的水泥土桩中加强芯材（型钢）的一种地下连续墙施工技术。 2）基本原理：型钢主要用来承受弯矩和剪力，水泥土主要用来防渗，同时对型钢还有围箍作用。 3）适用范围：可在黏性土、粉土、砂砾土中使用。该技术目前可在开挖深度 15m 以下的基坑围护工程中应用。 4）施工工艺：首先，通过特制的多轴深层搅拌机（SMW 搅拌桩机）自上而下将施工场地原位土体切碎，同时从搅拌头处将水泥浆等固化剂注入土体并与土体搅拌均匀，通过连续的重叠搭接施工，形成水泥土地下连续墙；然后，在水泥土凝结结硬化之前，将型钢插入墙中，形成型钢与水泥土的复合墙体。 （4）冻结排桩法基坑支护技术： 1）组成：由排桩、压顶梁、钢筋混凝土支撑和立柱桩组成。 2）适用范围：大体积深基础开挖施工、含水量高的地基基础和软土地基基础以及地下水丰富的地基基础施工。 3）应用冻结排桩法进行特大型深基坑施工时需要注意以下问题： • 在冻结过程中土的体积膨胀将对排桩产生较大的水平冻胀压力。 • 排桩靠基坑内侧在基坑开挖过程中与空气接触后，温度将急剧上升，而另外一侧与冻土墙体接触温度非常低，排桩因两侧巨大温差将产生温度应力。 • 冻土墙达到设计厚度后，如何对其进行有效控制从而避免产生更大的冻胀力。 • 岩土力学基本理论的不成熟，设计计算所采用的数学力学模型与岩土体的实际应力一应变状态常存在着较大的差距，必须加强工程检测，通过信息化施工及时发现问题，保证工程安全

续表 4-13

地下连续墙施工技术	概念	（1）定义：是以专门的挖槽设备，沿着深基或地下构筑物周边，采用触变泥浆护壁，按设计的宽度、长度和深度开挖沟槽，待槽段形成后，在槽内设置钢筋笼，采用导管法浇筑混凝土，筑成一个单元槽段和混凝土墙体。依次继续挖槽、浇筑施工，并以某种接头方式将单元墙体系逐个地连接成一道连续的地下钢筋混凝土墙或帷幕，以作为防渗、挡土、承重的地下墙体结构。 （2）作用：可以用作深基坑的支护结构，也可以既作为深基坑的支护又用作建筑物的地下室外墙，后者更为经济	
	方法分类与优缺点	方法分类	（1）按槽孔的形式可以分为壁板式和桩排式两种。 （2）按开挖方式及机械分类，可分为抓斗冲击式、旋转式和旋转冲击式。 （3）按施工方法的不同可以分为现浇、预制和二者组合成墙等。 （4）按功能及用途分为作承重基础或地下构筑物的结构墙、挡土墙、防渗心墙、阻滑墙、隔震墙等。 （5）按墙体材料不同分为钢筋混凝土、素混凝土、黏土、自凝泥浆混合墙体材料等
		优点	（1）施工全盘机械化，速度快、精度高，并且振动小、噪声小，适用于城市密集建筑群及夜间施工。 （2）具有多功能用途，如防渗、截水、承重、挡土、防爆等，由于采用钢筋混凝土或素混凝土，强度可靠，承压力大。 （3）对开挖的地层适应性强，在我国除熔岩地质外，可适用于各种地质条件，无论是软弱地层还是在重要建筑物附近的工程中，都能安全地施工。 （4）可以在各种复杂的条件下施工。 （5）开挖基坑无须放坡，土方量小，浇混凝土无须支模和养护，并可在低温下施工，降低成本，缩短施工时间。 （6）用触变泥浆保护孔壁和止水，施工安全可靠，不会引起水位降低而造成周围地基沉降，保证施工质量。 （7）可将地下连续墙与“逆作法”施工结合起来，地下连续墙为基础墙，地下室梁板作撑，地下部分施工可自上而下与上部建筑同时施工，将地下连续墙筑成挡土、防水和承重的墙，形成一种深基础多层地下室施工的有效方法
		缺点	（1）每段连续墙之间的接头质量较难控制，往往容易形成结构的薄弱点。 （2）墙面虽可保证垂直度，但比较粗糙，尚须加工处理或做衬壁。 （3）施工技术要求高，无论是造槽机械选择、槽体施工还是泥浆下浇筑混凝土、接头、泥浆处理等环节，均应处理得当，不容疏漏。 （4）制浆及处理系统占地较大，管理不善易造成现场泥泞和污染

续表 4-13

地下连续墙施工技术	施工工艺	导墙施工	（1）构造要求： 1）宜采用混凝土结构，且混凝土强度等级不宜低于 C20。 2）导墙底面不宜设置在新近填土上，且埋深不宜小于 1.5m。 （2）导墙作用： 在施工过程中，导墙有作为挡土墙、测量基准、重物支承及存储泥浆等作用。此外，导墙还可以防止雨水等地面水流入槽内。 （3）导墙形式： 1）导墙一般为现浇钢筋混凝土结构，但也有钢制的或预制钢筋混凝土的装配式结构； 2）一般在表层地基良好地段采用简易形式钢筋混凝土导墙；在表层土软弱的地带采用现浇 L 形钢筋混凝土导墙。 （4）导墙施工顺序：平整场地→测量定位→挖槽及处理弃土→绑扎钢筋→支模板→浇筑混凝土→拆模板并设置横撑→导墙外侧回填土
		开挖槽段	（1）重要性：挖槽是地下连续墙施工中的重要工序。挖槽约占地下连续墙工期的一半，因此提高挖槽效率是缩短工期的关键；同时，槽壁的形状决定了墙体的外形，所以挖槽的精度又是保证地下连续墙质量的关键之一。 （2）主要工作：单元槽段的划分；挖槽机械的选择与正确使用；制定防止槽壁坍塌的措施等。 （3）单元槽划分： 地下连续墙施工前，需预先沿墙体长度方向划分好施工的单元槽段。单元槽段的最小长度不得小于挖土机械挖土工作装置的一次挖土长度。单元槽段长度划分还受地质条件、地面荷载、起重机的起重能力、单位时间内混凝土的供应能力、泥浆池（罐）的容积等因素影响。 此外，划分单元槽段时还应考虑接头的位置，接头应避免设在转角处及地下连续墙与内部结构的连接处，以保证地下连续墙有较好的整体性；单元槽段的划分还与接头形式有关。单元槽段宜采用间隔一个或多个槽段的跳幅施工顺序。每个单元槽段，挖槽分段不宜超过 3 个。成槽时，护壁泥浆液面应高于导墙底面 500mm。 （4）挖槽方法： 1）多头钻施工法： • 特点：挖槽时用钢索悬吊，采用全断面钻进方式，可一次完成一定长度和宽度的深槽。施工槽壁平整，效率高，对周围建筑物影响小。 • 适用范围：黏性土、砂质土、砂砾层及淤泥等土层。 2）钻抓式施工法： • 特点：钻抓斗式挖槽机构造简单，出土方便，能抓出地层中障碍物，但当深度大于 15m 及挖坚硬土层时，成槽效率显著降低，成槽精度较多头挖槽机差。 • 适用范围：黏性土和值小于 30 的砂性土，不适用于软黏土。

续表 4-13

地下连续墙施工技术	施工工艺	开挖槽段	3）冲击式施工法： • 特点：设备比较简单，操作容易。但工效较低，槽壁平整度也较差。桩排对接和交错接头采取间隔挖槽施工方法。 • 适用范围：老黏性土、硬土和夹有孤石等地层，多用于排桩式地下连续墙成孔
		泥浆护壁	（1）泥浆的组成及作用： 1）泥浆的主要成分是膨润土、掺和物和水。 2）泥浆的作用主要有：护壁、携砂、冷却和润滑，其中以护壁为主。 （2）泥浆的控制指标： 1）在确定泥浆配合比时，要测定其黏度、相对密度、含砂量、稳定性、胶体率、静切力、pH值、失水量和泥皮厚度。 2）对新生产的泥浆、回收重复利用的泥浆、浇筑混凝土前槽内的泥浆，主要测定其黏度、相对密度和含砂量。 （3）泥浆的制备、循环与再处理： 1）泥浆制备： • 泥浆制备的基本流程见2023年版教材图4.3.6。 • 施工主要机械及设备有：搅拌设备，清水池、给水设备、搅拌器、新鲜泥浆储存池、送浆泵等。 • 一般情况下泥浆搅拌后应静置24h后使用。 2）泥浆循环。泥浆循环分为正循环及反循环两种。反循环的出渣率较高，对于较深的槽段效果更为显著。反循环排渣法有三种方式，即空气排渣法、泵举反循环和泵吸反循环，前两种方法较为常用。 3）泥浆再生处理。对于携带土渣的泥浆，一般采用重力沉降和机械处理两种方法，最好是将这两种方法组合使用
		清底	（1）清底的方法一般有沉淀法和置换法两种。 （2）沉淀法是在土碴基本都沉淀到槽底之后再进行清底，常用的有砂石吸力泵排泥法，压缩空气升液排泥法，带搅动翼的潜水泥浆泵排泥法等。 （3）置换法是在挖槽结束之后，土碴还没有沉淀之前就用新泥浆把槽内的泥浆置换出来
		钢筋笼吊放	（1）钢筋笼起吊时，顶部要用一根横梁（常用工字钢），其长度要和钢筋笼尺寸相适应。 （2）钢丝绳须吊住四个角。为了不使钢筋笼在起吊时产生很大的弯曲变形，通常采用两台吊车同时操作，其中一主吊钩吊住顶部，另一副吊钩吊住中间部位

续表 4-13

地下连续墙施工技术	施工工艺	混凝土浇筑	（1）地下连续墙对混凝土的要求： 1）混凝土强度等级一般不应低于 C20。 2）混凝土的级配除了满足结构强度要求外，还要满足水下混凝土施工的要求。 3）配合比应按重力自密式流态混凝土设计，水灰比不应大于 0.6（临界值），水泥用量不宜小于 400kg/m³，入槽坍落度以 15～20cm 为宜。 4）混凝土应具有良好的和易性和流动性。 （2）混凝土浇灌前的准备工作： 1）混凝土浇灌前应按作业设计规定的位置安装好混凝土导管。导管的数量与槽段长度有关。槽段长度小于 4m 时，可使用 1 根导管；槽段长度不大于 6m 时，混凝土宜采用 2 根导管同时浇筑；槽段长度大于 6m 时，混凝土宜采用 3 根导管同时浇筑。导管内径约为粗骨料粒径的 8 倍左右，不得小于粗骨料粒径的 4 倍。 2）混凝土导管接口应密封不漏浆，导管底部应与槽底相距约 200mm。混凝土浇灌前，应利用混凝土导管进行约 15min 以上的泥浆循环，以改善泥浆质量。 （3）槽段内混凝土浇灌： 1）地下连续墙的混凝土是在泥浆中采用导管浇灌的，导管拼接时，其接缝应密闭。混凝土浇筑时，导管内应预先设置隔水栓。 2）钢筋笼就位后应及时浇筑混凝土，每根导管分担的浇筑面积应基本均等。混凝土浇筑过程中，导管埋入混凝土面的深度宜在 2.0～4.0m，只有当混凝土浇灌到地下连续墙墙顶附近，导管内混凝土不易流出的时候，方可将导管的埋入深度减为 1m 左右，并可将导管适当地做上下运动，促使混凝土流出导管。浇筑液面的上升速度不宜小于 3m/h。导管需全长度水密。 3）混凝土顶面需要比设计高度超浇 0.5m 以上
		槽段接头施工	（1）地下连续墙的接头分为两大类：施工接头和结构接头。 （2）施工接头。施工接头有接头管（也称锁口管）接头、接头箱接头、隔板式接头等，接头管接头是目前地下连续墙施工中采用最多的一种。 （3）结构接头。结构接头有预埋连接钢筋法、预埋连接钢板法、预埋剪力连接件法等，预埋连接钢筋法是应用最多的一种

续表 4-13

<table>
<tr><td rowspan="3">隧道工程施工技术</td><td>隧道工程施工特点</td><td colspan="2">（1）隧道分为主体建筑物和附属建筑物两部分。
（2）主体建筑物由洞身支护结构及洞门组成，在隧道洞口附近容易坍塌或有落石危险时则需加筑明洞。
（3）附属建筑物是保证隧道正常使用所需的各种辅助措施，如铁路隧道中的避车洞、通风、消防、报警等设施</td></tr>
<tr><td rowspan="2">隧道工程施工方法</td><td colspan="2">（1）隧道施工方法的选择主要依据工程地质条件、水文地质条件、埋深大小、隧道断面形状及尺寸、长度、衬砌类型、隧道的使用功能、施工技术条件和施工技术水平及工期要求等因素综合考虑确定。
（2）根据隧道穿越地层的不同情况和目前隧道施工方法的发展，隧道施工方法可按以下方式分类：
<table>
<tr><td rowspan="8">隧道施工方法</td><td rowspan="2">山岭隧道</td><td>钻爆法</td></tr>
<tr><td>掘进机法</td></tr>
<tr><td rowspan="4">浅埋及软土隧道</td><td>明挖法</td></tr>
<tr><td>盖挖法</td></tr>
<tr><td>浅埋深挖法</td></tr>
<tr><td>盾构法</td></tr>
<tr><td rowspan="2">水底隧道</td><td>沉管法</td></tr>
<tr><td>盾构法</td></tr>
</table></td></tr>
<tr><td>盾构法</td><td>（1）盾构施工是一种在软土或软岩中修建地下隧道的特殊施工方法。
（2）盾构机的基本构造是由钢壳、推进机系统、衬砌拼装系统三部分构成。
1）盾构壳体一般由切口环、支承环和盾尾三部分组成。
• 切口环部分位于盾构的最前端，施工时切入地层，并掩护作业，切口环前端制成刃口，以减少切口阻力和对地层的扰动。
• 支承环位于切口环之后，是与后部的盾尾相连的中间部分，是盾构结构的主体，是具有较强刚性的圆环结构，作用在盾构上的地层土压力、千斤顶的顶力以及切口、盾尾、衬砌拼装时传来的施工荷载等，均由支承环承担，它的外沿布置盾构推进千斤顶。
• 盾尾部分是由盾构外壳钢板延长构成，主要用于掩护隧道衬砌的拼装工作，其末端设有密封装置，以防止地下水、外层土、衬砌背面压浆之浆液等流入隧道内。
2）盾构的推进系统，由液压设备和盾构千斤顶组成，盾构前进是靠千斤顶推进来实现的。
3）拼装器是衬砌拼装系统的主要设备，它是把管片按照设计的形状，安全迅速地进行拼装的机械设置。
（3）切削刀盘和螺旋输送机也是盾构机的主要设备</td></tr>
</table>

续表 4-13

隧道工程施工技术	隧道工程施工方法	明挖法	（1）明挖法是浅埋隧道的一种常用施工方法，明洞以及隧道洞口段不能用暗挖法施工时常用明挖法施工。 （2）特点：施工简单，技术成熟，施工快捷，根据需要可以分段同时作业，工程造价和运营费用均较低，且能耗较少。但外界气象条件和环境条件对施工影响较大。 （3）分类： 1）根据不同的地质条件及开挖面的大小，可设计成矩形、四边形或梯形等。 2）根据不同的地质条件及外部条件，可先开挖基坑后建造基坑围护结构，也可先建造基坑围护结构再开挖土方。 （4）适用范围： 1）无围护结构的敞口明挖：适用于地面开阔，周围建筑物稀少，地质条件好，土质稳定且在基坑周围无较大荷载，对基坑周围的位移和沉降无严格要求的情况。 2）有围护结构的明挖：适用于施工场地狭窄，土质自立性较差，地层松软，地下水丰富，建筑物密集的地区，采用该方法可以较好地控制基坑周围的变形和位移，同时可满足基坑开挖深度大的要求
		钻爆法	（1）优点： 1）比较灵活，可以很快地开始开挖施工。 2）开挖各种形状、尺寸、大小的地下洞室。 3）既可采用比较简单便宜的施工设备，也可采用先进、高效的施工设备。 4）可以适应坚硬完整的围岩，也可以适应较为软弱破碎的围岩。 （2）缺点： 1）由于采用炸药爆破，造成有害气体，对通风要求较高。一般开挖隧洞，独头推进长度不能超过 2km。 2）钻爆法由于采用爆炸，在城市人口密集地区不能采用。 （3）适用范围：一般短洞、地下大洞室、不是圆形的隧洞、地质条件变化大的地方都常用钻爆法；长洞，又没有条件布置施工支洞、施工斜井的，或者地质条件很差，特别软弱的地方，往往不宜采用钻爆法。 （4）钻爆法的基本工序与要求： 1）钻爆法的基本工序为：钻孔、装药、放炮、散烟、清撬、出渣、支护、衬砌。 2）辅助工作有：测量、放线、通风、排水，以及必要的监测、记录工作和后勤支持工作。 3）钻孔、出渣是开挖过程中需时最多的主要工序；支护是保证施工安全、顺利、快速进行的重要手段。开挖工作的机械化和先进与否，主要体现在这三个工序中

续表 4-13

隧道工程施工技术	隧道工程施工方法	掘进机（TBM）法	(1) 全断面掘进机开挖施工的特点： 1) 适用于打长洞，因为它对通风要求较低。 2) 开挖洞壁比较光滑。 3) 对围岩破坏较小，所以对围岩稳定有利。 4) 超挖少，若用混凝土衬砌，则混凝土回填量大为减少。 (2) 独臂钻的开挖施工： 1) 适用于开挖软岩。 2) 不适用于开挖地下水较多、围岩不太稳定的地层。 (3) 天井钻的开挖施工：是专门用来开挖竖井或斜井的大型钻具。 (4) 带盾构的 TBM 法：适用于软弱破碎带的围岩	
		盖挖法	定义	是先盖后挖，即先以临时路面或结构顶板维持地面畅通，再向下施工
			施工基本流程	在现有道路上按所需宽度，以定型标准的预制棚盖结构（包括纵、横梁和路面板）或现浇混凝土顶（盖）板结构置于桩（或墙）柱结构上维持地面交通，在棚盖结构支护下进行开挖和施作主体结构、防水结构，然后回填土并恢复管、线、路或埋设新的管、线、路，最后恢复道路结构
			适用范围	松散的地质条件、隧道处于地下水位线以上、地下工程明作时需要穿越公路、建筑等障碍物的情况
			特点	(1) 优点： 1) 对结构的水平位移小，能够有效控制周围土体的变形和地表沉降；有利于保护邻近建筑物和构筑物；基坑底部土体稳定，隆起小，施工安全。 2) 对地面影响小，只在短时间内封锁地面交通，施工受外界气候影响小。 (2) 缺点： 1) 盖板上不允许留下过多的竖井，后续开挖土方需要采取水平运输，出土不方便。 2) 施工作业空间较小，施工速度较明挖法慢，工期较长，和基坑开挖、支挡开挖相比，费用较高
			施工类型	分类：可分为盖挖顺作法、盖挖逆作法及盖挖半逆作法
				顺作法与逆作法两种方法的不同点在于： (1) 施工顺序不同： 1) 顺作法是在挡墙施工完毕后，对挡墙作必要的支撑，再着手开挖至设计标高，并开始浇筑基础底板，接着依次由下而上，一边浇筑地下结构主体，一边拆除临时支撑。 2) 逆作法是由下而上地进行施工。

续表 4-13

隧道工程施工技术	隧道工程施工方法	盖挖法	施工类型	（2）所采用的支撑不同： 1）顺作法中常见的支撑有钢管支撑、钢筋混凝土支撑、型钢支撑及锚杆支护。 2）逆作法中建筑物本体的梁和板，也就是逆作结构本身，就可以作为支撑
				逆作法特点： （1）快速覆盖、缩短中断交通的时间。 （2）自上而下的顶板、中隔板及水平支撑体系刚度大，可营造一个相对安全的作业环境。 （3）占地少、回填量小、可分层施工，也可分左右两幅施工，交通导改灵活。 （4）不受季节影响、无冬期施工要求，低噪声、扰民少。 （5）设备简单、不需大型设备，操作空间大、操作环境相对较好
				适用范围：多用于深层开挖，松软土层开挖，靠近建筑物施工等情况下
				施工程序： （1）盖挖顺作法施工程序：构筑连续墙，中间支撑柱及覆盖板→构筑中间支撑柱及覆盖板→构筑连续墙及覆盖板→开挖及支撑安装→开挖及构筑底板→构筑侧墙、柱及楼板→构筑侧墙及顶板→构筑内部结构及道路复原。 （2）盖挖半逆作法类似逆作法，其区别仅在于顶板完成及恢复路面过程。 （3）在半逆作法施工中，一般都必须设置横撑并施加预应力。 （4）采用逆作或半逆作法施工时都要注意混凝土施工缝的处理问题。 （5）在逆作法和半逆作法施工中，如主体结构的中间立柱为钢管混凝土柱，而柱下基础为钢筋混凝土灌注桩时，需要解决好两者之间的连接问题。 1）将钢管柱直接插入灌注桩的混凝土内 1.0m 左右，并在钢管柱底部均匀设置几个孔，以利于混凝土流动，同时也可加强桩、柱间连接。 2）在钢管柱和灌注桩之间插入 H 型钢加以连接

续表 4-13

隧道工程施工技术	隧道工程施工方法	浅埋暗挖法	(1) 施工技术特点： 1) 浅埋隧道施工中开挖的影响将波及地表，必须严格控制地中和地表的沉降变形。 2) 浅埋暗挖法是在软弱围岩浅埋地层中修建山岭隧道洞口段、城区地下铁道及其他适于浅埋地下工程的施工方法，主要适用于不宜明挖施工的土质或软弱无胶结的砂、卵石等第四纪地层。对于水位高的的地层，需采取堵水或降排水等措施。 3) 浅埋地下工程，特别是地铁施工具有结构埋置浅，地面建筑密集，交通运输繁忙，地下管线密布，地表沉陷要求严格，周边环境复杂，拆迁改移费用高。 4) 辅助工法多样，由于其适用于松软地层中，预先加固改良地层是一项必不可少的技术措施，提倡使用的辅助工法包括注浆法、降水法、超前小导管法、长管棚法、水平旋喷法、注浆-冻结法等。 5) 开挖方法多，常用开挖方法有全断面法、正台阶法以及适用于特殊地层条件的其他施工方法。 6) 与明挖法相比，具有灵活多变，对地面建筑、道路和地下管网影响小，拆迁占地少，不扰民，不干扰交通，不污染城市；与盾构法相比，具有简单易行，不需太多专用设备，灵活多变，适用范围广。 (2) 浅埋暗挖法施工方针： 1) 管超前。 2) 严注浆。 3) 短开挖：一次注浆多次开挖，如当导管长 3.5m 时，每次开挖进尺 0.75m，环状开挖并预留核心土。 4) 强支护。 5) 快封闭：要求台阶的长度为双线不得大于 1 倍洞径，单线不得大于 1.5 倍洞径。 6) 勤量测。 (3) 浅埋暗挖法的适用条件： 1) 不允许带水作业。大范围的淤泥质软土、粉细砂地层，降水有困难或经济上选择此工法不合算的地层，不宜采用此法。 2) 要求开挖面具有一定的自立性和稳定性。对开挖面前方地层的预加固和预处理是浅埋暗挖法的必要前提
		沉管法	(1) 沉管隧道施工方式： 1) 不需要修建特殊的船坞，用浮在水上的钢壳箱体作为模板制造管段的“钢壳方式”。 2) 在干船坞内制造箱体，而后浮运、沉放的“干船坞方式”。 两种施工方式的比较表见 2023 年版教材表 4.3.2。 (2) 施工工艺要求： 1) 施工之前，必须做好水利、地质、气象及地震等方面的调查。 2) 在隧址附近的适当位置，建造一个与工程规模相适应的临时干船坞，用于预制沉管管段的场地。 3) 管段制作工艺对防水、均质要求较高，需在构造混凝土选材、温控和模板等方面采取措施。

续表 4-13

	隧道工程施工方法	沉管法	4）管段制作完成后，开始向干船坞内注水。当管段完全被水淹没后，派人从出入口进入沉放管段，排出压载水箱内的水，使管段上浮。可打开干船坞的坞门，将沉放管段拽出。 5）施工中，沟槽对沉放管段和其他基础设施有特殊用途。 6）靠拢下沉。 7）着地下沉。 8）水下连接常用水下混凝土法和水力压接法。 • 水下混凝土法的施工方法主要有：刮铺法、喷砂法、压注砂浆法。 • 喷砂法的特点：作业受气候条件影响大，砂的填充不易确认。 • 压注砂浆法的特点：不受气候和航道影响，压注情况易于确认
隧道工程施工技术	喷射混凝土	（1）施工准备： 1）喷射混凝土的施工机具，包括混凝土喷射机、喷嘴、混凝土搅拌机、上料装置、动力及贮水容器等。 2）待喷面准备。正式进行喷射施工前，除做好配料、设备试运转、施工劳动组织等工作外，待喷面准备工作是保证顺利施工的关键。喷射施工要按一定顺序有条不紊地进行。喷射作业区段的宽度，一般应以 1.5～2.0m 为宜。对水平坑道，其喷射顺序为先墙后拱、自下而上；侧墙应自墙基开始，拱应自拱脚开始，封拱区宜沿轴线由前向后。 （2）施工工艺： 喷射混凝土的施工工艺。主要分为干式喷射混凝土和湿式喷射混凝土。干式喷射混凝土工艺不得用于大断面隧道、大型洞室、C30 及以上强度等级喷射混凝土、非富水围岩地质条件	
		锚杆布置	（1）在开挖面上，锚杆通常以一定的排列方式布置在开挖面上，在拱圈处间距较小，在边墙处间距相对较大，锚杆的方向为垂直隧道开挖轮廓线。 （2）在沿隧道纵向上，锚杆常按等间距的方式均匀布置。 （3）当锚杆在沿隧道纵向间距较大时，需采用菱形分布，即在两等间距的锚杆之间，再交叉布置一层锚杆，以增大锚杆的支撑能力
	锚杆施工	锚杆施工要点	（1）普通水泥砂浆锚杆施工要点： 1）普通水泥砂浆锚杆，是以普通水泥砂浆作为胶黏剂的全长粘接式锚杆。 2）砂浆强度等级不低于 M20；砂浆配合比一般为水泥：砂：水＝1：（1～15）：（0.45～0.50）。水灰比宜为 0.45～0.50，砂的粒径≥3mm。 3）杆体材料宜用 20MnSi 钢筋，一般采用 A3 钢筋；直径 14～22mm 为宜，长度为 2～3.5m。 4）钻孔方向宜尽量与岩层主要结构面垂直。 5）锚杆及胶黏剂材料制作，应符合设计要求，外端不用垫板的锚杆应先弯制弯头。 6）粘接砂浆应拌和均匀，随拌随用，一次拌和的砂浆应在初凝前用完。

续表 4-13

隧道工程施工技术	锚杆施工	锚杆施工要点	（2）早强水泥砂浆锚杆施工要点： 1）与普通水泥砂浆锚杆基本相同，所不同的是早强水泥砂浆的黏结剂是由硫酸铝盐早强水泥、Ⅱ型早强剂和水组成，尤其是在软弱、破碎、自稳时间短的围岩中使用早强水泥砂浆锚杆能显示出优越性。 2）早强药包内锚头锚杆，是以快硬水泥卷，或早强砂浆卷，或树脂卷作为内锚固剂的内锚头锚杆。 3）快硬水泥卷的质量 G 值，主要由装填密度 r 计算确定，装填密度是控制水灰比的关键。 4）早强药包内锚头锚杆施工注意事项。早强药包除按普通水泥砂浆锚杆的规定施工外，尚应符合以下规定： • 药包使用前应检查，要求无结块、未受潮。 • 药包应缓慢推入孔底，不得中途爆裂，应配备专用的装药包工具。 • 药包直径宜较钻孔直径小 20mm 左右，药卷长度一般为 20～30cm。 • 钻眼要求同前所述，但孔眼应比锚杆长度短 4～5cm。 • 用锥子在快硬水泥卷端头扎两个排气孔。然后将水泥卷竖立放于清洁的水中，保持水面高出水泥卷约 10cm。浸水时间以不冒泡为准，但不得超过水泥的初凝时间。 • 将浸好水的水泥卷用锚杆送到孔底，并轻轻捣实。 • 将锚杆外端套上连接套筒，装上搅拌机，然后开动搅拌机，再保持 10s 的搅拌时间（搅拌时间为 30～40s）。 • 轻轻卸下搅拌机头，用木楔揳紧杆体，使其位于钻眼孔中心处。自浸水后 20min，快硬水泥具有足够的强度时，才能使用扳手卸下连接套筒。 • 采用树脂药包时，还应注意：搅拌时间应根据现场气温决定，20℃时固化时间为 5min；温度下降 5℃时固化时间约会延长一倍。因此，地下工程在正常温度下，搅拌时间约为 30s，当温度在 10℃以下时，搅拌时间可适当延长为 45～60s。 （3）缝管式摩擦锚杆施工要点： 1）缝管式锚杆可根据需要和机具能力，选择不同直径的钻头和管径。 2）采用一般风动凿岩机时应配备专用冲击器。 3）安设锚杆前应吹孔，并核对孔深是否符合设计要求，安设前应检查风压，不得＜0.4MPa。 4）安设前先将锚杆套上垫板，将锚杆打入钻孔内至垫板压紧围岩为止。 5）在安设推进锚杆过程中，要保持凿岩机—锚杆—钻孔的中心线在同一轴线上。 6）若作为永久支护，则应作防锈处理，并灌注有膨胀性的砂浆。 （4）胀壳式内锚头预应力锚索施工要点： 适用范围：该锚杆常用于中等以上的围岩中，可在较小的施工现场中作业，常用于高边坡、大坝以及在大跨度地下隧道洞室的抢修加固及支护。

续表 4-13

隧道工程施工技术	锚杆施工	锚杆施工要点	1）加工应符合设计质量要求，在存放、运输及安装过程中，不得有损伤和变形。 2）钻孔一般采用冲击式浅孔钻，也可选用各种旋转式地质钻。 3）锚索安装要平直不紊乱，同时安设排气管。 4）预应力无明显衰减时，才最后锁定且 48h 内再检查
地下工程特殊施工技术	地下工程施工中的几种特殊开挖方法		（1）气压室法。 （2）冻结法。 （3）分部开挖、分部支护法。 （4）超前灌浆、超前锚杆法
	长距离顶管技术		（1）特点：地下管道的敷设采用顶管技术，无须挖槽或在水下开挖土方，并可避免为疏干和固结土体而采用的降低地下水位等辅助措施，从而大幅加快施工速度，降低造价，并能克服在穿越江河湖海等无法降水的特殊环境下施工的困难。 （2）普通顶管施工是在一般条件下的顶进技术，在最佳施工条件下，一次顶进长度为 100m 左右。 （3）顶管施工的基本设备主要包括管段前端的工具管，后部顶进设备及贯穿前后的出泥与气压设备，此外还有通风照明等设施。工具管是长距离顶管的关键设备。 （4）长距离顶管的主要技术关键是：①顶力问题；②方向控制；③制止正面塌方。 （5）长距离顶管中主要采用的技术措施：①穿墙；②纠偏与导向；③局部气压；④触变泥浆减阻；⑤中继接力顶进
	气动夯管锤铺管施工		特点： （1）地层适用范围广。 （2）铺管精度较高。 （3）对地表的影响较小。 （4）夯管锤铺管适合较短长度的管道铺设，为保证铺管精度，在实际施工中，可铺管长度按钢管直径（mm）除以 10 就得到夯进长度（以 m 为单位）。 （5）对铺管材料的要求。夯管锤铺管要求管道材料必须是钢管，若要铺设其他材料的管道，可铺设钢套管，再将工作管道穿入套管内。 （6）投资和施工成本低。 （7）工作坑要求低，通常只需很小施工深度，无须进行很复杂的深基坑支护作业。 （8）穿越河流时，无须在施工中清理管内土体，无渗水现象，确保施工人员安全

续表 4-13

	导向钻进法施工	钻头的选择依据： (1) 在淤泥质黏土中施工，一般采用较大的钻头，以适应变向的要求。 (2) 在干燥软黏土中施工，采用中等尺寸钻头一般效果最佳。 (3) 在硬黏土中，较小的钻头效果比较理想，但在施工中要保证钻头至少要比探头外筒的尺寸大 12mm 以上。 (4) 在钙质土层中，钻头向前推进十分困难，所以，较小直径的钻头效果最佳。 (5) 在粗粒砂层，中等规格的钻头使用效果最佳。 (6) 对于砂质淤泥，中等到大尺寸钻头效果较好。 (7) 对于致密砂层，小尺寸锥形钻头效果最好，但要确保钻头尺寸大于探头筒的尺寸。 (8) 在砾石层中施工，镶焊小尺寸硬质合金的钻头使用效果较佳。 (9) 对于固结的岩层，使用孔内动力钻具钻进效果最佳
地下工程特殊施工技术	逆作法	(1) 概述： 1) 定义：是施工高层建筑，多层地下室和其他多层地下结构的一种方法，它是以基坑围护墙和支撑桩及受力柱作为垂直承重构件，将主体结构的顶板、楼板作为支撑系统，采取地上与地下结构同时施工或由上而下分布依次开挖和构筑地下结构体系的施工方法。 2) 适用范围：建筑群密集，相邻建筑物较近，地下水位较高，地下室埋深大和施工场地狭小的高（多）层地上、地下建筑。 (2) 逆作法施工： 1) 逆作法分类：按围护结构的支撑方式，基坑工程逆作法可分为以下几类： • 全逆作法。 • 部分逆作法。 • 分层逆作法。 2) 逆作法施工工序： • 按基础外围面积，施工四周的支护结构。支护体系采用地下连续墙或排桩支护，排桩采用冲孔桩、钻孔桩或挖孔桩。 • 按设计图施工中间支撑柱和基础。 • 利用地下室一层的土方夯实修正后作地模，浇筑地下室处顶板的钢筋混凝土梁和板，并在此层预留出挖土方的出土洞若干个。 • 进行地下室一层土方的开挖及外运。 • 进行地下室二层的梁板混凝土的浇筑，在楼板中预留出土洞。 • 进行地下室二层土方的开挖及外运。 • 进行地下室三层的梁板混凝土的浇筑，在楼板中预留出土洞。 • 进行地下室三层土方的开挖及外运。 • 浇筑底板混凝土

续表 4-13

地下工程特殊施工技术	沉井法	定义	是修筑深基础和地下建（构）筑物的一种施工工艺。施工时先在地面或基坑内制作开口的沉井井身；然后在井身内部分层挖土，随着挖土使土面降低，沉井借助井体自重或在其他措施协助下克服与土壁间的摩阻力和刃脚反力，不断下沉，直至设计标高；最后进行封底并构筑井内构件，形成一个地下建（构）筑物或其基础
		主要工序	（1）测量放线、开挖基坑。 （2）铺设垫层、承垫木： 1）对于圆形沉井的定位垫木，一般对称设置在四个支点上。 2）对矩形沉井定位垫木，一般设置在两长边，每边2个。 3）当沉井长短边之比，$2>l/b\geqslant1.5$时，两个定位点间距离为0.71；当$l/b\geqslant2$时，则为0.61。 （3）沉井制作。 （4）挖土下沉： 1）排水挖土下沉。当沉井所穿过的土层透水性较差，涌水量不大，排水时不致产生流砂现象，可采用排水挖土下沉。 2）不排水挖土下沉。若沉井穿过的土层中有较厚的亚砂土和粉砂土，地下水丰富，土层不稳定，有产生流砂的可能性时，沉井就宜采用不排水挖土下沉，下沉中要使井内水面高出井外水面1～2m，以防流砂。 （5）沉井封底： 1）封底可分为干封底和湿封底两种。 2）湿封底。为防止进入导管内，并获得比较平缓的混凝土表面坡度，导管下端插入混凝土的深度不宜小于1m
		沉井纠偏	偏差主要包括倾斜和位移两方面。 沉井纠偏有以下方法： （1）矩形沉井长边产生偏差，可用偏心压重纠偏。 （2）沉井向某侧倾斜，可在高的一侧多挖土使其恢复水平再均匀挖土。 （3）采用触变泥浆润滑套时，可采用导向木纠偏。 （4）小沉井或矩形沉井短边产生偏差，应在下沉少的一侧外部用压力水冲井壁附近的土并加偏心压重；在下沉多的一侧加一水平推力来纠偏。 （5）当沉井中心线与设计中心线不重合时，可先在一侧挖土，使沉井倾斜，然后均匀挖土，使沉井沿倾斜方向下沉到沉井底面中心线接近设计中心线位置时再纠偏
	其他非开挖施工方法	气动夯管锤铺管法和导向钻进法都属于非开挖管线工程施工技术，一般适用于管径小于900mm的管线铺设工程	

经典考题剖析

一、2023 年考题

1. 土钉墙施工过程中，开挖淤泥质土层后的临空面应在（　　）h 内完成钉安放和喷射混凝土面层。

A. 12　　B. 24　　C. 36　　D. 48

答案：A

［解析］本题考查的是深基坑支护施工。在土钉墙施工时，开挖后应及时封闭临空面，应在 24h 内完成土钉安放和喷射混凝土面层。在淤泥质土层开挖时，应在 12h 内完成土钉安放和喷射混凝土面层。

2. 地下连续墙施工过程中，泥浆的首要作用是（　　）。

A. 护壁　　B. 携砂　　C. 冷却　　D. 润滑

答案：A

［解析］本题考查的是地下连续墙施工技术。泥浆的作用主要有：护壁、携砂、冷却和润滑，其中以护壁为主。

3. 盾构壳体构造中，位于盾构最前端的部分是（　　）。

A. 千斤顶　　B. 支承环

C. 切口环　　D. 衬砌拼装系统

答案：C

［解析］本题考查的是盾构法。盾构壳体一般由切口环、支承环和盾尾三部分组成。切口环部分位于盾构的最前端，施工时切入地层，并掩护作业，切口环前端制成刃口，以减少切口阻力和对地层的扰动。支承环位于切口环之后，是与后部的盾尾相连的中间部分，是盾构结构的主体，是具有较强刚性的圆环结构，作用在盾构上的地层土压力、千斤顶的顶力以及切口、盾尾、衬砌拼装时传来的施工荷载等，均由支承环承担，它的外沿布置盾构推进千斤顶。

4. 下列盾构机类型中，属于封闭式的有（　　）。

A. 机械式　　B. 网络式

C. 半机械式　　D. 泥水平衡式

E. 土压平衡式

答案：D、E

［解析］本题考查的是盾构机的类型与构造。盾构机一般分为开放式、部分开放式和封闭式三种类型。每一种形式可以再进一步细分。

5. 下列关于沉井施工工艺要求的说法，正确的有（　　）。

A. 沉井下沉至标高，应进行 8h 沉降观测

B. 沉降观测时，若 8h 内下沉量小于或等于 10mm，方可封底

C. 沉井制作高度较大时，基坑上应铺设一定厚度的砂垫层

D. 沉井采用不排水挖土下沉，要确保井内外水面在同一高度

E. 采用不排水封底法时，封底混凝土用导管法灌注

答案：A、B、C、E

[解析] 本题考查的是地下工程特殊施工技术。选项 A、B 正确，沉井下沉至标高，应进行沉降观测，当 8h 内下沉量小于或等于 10mm 时，方可封底；选项 C 正确，当沉井制作高度较大时，重量会增大，为避免不均匀沉降，基坑上应铺设一定厚度（>0.6m）的砂垫层；选项 D 错误，用不排水挖土下沉，下沉中要使井内水面高出井外水面 1～2m，以防流砂；选项 E 正确，湿封底即不排水封底，混凝土用导管法灌注。

二、2022 年考题

1. 地下连续墙混凝土顶面应比设计高度超浇（　　）。

A. 0.4m 以下　　B. 0.4m 以上

C. 0.5m 以下　　D. 0.5m 以上

答案：D

[解析] 在浇筑完成后的地下连续墙墙顶存在一层浮浆层，因此混凝土顶面需要比设计高度超浇 0.5m 以上，凿去浮浆层后，地下连续墙墙顶才能与主体结构或支撑相连，成为整体。

2. 隧道工程进行浅埋暗挖法施工的必要前提是（　　）。

A. 对开挖面前方土体的预加固和预处理

B. 一次注浆多次开挖

C. 环状开挖预留核心土

D. 开挖过程中对围岩及结构变化进行动态跟踪

答案：A

[解析] 对开挖面前方地层的预加固和预处理是浅埋暗挖法的必要前提，其目的在于加强开挖面的稳定性，增加施工的安全性。

3. 沉井下沉达到设计标准封底时，需要满足的观测条件是（　　）。

A. 5h 内下沉量小于或等于 8mm　　B. 6h 内下沉量小于或等于 8mm

C. 7h 内下沉量小于或等于 10mm　　D. 8h 内下沉量小于或等于 10mm

答案：D

[解析] 沉井下沉至标高，应进行沉降观测，当 8h 内下沉量小于或等于 10mm 时，方可封底。

4. 地下工程长距离顶管施工中，主要技术关键有（　　）。

A. 顶进长度　　B. 顶力问题

C. 方向控制　　D. 顶进设备

E. 制止正面坍塌

答案：B、C、E

[解析] 长距离顶管的主要技术关键：①顶力问题；②方向控制；③制止正面坍方。

三、2021 年考题

1. 在路线纵向长度和挖深均较大的土质路堑开挖时，应采用的开挖方法为（　　）。

A. 单层横向全宽挖掘法　　　　　　B. 多层横向全宽挖掘法

C. 分层纵挖法　　　　　　　　　　D. 混合式挖掘法

答案：D

［**解析**］本题考查的是路基施工。混合式挖掘法，多层横向全宽挖掘法和通道纵挖法混合使用。先沿路线纵向挖通道，然后沿横向坡面挖掘，以增加开挖面。混合式挖掘法适用于路线纵向长度和挖深都很大的路堑开挖。

2. 沥青路面面层厂拌法施工的主要优点是（　）。

A. 有利于就地取材　　　　　　　　B. 要求沥青稠度较低

C. 路面使用寿命长　　　　　　　　D. 设备简单且造价低

答案：C

［**解析**］本题考查的是路面施工。厂拌法即集中设置拌和基地，采用专门设备，将具有规定级配的矿料和沥青加热拌和，然后将混合料运至工地热铺热压或冷铺冷压的方法。此法需用黏稠的沥青和精选的矿料，因此，混合料质量高，路面使用寿命长，但一次性投资的建筑费用也较高。

3. 桥梁上部结构施工中，对通航和桥下交通有影响的是（　）。

A. 支架浇筑　　　　　　　　　　　B. 悬臂施工法

C. 转体施工法　　　　　　　　　　D. 移动模架

答案：A

［**解析**］本题考查的是桥梁上部结构的施工。支架现浇法就地浇筑施工无须预制场地，而且不需要大型起吊、运输设备，梁体的主筋可不中断，桥梁整体性好。它的缺点主要是工期长，施工质量不容易控制；对预应力混凝土梁由于混凝土的收缩、徐变引起的应力损失比较大；施工中的支架、模板耗用量大，施工费用高；搭设支架影响排洪、通航，施工期间可能受到洪水和漂流物的威胁。

4. 地下连续墙挖槽时，遇到硬土和孤石时，优先的施工方法是（　）。

A. 多头钻施工　　　　　　　　　　B. 钻抓式

C. 潜孔钻　　　　　　　　　　　　D. 冲击式

答案：D

［**解析**］本题考查的是地下连续墙施工技术。冲击式钻机由冲击锥、机架和卷扬机等组成，主要采用各种冲击式凿井机械，适用于老黏性土、硬土和夹有孤石等地层，多用于排桩式地下连续墙成孔。

5. 隧道工程施工中，干式喷射混凝土工作方法的主要特点为（　）。

A. 设备简单价格较低，不能进行远距离压送

B. 喷头与喷射作业面距离不小于 2m

C. 施工粉尘多，骨料回弹不严重

D. 喷嘴处的水压必须大于工作风压

答案：D

［**解析**］本题考查的是隧道工程施工技术。工程实践证明，喷嘴处的水压必须大于工作风压，并且压力稳定才会有良好的喷射效果。水压一般比工作风压大 0.10MPa 左右为宜。

6. 地下工程采用导向钻进行施工时，适合用中等尺寸钻头的岩土层为（　　）。

A. 砾石层　　B. 致密砂层

C. 干燥软黏土　　D. 钙质土层

答案：C

[**解析**] 本题考查的是地下工程特殊施工技术。在干燥软黏土中施工，采用中等尺寸钻头一般效果最佳（土层干燥，可较快地实现方向控制）。

7. 地下工程施工中，气动夯管锤铺管施工的主要特点有（　　）。

A. 夯管锤对钢管动态夯进，产生强烈的冲击和振动

B. 不适合于含卵砾石地层

C. 属于不可控向铺管，精密度低

D. 对地表影响小，不会引起地表隆起或沉降

E. 工作坑要求高，需进行深基坑支护作业

答案：A、D

[**解析**] 本题考查的是地下工程特殊施工技术。选项 B 错误，由于动态夯进可以击碎障碍物，所以在含卵砾石地层或回填地层中铺管时，比管径大的砾石或石块可被击碎后一部分进入管内而穿过障碍物，而不是试图将整个障碍物排开或推进。选项 C 错误，气动夯管锤铺管属不可控向铺管，但由于其以冲击方式将管道夯入地层，在管端无土楔形成，而且在遇障碍物时可将其击碎穿越，所以具有较好的目标准确性。选项 E 错误，工作坑要求低。

四、其他年份考题

1. 下列关于深基坑挖土方开挖采用冻结排桩法支护技术，说法正确的是（　　）。

A. 冻结管应置于排桩外侧　　B. 卸压孔应置于冻结管和排桩之间

C. 冻结墙的主要作用是支撑土体　　D. 排桩的主要作用是隔水

答案：A

[**解析**] 本题考查的是冻结排桩法支护技术。排桩外侧按设计要求施作一排冻结孔，同时在冻结孔外侧距其中心一定位置处插花布设多个卸压孔；冻结排桩法基坑支护技术是以含水地层冻结形成的隔水帷幕墙为基坑的封水结构，以基坑内排桩支撑系统为抵抗水土压力的受力结构，充分发挥各自的优势特点，以满足大基坑围护要求。

2. 下列关于深基坑土方开挖采用型钢铁水泥土复合搅拌桩支护技术，说法正确的有（　　）。

A. 搅拌水泥土凝结后方可加设横向型钢

B. 型钢的作用是增强搅拌桩的抗剪能力

C. 水泥土作为承受弯矩的主要结构

D. 型钢应加设在水泥土墙的内侧

答案：B

[**解析**] 本题考查的是型钢水泥土复合搅拌桩支护。型钢主要用来承受弯矩和剪力，水泥土主要用来防渗，同时对型钢还有围箍作用；在水泥土凝结硬化之前，将型钢插入墙中，形成型钢与水泥土的复合墙体。

3. 下列关于隧道工程采用掘进机施工，说法正确的是（　　）。

A. 全断面掘进机的突出优点是可实现一次成型

B. 独臂钻适宜于围岩不稳定的岩层开挖

C. 天井钻开挖是沿着导向孔从上往下钻进

D. 带盾构的挖掘机主要用于特别完整岩层的开挖

答案：A

[**解析**] 本题考查的是TBM法施工。适于开挖软岩，不适于开挖地下水较多、围岩不太稳定的地层；先在钻杆上装较小的钻头，从上向下钻一直径为200～300mm的导向孔，达到竖井或斜井的底部。再在钻杆上换直径较大的钻头，由下向上反钻竖井或斜井；当围岩是软弱破碎带时，若用常规的TBM掘进，常会因围岩塌落，造成事故，要采用带盾构的TBM法。

4. 下列关于隧道工程喷射混凝土支护，说法正确的有（　　）。

A. 拱形断面隧道开挖后先喷墙后喷拱

B. 拱形断面隧道开挖后直墙部分先从墙顶喷至墙脚

C. 湿喷法施工骨料回弹比干喷法大

D. 干喷法比湿喷法施工粉尘少

E. 封拱区应沿轴线由前向后喷射

答案：A、E

[**解析**] 本题考查的是喷射混凝土。侧墙应自墙基开始；干式喷射施工粉尘多，回弹比较严重。

5. 冻结排桩法施工技术主要适用于（　　）。

A. 基岩比较坚硬、完整的深基坑施工

B. 表土覆盖比较浅的一般基坑施工

C. 地下水丰富的深基坑施工

D. 岩土体自支撑能力较强的浅基坑施工

答案：C

[**解析**] 本题考查的是冻结排桩法。冻结排桩法适用于大体积深基础开挖施工、含水量高的地基基础和软土地基基础施工以及地下水丰富的地基基础施工。

难 题 解 析

一、单项选择题

1. 在轻型井点施工中，井点系统的安装内容包括：①挖井点沟槽；②冲孔；③灌填砂滤料；④弯联管将井点管与集水管连接；⑤铺设集水总管；⑥沉设井点管；⑦安装抽水设备、试抽。其正确的安装顺序为（　　）。

A. ①②③④⑤⑥⑦　　B. ①②③⑥⑤④⑦

C. ①⑤②⑥③④⑦　　D. ①②③⑤⑥④⑦

答案：C

［解题要点］在轻型井点施工中，井点系统的正确的安装顺序为：挖井点沟槽→铺设集水总管→冲孔→沉设井点管→灌填砂滤料→弯联管将井点管与集水管连接→安装抽水设备、试抽。

2. 在较硬的土质中，用推土机进行挖、运作业，较适宜的施工方法是（　　）。

A. 下坡推土法　　B. 并列推土法

C. 分批集中，一次推送法　　D. 沟槽推土法

答案：C

［解题要点］土质较硬时，推土机吃刀不能太深，一次铲土不多、效率低，采用短距离分批集中后再一次推土效率高。下坡推土用于土丘、并列推土和沟槽推土主要是为了减少推土刀的边端散落。答案为选项C。

3. 某基坑为Ⅱ级砂土，地下水位较高，挖土深度为3m，且只能开挖停机面以下土层，适宜选择（　　）。

A. 正铲挖掘机　　B. 反铲挖掘机

C. 拉铲挖掘机　　D. 抓铲挖掘机

答案：B

［解题要点］反铲挖土机的特点是后退向下，强制切土。其挖掘力比正铲小，能开挖停机面以下的Ⅰ～Ⅲ级的砂土或黏土，适宜开挖深度4m以内的基坑，对地下水位较高处也适用。

4. 有一公路，路基为填土路基（路堤），土源为3km外的地面存土，完成这一土方作业较适合的机械选择为（　　）。

A. 铲运机　　B. 推土机

C. 反铲挖掘机＋推土机　　D. 正铲挖掘机＋自卸汽车＋推土机

答案：D

［解题要点］推土机、铲运机虽具独立挖土、运土、填方性能，但其经济运距有限，3km均已超过其最佳运距。对地面存土，较适宜的机械搭配是正铲挖土、自卸汽车运土，推土机堆成路堤并初步碾压。答案为选项D。

5. 在填土压实施工中，适用于大面积非黏性土回填压实的方法是（　　）。

A. 振动压实法　　B. 内燃夯实法

C. 羊足碾碾压法　　D. 蛙式打夯机夯实法

答案：A

［解题要点］羊足碾压强大但适用于黏性土，内燃夯土机和蛙式打夯机只适用于较小面积的回填土夯实，振动压实法系用振动式平碾，不仅效率高，且适用于非黏性土。答案为选项A。

6. 排水设施中管井井点的间距，一般为（　　）m。

A. 10～20　　B. 20～40　　C. 20～50　　D. 30～60

答案：C

［解题要点］管井井点是沿基坑每隔一定距离设置一个管井，每个管井单独用一水泵不断抽水来降低地下水位。管井直径为150～250mm。管井的间距一般为20～50m。

7. 用单斗挖掘机械施工时，如果要开挖停机面以上Ⅳ级土，应选用（　　）。

A. 正铲挖掘机　　B. 反铲挖掘机

C. 拉铲挖掘机　　D. 抓铲挖掘机

答案：A

［解题要点］各种单斗挖掘机械施工特点：①正铲挖掘机。其特点是：前进向上，强制切土。其挖掘力大，生产率高，能开挖停面以内的Ⅰ～Ⅳ级土，开挖大型基坑时需设下坡道，适宜在土质较好、无地下水的地区工作。②反铲挖掘机。其特点是：后退向下，强制切土。其挖掘力比正铲小，能开挖停机面以下的Ⅰ～Ⅲ级的砂土或黏土，适宜开挖深度4m以内的基坑，对地下水位较高处也适

用。③拉铲挖掘机。其特点是：后退向下，自重切土。其挖掘半径和挖土深度较大，能开挖停机面以下的Ⅰ～Ⅱ级土，适宜开挖大型基坑及水下挖土。④抓铲挖掘机。其特点是：直上直下，自重切土。其挖掘力较小，只能开挖Ⅰ～Ⅱ级土，可以挖掘独立基坑、沉井，特别适于水下挖土。

8. 土石方填筑与压实时，（　　）适合碾压非黏性土。

A. 气胎碾　　B. 羊足碾

C. 夯实法　　D. 振动压实法

答案：D

［**解题要点**］土石方填土压实方法包括碾压法、夯实法及振动压实法。其中，平整场地等大面积填土多采用碾压法；小面积的填土工程多用夯实法；振动压实法主要用于压实非黏性土。

9. 用锤击法沉桩施工时，下列叙述错误的是（　　）。

A. 锤重应大于或等于桩重　　B. 应重锤高击

C. 应重锤低击　　D. 最大锤落距不大于1m

答案：B

［**解题要点**］在桩锤选择时，应注意锤重应大于或等于桩重；当锤重大于桩重的1.5～2倍时，能取得良好的效果；当桩重大于2t时，可采用比桩轻的桩锤，但亦不能小于桩重的75%。在施工中宜采用“重锤低击”，用落锤或单动气锤打桩时，最大落距不宜大于1m。

10. 关于打桩的顺序，以下说法不正确的是（　　）。

A. 基坑不大时，打桩应从中间开始分头向两边或四周进行

B. 当桩基的设计标高不同时，应先深后浅

C. 当桩的规格不同时，应先大后小，先长后短

D. 当桩基的设计标高不同时，应先浅后深

答案：D

［**解题要点**］在确定打桩顺序时应注意：①影响因素：桩的密集程度、基础的设计标高、现场地形条件、土质情况等。②分类：逐排打设、自中间向四周打设和分段打设。③适用范围：一般当基坑不大时，打桩应从中间开始分头向两边或四周进行；当基坑较大时，应将基坑分为数段，而后在各段范围内分别进行。④注意事项：打桩应避免自外向内，或从周边向中间进行。当桩基的设计标高不同时，打桩顺序宜先深后浅；当桩的规格不同时，打桩顺序宜先大后小、先长后短。

11. 泥浆护壁成孔灌注桩施工流程为（　　）。

A. 测量放线定位→桩机就位→埋设护筒→成孔→一次清孔→安装导管→安装钢筋笼→二次清孔→灌注水下混凝土→起拔导管、护筒→桩头混凝土养护

B. 测量放线定位→埋设护筒→桩机就位→成孔→安装钢筋笼→一次清孔→安装导管→二次清孔→起拔导管、护筒→灌注水下混凝土→桩头混凝土养护

C. 测量放线定位→埋设护筒→桩机就位→成孔→一次清孔→安装钢筋笼→安装导管→二次清孔→灌注水下混凝土→起拔导管、护筒→桩头混凝土养护

D. 测量放线定位→埋设护筒→桩机就位→成孔→一次清孔→安装钢筋笼→安装导管→灌注水下混凝土→二次清孔→桩头混凝土养护→起拔导管、护筒

答案：C

［**解题要点**］泥浆护壁成孔灌注桩施工流程为：测量放线定位→埋设护筒→桩机就位→成孔→一次清孔→安装钢筋笼→安装导管→二次清孔→灌注水下混凝土→起拔导管、护筒→桩头混凝土养护。

12. 以下关于钢筋混凝土工程施工的说法，正确的是（　　）。

A. HPB300级钢筋的冷拉率不宜大于1%

B. 对有抗震要求的结构，箍筋弯后平直部分长度不应小于箍筋直径的5倍

C. 钢筋网中交叉钢筋焊接宜采用电弧焊

D. 气压焊接不同直径钢筋时，两钢筋直径差不得大于 7mm

答案：D

［**解题要点**］钢筋工程是钢筋混凝土工程施工中的重要环节，以上说法中选项 D 正确，对 HPB300 级钢筋的冷拉率不宜大于 4%，对有抗震要求的结构，箍筋弯后平直部分长度不应小于箍筋直径的 10 倍，钢筋网中交叉钢筋焊接宜采用电阻点焊，故选项 A、B、C 均不正确。

13. 先张法预应力构件适用的条件是（　　）。

A. 预制构件厂生产中、小型构件　　B. 预制构件厂生产大型构件

C. 施工现场生产中、小型构件　　D. 施工现场生产大型构件

答案：A

［**解题要点**］先张法预应力构件生产需要台座。这只能是在预制构件厂才有条件具备，不可能在施工现场准备台座。既然是在预制构件厂生产，又得运到施工现场使用，故不能是大型构件，太大不便于运输。因此采用预应力先张法生产的构件多为在预制构件厂生产的中、小型构件。

14. 后张法工艺流程（　　）。

A. 安装底模→埋管制孔→安钢筋骨架、支模→浇筑混凝土→养护、拆模→抽管→清理孔道→穿筋→张拉预应力筋→孔道灌浆→起吊运输

B. 安装底模→安钢筋骨架、支模→埋管制孔→浇筑混凝土→抽管→养护、拆模→清理孔道→穿筋→张拉预应力筋→孔道灌浆→起吊运输

C. 安钢筋骨架、支模→安装底模→埋管制孔→浇筑混凝土→抽管→养护、拆模→清理孔道→穿筋→孔道灌浆→张拉预应力筋→起吊运输

D. 安装底模→安钢筋骨架、支模→浇筑混凝土→埋管制孔→抽管→养护、拆模→穿筋→清理孔道→张拉预应力筋→孔道灌浆→起吊运输

答案：B

［**解题要点**］后张法工艺流程为：安装底模→安钢筋骨架、支模→埋管制孔→浇筑混凝土→抽管→养护、拆模→清理孔道→穿筋→张拉预应力筋→孔道灌浆→起吊运输。

15. 某跨度为 20m 的钢屋架进行拼装时，可以采取的拼装方法是（　　）。

A. 构件平装法　　B. 构件立拼法

C. 构件吊装法　　D. 利用模具拼装法

答案：A

［**解题要点**］钢构件拼装方法有平装法、立拼法和利用模具拼装法三种。其适用范围为：①构件平装法其适用于拼装跨度较小、构件相对刚度较大的钢结构。如长 18m 以内的钢柱、跨度 6m 以内的天窗架及跨度 21m 以内的钢屋架的拼装。②构件立拼法其适用于跨度较大、侧向刚度较差的钢结构。如 18m 以上的钢柱、跨度 9m 及 12m 窗架、24m 以上钢屋架以及屋架上的天窗架。③利用模具拼装法的模具是符合工件几何形状或轮廓的模型（内模或外模），用模具来拼装组焊钢结构，具有产品质量好、生产效率高等许多优点。

16. 某 12 层住宅楼在拟定结构吊装方案时，应选择的起重机械为（　　）。

A. 履带式起重机　　B. 塔式起重机

C. 自升式塔式起重机　　D. 桅杆起重机

答案：C

［**解题要点**］在拟定结构吊装方案时，可选择的机械有：履带式起重机、塔式起重机和自升式塔式起重机等。履带式起重机适用于安装 4 层以下结构，塔式起重机适用于 4～10 层结构，自升式塔式起重机适用于 10 层以上结构。

17. 某建筑物的外墙外边线尺寸为 60m×8m，起重机采用外单侧布置，外脚手宽 1.5m，吊车轨距 850mm，求塔吊的最小起重半径为（　　）m。

A. 9.725　　B. 10.35　　C. 10.425　　D. 10.85

答案：C

[解题要点] 单层工业厂房结构吊装中，塔式起重机械单侧布置适用于房屋平面宽度较小，构件较轻。此时起重半径应满足：$R \geqslant b+a$

式中：R——塔式起重机吊装最大起重半径（m）；

b——房屋宽度（m）；

a——房屋外侧至塔式起重机轨道中心线的距离，a=外脚手的宽度+1/2 轨距+0.5m。

18. 以下关于热拌沥青混合料路面施工的说法，正确的是（　　）。

A. 摊铺机联合摊铺每台摊铺机的摊铺宽度宜小于 8m

B. 摊铺速度宜控制在 2～6m/min 的范围内

C. 采用梯队作业方式摊铺时应选用冷接缝

D. 摊铺的混合料用人工反复修整 1～2 次

答案：B

[解题要点] 选项 A 错误，摊铺机联合摊铺，每台摊铺机的摊铺宽度宜小于 6m。选项 C 错误，采用梯队作业方式摊铺时应选用热接缝。选项 D 错误，摊铺的混合料，不宜用人工反复修整。

19. 用于正常通车线路上的桥梁工程的换梁方法是（　　）。

A. 顶推法施工　　B. 转体法施工

C. 悬臂法施工　　D. 横移法施 T

答案：D

[解题要点] 桥梁承载结构的施工方法中横移法施工的特点：①由于混凝土桥具有较大的自重，横移法施工常在钢桥上使用；②横向位移施工多用于正常通车线路上的桥梁工程的换巢；③横移施工也可与其他施工方法配合使用。

20. 在深基坑支护中，（　　）支护类型能满足所有基坑结构的安全等级。

A. 逆作挡墙式　　B. 边坡稳定式

C. 排桩与板墙式　　D. 放坡开挖式

答案：C

[解题要点] 深基坑支护基本形式有水泥土桩墙、排桩与桩墙、边坡桩定、逆作拱墙式和放坡开挖式。其适用条件为：①水泥土桩墙的适用条件：基坑侧壁安全等级宜为二、三级；水泥土墙施工范围内地基承载力不宜大于 150kPa；基坑深度不宜大于 6m；基坑周围具备水泥土墙的施工宽度。②排桩与桩墙的适用条件：适于基坑侧壁安全等级一、二、三级；悬臂式结构在软土场地中不宜大于 5m；当地下水位高于基坑底面时，宜采用降水、排桩与水泥土桩组合截帷幕或采用地下连续墙；用作逆作法施工。③边坡稳定式的适用条件：基坑侧壁安全等级宜为二、三级非软土场地；土钉墙基坑深度不宜大于 12m；喷锚支护适用于无流砂、含水量不高、不是淤泥等流塑土层的基坑，开挖深度不大于 18m；当地下水位高于基坑底面时，应采取降水或截水措施。④逆作拱墙式的适用条件：基坑侧壁安全等级宜为二、三级；淤泥和淤泥质土场地不宜采用；基坑平面尺寸近似方形或圆形，施工场地适合拱圈布置；拱墙轴线的矢跨比不宜小于 1/8，坑深不宜大于 12m；地下水位高于基坑底面时，应采取降水或截水措施。⑤放坡开挖式的适用条件：基坑侧壁安全等级宜为三级；基坑周围场地应满足放坡条件，土质较好；当地下水位高于坡脚时，应采取降水措施。

21. 型钢水泥复合搅拌桩支护技术施工工艺流程为（　　）。

A. 消除地下障碍物、平整场地→开挖导沟→置放导轨与定位卡→SMW 搅拌桩机就位→钻进与搅拌→插入型钢并固定→撤除导轨→施工顶圈梁→支护施工完毕

B. 消除地下障碍物、平整场地→开挖导沟→SMW 搅拌桩机就位→置放导轨与定位卡→钻进与搅拌→撤除导轨→插入型钢并固定→施工顶圈梁→支护施工完毕

C. 消除地下障碍物、平整场地→置放导轨与定位卡→开挖导沟→SMW 搅拌桩机就位→钻进与搅拌→插入型钢并固定→施工顶圈梁→撤除导轨→支护施工完毕

D. 消除地下障碍物、平整场地→开挖导沟→施工顶圈梁→SMW 搅拌桩机就位→钻进与搅拌→置放导轨与定位卡→插入型钢并固定→撤除导轨→支护施工完毕

答案：A

[解题要点] 型钢水泥复合搅拌桩支护技术施工工艺流程为：消除地下障碍物、平整场地→开挖导沟→置放导轨与定位卡→SMW 搅拌桩机就位→钻进与搅拌→插入型钢并固定→撤除导轨→施工顶圈梁→支护施工完毕。

22. 地下连续墙施工工艺流程为（　　）。

A. 挖导沟→筑道墙→挖槽→吊放接头管（接头箱）→吸泥、清底、刷壁→吊放钢筋笼→浇筑混凝土→插人混凝土导管→结束

B. 挖导沟→吸泥、清底、刷壁→筑道墙→挖槽→吊放钢筋笼→吊放接头管（接头箱）→插入混凝土导管→浇筑混凝土→结束

C. 挖导沟→筑道墙→挖槽→吸泥、清底、刷壁→吊放接头管（接头箱）→吊放钢筋笼→插入混凝土导管→浇筑混凝土→结束

D. 筑道墙→挖导沟→挖槽→吸泥、清底、刷壁→浇筑混凝土→吊放接头管（接头箱）→吊放钢筋笼→插人混凝土导管→结束

答案：C

[解题要点] 地下连续墙施工工艺流程为：挖导沟→筑道墙→挖槽→吸泥、清底、刷壁→吊放接头管（接头箱）→吊放钢筋笼→插入混凝土导管→浇筑混凝土→结束。

23. TBM 法的几种不同施工机械类型中，全断面掘进机的主要优点是（　　）。

A. 适宜于打长洞　　B. 适宜于开挖软岩

C. 适宜于开挖竖井或斜井　　D. 适宜于围岩是软弱破碎带情况

答案：A

[解题要点] TBM 法是用特制的大型切削设备，将岩石剪切挤压破碎，然后通过配套运输设备将碎石运出，其代表类型有：全断面掘进机，独臂钻、天井钻和带盾构的 TBM 掘进法等。全断面掘进机的主要优点是：适用于打长洞，开挖洞壁比较光滑，对围岩破坏小，超挖少，故选项 A 正确。适宜于开挖软岩的是独臂钻掘进法，适宜于开挖竖井或斜井的是天井钻掘进法，适宜于围岩是软弱破碎带情况的是带盾构的 TBM 掘进法。

24. 导向钻进法施工的特点是（　　）。

A. 斜面钻头只给进不旋转保直钻进　　B. 斜面钻头只旋转不给进保直钻进

C. 斜面钻头同时给进加旋转实现造斜　　D. 斜面钻头只给进不旋转实现造斜

答案：D

[解题要点] 导向钻头前端为 15°的造斜面，钻头只给进不旋转时，斜面受地层的作用使钻头向着斜面的反方向偏斜；而钻头在边给进边旋转时，钻头斜面不断改变方向，各方向受到的偏斜力相互抵消，所以钻头仍保直钻进。

二、多项选择题

1. 关于土石方工程施工，正确的说法有（　　）。

A. 填土应按不同土的透水性从小到大，自下而上分层回填

B. 填土压实的分层厚度与压实遍数只与压实机械的功率有关，与填土种类和含水情况无关

C. 水泥土搅拌桩系重力式支护结构，具有挡土、防渗功能

D. 采用压实机械进行填方时，可不预留土方沉降量

E. 铲运机运土速度快、效率高，其经济运距为 600～1 500m

答案：C、E

［解题要点］题中选项 C、E 正确，选项 A 错误，在于填土应按不同土的透水性从大到小、自下而上回填，而不是从小到大回填，选项 D 错误，在于应预留土方沉降量，而不是不预留。

2. 防止大体积混凝土浇筑后产生裂缝的方法有（　　）。

A. 采用矿渣水泥　　B. 加高效减水剂

C. 加大浇筑速度　　D. 采用人工降温

E. 加缓凝剂

答案：A、B、D、E

［解题要点］大体积混凝土浇筑后易产生裂缝的主要原因是由混凝土内外的温差应力所致。凡是减少温差应力的措施都是可行的。矿渣水泥水化热低可用，加高效减水剂可在保证强度的前提下，少用水泥从而也降低水化热；加缓凝剂可延长散热时间，从而减少或消除了温差应力效应。加快浇筑速度明显是错误的。

3. 混凝土施工缝正确的留设位置是（　　）。

A. 柱子应留在基础顶面　　B. 带牛腿的柱面留在牛腿上面

C. 留在牛腿下面　　D. 单向板留在平行于长边的任何位置

E. 单向板留在平行于短边的任何位置

答案：A、C、E

［解题要点］混凝土施工缝是结构中的薄弱环节，因此应留在结构受剪力较小且便于施工的部位，据此，基础顶面，牛腿下，无梁楼盖柱帽下，梁托下都是符合上述要求的。单向板系沿短边受弯，所以施工缝平行于短边对单向板的削弱不大。

4. 以下材料可以优先采用作为路堤填料的有（　　）。

A. 碎石　　B. 砾石

C. 粉性土　　D. 粗砂

E. 黏性土

答案：A、B、D

［解题要点］下列是有关路堤填料的选择：①优先采用：碎石、卵石、砾石、粗砂等，具有良好透水性，且强度高、稳定性好。②可采用：亚砂土、亚黏土等，经压实后也具有足够的强度。③不宜作路堤填料：粉性土，水稳定性差。④慎重采用：重黏土、黏性土、捣碎后的植物土等，其透水性差。

5. 桥梁承载结构的施工方法中，施工时不影响桥下交通的有（　　）。

A. 预制安装法　　B. 悬臂施工法

C. 转体施工法　　D. 顶推施工法

E. 横移施工法

答案：B、C

［解题要点］桥梁承载结构的施工方法中：

（1）悬臂施工法的特点是：①悬臂施工宜在营运状态的结构受力与施工阶段的受力状态比较近的桥梁中选用；②非墩梁固接的预应力混凝土梁桥，采用悬臂施工时应采取措施使墩、梁临时固结；③采用悬臂施工的机具设备种类较多，可根据实际情况选用；④悬臂浇筑法施工简便，结构整体性好，施工中可不断调整位置，常在跨径大于 100m 的桥梁上选用，悬臂拼装法施工速度快，桥梁上下部结构可平行作业，但施工精度要求比较高，可在跨径 100m 以下的大桥中选用；⑤悬臂施工法可不用或少用支架，施工不影响通航或桥下交通。

（2）转体施工法的特点是：①可以利用地形，方便预制构件；②施工期间不断航，不影响桥下交通，并可在跨越通车线路上进行桥梁施工；③施工设备少，装置简单，容易制作并便于掌握；④节省木材，节省施工用料；⑤减少高空作业，施工工序简单，施工迅速，当主要结构先期合拢后，给以后施工带来方便；⑥转体施工适合于单跨和三跨桥梁，可在深水、峡谷中建桥采用，同时也适用于平原区以及城市跨线桥；⑦大跨径桥梁采用转体施工将会取得良好的技术经济效益，转体重量轻型化，多种工艺综合利用，是大跨及特大路桥施工有力的竞争方案。

6. 地下连续墙修筑导墙的作用是（　　）。

A. 存储泥浆　　B. 作为挖槽机轨道支撑

C. 防止槽壁崩塌　　D. 悬吊钢筋笼的支撑

E. 作为测量的基准

答案：A、B、D、E

［**解题要点**］地下连续墙修筑导墙的作用是作为挡土墙；作为测量的基准；作为重物的支承：存储泥浆；导墙还可以防止雨水等地面水流入槽内；当地下连续墙距离已建建筑物很近时，还可起到一定的补强作用。

7. 气动夯管锤施工的特点是（　　）。

A. 适应所有地层　　B. 铺管精度高

C. 对地表不隆起、不塌陷　　D. 必须是钢管

E. ∮500 钢管可铺管长为 50m

答案：B、C、D、E

［**解题要点**］气动夯管锤施工的特点是：①地层适用范围广，夯管锤铺管几乎适应除岩层以外的所有地层；②铺管精度较高；③对地表的影响较小，地表不会产生隆起或沉降现象；④夯管锤铺管适合较短长度的管道铺设，为保证铺管精度，在实际施工中，可铺管长度按钢管直径（mm）除以 10 就得到夯进长度（以 m 为单位）；⑤对铺管材料的要求，夯管锤铺管要求管道材料必须是钢管，若要铺设其他材料的管道，可铺设钢套管，再将工作管道穿入套管内；⑥投资和施工成本低；⑦工作坑要求低，通常只需很小的施工深度，无须进行很复杂的深基坑支护作业；⑧穿越河流时，无须在施工中清理管内土体，无渗水现象，确保施工人员安全。

第五章 工程计量

考纲要求

1. 工程计量的基本原理和方法；
2. 建筑面积计算规则；
3. 工程量计算规则与方法。

本章知识架构

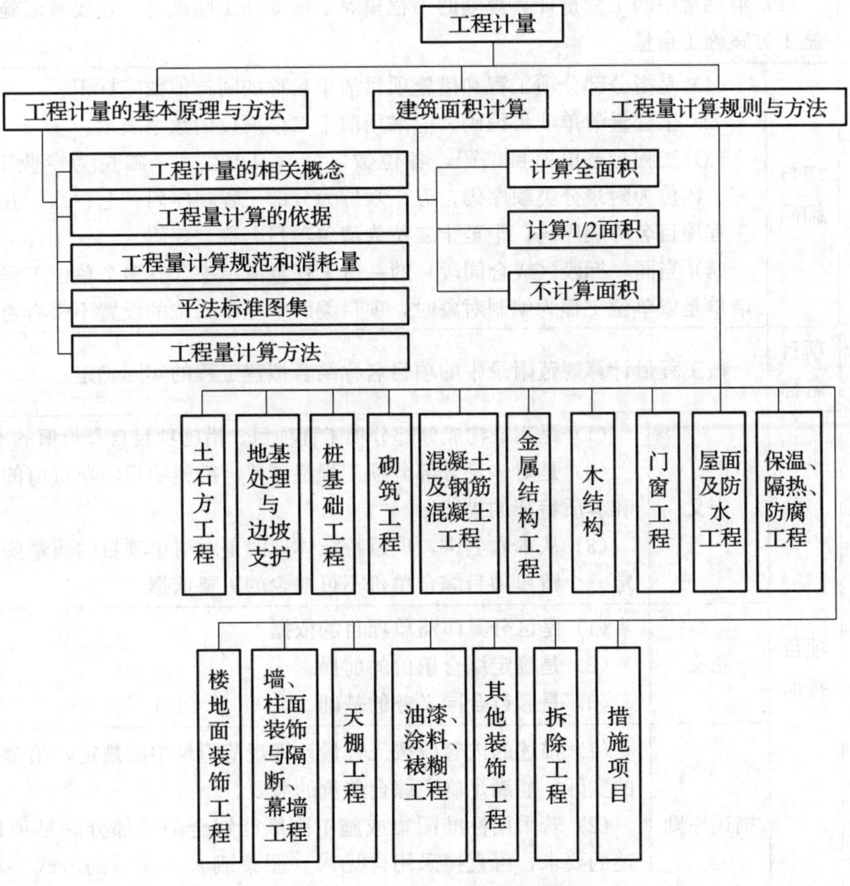

图 5-1 本章知识架构

考点与题型详解

考点一：工程计量基本原理与方法

点评：本考点历年命题出现率较高，一般是 4～5 道试题。考核内容有两部分，一是工程计量的基本原理与方法，二是平面整体表示方法的注写方式。近几年考题的特点是考核考生在具体操作中对概念的理解。考生复习时特别注意两点，第一，把实际工作中利用工程量清单进行投标报价的具体操作和教材中的理论知识相结合；第二，通过教材中的实例更好地理解规则。

知识要点集成

表 5-1　工程计量的基本原理与方法

<table>
<tr><td colspan="2">工程量计算规则</td><td colspan="3">（1）工程量计算规范中的工程量计算规则的工程量为施工图纸的净量，不考虑施工余量。
（2）消耗量中的工程量计算规则的工程量除了依据施工图纸外，还要考虑施工方法和施工方案施工余量</td></tr>
<tr><td rowspan="5">工程量计算规范和消耗量</td><td rowspan="5">工程量计算规范</td><td>项目编码</td><td colspan="2">（1）是指分部分项工程和措施项目清单名称的阿拉伯数字标识。
（2）工程量清单项目编码，应采用前十二位阿拉伯数字表示。
（3）工程量清单项目编码，各位数字的含义是：一、二位为专业工程代码；三、四位为附录分类顺序码；五、六位为分部工程顺序码；七、八、九位为分项工程项目名称顺序码；十至十二位为清单项目名称顺序码。
（4）当同一标段（或合同段）的一份工程量清单中含有多个单位工程且工程量清单是以单位工程为编制对象时，项目编码十至十二位的设置不得有重码的规定</td></tr>
<tr><td>项目名称</td><td colspan="2">按工程量计算规范附录中的项目名称结合拟建工程的实际确定</td></tr>
<tr><td rowspan="3">项目特征</td><td>定义</td><td>（1）是表征构成分部分项工程项目、措施项目自身价值的本质特征。
（2）是对体现分部分项工程量清单、措施项目清单价值的特有属性和本质特征的描述。
（3）从本质上讲，项目特征体现的是对清单项目的质量要求，是确定一个清单项目综合单价不可缺少的重要依据</td></tr>
<tr><td>意义</td><td>（1）是区分具体清单项目的依据。
（2）是确定综合单价的前提。
（3）是履行合同义务的基础</td></tr>
<tr><td>描述原则</td><td>（1）描述的内容应按工程量计算规范附录中的规定，结合拟建工程的实际，能满足确定综合单价的需要。
（2）若采用标准图集或施工图纸能够全部或部分满足项目特征描述的要求，可直接采用详见××图集或××图号的方式。对不能满足要求的部分，仍应用文字描述</td></tr>
</table>

续表 5-1

工程量计算规范和消耗量	工程量计算规范	计量单位	（1）按工程量计算规范附录中规定的计量单位确定。 （2）工程量计算规范附录中有两个或两个以上计量单位的，应结合拟建工程项目的实际情况，选择其中一个确定，在同一个建设项目（或标段、合同段）中，有多个单位工程的相同项目计量单位必须保持一致。 （3）不同的计量单位汇总后的有效位数也不相同，根据工程量计算规范规定，工程计量时每一项目汇总的有效位数应遵守下列规定： A. 以“t”为单位，应保留小数点后三位数字，第四位小数四舍五入。 B. 以“m”“m^2”“m^3”“kg”为单位，应保留小数点后两位数字，第三位小数四舍五入。 C. 以“个”“件”“根”“组”“系统”为单位，应取整数
	计量单位	工程内容	工作内容与项目特征的区别： （1）项目特征体现的是清单项目质量或特性的要求或标准。 （2）工作内容体现的是完成一个合格的清单项目需要具体做的施工作业和操作程序，对于一项明确了分部分项工程项目或措施项目，工作内容确定了其工程成本。不同的施工工艺和方法，工作内容也不一样，工程成本也就有了差别。在编制工程量清单时一般不需要描述工作内容
		清单项目的补充	（1）工程量清单项目的补充应涵盖项目编码、项目名称、项目特征、计量单位、工程量计算规则以及包含的工作内容，按工程量计算规范附录中相同的列表方式表述。不能计量的措施项目，需附有补充项目的名称、工作内容及包含范围。 （2）补充项目的编码由专业工程代码与 B 和三位阿拉伯数字组成，并应从××B001 起顺序编制，同一招标工程的项目不得重码
	消耗量		（1）计算规则：综合考虑了施工方法、施工工艺和施工质量要求，计算出的工程量要考虑施工中的余量，与项目的消耗量指标相互配套使用。 （2）项目表：是消耗量的核心内容，包括工作内容、编号、项目名称、计量单位及消耗量指标
	工程量计算规范和消耗量的联系与区别	联系	（1）两者章节划分基本一致。 （2）两者工程量计算规则基本计算方法一致
		区别	（1）用途不同：①工程量计算规范主要用于计算工程量、编制工程量清单，结算中的工程计量。②消耗量主要用于工程计价，根据消耗量计算清单项目所包含的项目的工程量。 （2）项目划分和综合的工作内容不同：①消耗量项目划分是基于施工工序设置的，体现施工单元，包含的工作内容相对单一。②工程量计算规范清单项目划分是基于“综合实体”设置的，体现功能单元，包括的工作内容往往不止一项。 （3）计算口径的调整：①消耗量项目计量考虑了不同施工方法和加工余量的实际数量，即消耗量项目计量考虑了一定的施工方法、施工工艺和现场实际情况。②工程量计算规范规定的工程量主要是完工后的净量［或图纸（含变更）的净量］。 （4）计量单位的调整：①工程量清单项目的计量单位采用基本的物理计量单位或自然计量单位。②消耗量中的计量单位为扩大的物理计量单位或自然计量单位

续表 5-1

平面整体表示方法见表 5-2	
工程量计算的方法	用统筹法计算工程量： （1）统筹程序，合理安排； （2）利用基数，连续计算——常用的基数为“三线一面”，“三线”是指建筑物的外墙中心线、外墙外边线和内墙净长线；“一面”是指建筑物的底层建筑面积。 （3）一次算出，多次使用； （4）结合实际，灵活机动

表 5-2　平面整体表示方法的注写方式

平法注写方式	柱平法施工图的注写方式	列表注写方式	（1）定义：系在柱平面布置图上，分别在同一编号的柱中选择一个截面标注几何参数代号，在柱表中注写柱编号、柱段起止标高、几何尺寸、与配筋的具体数值，并配以各种柱截面形状及其箍筋类型图的方式，来表达柱平法施工图。 代号：框架柱（KZ）、转换柱（ZHZ）、芯柱（XZ）。 （2）举例：某框架柱列表注写方式见 2023 年版教材表 5.1.1
		截面注写方式	（1）定义：系在柱平面布置图的柱截面上，分别在同一编号的柱中选择一个截面，以直接注写截面尺寸和配筋的具体数值的方式来表达柱平法施工图。 （2）举例：柱截面注写方式见 2023 年版教材图 5.1.2
	梁平法施工图的注写方式	集中标注	（1）梁编号。梁编号由梁类型代号、序号、跨数及有无悬挑代号组成。梁的类型代号有楼层框架梁（KL）、楼层框架扁梁（KBL）、屋面框架梁（WKL）、框支梁（KZL）、托柱转换梁（TZL）、非框架梁（L）、悬挑梁（XL）、井字梁（JZL），A 为一端悬挑，B 为两端悬挑，悬挑不计跨数。 （2）梁截面尺寸，该项为必注值。当为等截面梁时，用 $b\times h$ 表示；当为竖向加腋梁时，用 $b\times h$、$Y_{c1\times c2}$ 表示，其中 c_1 为腋长，c_2 为腋高；当为水平加腋梁时，用 $b\times h$、$PY_{c1\times c2}$ 表示，其中 c_1 为腋长，c_2 为腋宽，加腋部分应在平面中绘制；当有悬挑梁且根部和端部的高度不同时，用斜线分隔根部与端部的高度值，即为 $b\times h_1/h_2$。 （3）梁箍筋，该项为必注值。包括钢筋级别、直径、加密区与非加密区间距及肢数。箍筋加密区与非加密区的不同间距及肢数需用斜线“/”分隔；当梁箍筋为同一种间距及肢数时，则不需用斜线；当加密区与非加密区的箍筋肢数相同时，则将肢数注写一次；箍筋肢数应写在括号内。 （4）梁上部通长筋或架立筋配置，该项为必注值。当同排纵筋中既有通长筋又有架立筋时，应用加号“+”将通长筋和架立筋相联。注写时须将角部纵筋写在加号的前面，架立筋写在加号后面的括号内，以示不同直径及与通长筋的区别。当全部采用架立筋时，则将其写入括号内。当梁的上部纵筋和下部纵筋为全跨相同，且多数跨配筋相同时，此项可加注下部纵筋的配筋值，用分号“;”将上部与下部纵筋的配筋值分隔开来，少数跨不同者，按原位标注处理。 （5）梁侧面纵向构造钢筋或受扭钢筋配置，该项为必注值。当梁腹板高度 $h_W\geqslant$450mm 时，需配置纵向构造钢筋，以大写字母 G 打头，接续注写配置在梁两个侧面的总配筋值，且对称配置。配置受扭纵向钢筋时，以大写字母 N 打头，接续注写配置在梁两个侧面的总配筋值，且对称配置。受扭纵向钢筋应满足梁侧面纵向钢筋的间距要求，且不再重复配置纵向构造钢筋。 （6）梁顶面标高高差，该项为选注值。指相对于结构层楼面标高的高差值，对于位于结构夹层的梁，则指相对于结构夹层楼面标高有高差时，须将其写入括号内，无高差时不注

续表 5-2

平法注写方式	梁平法施工图的注写方式	原位标注	(1) 梁支座上部纵筋，该部位含通长筋在内的所有纵筋。当上部纵筋多于一排时，用斜线“/”将各排纵筋自上而下分开；当同排纵筋有两种直径时，用加号“＋”将两种直径的纵筋相联，注写时将角部纵筋写在前面；当梁中间支座两边的上部纵筋不同时，须在支座两边分别标注；当梁中间支座两边的上部纵筋相同时，可仅在支座的一边标注配筋值，另一边省去不注。 (2) 梁下部纵筋。当下部纵筋多于一排时，用斜线“/”将各排纵筋自上而下分开；当同排纵筋有两种直径时，用加号“＋”将两种直径的纵筋相联，注写时角筋写在前面；当梁下部纵筋不全部伸入支座时，将梁支座下部纵筋减少的数量写在括号内，用“—”表示。 (3) 当在梁上集中标注的内容不适用于某跨或某悬挑部分时，则将其不同数值原位标注在该跨或该悬挑部位，施工时应按原位标注数值取用。当在多跨梁的集中标注中已注明加腋，而该梁某跨的根部不需要加腋时，则应该在该跨原位注明等截面的 $b \times h$，以修正集中标注中加腋信息。 (4) 附加箍筋或吊筋，将其直接画在平面图中的主梁上，用线引注总配筋值。当多数附加箍筋或吊筋相同时，可在梁平法施工图上统一注明，少数与统一注明不同时，在原位引注
	有梁楼盖平法施工图的注写方式	集中标注	(1) 板块集中标注的内容为板块编号、板厚、上部贯通纵筋、下部纵筋，以及当板面标高不同时的标高高差。 (2) 板类型及代号为楼面板（LB)、屋面板（WB)、悬挑板（XB)。贯通钢筋按板块的下部和上部分部注写，B代表下部，T代表上部。 (3) 当在某些板内（例如：悬挑板 XB 的下部）配置有构造钢筋时，则 X 向以 X_C，Y 向以 Y_C 打头注写
		原位标注	(1) 内容为板支座上部非贯通纵筋和悬挑板上部受力钢筋。 (2) 板支座上部非贯通筋自支座边线向跨内的伸出长度，注写在线段的下方位置。 (3) 两侧对称时可只注写一侧，两侧不对称时两侧均需要注写其伸出长度。如 23 年版教材图 5.1.9
	独立基础平法施工图的注写方式	集中标注	(1) 基础形式和编号。独立基础的形式和编号按 23 年版教材表 5.1.2 注写，阶形截面编号加下标 J，锥形截面编号加下标 Z。 (2) 截面竖向尺寸。注写为：$h_1/h_2/\cdots\cdots$，要求由下往上表示每个台阶的高度。 (3) 配筋。基础底板底部配筋以 B 表示，以 X 和 Y 表示配筋方向，当两向配筋相同时，则用 $X\&Y$ 表示。基础底板顶部配筋以 T 表示，T 后先注写受力筋，再注写分布筋，并用“/”分开
		原位标注	(1) 主要标注独立基础的平面尺寸。 (2) 对相同编号的基础，可选择一个进行原位标注；当平面图形较小时，可将所选定进行原位标注的基础按比例适当放大；其他相同编号者仅注编号。 (3) 普通独立基础原位标注 x、y，x_c、y_c（或圆柱直径 d_c），x_i、y_i，$i=1$，2，3……。其中，x、y 为普通独立基础两向边长，x_c、y_c 为柱截面尺寸，x_i、y_i 为阶宽或坡形平面尺寸

续表 5-2

<table>
<tr><td rowspan="6">平法注写方式</td><td rowspan="4">剪力墙平法施工图的注写方式</td><td>列表注写方式</td><td colspan="2">（1）墙柱编号由墙柱类型代号和序号组成，其墙柱的类型有约束边缘构件（YBZ）、构造边缘构件（GBZ）、非边缘暗柱（AZ）和扶壁柱（FBZ）。
（2）墙身编号由墙身代号、序号一级墙身所配置的水平与竖向分布钢筋的排数组成，其中钢筋的排数注写在括号内，表达形式为Q××（×排）。
（3）墙梁编号由墙梁类型代号和序号组成，墙梁类型有连梁（LL）、暗梁（AL）和边框梁（BKL）三类</td></tr>
<tr><td>截面注写方式</td><td colspan="2">截面注写方式是在分标准层绘制的剪力墙平面布置图上，以直接在墙柱、墙身、墙梁上注写截面尺寸和配筋具体数值的方式来表达剪力墙平法施工图</td></tr>
<tr><td>洞口表示方法</td><td colspan="2">（1）洞口编号：矩形洞口为JD××（××为序号），圆形洞口为YD××（××为序号）。
（2）洞口尺寸：矩形洞口为宽×高（$b\times h$）（mm）表示，圆形洞口为洞口直径D。
（3）洞口所在层及洞口中心相对标高（m）：相对标高指相对于结构层楼（地）面标高的洞口中心高度应为正值。
（4）洞口每边补强钢筋，分以下几种不同情况：
①当矩形洞口的洞宽、洞高均不大于800mm时，注写洞口每边补强钢筋的具体数值。当洞宽、洞高方向补强钢筋不一致时，分别注写洞宽方向、洞高方向补强钢筋，以“/”分隔。②当矩形洞口的洞宽或直径大于800mm时，在洞口的上、下边需设置补强暗梁，此项注写为洞口上、下每边暗梁的纵筋与箍筋的具体数值，圆形洞口时尚需注明环向钢筋的具体数值</td></tr>
<tr><td>地下室外墙的表示方法</td><td colspan="2">（1）地下室外墙编号由墙身代号、序号组成。表达为DWQ××（××为序号）。
（2）地下室外墙的集中标注，规定如下：
①注写地下室外墙编号，包括代号、序号、墙身长度（注为××～××轴）。
②注写地下室外墙厚度bw=×××。
③注写地下室外墙外侧贯通筋（OS）、内侧贯通筋（IS）和拉筋（tb）。
（3）地下室外墙的原位标注，主要表示在外墙外侧配置的水平非贯通筋或竖向非贯通筋</td></tr>
<tr><td rowspan="2">现浇混凝土板式楼梯平法施工图的注写方式</td><td rowspan="2">平面注写方式</td><td>集中标注</td><td>（1）梯板类型代号与序号。
（2）梯板厚度，注写为h=×××。当为带平板的梯板且梯段板厚度和平板厚度不同时，可在梯段板厚度后面括号内以字母P打头注写平板厚度。
（3）踏步段总高度和踏步级数，之间以“/”分隔。
（4）梯板支座上部纵筋、下部纵筋，之间以“;”分隔。
（5）梯板分布筋，以F打头注写分布钢筋具体值，该项也可在图中统一说明</td></tr>
<tr><td>外围标注</td><td>内容：楼梯间的平面尺寸、楼层结构标高、层间结构标高、楼梯的上下方向、梯板的平面几何尺寸、平台板配筋、梯梁及梯柱配筋等</td></tr>
</table>

续表 5-2

<table>
<tr><td rowspan="3">平法注写方式</td><td rowspan="3">现浇混凝土板式楼梯平法施工图的注写方式</td><td rowspan="2">剖面注写方式</td><td>平面注写</td><td>楼梯平面布置图注写内容，包括楼梯间的平面尺寸、楼层结构标高、层间结构标高、楼梯的上下方向、梯板的平面几何尺寸、梯板类型及编号、平台板配筋、梯梁及梯柱配筋等</td></tr>
<tr><td>剖面注写</td><td>楼梯剖面图注写内容，包括梯板集中标注、梯梁梯柱编号、梯板水平及竖向尺寸、楼层结构标高、层间结构标高等。
其中，梯板集中标注规定如下：
（1）梯板类型及编号。
（2）梯板厚度，注写为 $h=\times\times\times$。当梯板由踏步段和平板构成，且踏步段梯板厚度和平板厚度不同时，可在梯板厚度后面括号内以字母 P 打头注写平板厚度。
（3）梯板配筋。注明梯板上部纵筋和梯板下部纵筋，用分号“；”将上部与下部纵筋的配筋值分隔开来。
（4）梯板分布筋，以 F 打头注写分布钢筋具体值，该项也可在图中统一说明</td></tr>
<tr><td>列表注写方式</td><td colspan="2">具体要求同剖面注写方式</td></tr>
</table>

经典考题剖析

一、2023 年考题

1. 根据《房屋建筑与装饰工程工程量计算规范》GB 50854—2013 规定，下列关于清单项目工作内容的说法，正确的是（　　）。

A. 体现清单项目质量或特性的要求或标准

B. 对于一项明确的分部分项工程项目，无法体现其工程成本

C. 体现施工所用材料的规格

D. 体现施工过程中的工艺和方法

答案：D

[解析] 本题考查的是有关工程量清单中工作内容。工作内容是指为了完成工程量清单项目所需要发生的具体施工作业内容。项目特征体现的是清单项目质量或特性的要求或标准，工作内容体现的是完成一个合格的清单项目需要具体做的施工作业和操作程序，对于一项明确了分部分项工程项目或措施项目，工作内容确定了其工程成本。不同的施工工艺和方法，工作内容也不一样，工程成本也就有了差别。

2. 根据《房屋建筑与装饰工程工程量计算规范》GB 50854—2013 规定，下列关于

工程计量时不同计量单位工程量数据汇总后的计取方法，正确的是（　　）。

A. 以“t”为单位，应取整数

B. 以“m”“m^2”为单位，应保留小数点后两位数字，第三位小数四舍五入

C. 以“m”“kg”为单位，应保留小数点后三位数字，第四位小数四舍五入

D. 以“个”“根”为单位，应保留小数点后两位数字，第三位小数四舍五入

答案：B

［解析］本题考查的是有关工程计量的工程量数据保留位数。不同的计量单位汇总后的有效位数也不相同，根据工程量计算规范规定，工程计量时每一项目汇总的有效位数应遵守下列规定：①以“t”为单位，应保留小数点后三位数字，第四位小数四舍五入；②以“m”“m^2”“m^3”“kg”为单位，应保留小数点后两位数字，第三位小数四舍五入；③以“个”“件”“根”“组”“系统”为单位，应取整数。

3. 根据《房屋建筑与装饰工程工程量计算规范》GB 50854—2013 规定，下列关于按施工图图示尺寸（数量）计算工程数量净值的说法，正确的是（　　）。

A. 一般需要考虑因具体的施工方法和现场实际情况而及生的施工余量

B. 一般需要考虑因具体的施工工艺而发生的施工余量

C. 现浇构件钢筋工程量计算中，“设计图示长度”包括施工搭接或施工余量

D. 现浇构件钢筋工程量计算中，“设计图示长度”包括设计（含规范规定）标明的搭接、锚固长度

答案：D

［解析］本题考查的是有关板的钢筋工程量计算规范。工程量计算规范统一规定了工程量清单项目的工程量计算规则。其原则是按施工图图示尺寸（数量）计算清单项目工程数量的净值，一般不需要考虑具体的施工方法、施工工艺和施工现场的实际情况而发生的施工余量。如“010515001 现浇构件钢筋”，其计算规则为“按设计图示钢筋长度乘单位理论质量计算”，其中“设计图示钢筋长度”即为钢筋的净量，包括设计（含规范规定）标明的搭接、锚固长度，其他如施工搭接或施工余量不计算工程量，在综合单价中综合考虑。

4. 根据“平法标准图集 22G101-2”注写方式规定，下列关于建筑结构施工图中注写的“AT3，h=120，1600/10，10@200，12@150，F 8@250”各项参数所表达含义说法，正确的有（　　）。

A. 构造边缘构件

B. 梯板厚度 120

C. 踏步段总高度 1 600

D. 上部纵筋　10@200，下部纵筋　12@150

E. 梯板分布筋　8@250

答案：B、C、D、E

［解析］本题考查的是有关楼梯钢筋平面整体表示法。楼梯平面注写方式的集中标注的内容有五项，具体规定如下：①梯板类型代号与序号，如 AT××。②梯板厚度，注写为 h=×××。当为带平板的梯板且梯段板厚度和平板厚度不同时，可在梯段板厚度后面括号内以字母 P 打头注写平板厚度。③踏步段总高度和踏步级数，之间以“/”

分隔。④梯板支座上部纵筋、下部纵筋，之间以“；”分隔。⑤梯板分布筋，以 F 打头注写分布钢筋具体值，该项也可在图中统一说明。

二、2022 年考题

1. 异型柱的项目特征可不描述的是（　　）。

A. 编号　　B. 形状

C. 混凝土等级　　D. 混凝土类别

答案：A

［**解析**］本题考查的是工程量清单中的项目特征。项目特征应按工程量计算规范附录中规定的项目特征，结合拟建工程项目的实际予以描述，能够体现项目本质区别的特征和对报价有实质影响的内容都必须描述。如异型柱，需要描述的项目特征有柱形状、混凝土类别、混凝土强度等级，其中混凝土类别可以是清水混凝土、彩色混凝土或预拌（商品）混凝土、现场搅拌混凝土等。

2. 下列关于梁钢筋平法的说法，正确的是（　　）。

A. KL（5）　300×700　Y300×400 中 Y 代表水平加腋

B. 梁侧面钢筋 G4Φ12 代表两侧为 2Φ12 的纵向构造钢筋

C. 梁上部钢筋与架立筋规格相同时可合并标注

D. 板支座原位标注包含板上部贯通筋

答案：B

［**解析**］本题考查的是梁钢筋平法表示方法。平法表示梁截面尺寸时，当为等截面梁时，用 $b \times h$ 表示；当为竖向加腋梁时，用 $b \times h$　$Yc_1 \times c_2$表示，其中 c_1为腋长，c_2为腋高；当为水平加腋梁时，用 $b \times h$　$PYc_1 \times c_2$表示，其中 c_1为腋长，c_2为腋宽，加腋部分应在平面中绘制；当有悬挑梁且根部和端部的高度不同时，用斜线分隔根部与端部的高度值，即为 $b \times h_1/h_2$。梁侧面纵向构造钢筋或受扭钢筋配置为必注值。当梁腹板高度 $h_w \geqslant 450$mm 时，需配置纵向构造钢筋，以大写字母 G 打头，接续注写配置在梁两个侧面的总配筋值，且对称配置，如 G4Φ12 表示梁的两个侧面配置 4Φ12 的纵向构造钢筋，每侧面各配置 2Φ12。梁上部通长筋或架立筋配置为必注值。当同排纵筋中既有通长筋又有架立筋时，应用“＋”将通长筋和架立筋相联。注写时需将角部纵筋写在加号的前面，架立筋写在加号后面的括号内，以示不同直径及与通长筋的区别。板支座原位标注的内容为板支座上部非贯通纵筋和悬挑板上部受力钢筋。板支座上部非贯通筋自支座边线向跨内的伸出长度，注写在线段的下方位置。两侧对称时可只注写一侧，两侧不对称时两侧均需要注写其伸出长度。

3. 某钢筋混凝土楼面板，其集中标注为“LB5　h＝100　B：XΦ10/12@100，YΦ10@110”，下列说法正确的是（　　）。

A. LB5 表示该楼层有 5 块相同的板

B. XΦ10/12@100 表示 X 方向，上部为Φ10 钢筋，下部为Φ12 钢筋，间距 100mm

C. YΦ10@110 表示下部 Y 方向贯通，纵向钢筋为Φ10，间距 110mm

D. 当轴网向心布置时，径向为 Y 向

E. 当轴网正交布置时，从下向上为 Y 向

答案：C、D、E

［解析］本题考查的是板钢筋平法表示方法。板类型及代号为楼面板（LB）、屋面板（WB）、悬挑板（XB）。贯通钢筋按板块的下部和上部分别注写，B代表下部，T代表上部。例如，板块集中标注注写为“LB5　*h*=110　B：XΦ10/12@100；YΦ10@110”表示5号楼面板、板厚110mm，板下部配置的贯通纵筋*X*向为Φ10和Φ12隔一布一、Φ10与Φ12之间间距100mm，*Y*向贯通纵筋Φ10@110；板上部未配置贯通纵筋。为方便设计表达和施工识图，规定结构平面的坐标方向为：当两向轴网正交布置时，图面从左至右为*X*向，从下至上为*Y*向；当轴网向心布置时，切向为*X*向，径向为*Y*向。

三、2021年考题

1. 工程量清单编制过程中，砌筑工程中砖基础的编制，特征描述包括（　　）。

A. 砂浆制作　　B. 防潮层铺贴

C. 基础类型　　D. 运输方式

答案：C

［解析］本题考查的是工程量的计算规则。工作内容不同于项目特征，项目特征体现的是清单项目质量或特性的要求或标准，工作内容体现的是完成一个合格的清单项目需要具体做的施工作业和操作程序，对于一项明确了分部分项工程项目或措施项目，工作内容确定了其工程成本。如“010401001砖基础”其项目特征为：①砖品种、规格、强度等级；②基础类型；③砂浆强度等级；④防潮层材料种类。工作内容为：①砂浆制作、运输；②砌砖；③防潮层铺设；④材料运输。通过对比可以看出，如“砂浆强度等级”是对砂浆质量标准的要求，体现的是用什么样规格的材料去做，属于项目特征；“砂浆制作、运输”是砌筑过程中的工艺和方法，体现的是如何做，属于工作内容。

2. 关于剪力墙平法施工图中“YD5　1 000　+1.800　6Φ20　φ8@150　2Φ16”，说法正确的是（　　）。

A. YD5 1 000表示5号圆形洞口，半径1 000mm

B. +1.800表示洞口中心距上层结构层下表面距高1 800mm

C. φ8@150表示加强暗梁的箍筋

D. 6Φ20表示洞口环形加强钢筋

答案：C

［解析］本题考查的是剪力墙洞口的平面整体表示法。“YD5　1 000　+1.800　6Φ20　φ8@150　2Φ16”表示5号圆形洞口，直径1 000mm，洞口中心距本结构层楼面1 800mm，洞口上下设补强暗梁，每边暗梁纵筋为6Φ20，箍筋为φ8@150，环向加强钢筋2Φ16。

3. 下列关于统筹图计算工程量，说法正确的是（　　）。

A. “三线”是指建筑物外墙中心线、外墙净长线和内墙中心线

B. “一面”是指建筑物建筑面积

C. 统筹图中的主要程序线是指在分部分项项目上连续计算的线

D. 计算分项工程量是在“线”“面”基数上计算的

答案：D

［解析］本题考查的是统筹法计算工程量。统筹法就是以“线”或“面”为基数，利用连乘或加减，算出与其有关的分部分项工程量。这里的“线”和“面”指的是长度和面积，常用的基数为“三线一面”，“三线”是指建筑物的外墙中心线、外墙外边线和内墙净长线；“一面”是指建筑物的底层建筑面积。统筹图主要由计算工程量的主次程序线、基数、分部分项工程量计算式及计算单位组成。主要程序线是指在“线”“面”基础上连续计算项目的线，次要程序线是指在分部分项项目上连续计算的线。

4. 下列关于工程量计算规范和消耗量的描述，说法正确的有（　　）。

A. 消耗量一般是按施工工序划分项目的，体现功能单元

B. 工程量计算规范一般按“综合实体”划分清单项目，工作内容相对单一

C. 工程量计算规范规定的工程量主要是图纸（不含变更）的净量

D. 消耗量项目计量考虑了施工现场实际情况

E. 消耗量与工程量计算规范中的工程量基本计算方法一致

答案：D、E

［解析］本题考查的是工程量计算规范和消耗量的区别和联系。工程量计算规范和消耗量联系：消耗量章节划分与工程量计算规范附录顺序基本一致；消耗量中的工程量计算规则与工程量计算规范中的计算规则基本计算方法也是一致的。

工程量计算规范和消耗量区别：①两者的用途不同。工程量计算规范的工程量计算规则主要用于计算工程量，编制工程量清单，结算中的工程计量等方面。而消耗量的工程量计算规则主要用于工程计价，工程量清单中的工程量不能直接用来计价，在计价时可以根据消耗量计算清单项目所包含的项目的工程量。②项目划分和综合的工作内容不同。消耗量项目划分一般是基于施工工序进行设置的，体现施工单元，包含的工作内容相对单一；而工程量计算规范清单项目划分一般是基于“综合实体”进行设置的，体现功能单元，包括的工作内容往往不止一项（即一个功能单元可能包括多个施工单元或者一个清单项目可能包括多个项目）。③计算口径的调整。消耗量项目计量考虑了不同施工方法和加工余量的实际数量，即消耗量项目计量考虑了一定的施工方法、施工工艺和现场实际情况，而工程量计算规范规定的工程量主要是完工后的净量［或图纸（含变更）的净量］。④计量单位的调整。工程量清单项目的计量单位一般采用基本的物理计量单位或自然计量单位，消耗量中的计量单位一般为扩大的物理计量单位或自然计量单位。

四、其他年份考题

1. 工程量清单项目中的钢筋工程量应是（　　）。

A. 设计图示钢筋长度的钢筋净重量

B. 不计入搭接和锚固钢筋的用量

C. 设计图示钢筋总消耗量

D. 计入施工余量的钢筋用量

答案：A

［**解析**］本题考查的是工程量计算规则。2012 年 12 月，住房和城乡建设部发布了《房屋建筑与装饰工程工程量计算规范》GB 50854—2013 等九个专业的工程量计算规范，于 2013 年 7 月 1 日起实施，用于规范工程计量行为，统一各专业工程量清单的编制、项目设置和工程量计算规则。采用该工程量计算规则计算的工程量一般为施工图纸的净量，不考虑施工余量。

2. 有梁楼盖平法施工图中标注的 XB2 h＝120/80；B：Xc8@150；Yc8@200；T：X&Y 8@150 理解正确的是（　　）。

A.“XB2”表示“2 块楼面板”

B.“B：Xc8@150”表示“板下部配 X 向构造筋Φ 8@150”

C.“Yc8@200”表示板上部配构造筋Φ 8@200

D.“X8@150”表示竖向和 X 向配贯通纵筋Φ 8@150

答案：B

［**解析**］本题考查的是板平法注写方式。板类型及代号为楼面板（LB）、屋面板（WB）、悬挑板（XB）。贯通钢筋按板块的下部和上部分部注写，B 代表下部，T 代表上部。

“XB2 h＝120/80；B：Xc8@150；Yc8@200；T：X&Y 8@150”表示 2 号悬挑板、板根部厚 120mm，端部厚 80mm，板下部配置构造钢筋 X 向为Φ 8@150，板下部配置构造钢筋 Y 向为Φ 8@200、上部受力钢筋双向均为Φ 8@150。

3. 工程量清单要素中的项目特征，其主要作用体现在（　　）。

A. 提供确定综合单价和依据
B. 描述特有属性
C. 明确质量要求
D. 明确安全要求
E. 确定措施项目

答案：A、B、C

［**解析**］本题考查的是工程量清单中的项目特征。项目特征是表征构成分部分项工程项目、措施项目自身价值的本质特征，是对体现分部分项工程量清单、措施项目清单价值的特有属性和本质特征的描述。从本质上讲，项目特征体现的是对清单项目的质量要求，是确定一个清单项目综合单价不可缺少的重要依据，在编制工程量清单时，必须对项目特征进行准确和全面的描述。

考点二：建筑面积计算

点评：本考点历年命题出现率较高，一般是 5 道试题。考核的内容分为两大部分，第一部分为建筑面积计算规则。第二部分为术语解释。建筑面积计算规则可以结合表 5-3 概括的三个方面进行复习：算全面积、算一半的面积和不计算建筑面积。近几年考题的特点有两大类，第一类，题目大多为多点集成的试题，试题中 4～5 个选项都是不同的建筑面积计算规则，而且是容易混淆的内容，要求从中找出正确的答案。第二类，教材中规则后面的解释和列举的实例，考生应该特别注意，这是考核考生对规则的理解和掌握程度。

知识要点集成

表 5-3 建筑面积的计算规则

建筑面积的概念		内容：包括使用面积、辅助面积和结构面积。 其中：使用面积是指建筑物各层平面布置中，可直接为生产或生活使用的净面积总和。居室净面积在民用建筑中，又称“居住面积”。 辅助面积是指建筑物各层平面布置中为辅助生产或生活所占净面积的总和。 使用面积与辅助面积的总和称为“有效面积”。 结构面积是指建筑物各层平面布置中的墙体、柱等结构所占面积的总和（不包括抹灰厚度所占面积）
建筑面积计算规则	关于利用 2.20m 的层高来区分建筑面积计算的不同方法	建筑物的建筑面积应按自然层外墙结构外围水平面积之和计算。结构层高在 2.20m 及以上的，应计算全面积；结构层高在 2.20m 以下的，应计算 1/2 面积
		地下室、半地下室应按其结构外围水平面积计算。结构层高在 2.20m 及以上的，应计算全面积；结构层高在 2.20m 以下的，应计算 1/2 面积
		建筑物的门厅、大厅应按一层计算建筑面积，门厅、大厅内设置的走廊应按走廊结构底板水平投影面积计算建筑面积。结构层高在 2.20m 及以上的，应计算全面积；结构层高在 2.20m 以下的，应计算 1/2 面积
		立体书库、立体仓库、立体车库，有围护结构的，应按其围护结构外围水平面积计算建筑面积；无围护结构、有围护设施的，应按其结构底板水平投影面积计算建筑面积。无结构层的应按一层计算，有结构层的应按其结构层面积分别计算。结构层高在 2.20m 及以上的，应计算全面积；结构层高在 2.20m 以下的，应计算 1/2 面积
		对于建筑物内的设备层、管道层、避难层等有结构层的楼层，结构层高在 2.20m 及以上的，应计算全面积；结构层高在 2.20m 以下的，应计算 1/2 面积
	关于利用 2.10m 的层高来区分建筑面积计算的不同方法	形成建筑空间的坡屋顶，结构净高在 2.10m 及以上的部位应计算全面积；结构净高在 1.20m 及以上至 2.10m 以下的部位应计算 1/2 面积；结构净高在 1.20m 以下的部位不应计算建筑面积
		场馆看台下的建筑空间，结构净高在 2.10m 及以上的部位应计算全面积；结构净高在 1.20m 及以上至 2.10m 以下的部位应计算 1/2 面积；结构净高在 1.20m 以下的部位不应计算建筑面积
		围护结构不垂直于水平面的楼层，应按其底板面的外墙外围水平面积计算。结构净高在 2.10m 及以上的部位，应计算全面积；结构净高在 1.20m 及以上至 2.10m 以下的部位，应计算 1/2 面积；结构净高在 1.20m 以下的部位，不应计算建筑面积

续表 5-3

建筑面积计算规则	关于利用围护结构、顶盖和 2.20m 的层高来区分建筑面积计算的不同方法	建筑物内设有局部楼层时，对于局部楼层的二层及以上楼层，有围护结构的应按其围护结构外围水平面积计算，无围护结构的应按其结构底板水平面积计算，且结构层高在 2.20m 及以上的，应计算全面积，结构层高在 2.20m 以下的，应计算 1/2 面积
		建筑物架空层及坡地建筑物吊脚架空层，应按其顶板水平投影计算建筑面积。结构层高在 2.20m 及以上的，应计算全面积；结构层高在 2.20m 以下的，应计算 1/2 面积
		建筑物间的架空走廊，有顶盖和围护结构的，应按其围护结构外围水平面积计算全面积；无围护结构、有围护设施的，应按其结构底板水平投影面积计算 1/2 面积
		有围护结构的舞台灯光控制室，应按其围护结构外围水平面积计算。结构层高在 2.20m 及以上的，应计算全面积；结构层高在 2.20m 以下的，应计算 1/2 面积
		附属在建筑物外墙的落地橱窗，应按其围护结构外围水平面积计算。结构层高在 2.20m 及以上的，应计算全面积；结构层高在 2.20m 以下的，应计算 1/2 面积
		门斗应按其围护结构外围水平面积计算建筑面积。结构层高在 2.20m 及以上的，应计算全面积；结构层高在 2.20m 以下的，应计算 1/2 面积
		设在建筑物顶部的、有围护结构的楼梯间、水箱间、电梯机房等，结构层高在 2.20m 及以上的应计算全面积；结构层高在 2.20m 以下的，应计算 1/2 面积
	关于利用围护结构、顶盖来区分建筑面积计算的不同方法	室内单独设置的有围护设施的悬挑看台，应按看台结构底板水平投影面积计算建筑面积。有顶盖无围护结构的场馆看台应按其顶盖水平投影面积的 1/2 计算面积
		出入口外墙外侧坡道有顶盖的部位，应按其外墙结构外围水平面积的 1/2 计算面积
		有顶盖的采光井应按一层计算面积，结构净高在 2.10m 及以上的，应计算全面积，结构净高在 2.10m 以下的，应计算 1/2 面积
	关于利用自然层来区分建筑面积计算的不同方法	建筑物的室内楼梯、电梯井、提物井、管道井、通风排气竖井、烟道，应并入建筑物的自然层计算建筑面积
		室外楼梯应并入所依附建筑物自然层，并应按其水平投影面积的 1/2 计算建筑面积

续表 5-3

建筑面积计算规则	关于利用自然层来区分建筑面积计算的不同方法	建筑物的外墙外保温层，应按其保温材料的水平截面积计算，并计入自然层建筑面积。 注： （1）保温材料的水平截面积＝保温材料的净厚度×外墙结构外边线 其中： 1）保温隔热材料的厚度，不包含抹灰层、防潮层、保护层（墙）。 2）外墙外边线长度不扣除门窗和建筑物外已计算建筑面积构件（如阳台、室外走廊、门斗、落地橱窗等部件）所占长度。 3）外墙是斜面者按楼面楼板处的外墙外边线长度计算。 4）复合墙体不属于外墙外保温层，整体视为外墙结构。 （2）当建筑物外已计算建筑面积的构件（如阳台、室外走廊、门斗、落地橱窗等部件）有保温隔热层时，其保温隔热层也不再计算建筑面积。 （3）外墙外保温以沿高度方向满铺为准，某层外墙外保温铺设高度未达到全部高度时（不包括阳台、室外走廊、门斗、落地橱窗、雨篷、飘窗等），不计算建筑面积
	不计算建筑面积的部分	与建筑物内不相连通的建筑部件
		骑楼、过街楼底层的开放公共空间和建筑物通道
		舞台及后台悬挂幕布和布景的天桥、挑台等
		露台、露天游泳池、花架、屋顶的水箱及装饰性结构构件
		建筑物内的操作平台、上料平台、安装箱和罐体的平台
		勒脚、附墙柱（附墙柱是指非结构性装饰柱）、垛、台阶、墙面抹灰、装饰面、镶贴块料面层、装饰性幕墙，主体结构外的空调室外机搁板（箱）、构件、配件，挑出宽度在 2.10m 以下的无柱雨篷和顶盖高度达到或超过两个楼层的无柱雨篷
		窗台与室内地面高差在 0.45m 以下且结构净高在 2.10m 以下的凸（飘）窗，窗台与室内地面高差在 0.45m 及以上的凸（飘）窗
		室外爬梯、室外专用消防钢楼梯。专用的消防钢楼梯是不计算建筑面积的。当钢楼梯是建筑物通道，兼顾消防用途时，则应计算建筑面积
		无围护结构的观光电梯
		建筑物以外的地下人防通道，独立的烟囱、烟道、地沟、油（水）罐、气柜、水塔、贮油（水）池、贮仓、栈桥等构筑物
	按 1/2 计算建筑面积	窗台与室内楼地面高差在 0.45m 以下且结构净高在 2.10m 及以上的凸（飘）窗，应按其围护结构外围水平面积计算 1/2 面积
		有围护设施的室外走廊（挑廊），应按其结构底板水平投影面积计算 1/2 面积；有围护设施（或柱）的檐廊，应按其围护设施（或柱）外围水平面积计算 1/2 面积

续表 5-3

建筑面积计算规则	按 1/2 计算建筑面积	门廊应按其顶板水平投影面积的 1/2 计算建筑面积
		有柱雨篷应按其结构板水平投影面积的 1/2 计算建筑面积
		无柱雨篷的结构外边线至外墙结构外边线的宽度在 2.10m 及以上的，应按雨篷结构板的水平投影面积的 1/2 计算建筑面积
		有顶盖无围护结构的车棚、货棚、站台、加油站、收费站等，应按其顶盖水平投影面积的 1/2 计算建筑面积
	其他	在主体结构内的阳台，应按其结构外围水平面积计算全面积；在主体结构外的阳台，应按其结构底板水平投影面积计算 1/2 面积
		以幕墙作为围护结构的建筑物，应按幕墙外边线计算建筑面积
		与室内相通的变形缝，应按其自然层合并在建筑物建筑面积内计算。对于高低联跨的建筑物，当高低跨内部连通时，其变形缝应计算在低跨面积内

表 5-4　建筑面积相关术语

术语解释	自然层	按楼地面结构分层的楼层
	结构层高	（1）结构层高是指楼面或地面结构层上表面至上部结构层上表面之间的垂直距离。 （2）上下均为楼面时，结构层高是相邻两层楼板结构层上表面之间的垂直距离。 （3）建筑物最底层，从“混凝土构造”的上表面，算至上层楼板结构层上表面。 1）有混凝土底板的，从底板上表面算起，如底板上有上反梁，则应从上反梁上表面算起。 2）无混凝土底板、有地面构造的，以地面构造中最上一层混凝土垫层或混凝土找平层上表面算起。 （4）建筑物顶层，从楼板结构层上表面算至屋面板结构层上表面
	围护结构	（1）指围合建筑空间的墙体、门、窗。栏杆、栏板属于围护设施。 （2）当外墙结构本身在一个层高范围内不等厚时（不包括勒脚，外墙结构在该层高范围内材质不变），以楼地面结构标高处的外围水平面积计算。 （3）当围护结构下部为砌体，上部为彩钢板围护的建筑物，其建筑面积的计算： 1）当 $h<0.45$m 时，建筑面积按彩钢板外围水平面积计算。 2）当 $h\geqslant0.45$m 时，建筑面积按下部砌体外围水平面积计算
	勒脚	是建筑物外墙与室外地面或散水接触部分墙体的加厚部分，其高度一般为室内地坪与室外地面的高差
	建筑空间	指以建筑界面限定的、供人们生活和活动的场所。建筑空间是围合空间，可出入（可出入是指人能够正常出入，即通过门或楼梯等进出；而必须通过窗、栏杆、人孔、检修孔等出入的不算可出入）、可利用
	结构净高	指楼面或地面结构层上表面至上部结构层下表面之间的垂直距离

续表 5-4

术语解释	地下室 半地下室	（1）地下室：室内地平面低于室外地平面的高度超过室内净高的的房间 1/2。 （2）半地下室：室内地平面低于室外地平面的高度超过室内净高的 1/3，且不超过 1/2 的房间
	架空层	指仅有结构支撑而无外围护结构的开敞空间层，即架空层是没有围护结构的
	架空走廊	指专门设置在建筑物的二层或二层以上，作为不同建筑物之间水平交通的空间
	结构层	是指整体结构体系中承重的楼板层，包括板、梁等构件，而非局部结构起承重作用的分隔层
	落地橱窗	是指突出外墙面且根基落地的橱窗，可以分为在建筑物主体结构内的和在主体结构外的，这里指的是后者
	凸窗（飘窗）	（1）指凸出建筑物外墙面的窗户。 （2）凸（飘）窗须同时满足两个条件方能计算建筑面积：①结构高差在 0.45m 以下；②结构净高在 2.10m 及以上
	室外走廊 （挑廊） 檐廊	（1）是室外水平交通空间。 （2）挑廊是悬挑的水平交通空间。 （3）檐廊是底层的水平交通空间，由屋檐或挑檐作为顶盖，且一般有柱或栏杆、栏板等。底层无围护设施但有柱的室外走廊可参照檐廊的规则
	门斗	是建筑物出入口两道门之间的空间，它是有顶盖和围护结构的全围合空间
	门廊	指在建筑物出入口，无门、三面或二面有墙，上部有板（或借用上部楼板）围护的部位
	阳台	是指附设于建筑物外墙，设有栏杆或栏板，可供人活动的室外空间。 判断阳台是否在主体结构内的原则： （1）砖混结构：以围护结构来判断，以内为主体结构内，以外为主体结构外。 （2）框架结构：柱梁体系之内为主体结构内，柱梁体系之外为主体结构外。 （3）剪力墙结构：①阳台在剪力墙包围之内，属于主体结构内；②相对两侧均为剪力墙时，属于主体结构内；③相对两侧仅一侧为剪力墙时，属于主体结构外；④相对两侧均无剪力墙时，属于主体结构外。 （4）阳台处剪力墙与框架混合：①角柱为受力结构，根基落地，阳台为主体结构内；②角柱仅为造型，无根基，阳台为主体结构外
	与建筑物内 不相连通	指没有正常的出入口，即：通过门进出的，视为“连通”，通过窗或栏杆等翻出去的，视为“不连通”
	骑楼	指建筑底层沿街面后退且留出公共人行空间的建筑物
	过街楼	指跨越道路上空并与两边建筑相连接的建筑物
	建筑物通道	指为穿过建筑物而设置的空间

经典考题剖析

一、2023年考题

1. 根据《建筑工程建筑面积计算规范》GB/T 50353—2013规定，下列建筑结构部位应按1/2计算建筑面积的是（　　）。

A. 建筑物内设有二层及以上局部楼层时，有围护结构且结构层高在2.20m及以上的部位

B. 建筑物架空层及坡地建筑物吊脚架空层，结构层高在2.20m及以上的部位

C. 形成建筑空间的坡屋顶，结构净高在1.20m及以上至2.10m以下的部位

D. 建筑物半地下室结构层高在2.20m及以上的部位

答案：C

［解析］本题考查的是有关建筑面积计算一半面积规则。建筑物内设有局部楼层时，对于局部楼层的二层及以上楼层，有围护结构的应按其围护结构外围水平面积计算，无围护结构的应按其结构底板水平面积计算，且结构层高在2.20m及以上的，应计算全面积，结构层高在2.20m以下的，应计算1/2面积。建筑物架空层及坡地建筑物吊脚架空层，应按其顶板水平投影计算建筑面积。结构层高在2.20m及以上的，应计算全面积；结构层高在2.20m以下的，应计算1/2面积。形成建筑空间的坡屋顶，结构净高在2.10m及以上的部位应计算全面积；结构净高在1.20m及以上至2.10m以下的部位应计算1/2面积；结构净高在1.20m以下的部位不应计算建筑面积。地下室、半地下室应按其结构外围水平面积计算。结构层高在2.20m及以上的，应计算全面积；结构层高在2.20m以下的，应计算1/2面积。

2. 根据《建筑工程建筑面积计算规范》GB/T 50353—2013规定，下列建筑面积计算说法，正确的是（　　）。

A. 建筑物门厅、大厅内设置的结构层高在2.20m及以上的走廊，按走廊结构底板水平投影面积1/2计算建筑面积

B. 建筑物间的架空走廊，无围护结构、有围护设施的，按其结构底板水平投影面积计算1/2面积

C. 立体车库，无围护结构、有围护设施的，按其围护设施外围水平面积计算建筑面积

D. 有围护结构的舞台灯光控制室，结构层高在2.20m以下的，不计算建筑面积

答案：B

［解析］本题考查的是有关门厅、大厅内的走廊；架空走廊；立体车库；舞台灯光控制室建筑面积计算规则。建筑物的门厅、大厅应按一层计算建筑面积，门厅、大厅内设置的走廊应按走廊结构底板水平投影面积计算建筑面积。结构层高在2.20m及以上的，应计算全面积；结构层高在2.20m以下的，应计算1/2面积。建筑物间的架空走廊，有顶盖和围护结构的，应按其围护结构外围水平面积计算全面积；无围护结构、有围护设施的，应按其结构底板水平投影面积计算1/2面积。立体书库、立体仓库、立体

车库，有围护结构的，应按其围护结构外围水平面积计算建筑面积；无围护结构、有围护设施的，应按其结构底板水平投影面积计算建筑面积。无结构层的应按一层计算，有结构层的应按其结构层面积分别计算。结构层高在 2.20m 及以上的，应计算全面积；结构层高在 2.20m 以下的，应计算 1/2 面积。有围护结构的舞台灯光控制室，应按其围护结构外围水平面积计算。结构层高在 2.20m 及以上的，应计算全面积；结构层高在 2.20m 以下的，应计算 1/2 面积。

3. 根据《建筑工程建筑面积计算规范》GB/T 50353—2013 规定，下列关于建筑物附属部分建筑面积计算说法，正确的是（　）。

A. 附属在建筑物外墙结构层高在 2.20m 及以上的落地橱窗，应按其围护结构外围水平面积计算 1/2 面积

B. 结构层高在 2.20m 以下的门斗应按其围护结构外围水平面积计算全面积

C. 有柱雨篷应按其结构板水平投影面积计算全面积

D. 无柱雨篷的结构外边线至外墙结构外边线的宽度在 2.10m 及以上的，应按雨篷结构板的水平投影面积的 1/2 计算建筑面积

答案：D

[**解析**] 本题考查的是有关落地橱窗、门斗和雨篷建筑面积计算规则。附属在建筑物外墙的落地橱窗，应按其围护结构外围水平面积计算。结构层高在 2.20m 及以上的，应计算全面积；结构层高在 2.20m 以下的，应计算 1/2 面积。门斗应按其围护结构外围水平面积计算建筑面积。结构层高在 2.20m 及以上的，应计算全面积；结构层高在 2.20m 以下的，应计算 1/2 面积。有柱雨篷应按其结构板水平投影面积的 1/2 计算建筑面积；无柱雨篷的结构外边线至外墙结构外边线的宽度在 2.10m 及以上的，应按雨篷结构板的水平投影面积的 1/2 计算建筑面积。

4. 根据《建筑工程建筑面积计算规范》GB/T 50353—2013 规定，下列关于建筑物结构部分建筑面积计算说法，正确的是（　　）。

A. 设在建筑物顶部有围护结构，结构层高在 2.20m 及以上的电梯机房，应计算 1/2 面积

B. 围护结构不垂直于水平面，结构净高在 2.10m 及以上的楼层，应按其底板面的外墙外围水平面积计算全面积

C. 建筑物有顶盖的采光井，结构净高在 2.10m 以下的，不计算面积

D. 室外楼梯应并入所依附建筑物的自然层，并应按其水平投影面积计算全面积

答案：B

[**解析**] 本题考查的是有关建筑物顶部有围护结构的电梯机房、围护结构不垂直于水平面的楼层、有顶盖的采光井和室外楼梯建筑面积计算规则。设在建筑物顶部的、有围护结构的楼梯间、水箱间、电梯机房等，结构层高在 2.20m 及以上的应计算全面积；结构层高在 2.20m 以下的，应计算 1/2 面积。围护结构不垂直于水平面的楼层，应按其底板面的外墙外围水平面积计算。结构净高在 2.10m 及以上的部位，应计算全面积；结构净高在 1.20m 及以上至 2.10m 以下的部位，应计算 1/2 面积；结构净高在 1.20m 以下的部位，不应计算建筑面积。有顶盖的采光井应按一层计算面积，结构净高在 2.10m 及以上的，应计算全面积，结构净高在 2.10m 以下的，应计

算 1/2 面积。室外楼梯应并入所依附建筑物自然层，并应按其水平投影面积的 1/2 计算建筑面积。

5. 根据《房屋建筑与装饰工程工程量计算规范》GB 50854—2013 规定，下列建筑物最底层结构层高的说法，正确的是（　　）。

A. 从混凝土底板的上表面，算至上层楼板结构层的上表面

B. 无混凝土底板、有地面构造的，从地面构造中最上一层混凝土垫层或混凝土找平层上表面，算至上层楼板结构层上表面

C. 从混凝土底板的下表面，算至上层楼板结构层的上表面

D. 从混凝土底板上反梁下表面，算至上层楼板结构层上表面

E. 从混凝土底板上反梁上表面，算至上层楼板结构层上表面

答案：A、B、E

[解析] 本题考查的是有关建筑物最底层结构层高规则。结构层高是指楼面或地面结构层上表面至上部结构层上表面之间的垂直距离。上下均为楼面时，结构层高是相邻两层楼板结构层上表面之间的垂直距离；建筑物最底层，从“混凝土构造”的上表面，算至上层楼板结构层上表面（分两种情况：一是有混凝土底板的，从底板上表面算起，如底板上有上反梁，则应从上反梁上表面算起；二是无混凝土底板、有地面构造的，以地面构造中最上一层混凝土垫层或混凝土找平层上表面算起）；建筑物顶层，从楼板结构层上表面算至屋面板结构层上表面。

二、2022 年考题

1. 根据《建筑工程建筑面积计算规范》GB/T 50353—2013，建筑面积应按自然层外墙结构外围水平面积之和计算，应计算全面积的层高是（　　）。

A. 2.20m 以上　　B. 2.20m 及以上

C. 2.10m 以上　　D. 2.10m 及以上

答案：B

[解析] 本题考查的是计算全面积层高的计算规则。建筑物的建筑面积应按自然层外墙结构外围水平面积之和计算。结构层高在 2.20m 及以上的，应计算全面积；结构层高在 2.20m 以下的，应计算 1/2 面积。

2. 根据《建筑工程建筑面积计算规范》GB/T 50353—2013，关于地下室与半地下室建筑面积，下列说法正确的是（　　）。

A. 结构净高在 2.10m 以上的计算全面积

B. 室内地坪低于室外地坪的高度超过室内净高的 1/2 者为地下室

C. 外墙为变截面的，按照外墙上口外围计算全面积

D. 地下室外墙结构应包括保护墙

答案：B

[解析] 本题考查的是地下室与半地下室建筑面积的计算规则。地下室、半地下室应按其结构外围水平面积计算。结构层高在 2.20m 及以上的，应计算全面积；结构层高在 2.20m 以下的，应计算 1/2 面积。室内地坪面低于室外地坪面的高度超过室内净高的 1/2 者为地下室；室内地坪面低于室外地坪面的高度超过室内净高

的 1/3，且不超过 1/2 者为半地下室。地下室、半地下室按“结构外围水平面积”计算，而不按“外墙上口”取定。当外墙为变截面时，按地下室、半地下室楼地面结构标高处的外围水平面积计算。地下室的外墙结构不包括找平层、防水（潮）层、保护墙等。地下空间未形成建筑空间的，不属于地下室或半地下室，不计算建筑面积。

3. 根据《建筑工程建筑面积计算规范》GB/T 50353—2013，下列应计算全面积的是（　）。

A. 有顶盖无围护设施的架空走廊　　B. 有围护设施的檐廊

C. 结构净高为 2.15m 有顶盖的采光井　　D. 依附于自然层的室外楼梯

答案：C

［**解析**］本题考查的是架空走廊、檐廊、采光井和室外楼梯建筑面积的计算规则。建筑物间的架空走廊，有顶盖和围护结构的，应按其围护结构外围水平面积计算全面积；无围护结构、有围护设施的，应按其结构底板水平投影面积计算 1/2 面积。有围护设施的室外走廊（挑廊），应按其结构底板水平投影面积计算 1/2 面积；有围护设施（或柱）的檐廊，应按其围护设施（或柱）外围水平面积计算 1/2 面积。有顶盖的采光井应按一层计算面积，结构净高在 2.10m 及以上的，应计算全面积，结构净高在 2.10m 以下的，应计算 1/2 面积。室外楼梯应并入所依附建筑物的自然层，并应按其水平投影面积的 1/2 计算建筑面积。

4. 某住宅楼建筑图如图所示，根据相关规范，阳台建筑面积计算正确的是（　）。

A. 全面积　　B. 计算 1/2 面积

C. 以结构柱中心线为界分别计算　　D. 以结构柱外边线为界分别计算

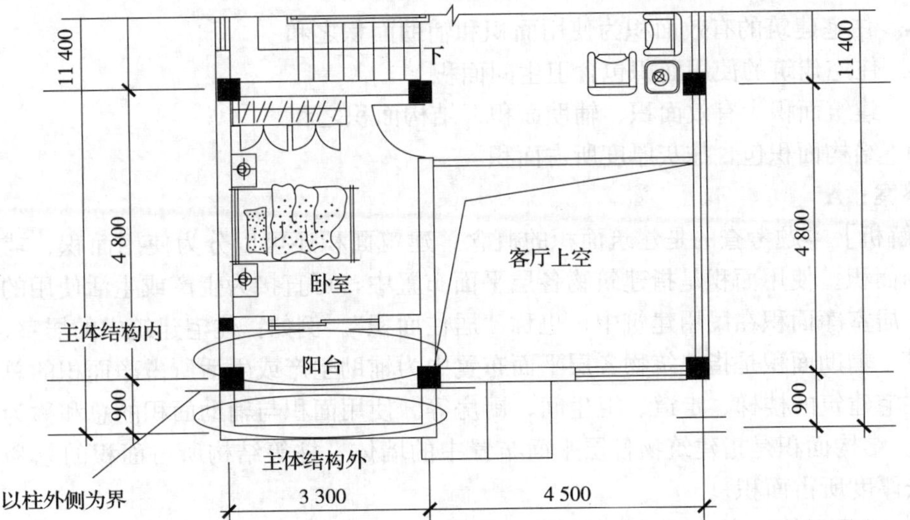

答案：D

［**解析**］本题考查的是阳台建筑面积的计算规则。在主体结构内的阳台，应按其结构外围水平面积计算全面积；在主体结构外的阳台，应按其结构底板水平投影面

积计算 1/2 面积。框架结构，柱梁体系之内为主体结构内，柱梁体系之外为主体结构外。

5. 根据《建筑工程建筑面积计算规范》GB/T 50353—2013，下列应计算建筑面积的是（　　）。

A. 主体结构外的阳台
B. 结构层高为 1.8m 的设备层
C. 屋顶有围护结构的水箱间
D. 挑出宽度 2.0m 的有柱雨篷
E. 建筑物以外的地下人防通道

答案：A、B、C、D

［**解析**］本题考查的是阳台、设备层、雨篷和地下人防通道建筑面积的计算规则。在主体结构内的阳台，应按其结构外围水平面积计算全面积；在主体结构外的阳台，应按其结构底板水平投影面积计算 1/2 面积。对于建筑物内的设备层、管道层、避难层等有结构层的楼层，结构层高在 2.20m 及以上的，应计算全面积；结构层高在 2.20m 以下的，应计算 1/2 面积。设在建筑物顶部的、有围护结构的楼梯间、水箱间、电梯机房等，结构层高在 2.20m 及以上的应计算全面积；结构层高在 2.20m 以下的，应计算1/2 面积。有柱雨篷应按其结构板水平投影面积的 1/2 计算建筑面积；无柱雨篷的结构外边线至外墙结构外边线的宽度在 2.10m 及以上的，应按雨篷结构板的水平投影面积的 1/2 计算建筑面积。建筑物以外的地下人防通道，独立的烟囱、烟道、地沟、油（水）罐、气柜、水塔、贮油（水）池、贮仓、栈桥等构筑物不计算建筑面积。

三、2021 年考题

1. 下列关于建筑面积的说法，正确的是（　　）。

A. 住宅建筑的有效面积为使用面积和辅助面积之和
B. 住宅建筑的使用面积包含卫生间面积
C. 建筑面积为有效面积、辅助面积、结构面积之和
D. 结构面积包含抹灰厚度所占面积

答案：A

［**解析**］本题考查的是建筑面积的概念。建筑面积还可以分为使用面积、辅助面积和结构面积。使用面积是指建筑物各层平面布置中，可直接为生产或生活使用的净面积总和。居室净面积在民用建筑中，也称“居住面积”。例如：住宅建筑中的居室、客厅、书房等。辅助面积是指建筑物各层平面布置中为辅助生产或生活所占净面积的总和。例如：住宅建筑的楼梯、走道、卫生间、厨房等。使用面积与辅助面积的总和称为“有效面积”。结构面积是指建筑物各层平面布置中的墙体、柱等结构所占面积的总和（不包括抹灰厚度所占面积）。

2. 对于室外走廊，下列建筑面积计算方式正确的是（　　）。

A. 有围护结构的，按其结构底板水平投影面积 1/2 计算
B. 有围护结构的，按其结构底板水平面积计算
C. 无围护结构有围护设施的，按其维护设施外围水平面积 1/2 计算
D. 无围护设施的，不计算建筑面积

答案：D

［解析］本题考查的是室外走廊建筑面积的计算规则。室外走廊（挑廊）、檐廊都是室外水平交通空间；有围护设施的室外走廊（挑廊），应按其结构底板水平投影面积计算1/2面积；无论哪一种廊，除了必须有地面结构外，还必须有栏杆、栏板等围护设施或柱，这两个条件缺一不可，缺少任何一个条件都不计算建筑面积。

3. 根据《建筑工程建筑面积计算规范》GB/T 50353—2013，下列建筑物建筑面积计算方法正确的是（　　）。

A. 设在建筑物顶部，结构层高为2.15m水箱间应计算全面积

B. 室外楼梯应并入所依附建筑物自然层，按其水平投影面积计算全面积

C. 建筑物内部通风排气竖井并入建筑物的自然层计算建筑面积

D. 没有形成井道的室内楼梯并入建筑物的自然层计算1/2面积

答案：C

［解析］本题考查的是顶部水箱间、室内外楼梯、通风排气竖井建筑面积的计算规则。设在建筑物顶部的、有围护结构的楼梯间、水箱间、电梯机房等，结构层高在2.20m及以上的应计算全面积；结构层高在2.20m以下的，应计算1/2面积。建筑物的室内楼梯、电梯井、提物井、管道井、通风排气竖井、烟道，应并入建筑物的自然层计算建筑面积。有顶盖的采光井应按一层计算面积，结构净高在2.10m及以上的，应计算全面积，结构净高在2.10m以下的，应计算1/2面积。室外楼梯应并入所依附建筑物自然层，并应按其水平投影面积的1/2计算建筑面积。

4. 根据《建筑工程建筑面积计算规范》GB/T 50353—2013，以建筑部件建筑面积计算方法，正确的是（　　）。

A. 设置在屋面上有维护设施的平台

B. 结构层高2.1m附属在建筑物的落地橱窗

C. 场馆看台下，结构净高1.3m部位

D. 挑出宽度为2m的有柱雨篷

答案：A

［解析］本题考查的是与建筑物内不相连通的建筑部件建筑面积的计算规则。建筑部件指的是依附于建筑物外墙外不与户室开门连通，起装饰作用的敞开式挑台（廊）、平台，以及不与阳台相通的空调室外机搁板（箱）等设备平台部件。与建筑物内不相连通的建筑部件不计算建筑面积。

5. 根据《建筑工程建筑面积计算规范》GB/T 50353—2013，建筑物的计算规则，正确的有（　　）。

A. 当室内公共楼梯间两侧自然层不同时，楼梯间以楼层多的层数计算

B. 在剪力墙包围之内的阳台，按其结构底板水平投影面积计算全面积

C. 建筑物的外墙保温层，按其空铺保温材料的垂直投影的面积计算

D. 当高低跨的建筑物局部相通时，其变形缝的面积计算在低跨面积内

E. 有顶盖无围护结构的货棚，按其顶盖水平投影面积的1/2计算

答案：A、D、E

［解析］本题考查的是建筑面积的计算规则。当室内公共楼梯间两侧自然层数不同

时，以楼层多的层数计算。在主体结构内的阳台，应按其结构外围水平面积计算全面积；在主体结构外的阳台，应按其结构底板水平投影面积计算 1/2 面积。如阳台在剪力墙包围之内，则属于主体结构内。建筑物的外墙外保温层，应按其保温材料的水平截面面积计算，并计入自然层建筑面积。与室内相通的变形缝，应按其自然层合并在建筑物建筑面积内计算。对于高低联跨的建筑物，当高低跨内部连通时，其变形缝应计算在低跨面积内。有顶盖无围护结构的车棚、货棚、站台、加油站、收费站等，应按其顶盖水平投影面积的 1/2 计算建筑面积。

四、其他年份考题

1. 根据《建筑工程建筑面积计算规范》GB/T 50353—2013，建筑面积有围护结构的以围护结构外围计算，其围护结构包括围合建筑空间的（　　）。

A. 栏杆　　B. 栏板

C. 门窗　　D. 勒脚

答案：C

［解析］本题考查的是建筑面积计算规则中围护结构的含义。围护结构是指围合建筑空间的墙体、门、窗。计算建筑面积时不考虑勒脚。栏杆、栏板属于围护设施。

2. 根据《建筑工程建筑面积计算规范》GB/T 50353—2013，建筑物出入口坡道外侧设计有外挑宽度为 2.2m 的钢筋混凝土顶盖，坡道两侧外墙外边线间距为 4.4m，则该部位建筑面积（　　）。

A. 4.84m^2　　B. 9.24m^2

C. 9.68m^2　　D. 不予计算

答案：A

［解析］本题考查的是出入口外墙外侧坡道有顶盖部位建筑面积的计算规则。出入口外墙外侧坡道有顶盖的部位，应按其外墙结构外围水平面积的 1/2 计算建筑面积。建筑面积$=2.2\times4.4\times1/2=4.84$（$m^2$）。

3. 根据《建筑工程建筑面积计算规范》GB/T 50353—2013，建筑物雨篷部位建筑面积计算正确的为（　　）。

A. 有柱雨篷按柱外围面积计算

B. 无柱雨篷不计算

C. 有柱雨篷按结构板水平投影面积计算

D. 外挑宽度为 1.8m 的无柱雨篷不计算

答案：D

［解析］本题考查的是建筑物雨篷建筑面积的计算规则。有柱雨篷应按其结构板水平投影面积的 1/2 计算建筑面积；无柱雨篷的结构外边线至外墙结构外边线的宽度在 2.10m 及以上的，应按雨篷结构板的水平投影面积的 1/2 计算建筑面积。挑出宽度在 2.10m 以下的无柱雨篷和顶盖高度达到或超过两个楼层的无柱雨篷不计算建筑面积。

4. 根据《建筑工程建筑面积计算规范》GB/T 50353—2013，围护结构不垂直于水平面的楼层，其建筑面积计算正确的为（　　）。

A. 按其围护底板面积的 1/2 计算

B. 结构净高≥2.10m 的部位计算全面积

C. 结构净高≥1.20m 的部位计算 1/2 面积

D. 结构净高<2.10m 的部位不计算面积

答案：B

［解析］本题考查的是围护结构不垂直于水平面楼层建筑面积的计算规则。围护结构不垂直于水平面的楼层，应按其底板面的外墙外围水平面积计算。结构净高在 2.10m 及以上的部位，应计算全面积；结构净高在 1.20m 及以上至 2.10m 以下的部位，应计算 1/2 面积；结构净高在 1.20m 以下的部位，不应计算建筑面积。

5. 根据《建筑工程建筑面积计算规范》GB/T 50353—2013，建筑物室外楼梯建筑面积计算正确的为（　　）。

A. 并入建筑物自然层，按其水平投影面积计算

B. 无顶盖的不计算

C. 结构净高<2.10m 的不计算

D. 下部建筑空间加以利用的不重复计算

答案：D

［解析］本题考查的是室外楼梯建筑面积的计算规则。室外楼梯应并入所依附建筑物自然层，并应按其水平投影面积的 1/2 计算建筑面积。室外楼梯无论是否有顶盖都需要计算建筑面积。层数为室外楼梯所依附的楼层数，即梯段部分投影到建筑物范围的层数。利用室外楼梯下部的建筑空间不得重复计算建筑面积；利用地势砌筑的为室外踏步，不计算建筑面积。

6. 根据《建筑工程建筑面积计算规范》GB/T 50353—2013，建筑物室内变形缝建筑面积计算正确的为（　　）。

A. 不计算　　B. 按自然层计算

C. 无论层高只按底层计算　　D. 按变形缝设计尺寸的 1/2 计算

答案：B

［解析］本题考查的是变形缝建筑面积的计算规则。与室内相通的变形缝，应按其自然层合并在建筑物建筑面积内计算。对于高低联跨的建筑物，当高低跨内部连通时，其变形缝应计算在低跨面积内。与室内相通的变形缝，是指暴露在建筑物内，在建筑物内可以看见的变形缝，应计算建筑面积；与室内不相通的变形缝不计算建筑面积。高低联跨的建筑物，当高低跨内部连通或局部连通时，其连通部分变形缝的面积计算在低跨面积内；当高低跨内部不相连通时，其变形缝不计算建筑面积。

7. 根据《建筑工程建筑面积计算规范》GB/T 50353—2013，不计算建筑面积的为（　　）。

A. 厚度为 200mm 的石材勒脚

B. 规格为 400mm×400mm 的附墙装饰柱

C. 挑出宽度为 2.19m 的雨篷

D. 顶盖高度超过两个楼层的无柱雨篷

E. 突出外墙 200mm 的装饰性幕墙

答案：A、B、D、E

［**解析**］本题考查的是建筑物不计算建筑面积的计算规则。勒脚、附墙柱（附墙柱是指非结构性装饰柱）、垛、台阶、墙面抹灰、装饰面、镶贴块料面层、装饰性幕墙，主体结构外的空调室外机搁板（箱）、构件、配件，挑出宽度在 2.10m 以下的无柱雨篷和顶盖高度达到或超过两个楼层的无柱雨篷，不应计算建筑面积。

考点三：工程量计算规则与方法 ——土石方工程（编码：0101）

点评：本考点历年命题出现率较高。考核的内容分为三个部分：土方工程、石方工程和回填土。近几年考题的类型有两类，第一类，根据背景资料和工程量计算规则计算工程量。这类试题经常出现在土方工程或回填土部分，虽然考点单一，但考生只有在熟练掌握计算规则后才能得分。第二类，找出正确选项的试题。这类试题的内容不是很好把控，每个项目的计算规则、项目特征、相关说明都可以作为备选项，从中找出正确答案，这部分要求考生对概念掌握扎实，否则会丢分。

知识要点集成

表 5-5 土石方工程工程量的计算规则

土石方工程	土方工程	平整场地	计算规则	按设计图示尺寸以建筑物首层面积计算，单位：m^2
			说明	适用范围：建筑物场地厚度≤±30cm 的挖、填、运、找平
			项目特征	（1）描述土壤类别、弃土运距、取土运距； （2）项目特征中涉及弃土运距或取土运距时，弃、取土运距可以不描述，但应注明由投标人根据施工现场实际情况自行考虑，决定报价
		挖一般土方	计算规则	（1）按设计图示尺寸以体积计算，单位：m^3。 （2）挖土方平均厚度应按自然地面测量标高至设计地坪标高间的平均厚度确定。 （3）土石方体积应按挖掘前的天然密实体积计算，土方体积折算系数见 2023 年版教材表 5.3.1。 （4）虚方指未经碾压、堆积时间≤1 年的土壤
			说明	（1）挖土方如需截桩头时，应按桩基工程相关项目列项。 （2）适用于：建筑物场地厚度＞±30cm 的竖向布置挖土或山坡切土

续表 5-5

		挖一般土方	项目特征	（1）桩间挖土不扣除桩的体积，并在项目特征中加以描述。 （2）招标人应注明土壤类别，如土壤类别不能准确划分时，招标人可注明为综合，由投标人根据地勘报告决定报价。土壤分类可见 2023 年版教材表 5.3.2。 （3）项目特征需描述：土壤类别、挖土深度、弃土运距。 （4）项目特征中涉及弃土运距或取土运距时，弃、取土运距可以不描述，但应注明由投标人根据施工现场实际情况自行考虑，决定报价
			计算规则	按设计图示尺寸以基础垫层底面积乘以挖土深度计算，单位：m^3
土石方工程	土方工程	挖沟槽（基坑）土方	说明	（1）基坑土方开挖深度应按基础垫层底表面标高至交付施工场地标高确定，无交付施工场地标高时，应按自然地面标高确定。 （2）沟槽、基坑、一般土方的划分为： 1）底宽≤7m 且底长＞3 倍底宽为沟槽。 2）底长≤3 倍底宽且底面积≤150m^2 为基坑。 3）超出上述范围则为一般土方。 （3）挖沟槽、基坑、一般土方因工作面和放坡增加的工程量（管沟工作面增加的工程量），是否并入各土方工程量中，按各省、自治区、直辖市或行业建设主管部门的规定实施，如并入各土方工程量中，办理工程结算时，按发包人认可的施工组织设计规定计算，在编制工程量清单时，其放坡系数、基础施工所需工作面宽度、管沟施工每侧工作面宽度可按 2023 年版教材中表 5.3.3～表 5.3.5 的规定计算。 （4）沟槽、基坑中土类别不同时，分别按其放坡起点、放坡系数，依不同土类别厚度加权平均计算。 （5）计算放坡时，在交接处的重复工程量不予扣除，原槽、坑作基础垫层时，放坡自垫层上表面开始计算。 （6）管道结构宽：有管座的按基础外缘，无管座的按管道外径
			项目特征	（1）项目特征需描述土壤类别、挖土深度、弃土运距。 （2）项目特征中涉及弃土运距或取土运距时，弃、取土运距可以不描述，但应注明由投标人根据施工现场实际情况自行考虑，决定报价

续表 5-5

<table>
<tr><td rowspan="8">土石方工程</td><td rowspan="5">土方工程</td><td>冻土开挖</td><td colspan="2">按设计图示尺寸开挖面积乘以厚度以体积计算，单位：m^3</td></tr>
<tr><td rowspan="2">挖淤泥、流砂</td><td>计算规则</td><td>按设计图示位置、界限以体积计算，单位：m^3</td></tr>
<tr><td>说明</td><td>挖方出现流砂、淤泥时，如设计未明确，在编制工程量清单时，其工程数量可为暂估量，结算时应根据实际情况由发包人与承包人双方现场签证确认工程量</td></tr>
<tr><td rowspan="2">管沟土方</td><td>计算规则</td><td>按设计图示以管道中心线长度计算，单位：m；或按设计图示管底垫层面积乘以挖土深度计算以体积计算，单位：m^3</td></tr>
<tr><td>说明</td><td>（1）无管底垫层按管外径的水平投影面积乘以挖土深度计算。不扣除各类井的长度，井的土方并入。
（2）管沟土方项目适用于管道（给排水、工业、电力、通信）、光（电）缆沟［包括：人（手）孔、接口坑］及连接井（检查井）等。
（3）有管沟设计时，平均深度以沟垫层底面标高至交付施工场地标高计算；无管沟设计时，直埋管深度应按管底外表面标高至交付施工场地标高的平均高度计算</td></tr>
<tr><td rowspan="3">石方工程</td><td rowspan="3">挖一般石方</td><td>计算规则</td><td>按设计图示尺寸以体积计算，单位：m^3</td></tr>
<tr><td>说明</td><td>（1）适用于当挖土厚度大于±300mm的竖向布置挖石或山坡凿石。
（2）挖石应按自然地面测量标高至设计地坪标高的平均厚均厚度确定。
（3）石方体积应按挖掘前的天然密实体积计算。非天然密实石方应按2023年版教材表5.3.7折算</td></tr>
<tr><td>项目特征</td><td>（1）石方工程中项目特征应描述岩石的类别，岩石的分类应按2023年版教材表5.3.6确定。
（2）弃渣运距项目特征可以不描述，但应注明由投标人根据施工现场实际情况自行考虑，决定报价</td></tr>
</table>

续表 5-5

土石方工程	石方工程	挖沟槽（基坑）石方	计算规则	按设计图示尺寸沟槽（基坑）底面面积乘以挖石深度以体积计算，单位：m^3
			说明	沟槽、基坑、一般石方的划分为：同“挖沟槽（基坑）土方”
		挖管沟石方	计算规则	按设计图示以管道中心线长度计算，单位：m；或按设计图示截面面积乘以长度计算，单位：m^3
			说明	（1）有无管沟设计的规定同“管沟土方”。 （2）管沟石方项目适用范围同“管沟土方”
	回填土	回填土方	计算规则	按设计图示尺寸以体积计算，单位：m^3
			说明	（1）场地回填：回填面积乘以平均回填厚度。 （2）室内回填：主墙间净面积乘以回填厚度，不扣除间壁墙。 （3）基础回填：挖方清单工程量减去自然地坪以下埋设的基础体积（包括基础垫层及其他构筑物）
			项目特征	回填土方项目特征描述密实度要求、填方材料品种、填方粒径要求、填方来源及运距，在项目特征描述中需要注意的问题： （1）填方密实度要求，在无特殊要求情况下，项目特征可描述为满足设计和规范的要求。 （2）填方材料品种可以不描述，但应注明由投标人根据设计要求验方后方可填入，并符合相关工程的质量规范要求。 （3）填方粒径要求，在无特殊要求情况下，项目特征可以不描述。 （4）如需买土回填应在项目特征填方来源中描述，并注明买土方数量
		余方弃置	计算规则	按挖方清单项目工程量减利用回填方体积（正数）计算，单位：m^3
			项目特征	包括废弃料品种、运距（由余方点装料运输至弃置点的距离）

经典考题剖析

一、2022 年考题

1. 某土方工程量清单编制，按图示计算，挖土量 10 000m^3，回填土数量 6 000m^3；已知土方天然密实体积：夯实后体积＝1：0.87，则回填方及余方弃置清单工程量分别为（　　）m^3。

A. 6 000、4 000

B. 6 896.55、3 103.45

C. 6 000、3 103.45

D. 6 896.55、4 000

答案：C

［解析］本题考查的是土方回填工程量的计算规则。回填方，按设计图示尺寸以体积"m^3"计算。余方弃置，按挖方清单项目工程量减利用回填方体积（正数）"m^3"计算。挖土方工程量清单数量为 10 000m^3，回填土工程量清单数量为 6 000m^3，夯实可利用回填土数量为 6 000/0.87＝6 896.55（m^3），余土弃置清单工程量为 10 000－6 896.55＝3 103.45（m^3）。

2. 关于土方回填，下列说法正确的是（　　）。

A. 室内回填工程量按各类墙体间的净面积乘以回填厚度

B. 基础回填工程量按挖方清单项目工程量减去自然地坪以下埋设的基础体积

C. 对填方密实度要求，必须在项目特征中进行详尽描述

D. 对填方材料的品种和粒径要求，必须在项目特征中进行详尽描述

答案：B

［解析］本题考查的是回填土工程量的计算规则。回填方，按设计图示尺寸以体积"m^3"计算。①场地回填：回填面积乘以平均回填厚度；②室内回填：主墙间净面积乘以回填厚度，不扣除间隔墙；③基础回填：挖方清单项目工程量减去自然地坪以下埋设的基础体积（包括基础垫层及其他构筑物）。回填土方项目特征描述：密实度要求、填方材料品种、填方粒径要求、填方来源及运距。①填方密实度要求，在无特殊要求情况下，项目特征可描述为满足设计和规范的要求。②填方材料品种可以不描述，但应注明由投标人根据设计要求验方后方可填入，并符合相关工程的质量规范要求。③填方粒径要求，在无特殊要求情况下，项目特征可以不描述。④如需买土回填应在项目特征填方来源中描述，并注明买土方数量。

3. 根据《房屋建筑与装饰工程工程量计算规范》GB 50854—2013，关于土方工程，下列说法正确的是（　　）。

A. 管沟土方按设计图示尺寸以管道中心线长度计算，不扣除各类井所占长度

B. 工作面增加的土方工程量是否计算，应按各省级建设主管部门规定实施

C. 虚方指未经碾压、堆积时间不大于 2 年的土壤

D. 桩间挖土不扣除桩的体积，但应在项目特征中加以描述

E. 基坑土方开挖深度应按基础垫层底表面标高至设计室外地坪标高确定

答案：A、D

［解析］本题考查的是土方工程工程量的计算规则。管沟土方以"m"计量，按设计图示以管道中心线长度计算；以"m^3"计量，按设计图示管底垫层面积乘以挖土深度计算。无管底垫层按管外径的水平投影面积乘以挖土深度计算。不扣除各类井的长度，井的土方并入。挖沟槽、基坑、一般土方因工作面和放坡增加的工程量（管沟工作面增加的工程量），是否并入各土方工程量中，按各省、自治区、直辖市或行业建设主管部门的规定实施，如并入各土方工程量中，办理工程结算时，按经发包人认可的施工组织设计规定计算。虚方指未经碾压、堆积时间≤1 年的土壤。桩间挖土不扣除桩的体

积，并在项目特征中加以描述。基坑土方开挖深度应按基础垫层底表面标高至交付施工场地标高确定，无交付施工场地标高时，应按自然地面标高确定。

二、2021 年考题

根据《房屋建筑与装饰工程工程量计算规范》GB 50854—2013，关于回填工程量计算方法，正确的是（ ）。

A. 室内回填按主墙间净面积乘以回填厚度，扣除间隔墙所占体积计算

B. 场地回填按回填面积乘以平均回填厚度计算

C. 基础回填为挖方工程量减去室内地坪以下埋设的基础体积

D. 回填项目特征描述中应包括密实度和废弃料品种

答案：B

[解析] 本题考查的是土方回填工程量清单的计算规则。回填方，按设计图示尺寸以体积“m^3”计算。①场地回填：回填面积乘以平均回填厚度；②室内回填：主墙间净面积乘以回填厚度，不扣除间隔墙；③基础回填：挖方清单项目工程量减去自然地坪以下埋设的基础体积（包括基础垫层及其他构筑物）。回填土方项目特征描述：密实度要求、填方材料品种、填方粒径要求、填方来源及运距。

三、其他年份考题

1. 根据《房屋建筑与装饰工程工程量计算规范》GB 50854—2013，挖 480mm 宽的钢筋混凝土直埋管道沟槽，每侧工作面宽度应为（ ）mm。

A. 200 B. 250 C. 400 D. 500

答案：C

[解析] 本题考查的是挖管道沟槽工程量清单计算规则，见下表。

管沟施工每侧工作面宽度计算表/mm

管道结构宽	管道结构宽			
	≤500	≤1 000	≤2 500	>2 500
混凝土及钢筋混凝土管道	400	500	600	700
其他材质管道	300	400	500	600

注：管道结构宽，有管座的按基础外缘，无管座的按管道外径。

2. 根据《房屋建筑与装饰工程工程量计算规范》GB 50854—2013，土方工程工量计算正确的为（ ）。

A. 建筑场地厚度≤±300mm 的挖、填、运、找平，均按平整场地计算

B. 设计底宽≤7m，底长<3 倍底宽的土方开挖，按挖沟槽土方计算

C. 设计底宽>7m，底长>3 倍底宽的土方开挖，按一般土方计算

D. 设计底宽>7m，底长<3 倍底宽的土方开挖，按挖基坑土方计算

E. 土方工程量均按设计尺寸以体积计算

答案：A、C

［解析］本题考查的是土方工程工量清单的计算规则。建筑物场地厚度小于或等于±300mm 的挖、填、运、找平，应按平整场地项目编码列项。厚度大于±300mm 的竖向布置挖土或山坡切土应按一般土方项目编码列项。沟槽、基坑、一般石方的划分为：底宽小于或等于 7m 且底长大于 3 倍底宽为沟槽；底长小于或等于 3 倍底宽且底面面积小于或等于 150m² 为基坑；超出上述范围则为一般土方。挖一般土方，按设计图示尺寸以体积“m³”计算。挖沟槽土方、基坑土方，按设计图示尺寸以基础垫层底面面积乘以挖土深度按体积“m³”计算。管沟土方以“m”计量，按设计图示以管道中心线长度计算；以“m³”计量，按设计图示管底垫层面积乘以挖土深度计算。

考点四：工程量计算规则与方法
——地基处理与边坡支护工程（编码：0102）

点评：本考点历年命题出现率较高。考核的内容分为两个部分：地基处理和边坡支护工程。近几年考题的类型有三类，第一类，关于计量单位的试题。本考点主导的计量单位是立方米，考生需要把不是立方米的项目和一个项目中有多个计量单位的记住，应对这类试题应该没有问题。第二类，找出正确选项的试题。应对这类试题，可以把不同项目的计算规则、项目特征、相关说明都作为备选项，从中找出正确答案，这就要求考生对概念掌握扎实。第三类，根据背景资料和工程量计算规则计算工程量。应对这类试题，应注意空桩长度的计算，虽然考点单一，但考生只有在熟练掌握计算规则后才能得分。

知识要点集成

表 5-6 地基处理与边坡支护工程工程量的计算规则

地基处理与边坡支护工程	地基处理	计算规则	（1）换填垫层：按设计图示尺寸以体积计算，单位：m³。 （2）铺设土工合成材料：按设计图示尺寸以面积计算，单位：m²。 （3）预压地基、强夯地基、振冲桩（不填料）：按设计图示处理范围以面积计算，单位：m²。 （4）振冲桩（填料）：按设计图示尺寸以桩长计算，单位：m；或按设计桩截面乘以桩长以体积计算，单位：m³。 （5）砂石桩，按设计图示尺寸以桩长（包括桩尖）计算，单位：m；或按设计桩截面乘以桩长（包括桩尖）以体积计算，单位：m³。 （6）水泥粉煤灰碎石桩、夯实水泥土桩、石灰桩、灰土（土）挤密桩，按设计图示尺寸以桩长（包括桩尖）计算，单位：m。 （7）深层搅拌桩、粉喷桩、柱锤冲扩桩、高压喷射注浆桩按设计图示尺寸以桩长计算，单位：m。 （8）注浆地基，按设计图示尺寸以钻孔深度计算，单位：m；或按设计图示尺寸以加固体积计算，单位：m³。 （9）褥垫层，按设计图示尺寸以铺设面积计算，单位：m²；或按设计图示尺寸以体积计算，单位：m³

续表 5-6

地基处理与边坡支护工程	地基处理	项目特征	（1）项换填垫层目特征应描述：材料种类及配比、压实系数、掺加剂品种。 （2）振冲桩（填料）项目特征应描述：地层情况，空桩长度、桩长，桩径，填充材料种类
		说明	（1）换填垫层是挖除基础底面下一定范围内的软弱土层或不均匀土层，回填坚硬、较粗粒径的材料，并夯压密实形成的垫层。根据换填材料不同可分为土、石垫层和土工合成材料加筋垫层，可根据换填材料不同，区分土（灰土）垫层、石（砂石）垫层、等分别编码列项。 （2）土工合成材料是以聚合物为原料的材料名词的总称，主要起反滤、排水、加筋、隔离等作用，可分为土工织物、土工膜、特种土工合成材料和复合型土工合成材料。 （3）预压地基是指采取堆载预压、真空预压、堆载与真空联合预压方式对淤泥质土、淤泥、冲击填土等地基土固结压密处理后而形成的饱和黏性土地基。 （4）强夯地基属于夯实地基，即反复将夯锤提到高处使其自由落下，给地基以冲击和振动能量，将地基土密实处理或置换形成密实墩体的地基。 （5）振冲密实是利用振动和压力水使砂层液化，砂颗粒相互挤密，重新排列，空隙减少，提高砂层的承载能力和抗液化能力，又称振冲挤密砂石桩，可分为不加填料和加填料两种。 （6）砂石桩是将碎石、砂或砂石混合料挤压入已成的孔中，形成密实砂石竖向增强桩体，与桩间土形成复合地基。 （7）项目特征中的桩长应包括桩尖，空桩长度＝孔深－桩长，孔深为自然地面至设计桩底的深度。 （8）泥浆护壁成孔，工作内容包括土方、废泥浆外运；如采用沉管灌注成孔，工作内容包括桩尖制作、安装
	基坑与边坡支护	计算规则	（1）地下连续墙，按设计图示墙中心线长度乘以厚度乘以槽深以体积计算，单位：m^3。 （2）咬合灌注桩，按设计图示尺寸以桩长计算，单位：m；或按设计图示数量计算，单位：根。 （3）圆木桩、预制钢筋混凝土板桩，按设计图示尺寸以桩长（包括桩尖）计算，单位：m；或按设计图示数量计算，单位：根。 （4）型钢桩，按设计图示尺寸以质量计算，单位：t；或按设计图示数量计算，单位：根。 （5）钢板桩，按设计图示尺寸以质量计算，单位：t；或按设计图示墙中心线长乘以桩长以面积计算，单位：m^2。 （6）锚杆（锚索）、土钉，按设计图示尺寸以钻孔深度计算，单位：m；或按设计图示数量计算，单位：根。 （7）喷射混凝土、水泥砂浆，按设计图示尺寸以面积计算，单位：m^2。 （8）钢筋混凝土支撑，按设计图示尺寸以体积计算，单位：m^3。 （9）钢支撑，按设计图示尺寸以质量计算，单位：t

续表 5-6

地基处理与边坡支护工程	基坑与边坡支护	说明	（1）咬合桩是指在桩与桩之间形成相互咬合排列的一种基坑围护结构。桩的排列方式为一条不配筋并采用超缓凝素混凝土桩（A 桩）和一条钢筋混凝土桩（B 桩）间隔布置。施工时，先施工 A 桩，后施工 B 桩，在 A 桩混凝土初凝之前完成 B 桩的施工。A 桩、B 桩均采用全套管钻机施工，切割掉相邻 A 桩相交部分的混凝土，从而实现咬合。 （2）锚杆是指由杆体（钢绞线、普通钢筋、热处理钢筋或钢管）、注浆形成的固结体、锚具、套管、连接器所组成的一端与支护结构构件连接，另一端锚固在稳定岩土体内的受拉杆件。杆体采用钢绞线时，也称锚索。 （3）土钉是设置在基坑侧壁土体内的承受拉力与剪力的杆件。例如，成孔后植入钢筋杆体并通过孔内注浆在杆体周围形成固结体的钢筋土钉，将设有出浆孔的钢管直接击入基坑侧壁土中并在钢管内注浆的钢管土钉。 （4）土钉置入方法包括钻孔置入、打入或射入等。 锚杆项目和土钉项目的区别： 1）土钉是被动受力，即土体发生一定变形后，土钉才受力，从而阻止土体的继续变形；锚杆是主动受力，通过拉力杆将表层不稳定岩土体的荷载传递至岩土体深部稳定位置，从而实现被加固岩土体的稳定。 2）土钉是全长受力，受力方向分为两部分，潜在滑裂面把土钉分为两部分，前半部分受力方向指向潜在滑裂面方向，后半部分受力方向背向潜在滑裂面方向；锚杆则是前半部分为自由端，后半部分为受力段，所以有时候在锚杆的前半部分不填充砂浆。 3）土钉一般不施加，而锚杆一般施加预应力。 （5）钢支撑，不扣除孔眼质量，焊条、铆钉、螺栓等不另增加质量。 （6）本部分未列的基坑与边坡支护的排桩按“桩基工程”中相关项目列项。水泥土墙、坑内加固按“地基处理”中相关项目列项。砖、石挡土墙、护坡按“砌筑工程”中相关项目列项。混凝土挡土墙按“混凝土及钢筋混凝土工程”中相关项目列项

经典考题剖析

一、2023 年考题

根据《房屋建筑与装饰工程工程量计算规范》GB 50854—2013 规定，下列关于灰土挤密桩地基处理工程量计算说法，正确的是（　　）。

A. 按设计图示尺寸以桩长（不包括桩尖）计算

B. 项目特征中的空桩长度主要用于确定孔深

C. 孔深为桩顶面至设计桩底的深度

D. 按设计图示尺寸以“m^3”计算

答案：B

［解析］本题考查的是有关地基处理工程量计算规则。水泥粉煤灰碎石桩、夯实水泥土桩、石灰桩、灰土（土）挤密桩，按设计图示尺寸以桩长（包括桩尖）“m”计算。项目特征中的桩长应包括桩尖，空桩长度＝孔深－桩长，孔深为自然地面至设计桩底的深度。

二、2022 年考题

1. 某深层水泥搅拌桩，设计桩长 18m，设计桩底标高－19m，自然地坪标高－0.3m，设计室外地坪标高为－0.1m，则该桩的空桩长度为（　　）m。

A. 0.7　　B. 0.9

C. 1.1　　D. 1.3

答案：A

［解析］本题考查的是空桩长度工程量的计算规则。空桩长度＝孔深－桩长＝19－0.3－18＝0.7（m），其中，孔深为自然地面至设计桩底的深度。

2. 根据《房屋建筑与装饰工程工程量计算规范》GB 50854—2013，地基处理与边坡支护工程中，可用“m^3”作计量单位的有（　　）。

A. 砂石桩　　B. 石灰桩

C. 振冲桩（填料）　　D. 深层搅拌桩

E. 注浆地基

答案：A、C、E

［解析］本题考查的是地基处理中的计量单位。①砂石桩以“m”计量，按设计图示尺寸以桩长（包括桩尖）计算；以“m^3”计量，按设计桩截面乘以桩长（包括桩尖）以体积计算。②水泥粉煤灰碎石桩、夯实水泥土桩、石灰桩、灰土（土）挤密桩，按设计图示尺寸以桩长（包括桩尖）“m”计算。③振冲桩（填料）以“m”计量，按设计图示尺寸以桩长计算；以“m^3”计量，按设计桩截面乘以桩长以体积计算。④深层搅拌桩、粉喷桩、柱锤冲扩桩，高压喷射注浆桩，按设计图示尺寸以桩长“m”计算。⑤注浆地基以“m”计量，按设计图示尺寸以钻孔深度计算；以“m^3”计量，按设计图示尺寸以加固体积计算。

三、2021 年考题

根据《房屋建筑与装饰工程工程量计算规范》GB 50854—2013，在地基处理项目中可以按“m^3”计量的桩为（　　）。

A. 砂石桩　　B. 石灰桩

C. 粉喷桩　　D. 深层搅拌桩

答案：A

［解析］本题考查的是计量单位。砂石桩以“m”计量，按设计图示尺寸以桩长（包括桩尖）计算；以“m^3”计量，按设计桩截面乘以桩长（包括桩尖）以体积计算。水泥粉煤灰碎石桩、夯实水泥土桩、石灰桩、灰土（土）挤密桩，按设计图示尺寸以桩

长（包括桩尖）“m”计算。深层搅拌桩、粉喷桩、柱锤冲扩桩，高压喷射注浆桩，按设计图示尺寸以桩长“m”计算。

四、其他年份考题

1. 工程计量单位正确的是（　　）。

A. 换土垫层以“m^2”为计量单位　　B. 砌块墙以“m^2”为计量单位

C. 混凝土以“m^3”为计量单位　　D. 墙面抹灰以“m^3”为计量单位

答案：C

［解析］本题考查的是计量单位。换填垫层，按设计图示尺寸以体积“m^3”计算。砌块墙，按设计图示尺寸以体积“m^3”计算。现浇混凝土基础包括垫层、带形基础、独立基础、满堂基础、桩承台基础、设备基础等项目，按设计图示尺寸以体积“m^3”计算。墙面一般抹灰、墙面装饰抹灰、墙面勾缝、立面砂浆找平层，按设计图示尺寸以面积“m^2”计算。

2. 根据《房屋建筑与装饰工程工程量计算规范》GB 50854—2013，地基处理的换填垫层项目特征中，应说明材料种类及配比、压实系数和（　　）。

A. 基坑深度　　B. 基底土分类

C. 边坡支护形式　　D. 掺加剂品种

答案：D

［解析］本题考查的是换填垫层项目特征描述。换填垫层，按设计图示尺寸以体积“m^3”计算。项目特征描述：材料种类及配比、压实系数、掺加剂品种。

3. 根据《房屋建筑与装饰工程工程量计算规范》GB 50854—2013，地下连续墙项目工程量计算，说法正确的为（　　）。

A. 工程量按设计图示围护结构展开面积计算

B. 工程量按连续墙中心线长度乘以高度以面积计算

C. 钢筋网的制作及安装不另行计算

D. 工程量按设计图示墙中心线长度乘以厚度乘以槽深以体积计算

答案：D

［解析］本题考查的是地下连续墙工程量清单的计算规则。地下连续墙，按设计图示墙中心线长度乘以厚度乘以槽深以体积“m^3”计算。

考点五：工程量计算规则与方法
——桩基础工程（编码：0103）

点评：本考点历年命题出现率较少。试题有两种类型，第一类，关于计量单位的试题。第二类，找出正确选项的试题。考生可以根据知识要点集成表 5-7 的总结进行复习，本考点的第一类试题有些特殊，因为一个项目中有多个计量单位的项目比较多，考生必须仔细区分。对于第二类题目，重点关注一下说明的内容。

知识要点集成

表 5-7　桩基础工程工程量的计算规则

桩基础工程	计算规则	(1) 预制钢筋混凝土方桩、预制钢筋混凝土管桩，按设计图示尺寸以桩长（包括桩尖）计算，单位：m，或按设计图示截面面积乘以桩长（包括桩尖）以实体积计算，单位：m^3；或按设计图示数量计算，单位：根。 (2) 钢管桩，按设计图示尺寸以质量计算，单位：t，或按设计图示数量计算，单位：根。 (3) 截（凿）桩头按设计桩截面乘以桩头长度以体积计算，单位：m^3；或按设计图示数量计算，单位：根。 (4) 泥浆护壁成孔灌注桩、沉管灌注桩、干作业成孔灌注桩，按设计图示尺寸以桩长（包括桩尖）计算，单位：m；或按不同截面在桩上范围内以体积计算，单位：m^3；或按设计图示数量计算，单位：根。 (5) 挖孔桩土（石）方，按设计图示尺寸（含护壁）截面面积乘以挖孔深度以体积计算，单位：m^3。 (6) 人工挖孔灌注桩，按桩芯混凝土体积计算，单位：m^3；或按设计图示数量计算，单位：根。 (7) 钻孔压浆桩，按设计图示尺寸以桩长计算，单位：m；或按设计图示数量计算，单位：根。 (8) 灌注桩后压浆，按设计图示以注浆孔数计算
	说明	(1) 预制钢筋混凝土方桩、预制钢筋混凝土管桩项目以成品桩考虑，应包括成品桩购置费，如果用现场预制，应包括现场预制桩的所有费用。 (2) 打试验桩和打斜桩应按相应项目单独列项，并应在项目特征中注明试验桩或斜桩（斜率）。 (3) 打桩的工程内容中包括了接桩和送桩，不需要单独列项，应在综合单价中考虑。截（凿）桩头需要单独列项，同时截（凿）桩头项目适用于“地基处理与边坡支护工程、桩基础工程”所列桩的桩头截（凿）。同时还应注意，桩基础项目（打桩和灌注桩）均未包括承载力检测、桩身完整性检测等内容，相关的费用应单独计算（属于研究试验费的范畴），不包括在本清单项目中。 (4) 人工挖孔灌注桩的工作内容中包括了护壁的制作，护壁的工程量不需要单独编码列项，应在综合单价中考虑。 (5) 项目特征中的桩长应包括桩尖，空桩长度＝孔深－桩长，孔深为自然地面至设计桩底的深度

经典考题剖析

其他年份考题

根据《房屋建筑与装饰工程工程量计算规范》GB 50854—2013，打桩项目工作内容应包括（　　）。

A. 送桩　　　　B. 承载力检测

C. 桩身完整性检测　　　　D. 截（凿）桩头

答案：A

［**解析**］本题考查的是打桩项目工作内容。打桩的工程内容中包括了接桩和送桩，不需要单独列项，应在综合单价中考虑。截（凿）桩头需要单独列项，同时截（凿）桩头项目适用于“地基处理与边坡支护工程、桩基础工程”所列桩的桩头截（凿）。同时还应注意，桩基础项目（打桩和灌注桩）均未包括承载力检测、桩身完整性检测等内容，相关的费用应单独计算（属于研究试验费的范畴），不包括在本清单项目中。

考点六：工程量计算规则与方法——砌筑工程（编码：0104）

点评：本考点历年命题出现率较高。考核的内容分为四个部分：砖砌体、砌块砌体、石砌体和垫层，近几年的考题多集中在砖砌体和石砌体两个部分。试题有两种类型，第一类，找出正确选项的试题。这类试题的内容不是很好把控，每个项目的计算规则、项目特征、相关说明都可以作为备选项，也可以把不同项目的内容放在一起作为备选项，然后从中找出正确答案，这样难度就更大了。本考点的内容还有一个特点就是砌体中可扣除、不可扣除、包括的、不增加的等内容比较多，也是容易出题的部分，另外，表格内容也不能忽视。第二类，关于计量单位的试题。本考点主导的计量单位是立方米，考生需要把不是立方米项目的计量单位记住，应对这类试题没有问题。

知识要点集成

表 5-8 砌筑工程工程量的计算规则

砌筑工程	计算规则	（1）砖基础（适用于：柱基础、墙基础、管道基础等）、实心砖墙、多孔砖墙、空心砖墙、实心砖柱、多孔砖柱、砌块墙、砌块柱、石基础、石墙、石勒脚、石挡土墙、石柱、石护坡、石台阶，按设计图示尺寸以体积计算，单位：m^3。 （2）附墙烟囱、通风道、垃圾道，按设计图示尺寸以体积（扣除孔洞所占体积）计算。 （3）空斗墙按设计图示尺寸以空斗墙外形体积计算，单位：m^3；空花墙按设计图示尺寸以空花部分外形体积计算，单位：m^3；填充墙按设计图示尺寸以填充墙外形体积计算，单位：m^3。 （4）砖砌锅台与炉灶可按外形尺寸以设计图示数量计算，单位：个；砖砌台阶可按图示尺寸水平投影面积计算，单位：m^2；小便槽、地垄墙可按图示尺寸以长度计算，单位：m；其他工程按图示尺寸截面面积乘以长度以体积计算，单位：m^3。 （5）砖检查井，按设计图示数量计算，单位：座。 （6）砖散水、地坪按设计图示尺寸以面积计算，单位：m^2。 （7）砖地沟、明沟按设计图示尺寸以中心线长度计算，单位：m。 （8）砖砌挖孔桩护壁，按设计图示尺寸以体积计算，单位：m^3。 （9）石栏杆按设计图示以长度计算，单位：m。 （10）石坡道按设计图示尺寸以水平投影面积计算，单位：m^2；石地沟、石明沟按设计图示以中心线长度计算，单位：m

续表 5-8

砌筑工程	扣除部分	(1) 砖基础扣除地梁（圈梁）、构造柱所占体积。 (2) 实心砖墙、多孔砖墙、空心砖墙、砌块墙、石墙，扣除门窗洞口、过人洞、空圈、嵌入墙内的钢筋混凝土柱、梁、圈梁、挑梁、过梁及凹进墙内的壁龛、管槽、暖气槽、消火栓箱所占体积。 (3) 实心砖柱、多孔砖柱、砌块柱，扣除混凝土及钢筋混凝土梁垫、梁头、板头所占体积
	不扣除部分	(1) 砖基础大放脚 T 形接头处的重叠部分。 (2) 嵌入砖基础内的钢筋、铁件、管道。 (3) 砖（石）基础中的基础砂浆防潮层。 (4) 砖（石）基础、石勒脚中的单个面积≤$0.3m^2$ 的孔洞所占体积。 (5) 实心砖墙、多孔砖墙、空心砖墙、砌块墙、石墙，不扣除梁头、板头、檩头、垫木、木楞头、沿椽木、木砖、门窗走头、砖墙内加固钢筋、木筋、铁件、钢管及单个面积≤$0.3m^2$ 的孔洞所占体积。 (6) 空花墙不扣除空洞部分体积
	包括的部分	(1) 砖（石）基础中附墙垛基础宽出部分的体积。 (2) 实心砖墙、多孔砖墙、空心砖墙、砌块墙、石墙中凸出墙面的砖垛并入墙体体积内计算。 (3) 附墙烟囱、通风道、垃圾道并入所依附的墙体体积内。 (4) 实心砖墙、多孔砖墙、空心砖墙、砌块墙、石墙的围墙柱并入围墙体积内。 (5) 空斗墙的墙角、内外墙交接处、门窗洞口立边、窗台砖、屋檐处的实砌部分体积并入空斗墙体积内
	不增加的部分	(1) 砖（石）基础中靠墙暖气沟的挑檐部分。 (2) 实心砖墙、多孔砖墙、空心砖墙、砌块墙、石墙中凸出墙面的腰线、挑檐、压顶、窗台线、虎头砖、门窗套的体积

续表 5-8

<table>
<tr>
<td rowspan="2">砌筑工程</td>
<td>界限划分</td>
<td>（1）砖（石）基础、实心砖墙、多孔砖墙、空心砖墙、砌块墙、石墙的长度：外墙按中心线，内墙按净长线计算。
（2）砖基础与墙（柱）身使用同一材料时，以设计室内地坪为界（有地下室者，以地下室室内设计地坪为界），以下为基础，以上为墙（柱）身。基础与墙身使用不同材料，位于设计室内地面高度≤±300mm 以内时，以不同材料为界，高度＞±300mm 时，以设计室内地坪为分界线。
（3）石基础、石勒脚、石墙身的划分：基础与勒脚应以设计室外地坪为界，勒脚与墙身应以设计室内地坪为界。石围墙内外地坪标高不同时，应以较低地坪标高为界，以下为基础；内外标高之差为挡土墙时，挡土墙以上为墙身。
（4）砖围墙应以设计室外地坪为界，以下为基础，以上为墙身。
（5）实心砖墙、多孔砖墙、空心砖墙、砌块墙、石墙的墙高：
1）外墙：斜（坡）屋面无檐口天棚者算至屋面板底；有屋架且室内外均有天棚者算至屋架下弦底另加 200mm；无天棚者算至屋架下弦底另加 300mm；出檐宽度超过 600mm 时按实砌高度计算；平屋面算至钢筋混凝土板底。
2）内墙：位于屋架下弦者，算至屋架下弦底；无屋架者算至天棚底另加 100mm；有钢筋混凝土楼板隔层者算至楼板顶；有框架梁时算至梁底。
3）女儿墙：从屋面板上表面算至女儿墙顶面（如有混凝土压顶时算至压顶下表面）。
4）内、外山墙：按其平均高度计算。
（6）实心砖墙、多孔砖墙、空心砖墙、砌块墙、石墙的围墙高度算至压顶上表面（如有混凝土压顶时算至压顶下表面）</td>
</tr>
<tr>
<td>标准尺寸</td>
<td>（1）标准砖尺寸应为 240mm×115mm×53mm。
（2）标准砖墙厚度表：
<table>
<tr><td>砖数/厚度</td><td>$\frac{1}{4}$</td><td>$\frac{1}{2}$</td><td>$\frac{3}{4}$</td><td>1</td><td>$1\frac{1}{2}$</td><td>2</td><td>$2\frac{1}{2}$</td><td>3</td></tr>
<tr><td>计算厚度/mm</td><td>53</td><td>115</td><td>180</td><td>240</td><td>365</td><td>490</td><td>615</td><td>740</td></tr>
</table>
</td>
</tr>
</table>

续表 5-8

砌筑工程	其他	（1）砖砌体勾缝按墙面抹灰中“墙面勾缝”项目编码列项，实心砖墙、多孔砖墙、空心砖墙等项目工作内容中不包括勾缝，包括刮缝。 （2）“空花墙”项目适用于各种类型的空花墙，使用混凝土花格砌筑的空花墙，实砌墙体与混凝土花格应分别计算，混凝土花格按混凝土及钢筋混凝土中预制构件相关项目编码列项。 （3）空花墙项目特征需要描述填充材料种类及厚度。 （4）砖块砌体项目特征应描述：砌块品种、规格、强度等级；墙体类型；砂浆强度等级。 （5）砖砌体内钢筋加固、检查井内的爬梯、井内的混凝土构件，应按“混凝土及钢筋混凝土工程”中相关项目编码列项。 （6）砌块排列应上、下错缝搭砌，如果搭错缝长度满足不了规定的压搭要求，应采取压砌钢筋网片的措施，具体构造要求按设计规定。若设计无规定时，应注明由投标人根据工程实际情况自行考虑；钢筋网片按“混凝土及钢筋混凝土工程”中相应编码列项。 （7）砌块砌体、石砌体中工作内容包括了勾缝。 （8）砌体垂直灰缝宽＞30mm 时，采用 C20 细石混凝土灌实。灌注的混凝土应按“混凝土及钢筋混凝土工程”相关项目编码列项。 （9）石栏杆项目适用于无雕饰的一般石栏杆。 （10）石台阶项目包括石梯带（垂带），不包括石梯膀。 （11）如施工图设计标注做法见标准图集时，应在项目特征描述中注明标注图集的编码、页号及节点大样。 （12）砖基础的项目特征包括描述砖品种、规格、强度等级，基础类型，砂浆强度等级，防潮层材料种类。防潮层在清单项目综合单价中考虑，不单独列项计算工程量。 （13）填充墙的项目特征包括砖品种、规格、强度等级；墙体类型；填充材料种类及厚度；砂浆强度等级、配合比

经典考题剖析

一、2023 年考题

根据《房屋建筑与装饰工程工程量计算规范》GB 50854—2013 规定，下列关于石砌体工程量计算说法，正确的是（ ）。

A. 石砌体勾缝按设计图示尺寸长度以“m”计算

B. 石勒脚按设计图示尺寸以面积“m^2”计算

C. 石挡土墙按设计图示尺寸以体积“m^3”计算

D. 石台阶按设计图示尺寸以水平投影面积“m^2”计算

答案：C

[解析] 本题考查的是有关石砌体工程量计算规则。石砌体中工作内容包括了勾缝。石勒脚，按设计图示尺寸以体积“m^3”计算。石挡土墙，按设计图示尺寸以体积“m^3”计算。石台阶，按设计图示尺寸以体积“m^3”计算。

二、2022 年考题

根据《房屋建筑与装饰工程工程量计算规范》GB 50854—2013，0.5 厚和 1.5 厚砖墙按清单规定厚度分别为（　　）mm。

A. 115、365　　B. 120、370　　C. 120、365　　D. 115、370

答案：A

［解析］本题考查的是砖墙厚度。标准砖尺寸应为 240mm×115mm×53mm，标准砖墙厚度应按下表计算。

标准砖墙厚度表

砖数/厚度	$\frac{1}{4}$	$\frac{1}{2}$	$\frac{3}{4}$	1	$1\frac{1}{2}$	2	$2\frac{1}{2}$	3
计算厚度/mm	53	115	180	240	365	490	615	740

三、2021 年考题

1. 根据《房屋建筑与装饰工程工程量计算规范》GB 50854—2013，关于实心砖墙工程量计算方法，正确的为（　　）。

A. 不扣除沿椽木、木砖及凹进墙内的暖气槽所占的体积

B. 框架间墙工程量区分内外墙，按墙体净尺寸以体积计算

C. 围墙柱体积并入围墙体积内计算

D. 有混凝土压顶围墙的高度算至压顶上表面

答案：C

［解析］本题考查的是砖砌体工程量清单的计算规则。实心砖墙、多孔砖墙、空心砖墙，按设计图示尺寸以体积“m^3”计算。扣除门窗、洞口、嵌入墙内的钢筋混凝土柱、梁、圈梁、挑梁、过梁及凹进墙内的壁龛、管槽、暖气槽、消火栓箱所占体积，不扣除梁头、板头、檩头、垫木、木楞头、沿缘木、木砖、门窗走头、砖墙内加固钢筋、木筋、铁件、钢管及单个面积≤0.3m^2 的孔洞所占的体积。凸出墙面的腰线、挑檐、压顶、窗台线、虎头砖、门窗套的体积亦不增加。凸出墙面的砖垛并入墙体体积内计算。框架间墙工程量计算不分内外墙按墙体净尺寸以体积计算。围墙的高度算至压顶上表面（如有混凝土压顶时算至压顶下表面），围墙柱并入围墙体积内计算。

2. 根据《房屋建筑与装饰工程工程量计算规范》GB 50854—2013，关于石砌体工程量说法正确的是（　　）。

A. 石台阶按设计图示尺寸以水平投影面积计算

B. 石梯膀按石挡土墙项目编码列项

C. 石砌体工作内容中不包括勾缝，应单独列项计算

D. 石基础中靠墙暖气沟的挑檐并入基础体积计算

答案：B

［解析］本题考查的是石砌体工程量清单的计算规则。石台阶，按设计图示尺寸以体积“m^3”计算。石台阶项目包括石梯带（垂带），不包括石梯膀。石挡土墙，按设计图示尺寸以体积“m^3”计算。石梯膀应按石挡土墙项目编码列项。石砌体中工作内容包括了勾缝。石基础，按设计图示尺寸以体积“m^3”计算，包括附墙垛基础宽出部分体积，不

扣除基础砂浆防潮层及单个面积≤0.3m^2 的孔洞所占体积，靠墙暖气沟的挑檐不增加。

3. 根据《房屋建筑与装饰工程工程量计算规范》GB 50854—2013，下列砖砌体工程量计算正确的有（　　）。

A. 空斗墙中门窗洞口立边、屋檐处的实砌部分一般不增加

B. 填充墙项目特征需要描述填充材料种类及厚度

C. 空花墙按设计图示尺寸以空花部分外形体积计算，扣除空洞部分体积

D. 空斗墙的窗间墙、窗台下、楼板下的实砌部分并入墙体体积

E. 小便槽、地垄墙可按长度计算

答案：B、D、E

［**解析**］本题考查的是砖砌体工程量清单的计算规则。空斗墙，按设计图示尺寸以空斗墙外形体积“m^3”计算。墙角、内外墙交接处、门窗洞口立边、窗台砖、屋檐处的实砌部分体积并入空斗墙体积内。填充墙，按设计图示尺寸以填充墙外形体积“m^3”计算。项目特征需要描述填充材料种类及厚度。空花墙，按设计图示尺寸以空花部分外形体积“m^3”计算，不扣除空洞部分体积。小便槽、地垄墙可按长度计算。

四、其他年份考题

1. 根据《房屋建筑与装饰工程工程量计算规范》GB 50854—2013，建筑基础与墙体均为砖砌体，且有地下室，则基础与墙体的划分界线为（　　）。

A. 室内地坪设计标高　　B. 室外地面设计标高

C. 地下室地面设计标高　　D. 自然地面标高

答案：C

［**解析**］本题考查的是砌筑工程工程量清单的计算规则。基础与墙（柱）身的划分：基础与墙（柱）身使用同一种材料时，以设计室内地面为界（有地下室者，以地下室室内设计地面为界），以下为基础，以上为墙（柱）身。基础与墙身使用不同材料时，位于设计室内地面高度≤±300mm 时，以不同材料为分界线，高度＞±300mm 时，以设计室内地面为分界线。砖围墙应以设计室外地坪为界，以下为基础，以上为墙身。

2. 根据《房屋建筑与装饰工程工程量计算规范》GB 50854—2013，对于砌块墙砌筑，下列说法正确的是（　　）。

A. 砌块上、下错缝不满足搭砌要求时应加两根 $\phi 8$ 钢筋拉结

B. 错缝搭接拉结钢筋工程量不计

C. 垂直灰缝灌注混凝土工程量不计

D. 垂直灰缝宽大于 30mm 时应采用 C20 细石混凝土灌实

答案：D

［**解析**］本题考查的是砌筑工程工程量清单的计算规则。砌块排列应上、下错缝搭砌，如果搭错缝长度满足不了规定的压搭要求，应采取压砌钢筋网片的措施，具体构造要求按设计规定。若设计无规定时，应注明由投标人根据工程实际情况自行考虑；钢筋网片按“混凝土及钢筋混凝土工程”中相应编码列项。砌体内加筋、墙体拉结的制作、安装，应按“混凝土及钢筋混凝土工程”中相关项目编码列项。砌体垂直灰缝宽＞30mm 时，采用 C20 细石混凝土灌实。灌注的混凝土应按“混凝土及钢筋混凝土工程”相关项目编码列项。

考点七：工程量计算规则与方法——混凝土及钢筋混凝土工程（编码：0105）

点评：本考点历年命题出现率较高。考核的内容分为两大部分：混凝土工程和钢筋工程，其中，混凝土工程又分为现浇混凝土工程和预制混凝土工程。试题只有找出正确选项的一种类型。对于试题的内容可以归纳为下面四种类型：第一，试题的选项可以是每个项目的计算规则、项目特征、相关说明、计量单位、表格及表格下面注释。另外，备选项的内容可以是一个项目，也可以是多个项目上述内容的组合。这部分内容在知识要点集成表5-9中，按照计算规则、项目特征、相关说明、扣除、不扣除、合并等进行了归纳总结，考生可以作为参考。第二，虽然选项的内容比较复杂，但是一般现浇混凝土工程、预制混凝土工程和钢筋工程的内容不会同时出现在一个题目的选项中。第三，这部分试题考核计量单位的内容，一般是和计算规则等内容放在一起进行考核，而不单独考核计量单位，这样难度就增加了，但是这部分现浇混凝土工程主导的计量单位是立方米，钢筋工程主导的计量单位是吨，考生只要记住下面的两类即可，一类是计量单位与主导计量单位不同的几项，另一类是预制混凝土构件中一个项目中有多个计量单位的项目。第四，考核计算或者计算公式的试题，一般是比较单一的，备选项目不会涉及多个项目的内容，并且不会有复杂的计算。

知识要点集成

表5-9　混凝土及钢筋混凝土工程工程量的计算规则

混凝土及钢筋混凝土工程	混凝土工程	现浇混凝土工程	计算规则	（1）基础（包括垫层、带形基础、独立基础、满堂基础、设备基础、桩承台基础）、柱（包括矩形柱、构造柱、异型柱）、梁（包括基础梁、矩形梁、异型梁、圈梁、过梁、弧形梁、拱形梁）、墙（包括直形墙、弧形墙、短肢剪力墙、挡土墙）、板（有梁板、无梁板、平板、拱板、薄壳板、栏板）、天沟（檐沟）、挑檐板、空心板、后浇带，按设计图示尺寸以体积计算，单位：m^3。 （2）现浇混凝土雨篷、悬挑板、阳台板，按设计图示尺寸以墙外部分体积计算，包括伸出墙外牛腿和雨篷反挑檐的体积。 （3）现浇混凝土楼梯（包括直形楼梯、弧形楼梯），按设计图示尺寸以水平投影面积计算，单位：m^2；或按设计图示尺寸以体积计算，单位：m^3。 （4）现浇混凝土扶手、压顶，按设计图示的中心线延长米计算，单位：m；或按设计图示尺寸以体积计算，单位：m^3。 （5）现浇混凝土台阶，应按水平投影面积计算，单位：m^2；或按设计图示尺寸以体积计算，单位：m^3。 （6）现浇混凝土散水、坡道、室外地坪，按设计图示尺寸以面积计算，单位：m^2。 （7）电缆沟、地沟，按设计图示尺寸以中心线长度计算，单位：m。 （8）化粪池、检查井，按设计图示尺寸以体积计算，单位：m^3；或按设计图示数量计算，单位：座

续表 5-9

混凝土及钢筋混凝土工程	混凝土工程	现浇混凝土工程	不扣除部分	(1) 基础、梁、墙、板，不扣除构件内钢筋、预埋铁件所占体积。 (2) 基础不扣除伸入承台基础的桩头所占体积。 (3) 板、散水、坡道、室外地坪，不扣除单个面积≤0.3m² 的柱、垛以及孔洞所占体积。 (4) 楼梯不扣除宽度≤500mm 的楼梯井
			扣除部分	(1) 墙扣除门窗洞口及单个面积>0.3m² 的孔洞所占体积。 (2) 压形钢板混凝土楼板扣除构件内压形钢板所占体积。 (3) 现浇混凝土空心板（GBF 高强薄壁蜂巢芯板等）应扣除空心部分体积
			不计算部分	楼梯伸入墙内部分不计算
			合并计算部分	(1) 构造柱嵌接部分的体积并入柱身体积。 (2) 依附柱上的牛腿和升板的柱帽，并入柱身体积内计算。 (3) 梁伸入墙的梁头、梁垫体积并入其体积内计算。 (4) 墙垛及凸出墙面部分并入墙体体积内计算。 (5) 有梁板（包括主、次梁与板）按梁、板体积之和计算，无梁板按板和柱帽体积之和计算。 (6) 各类板伸入墙内的板头并入板体积计算。 (7) 薄壳板的肋、基梁并入薄壳体积内计算
			说明	(1) 有肋带形基础、无肋带形基础应分别编码列项，并注明肋高。 (2) 箱式满堂基础及框架式设备基础中柱、梁、墙、板按现浇混凝土柱、梁、墙、板分别编码列项；箱式满堂基础底板按满堂基础项目列项，框架设备基础的基础部分按设备基础列项。 (3) 如为毛石混凝土基础，项目特征应描述毛石所占比例。 (4) 柱高的规定： 1) 有梁板的柱高，应自柱基上表面（或楼板上表面）至上一层楼板上表面之间的高度计算。 2) 无梁板的柱高，应自柱基上表面（或楼板上表面）至柱帽下表面之间的高度计算。 3) 框架柱的柱高，应自柱基上表面至柱顶的高度计算。 4) 构造柱按全高计算。 (5) 异型柱各方向上截面高度与厚度之比的最小值大于 4 时，不再按异型柱列项。 (6) 梁长：梁与柱连接时，梁长算至柱侧面；主梁与次梁连接时，次梁长算至主梁侧面。 (7) 圈梁与过梁相连时，应分别列项。当梁与混凝土墙连接时，梁的长度应计算到混凝土墙的侧面。 (8) 墙肢截面的最大长度与厚度之比小于或等于 6 倍的剪力墙，按短肢剪力墙项目列项。L、Y、T、Z 形、十字形、一字形等短肢剪力墙的单肢中心线长≤0.4m，按柱项目列项。

续表 5-9

混凝土及钢筋混凝土工程	混凝土工程	现浇混凝土工程	说明	(9) 现浇混凝土挑檐、天沟板、雨篷、阳台与板（包括屋面板、楼板）连接时，以外墙外边线为分界线；与圈梁（包括其他梁）连接时，以梁外边线为分界线。外边线以外为挑檐、天沟、雨篷或阳台。 (10) 楼梯的规定： 1) 整体楼梯（包括直形楼梯、弧形楼梯）水平投影面积包括休息平台、平台梁、斜梁和楼梯的连接梁。 2) 当整体楼梯与现浇楼板无梯梁连接时，以楼梯的最后一个踏步边缘加 300mm 为界。 (11) 后浇带项目适用于梁、墙、板的后浇带。 (12) 混凝土项目的工作内容中列出了模板及支架（撑）的内容，即模板及支架（撑）的价格可以综合到相应混凝土项目的综合单价中，也可以在措施项目中单独列项计算工程量
			项目特征	(1) 基础（包括垫层、带形基础、独立基础、满堂基础、设备基础、桩承台基础），项目特征描述混凝土种类、混凝土的强度等级，其中混凝土的种类指清水混凝土、彩色混凝土等，如在同一地区既使用预拌（商品）混凝土，又允许现场搅拌混凝土时，也应注明。 (2) 现浇混凝土柱，项目特征描述混凝土种类、混凝土强度等级；异型柱还需说明柱形状
		预制混凝土工程	计算规则	(1) 柱（包括矩形柱、异型柱），梁（包括矩形梁、异型梁、过梁、拱形梁、鱼腹式吊车梁等），按设计图示尺寸以体积，单位：m^3，或数量计算，单位：根。 (2) 屋架（包括折线型屋架、组合屋架、薄腹屋架、门式刚架屋架、天窗架屋架），按设计图示尺寸以体积，单位：m^3，或数量计算，单位：榀。 (3) 板（包括平板、空心板、槽形板、网架板、折线板、带肋板、大型板），沟盖板、井盖板、井圈，楼梯，按设计图示尺寸以体积，单位：m^3，或数量计算，单位：块。 (4) 其他预制构件（包括烟道、垃圾道、通风道，其他构件——预制钢筋混凝土小型池槽、压顶、扶手、垫块、隔热板、花格等），按设计图示尺寸以体积，单位：m^3；或按设计图示尺寸以面积，单位：m^2；或按数量计算，单位：根

续表 5-9

混凝土及钢筋混凝土工程	混凝土工程	预制混凝土工程	不扣除部分	（1）柱、梁、屋架、板，不扣除构件内钢筋、预埋铁件所占体积。 （2）预制混凝土板、其他预制构件（包括烟道、垃圾道、通风道，其他构件——预制钢筋混凝土小型池槽、压顶、扶手、垫块、隔热板、花格等），不扣除单个尺寸≤300mm×300mm 的孔洞所占面积
			扣除部分	（1）预制混凝土板扣除空心板空洞体积。 （2）楼梯扣除空心踏步板空洞体积。 （3）其他预制构件（包括烟道、垃圾道、通风道，其他构件——预制钢筋混凝土小型池槽、压顶、扶手、垫块、隔热板、花格等），扣除烟道、垃圾道、通风道的孔洞所占体积
			项目特征	（1）预制混凝土柱项目特征应描述图代号、单件体积、安装高度、混凝土强度等级、砂浆（细石混凝土）强度等级及配合比。 （2）预制混凝土柱、梁、屋架、板、楼梯、其他预制构件，以数量计量时，项目特征必须描述单件体积。 （3）三角形屋架按折线型屋架项目编码列项
		说明		（1）在计算现浇或预制混凝土和钢筋混凝土构件工程量时，不扣除构件内钢筋、螺栓、预埋铁件、张拉孔道所占体积，但应扣除劲性骨架的型钢所占体积。 （2）垫层项目适用于基础现浇混凝土垫层
	钢筋工程	计算规则		（1）现浇混凝土钢筋、预制构件钢筋、钢筋网片、钢筋笼、先张法预应力钢筋，均按计图示钢筋（网）长度（面积）乘以单位理论质量计算，单位：t。 （2）后张法预应力钢筋、预应力钢丝、预应力钢绞线，按设计图示钢筋（丝束、绞线）长度乘以单位理论质量计算，单位：t。 其长度应按以下规定计算： 1）低合金钢筋两端均采用螺杆锚具时，钢筋按孔道长度减 0.35m，螺杆另行计算。 2）低合金钢筋一端采用镦头插片，另一端采用螺杆锚具时，钢筋长度按孔道长度计算，螺杆另行计算。 3）低合金钢筋一端采用镦头插片，另一端采用帮条锚具时，钢筋增加 0.15m 计算；两端均采用帮条锚具时，钢筋长度按孔道长度增加 0.3m 计算。 4）低合金钢筋采用后张混凝土自锚时，钢筋长度按孔道长度增加 0.35m 计算。 5）低合金钢筋（钢绞线）采用 JM、XM、QM 型锚具，孔道长度在 20m 以内时，钢筋长度增加 1m 计算；孔道长度在 20m 以外时，钢筋（钢绞线）长度按孔道长度增加 1.8m 计算。 6）碳素钢丝采用锥形锚具，孔道长度在 20m 以内时，钢丝束长度按孔道长度增加 1m 计算；孔道长在 20m 以上时，钢丝束长度按孔道长度增加 1.8m 计算。

续表 5-9

<table>
<tr>
<td rowspan="3">混凝土及钢筋混凝土工程</td>
<td rowspan="3">钢筋工程</td>
<td>计算规则</td>
<td colspan="2">7）碳素钢丝束采用镦头锚具时，钢丝束长度按孔道长度增加 0.35m 计算。
（3）支撑钢筋（铁马），按钢筋长度乘单位理论质量“t”计算。在编制工程量清单时，如果设计未明确，其工程数量可为暂估量，结算时按现场签证数量计算。
（4）声测管，按设计图示尺寸以质量“t”计算。
（5）螺栓、预埋铁件，按设计图示尺寸以质量计算，单位：t；机械连接按数量计算，单位：个</td>
</tr>
<tr>
<td>说明</td>
<td colspan="2">（1）现浇构件中伸出构件的锚固钢筋应并入钢筋工程量内。除设计（包括规范规定）标明的搭接外，其他施工搭接不计算工程量，在综合单价中综合考虑。
（2）钢筋的工作内容中包括了焊接（或绑扎）连接，不需要计量，在综合单价中考虑，但机械连接需要单独列项计算工程量</td>
</tr>
<tr>
<td>计算方法</td>
<td>钢筋工程量＝图示钢筋长度×单位理论质量</td>
<td>混凝土保护层是结构构件中最外层钢筋外边缘至构件表面范围用于保护钢筋的混凝土。根据《混凝土结构设计规范》GB 50010—2010 的规定，构件中受力钢筋的保护层厚度不应小于钢筋的公称直径 d；设计使用年限为 50 年的混凝土结构，最外层钢筋的保护层厚度应符合下表的规定；设计使用年限为 100 年的混凝土结构，最外层钢筋的保护层厚度不应小于下表中数值的 1.4 倍。
<table>
<tr><th>环境等级</th><th>板墙壳</th><th>梁柱</th></tr>
<tr><td>一</td><td>15</td><td>20</td></tr>
<tr><td>二 a</td><td>20</td><td>25</td></tr>
<tr><td>二 b</td><td>25</td><td>35</td></tr>
<tr><td>三 a</td><td>30</td><td>40</td></tr>
<tr><td>三 b</td><td>40</td><td>50</td></tr>
</table>
注：1. 混凝土强度等级不大于 C25 时，表中保护层厚度数值应增加 5mm；
2. 与土壤接触的混凝土结构中，钢筋混凝土保护层厚度不应小于 40mm；当无垫层时，直接在土壤上现浇底板中钢筋混凝土保护层厚度不小于 70mm。</td>
</tr>
</table>

续表 5-9

<table>
<tr>
<td rowspan="5">混凝土及钢筋混凝土工程</td>
<td rowspan="5">钢筋工程</td>
<td rowspan="5">计算方法</td>
<td rowspan="5">钢筋工程量＝图示钢筋长度×单位理论质量</td>
<td>弯起钢筋增加长度：
<table>
<tr><th>弯起角度</th><th>S</th><th>L</th><th>$S-L$</th></tr>
<tr><td>30°</td><td>$2.000h$</td><td>$1.732h$</td><td>$0.268h$</td></tr>
<tr><td>45°</td><td>$1.414h$</td><td>$1.00h$</td><td>$0.41h$</td></tr>
<tr><td>60°</td><td>$1.155h$</td><td>$0.577h$</td><td>$0.578h$</td></tr>
</table>
</td>
</tr>
<tr>
<td>钢筋弯钩增加长度：
钢筋的弯钩主要有半圆弯钩（180°）、直弯钩（90°）和斜弯钩（135°）。对于 HPB300 级光圆钢筋受拉时，钢筋末端作 180°弯钩时，钢筋弯折的弯弧内直径不应小于钢筋直径 d 的 2.5 倍，弯钩的弯折后平直段长度不应小于钢筋直径 d 的 3 倍。按弯弧内径为钢筋直径 d 的 2.5 倍，平直段长度为钢筋直径 d 的 3 倍确定弯钩的增加长度为：半圆弯钩增加长度为 $6.25d$，直弯钩增加长度为 $3.5d$，斜弯钩增加长度为 $4.9d$</td>
</tr>
<tr>
<td>钢筋的锚固长度：
（1）受拉钢筋的锚固长度应符合《混凝土结构设计规范》GB 50010—2010 的要求。
（2）钢筋的锚固长度可以通过查表确定，22G101 图集给出了受拉钢筋锚固长度表（见 2023 年版教材表 5.3.16）及受拉钢筋抗震锚固长度表（见 2023 年版教材表 5.3.17）</td>
</tr>
<tr>
<td>纵向受拉钢筋的搭接长度可以通过查表确定，22G101 图集给出了纵向受拉钢筋搭接长度表（见 2023 年版教材表 5.3.18）</td>
</tr>
<tr>
<td>箍筋长度的计算：
（1）箍筋是为了固定主筋位置和组成钢筋骨架而设置的一种钢筋。
（2）计算长度时，要考虑混凝土保护层、箍筋的形式、箍筋的根数和箍筋单根长度。
（3）箍筋单根长度的计算采用箍筋外皮尺寸并考虑弯钩的增加长度。
箍筋单根长度＝箍筋的外皮尺寸周长＋2×弯钩增加长度。
双肢箍的单根长度计算。
双肢箍单根长度＝箍筋的外皮尺寸周长＋2×弯钩增加长度＝构件周长－8×混凝土保护层厚度＋2×弯钩增加长度</td>
</tr>
</table>

续表 5-9

混凝土及钢筋混凝土工程	钢筋工程	计算方法	钢筋工程量＝图示钢筋长度×单位理论质量	（4）《混凝土结构工程施工规范》GB 50666—2011 对箍筋、拉筋末端弯钩的要求：对一般结构构件，箍筋弯钩的弯折角度不应小于 90°，弯折后平直段长度不应小于箍筋直径的 5 倍；对有抗震设防要求或设计有专门要求的结构构件，箍筋弯钩的弯折角度不应小于 135°，弯折后平直段长度不应小于箍筋直径的 10 倍和 75mm 两者之中的较大值。圆形箍筋的搭接长度不应小于其受拉锚固长度，且两末端均应作不小于 135°的弯钩，弯折后平直段长度对一般结构构件不应小于箍筋直径的 5 倍，对有抗震设防要求的结构构件不应小于箍筋直径的 10 倍和 75mm 的较大值。拉筋用作梁、柱复合箍筋中单肢箍筋或梁腰筋间拉结筋时，两端弯钩的弯折角度均不应小于 135°，弯折后平直段长度对一般结构构件不应小于箍筋直径的 5 倍，对有抗震设防要求的结构构件不应小于箍筋直径的 10 倍和 75mm 的较大值；拉筋用作剪力墙、楼板等构件中拉结筋时，两端弯钩可采用一端 135°另一端 90°，弯折后平直段长度不应小于拉筋直径的 5 倍。 （5）箍筋根数的计算： $$箍筋根数=\frac{箍筋分布长度}{箍筋间距}+1$$

经典考题剖析

一、2023 年考题

1. 根据《房屋建筑与装饰工程工程量计算规范》CB 50854—2013 规定，下列关于现浇混凝土工程量计算说法，正确的是（　　）。

A. 当整体楼梯与现浇楼板无梯梁连接时，楼梯工程量以最后一个踏步边缘加 300mm 为界

B. 电缆沟按设计图示尺寸以“m^3”计算

C. 楼梯扶手按设计图示尺寸以水平投影面积“m^2”计算

D. 墙后浇带工程量按设计图示的中心线长度以延长米计

答案：A

[解析] 本题考查的是有关现浇混凝土墙计算规则。整体楼梯（包括直形楼梯、弧形楼梯）水平投影面积包括休息平台、平台梁、斜梁和楼梯的连接梁。当整体楼梯与现

浇楼板无梯梁连接时，以楼梯的最后一个踏步边缘加 300mm 为界。电缆沟、地沟，按设计图示以中心线长度“m”计算。扶手、压顶，以“m”计量，按设计图示的中心线延长米计算；以“m^3”计量，按设计图示尺寸以体积“m^3”计算。后浇带工程量按设计图示尺寸以体积“m^3”计算。

2. 根据《混凝土结构工程施工规范》GB 50666—2011 规定，下列关于箍筋计算方法，正确的是（　　）。

A. 箍筋单根长度＝箍筋的外皮尺寸周长＋2×弯钩增加长度

B. 双肢箍单根长度＝箍筋的外皮尺寸周长＋2×混凝土保护层厚度

C. 双肢箍单根长度＝构件周长－2×混凝保护层厚度＋2×弯钩增加长度

D. 箍筋根数＝箍筋分布长度/箍筋间距－1

答案：A

［解析］本题考查的是有关箍筋工程量计算规则。

箍筋单根长度＝箍筋的外皮尺寸周长＋2×弯钩增加长度；

双肢箍单根长度＝箍筋的外皮尺寸周长＋2×弯钩增加长度

＝构件周长－8×混凝土保护层厚度＋2×弯钩增加长度；

$$\text{箍筋根数}=\frac{\text{箍筋分布长度}}{\text{箍筋间距}}+1\text{。}$$

二、2022 年考题

1. 根据《房屋建筑与装饰工程工程量计算规范》GB 50854—2013，关于混凝土墙的工程量，下列说法正确的是（　　）。

A. 现浇混凝土墙包括直形墙、异型墙、短肢剪力墙和挡土墙

B. 墙垛凸出墙面部分并入墙体体积内

C. 短肢剪力墙厚度小于或等于 250mm

D. 短肢剪力墙截面高度与厚度之比最小值小于 4

答案：B

［解析］本题考查的是现浇混凝土墙工程量的计算规则。现浇混凝土墙包括直形墙、弧形墙、短肢剪力墙、挡土墙。按设计图示尺寸以体积“m^3”计算。不扣除构件内钢筋，预埋铁件所占体积，扣除门窗洞口及单个面积＞0.3m^2 的孔洞所占体积，墙垛及凸出墙面部分并入墙体体积内计算。短肢剪力墙是指截面厚度不大于 300mm、各肢截面高度与厚度之比的最大值大于 4 但不大于 8 的剪力墙；各肢截面高度与厚度之比的最大值不大于 4 的剪力墙按柱项目编码列项。

2. 根据《房屋建筑与装饰工程工程量计算规范》GB 50854—2013，关于钢筋工程量，下列说法正确的是（　　）。

A. 钢筋网片按钢筋规格不同以“m^2”计算

B. 混凝土保护层厚度是结构构件中最外层钢筋外边缘至混凝土外表面的距离

C. 碳素钢丝采用镦头锚具时，钢丝长度按孔道长度增加 0.5m 计算

D. 声测管按设计图示尺寸以“m”计算

答案：B

［解析］本题考查的是钢筋工程量的计算规则。现浇构件钢筋、预制构件钢筋、钢筋网片、钢筋笼，按设计图示钢筋（网）长度（面积）乘单位理论质量“t”计算。混凝土保护层是结构构件中钢筋外边缘至构件表面范围用于保护钢筋的混凝土。碳素钢丝采用镦头锚具时，钢丝束长度按孔道长度增加 0.35m 计算。声测管按设计图示尺寸以质量“t”计算。

三、2021 年考题

1. 根据《房屋建筑与装饰工程工程量计算规范》GB 50854—2013，关于混凝土柱工程量计算正确的为（　　）。

A. 有梁板的柱高，自柱基上表面至柱顶标高计算

B. 无梁板的柱高，自柱基上表面至柱帽上表面计算

C. 框架柱的柱高，自柱基上表面至柱顶高度计算

D. 构造柱嵌接墙体部分并入墙体工程量计算

答案：C

［解析］本题考查的是现浇混凝土柱工程量清单的计算规则。柱高的规定，有梁板的柱高，应自柱基上表面（或楼板上表面）至上一层楼板上表面之间的高度计算。无梁板的柱高，应自柱基上表面（或楼板上表面）至柱帽下表面之间的高度计算。框架柱的柱高应自柱基上表面至柱顶高度计算。构造柱按全高计算。

2. 根据《房屋建筑与装饰工程工程量计算规范》GB 50854—2013，下列关于现浇混凝土其他构件工程量计算规则，正确的是（　　）。

A. 架空式混凝土台阶，按现浇楼梯计算

B. 围墙压顶，按设计图示尺寸的中心线以延长米计算

C. 坡道按设计图示尺寸斜面积计算

D. 台阶按设计图示尺寸的展开面积计算

E. 电缆沟、地沟按设计图示尺寸的中心线长度计算

答案：A、B、E

［解析］本题考查的是现浇混凝土其他构件工程量清单的计算规则。架空式混凝土台阶，按现浇楼梯计算。扶手、压顶，以“m”计量，按设计图示的中心线延长米计算；以“m^3”计量，按设计图示尺寸以体积“m^3”计算。散水、坡道、室外地坪，按设计图示尺寸以面积“m^2”计算。台阶，以“m^2”计量，按设计图示尺寸水平投影面积计算；以“m^3”计量，按设计图示尺寸以体积计算。电缆沟、地沟，按设计图示以中心线长度“m”计算。

四、2020 年考题

1. 根据《房屋建筑与装饰工程工程量计算规范》GB 50854—2013，现浇混凝土过梁工程量计算正确的是（　　）。

A. 伸入墙内的梁头计入梁体积

B. 墙内部分的梁垫按其他构件项目列项

C. 梁内钢筋所占体积予以扣除

D. 按设计图示中心线计算

答案：A

［解析］本题考查的是现浇混凝土过梁工程量清单的计算规则。现浇混凝土梁包括基础梁、矩形梁、异型梁、圈梁、过梁、弧形梁（拱形梁）等项目。按设计图示尺寸以体积“m^3”计算，不扣除构件内钢筋、预埋铁件所占体积，伸入墙内的梁头、梁垫并入梁体积内。

2. 根据《房屋建筑与装饰工程工程量计算规范》GB 50854—2013，现浇混凝土雨篷工程量计算正确的为（ ）。

A. 并入墙体工程量，不单独列项

B. 按水平投影面积计算

C. 按设计图示尺寸以墙外部分体积计算

D. 扣除伸出墙外的牛腿体积

答案：C

［解析］本题考查的是现浇混凝土雨篷工程量清单的计算规则。雨篷、悬挑板、阳台板，按设计图示尺寸以墙外部分体积“m^3”计算，包括伸出墙外的牛腿和雨篷反挑檐的体积。

3. 根据《房屋建筑与装饰工程工程量计算规范》GB 50854—2013，预制混凝土三角形屋架应（ ）。

A. 按组合屋架列项　　B. 按薄腹屋架列项

C. 按天窗屋架列项　　D. 按折线形屋架列项

答案：D

［解析］本题考查的是预制混凝土屋架工程量清单计算规则。预制混凝土屋架，以“m^3”计量时，按设计图示尺寸以体积计算；以“榀”计量时，按设计图示尺寸以数量计算。预制混凝土屋架包括折线型屋架、组合屋架、薄腹屋架、门式刚架屋架、天窗架屋架。三角形屋架按折线型屋架项目编码列项。

考点八：工程量计算规则与方法——金属结构工程（编码：0106）

点评：本考点历年命题出现率较高。试题有两种类型，第一类，找出正确选项的试题。这类试题是把每个项目的计算规则、项目特征、相关说明作为备选项，也可以把不同项目的内容放在一起作为备选项，从中找出正确答案，这类题目的难度比较大。第二类，关于计量单位的试题。这类试题相比第一类要容易一些。考生在复习时，对于第一类试题，可以根据表5-10总结的知识点，把金属构件计算规则相同的放在一起，这样有助于记忆；另外，本考点不扣除、不增加、合并等也是考核的主要内容，考生根据表5-10中的总结进行复习即可。对于第二类试题，考生记住本考点主导的计量单位是吨，需要把不是吨的项目的计量单位记住，应对这类试题应该没有问题。

知识要点集成

表 5-10 金属结构工程量的计算规则

金属结构工程	计算规则	（1）钢网架、钢托架、钢桁架、钢桥架，实腹钢柱、空腹钢柱，钢管柱，钢梁、钢吊车梁，钢支撑、钢拉条、钢檩条、钢天窗架、钢挡风架、钢墙架、钢平台、钢走道、钢梯、钢栏杆、钢支架、零星钢构件，按设计图示尺寸以质量计算，单位：t。 （2）钢屋架，按设计图示数量计算，单位：榀；或按设计图示尺寸以质量计算，单位：t。 （3）压型钢板楼板，按设计图示尺寸以铺设水平投影面积计算，单位：m^2。 （4）压型钢板墙板，按设计图示尺寸以铺挂面积计算，单位：m^2。 （5）钢漏斗，钢板天沟按设计图示尺寸以重量计算，单位：t。 （6）成品空调金属百叶护栏、成品栅栏、金属网栏，按设计图示尺寸以面积计算，单位：m^2。 （7）成品雨篷按设计图示接触边以长度计算，单位：m；或按设计图示尺寸以展开面积计算，单位：m^2。 （8）砌块墙钢丝网加固、后浇带金属网按设计图示尺寸以面积计算，单位：m^2
	不扣除部分	（1）钢网架，钢屋架，不扣除孔眼的质量。 （2）钢托架、钢桁架、钢桥架，实腹钢柱、空腹钢柱，钢管柱，钢梁、钢吊车梁，钢支撑、钢拉条、钢檩条、钢天窗架、钢挡风架、钢墙架、钢平台、钢走道、钢梯、钢栏杆、钢支架、零星钢构件，钢漏斗，不扣除孔眼的质量。 （3）压型钢板楼板，不扣除单个面积≤$0.3m^2$ 的柱、垛及孔洞所占面积。 （4）压型钢板墙板，不扣除单个面积≤$0.3m^2$ 的梁及孔洞所占面积
	不增加部分	（1）钢网架、钢屋架、钢托架、钢桁架、钢桥架，实腹钢柱、空腹钢柱，钢管柱，钢梁、钢吊车梁，钢支撑、刚拉条、钢檩条、钢天窗架、钢挡风架、钢墙架、钢平台、钢走道、钢梯、钢栏杆、钢支架、零星钢构件，钢漏斗的焊条、铆钉、螺栓等不另增加质量。 （2）压型钢板墙板的包角、包边、窗台泛水等不另增加面积
	说明	（1）金属构件的切边，不规则及多边形钢板发生的损耗在综合单价中考虑。 （2）钢网架项目适用于一般钢网架和不锈钢网架。不论节点形式（球形节点、板式节点等）和节点连接方式（焊接、丝接）等均使用该项目。注意焊条、铆钉等不另增加质量，与钢屋架等不同（钢屋架焊条、铆钉、螺栓等不另增加）。 （3）钢托架是指在工业厂房中，由于工业或者交通需要而在大开间位置设置的承托屋架的钢构件。 （4）压型钢楼板按钢板楼板项目编码列项。 （5）钢支撑、钢拉条类型指单式、复式；钢檩条类型指型钢式、格构式；钢漏斗形式指方形、圆形；天沟形式指矩形沟或半圆形沟。 （6）加工铁件等小型构件，按零星钢构件项目编码列项。 （7）抹灰钢丝网加固按砌块墙钢丝网加固项目编码列项。 （8）工作内容中综合了补刷油漆，但不包括刷防火涂料，金属构件刷防火涂料单独列项计算工程量。 （9）型钢混凝土梁浇筑钢筋混凝土，其混凝土和钢筋应按“混凝土及钢筋混凝土工程”中相关项目编码列项

续表 5-10

金属结构工程	项目特征	(1) 钢网架项目清单的项目特征包括：钢材品种、规格，网架节点形式、连接方式，网架跨度、安装高度，探伤要求，防火要求等。防火要求指耐火极限。 (2) 钢托架以"榀"计量，按标准图设计的应注明标准图代号，按非标准图设计的项目特征必须描述单榀屋架的质量。项目特征中螺栓的种类指普通螺栓或高强螺栓
	合并计算部分	(1) 实腹钢柱、空腹钢柱，依附在钢柱上的牛腿及悬臂梁等并入钢柱工程量内。 (2) 钢管柱上的节点板、加强环、内衬管、牛腿等并入钢管柱工程量内。 (3) 制动梁、制动板、制动桁架、车挡并入钢吊车梁工程量内。 (4) 钢漏斗，依附漏斗的型钢并入漏斗工程量内

经典考题剖析

一、2023 年考题

1. 根据《房屋建筑与装饰工程工程量计算规范》GB 50854—2013 规定，下列关于金属结构工程量计算说法，正确的是（　　）。

A. 压型钢板楼板按设计图示尺寸以铺设水平投影面积"m^2"计算

B. 压型钢板墙板按设计图示尺寸以质量"t"计算

C. 钢走道按设计图示尺寸以铺设面积"m^2"计算

D. 钢栏杆按设计图示尺寸以延长米"m"计算

答案：A

[解析] 本题考查的是有关金属结构工程量计算规则。压型钢板楼板，按设计图示尺寸以铺设水平投影面积"m^2"计算。压型钢板墙板，按设计图示尺寸以铺挂面积"m^2"计算。钢支撑、钢拉条、钢檩条、钢天窗架、钢挡风架、钢墙架、钢平台、钢走道、钢梯、钢栏杆、钢支架、零星钢构件，按设计图示尺寸以质量"t"计算。

2. 根据《房屋建筑与装饰工程工程量计算规范》GB 50854—2013 规定，下列关于金属制品工程量计算说法，正确的是（　　）。

A. 成品空调金属百页护栏按设计图示尺寸以质量计算

B. 成品雨篷以"m"计量时，按设计图示接触边长计算

C. 砌块墙钢丝网加固按设计图示尺寸以质量计算

D. 抹灰钢丝网加固不另编码列项

答案：B

[解析] 本题考查的是有关金属结构工程量计算规则。

成品空调金属百页护栏、成品栅栏、金属网栏，按设计图示尺寸以面积"m^2"计算。成品雨篷，以"m"计量时，按设计图示接触边以长度"m"计算；以"m^2"计量时，按设计图示尺寸以展开面积"m^2"计算。砌块墙钢丝网加固、后浇带金属网，按

设计图示尺寸以面积“m^2”计算。抹灰钢丝网加固按砌块墙钢丝网加固项目编码列项。

3. 根据《房屋建筑与装饰工程工程量计算规范》GB 50854—2013 规定，下列关于金属结构工程量计算说法，正确的是（　　）。

A. 钢屋架工程量中，焊条、铆钉、螺栓等另增加质量

B. 空腹钢柱上的牛腿及悬臂梁等并入钢柱工程量内

C. 钢管柱上的节点板、加强环、内衬管、牛腿按零星构件项目单独列项

D. 制动梁、制动板、制动架、车档按零星构件项目单独列项

答案：B

［**解析**］本题考查的是有关金属结构工程量计算规则。钢屋架，以“榀”计量时，按设计图示数量计算；以“t”计量时，按设计图示尺寸以质量计算，不扣除孔眼的质量，焊条、铆钉、螺栓等不另增加质量。实腹柱、空腹柱，按设计图示尺寸以质量“t”计算。不扣除孔眼的质量，焊条、铆钉、螺栓等不另增加质量，依附在钢柱上的牛腿及悬臂梁等并入钢柱工程量内。钢管柱，按设计图示尺寸以质量“t”计算。不扣除孔眼的质量，焊条、铆钉、螺栓等不另增加质量，钢管柱上的节点板、加强环、内衬管、牛腿等并入钢管柱工程量内。钢梁、钢吊车梁，按设计图示尺寸以质量“t”计算。不扣除孔眼的质量，焊条、铆钉、螺栓等不另增加质量，制动梁、制动板、制动桁架、车档并入钢吊车梁工程量内。

二、2022 年考题

根据《房屋建筑与装饰工程工程量计算规范》GB 50854—2013，钢网架项目特征必须进行描述的是（　　）。

A. 安装高度　　　　B. 单件质量

C. 螺栓种类　　　　D. 油漆品种

答案：A

［**解析**］本题考查的是钢网架项目特征。钢网架工程量按设计图示尺寸以质量“t”计算，不扣除孔眼的质量，焊条、铆钉等不另增加质量。项目特征描述：钢材品种、规格；网架节点形式、连接方式；网架跨度、安装高度；探伤要求；防火要求等。其中防火要求指耐火极限。

三、其他年份考题

1. 根据《房屋建筑与装饰工程工程量计算规范》GB 50854—2013，关于钢网架清单项，下列说法正确的是（　　）。

A. 钢网架项目特征中应明确探伤和防火要求

B. 钢网架铆钉应按设计图示个数以数量计量

C. 钢网架中螺栓按个数以数量计量

D. 钢网架按设计图示尺寸扣除孔眼部分以质量计算

答案：A

［**解析**］本题考查的是钢网架的工程量清单计算规则。钢网架工程量按设计图示尺寸以质量“t”计算，不扣除孔眼的质量，焊条、铆钉等不另增加质量。项目特征描述：

钢材品种、规格，网架节点形式、连接方式，网架跨度、安装高度，探伤要求，防火要求等。其中防火要求指耐火极限。工作内容中不含，需要单独列项计算。

2. 根据《房屋建筑与装饰工程工程量计算规范》GB 50854—2013，金属结构钢管柱清单工程量计算时，不予计量的是（　　）。

A. 节点板　　B. 螺栓

C. 加强环　　D. 牛腿

答案：B

［解析］本题考查的是钢管柱的清单工程量计算规则。钢管柱，按设计图示尺寸以质量“t”计算。不扣除孔眼的质量，焊条、铆钉、螺栓等不另增加质量，钢管柱上的节点板、加强环、内衬管、牛腿等并入钢管柱工程量内。

3. 根据《房屋建筑与装饰工程工程量计算规范》GB 50854—2013，压型钢板楼板清单工程量计算应（　　）。

A. 按设计图示数量计算，以“t”计量

B. 按设计图示规格计算，以“块”计量

C. 不扣除孔洞部分

D. 按设计图示以铺设水平投影面积计算，以“m^2”计量

答案：D

［解析］本题考查的是压型钢板楼板的清单工程量计算规则。压型钢板楼板，按设计图示尺寸以铺设水平投影面积“m^2”计算。不扣除单个面积≤0.3m^2柱、垛及孔洞所占面积。

考点九：工程量计算规则与方法
——木结构（编码：0107）

点评：本考点历年命题出现率较低，考生可以按照知识要点集成的表5-11进行复习，主要关注项目特征的内容。

知识要点集成

表5-11 木结构工程量的计算规则

木结构工程	计算规则	（1）木屋架，按设计图示数量计算，单位：榀；或按设计图示的规格尺寸以体积计算，单位：m^3。 （2）钢木屋架，按设计图示数量计算，单位：榀。 （3）木柱、木梁，按设计图示尺寸以体积计算，单位：m^3。 （4）木檩条，按设计图示尺寸以体积计算，单位：m^3；或按设计图示尺寸以长度计算，单位：m。 （5）木楼梯，按设计图示尺寸以水平投影面积计算，单位：m^2。 （6）屋面木基层，按设计图示尺寸以斜面积计算，单位：m^2

续表 5-11

<table>
<tr><td rowspan="3">木结构工程</td><td>不扣除部分</td><td>（1）木楼梯，不扣除宽度≤300mm 的楼梯井。
（2）屋面木基层，不扣除房上烟囱、风帽底座、风道、小气窗、斜沟等所占面积</td></tr>
<tr><td>不增加部分</td><td>（1）木楼梯，不增加伸入墙内部分。
（2）屋面木基层，不增加小气窗的出檐部分</td></tr>
<tr><td>项目特征</td><td>（1）屋架的跨度应以上、下弦中心线两交点之间的距离计算。
（2）当木屋架工程量以“榀”计量时，按标准图设计的应注明标准图代号，按非标准图设计的项目特征需要描述木屋架的跨度、材料品种及规格、刨光要求、拉杆及夹板种类、防护材料种类。
（3）木构件工程量计算中，若按图示数量以“m”为单价计算，则项目特征必须描述构件规格尺寸。
（4）屋架中钢拉杆、钢夹板等应包括在清单项目的综合单价内</td></tr>
</table>

经典考题剖析

其他年份考题

根据《房屋建筑与装饰工程工程量计算规范》GB 50854—2013，非标准图设计木屋架项目特征中应描述（　　）。

A. 跨度　　B. 材料品种及规格

C. 运输和吊装要求　　D. 刨光要求

E. 防护材料种类

答案：A、B、D、E

[解析] 本题考查的是木屋架工程。木屋架，以“榀”计量时，按设计图示数量计算；以“m^3”计量时，按设计图示的规格尺寸以体积计算。以“榀”计量，按标准图设计的应注明标准图代号，按非标准图设计的项目特征需要描述木屋架的跨度、材料品种及规格、刨光要求、拉杆及夹板种类、防护材料种类。

考点十：工程量计算规则与方法——门窗工程（编码：0108）

点评：本考点历年命题出现率较低，考生可以按照知识要点集成的表 5-12 进行复习，主要关注说明和项目特征的内容。

知识要点集成

表 5-12 门窗工程工程量的计算规则

门窗工程	计算规则	（1）木质门、木质门带套、木质连窗门、木质防火门，金属门［包括金属（塑钢）门、彩板门、钢质防火门、防盗门］，金属卷帘（闸）门［包括金属卷帘（闸）门、防火卷帘（闸）门］，木板大门、钢木大门、全钢板大门，金属格栅门、特种门、其他门［包括电子感应门、旋转门、电子对讲门、电动伸缩门、全玻自由门、镜面不锈钢饰面门、复合材料门］、木窗［包括木质窗、木飘（凸）窗、木橱窗、木纱窗］、金属窗［包括金属（塑钢、断桥）窗、金属防火窗、金属百叶窗、金属格栅窗］，按设计图示数量计算，单位：樘；或按设计图示洞口尺寸以面积计算，单位：m^2。 （2）木门框以“樘”计量，按设计图示数量计算；以“m”计量，按设计图示框的中心线以延长米计算。 （3）门锁安装按设计图示数量计算，单位：个或套。 （4）防护铁丝门，钢质花饰大门，按设计图示数量计算，单位：樘；或按设计图示门框或扇以面积计算，单位：m^2。 （5）木飘（凸）窗、木橱窗，金属（塑钢、断桥）橱窗、金属（塑钢、断桥）飘（凸）窗，按设计图示数量计算，单位：樘；或按设计图示尺寸以框外围展开面积计算，单位：m^2。 （6）木纱窗，金属纱窗，按设计图示数量计算，单位：樘；或按框的外围尺寸以面积计算，单位：m^2。 （7）彩板窗、复合材料窗，按设计图示数量计算，单位：樘；或按设计图示洞口尺寸或框外围以面积计算，单位：m^2。 （8）门窗套（包括木门窗套、木筒子板、饰面夹板筒子板、金属门窗套、石材门窗套、成品木门窗套），按设计图示数量计算，单位：樘；或按设计图示尺寸以展开面积计算，单位：m^2；或按设计图示中心以延长米计算，单位：m。 （9）门窗木贴脸，按设计图示数量计算，单位：樘；或按设计图示中心以延长米计算，单位：m。 （10）窗台板（包括木窗台板、铝塑窗台板、石材窗台板、金属窗台板），按设计图示尺寸以展开面积计算，单位：m^2。 （11）窗帘，按设计图示尺寸以成活后长度计算，单位：m；或按图示尺寸以成活后展开面积计算，单位：m^2。 （12）木窗帘盒，饰面夹板、塑料窗帘盒，铝合金属窗帘盒，窗帘轨，或按设计图示尺寸以长度计算，单位：m
	说明	（1）木质门应区分镶板木门、企口木板门、实木装饰门、胶合板门、夹板装饰门、木纱门、全玻门（带木质扇框）、木质半玻门（带木质扇框）等项目，分别编码列项。 （2）金属门应区分金属平开门、金属推拉门、金属地弹门、全玻门（带金属扇框）、金属半玻门（带扇框）等项目，分别编码列项。 （3）单独制作、安装木门框按木门框项目编码列项。

续表 5-12

门窗工程	说明	（4）特种门应区分冷藏门、冷冻间门、保温门、变电室门、隔声门、防射线门、人防门、金库门等项目，分别编码列项。 （5）木门五金应包括：折页、插销、门碰珠、弓背拉手、搭机、木螺丝、弹簧折页（自动门）、管子拉手（自由门、地弹门）、地弹簧（地弹门）、角铁、门轧头（地弹门、自由门）等，五金安装应计算在综合单价中。需要注意的是，木门五金不含门锁，门锁安装单独列项计算。 （6）木质门带套计量按洞口尺寸以面积计算，不包括门套的面积，但门套应计算在综合单价中。 （7）金属门五金包括 L 形执手插锁（双舌）、执手锁（单舌）、门轨头、地锁、防盗门机、门眼（猫眼）、门碰珠、电子锁（磁卡锁）、闭门器、装饰拉手等；铝合金门五金包括：地弹簧、门锁、拉手、门插、门铰、螺丝等。五金安装应计算在综合单价中。但应注意的是，金属门门锁以包含在门五金中，不需要另行计算。 （8）各金属门、厂库房大门、特种门、其他门（包括平开电子感应门、旋转门、电子对讲门、电动伸缩门、全玻自由门、镜面不锈钢饰面门、复合材料门）工程量以"m^2"计量时，无设计图示洞口尺寸，按门框、扇外围以面积计算。 （9）特种门应区分冷藏门、冷冻间门、保温门、变电室门、隔音门、防射线门、人防门、金库门等项目，分别编码列项。 （10）木质窗应区分木百叶窗、木组合窗、木天窗、木固定窗、木装饰空花窗等项目，分别编码列项。 （11）木窗五金包括折页、插销、风钩、木螺丝、滑轮滑轨（推拉窗）等。 （12）金属窗应区分金属组合窗、防盗窗等项目，分别编码列项。 （13）金属窗五金包括折页、螺丝、执手、卡锁、铰拉、风撑、滑轮、滑轨、拉把、拉手、角码、牛角制等。 （14）木门窗套适用于单独门窗套的制作、安装。 （15）当窗帘盒为弧形时，其长度应以中心线计算
	项目特征	（1）门窗工程项目特征描述时，当工程量是按图示数量以"樘"计量的，项目特征必须描述洞口尺寸或框、扇外围尺寸，以"m^2"计量的，项目特征可不描述洞口尺寸或框、扇外围尺寸。 （2）木门框项目特征除了描述门代号及洞口尺寸、防护材料的种类，还需描述框截面尺寸。 （3）金属门，以"m^2"计量，无设计图示洞口尺寸，按门框、扇外围以面积计算。 （4）木板大门、钢木大门、全钢板大门、金属格栅门、特种门，项目特征描述：门代号及洞口尺寸，门框或扇外围尺寸，门框、扇材质，五金种类、规格，防护材料种类等；刷防护涂料应包括在综合单价中。 （5）木制窗，以"m^2"计量，无设计图示洞口尺寸，按窗框外围以面积计算。 （6）木橱窗、木飘（凸）窗以"樘"计量，项目特征必须描述框截面及外围展开面积。 （7）金属窗，在项目特征描述中，当以"樘"计量，项目特征必须描述洞口尺寸，没有洞口尺寸必须描述窗框外围尺寸，以"m^2"计量，项目特征可不描述洞口尺寸及框的外围尺寸。

续表 5-12

门窗工程	项目特征	(8) 对于金属橱窗、飘(凸)窗以"樘"计量，项目特征必须描述框外围展开面积；当以"m^2"计量，无设计图示洞口尺寸，按窗框外围以面积计算。 (9) 门窗套在项目特征描述时，当以"樘"计量时，项目特征必须描述洞口尺寸、门窗套展开宽度；当以"m^2"计量时，项目特征可不描述洞口尺寸、门窗套展开宽度；当以"m"计量时，项目特征必须描述门窗套展开宽度、筒子板及贴脸宽度。 (10) 在项目特征描述中，当窗帘若是双层，项目特征必须描述每层材质；当窗帘以"m"计量，项目特征必须描述窗帘高度和宽度

经典考题剖析

一、2021 年考题

根据《房屋建筑与装饰工程工程量计算规范》GB 50854—2013，下列关于门窗工程计算正确的有（　　）。

A. 金属门五金应单独列项计算

B. 木门门锁已包含在五金中，不另计算

C. 金属橱窗，飘窗以"樘"计量，项目特征必需描述框外围展开面积

D. 木质门，按门外围尺寸的面积计量

E. 防护铁丝门，刷防护涂料应包括在综合单价中

答案：C、E

[解析] 本题考查的是门窗工程工程量清单的计算规则。金属门五金安装应计算在综合单价中。但应注意，金属门门锁已包含在门五金中，不需要另行计算。木门五金安装应计算在综合单价中。需要注意：木门五金不含门锁，门锁安装单独列项计算。金属橱窗、飘（凸）窗以"樘"计量，项目特征必须描述框外围展开面积。木质门、木质门带套、木质连窗门、木质防火门，以"樘"计量，按设计图示数量计算；以"m^2"计量，按设计图示洞口尺寸以面积计算。木板大门、钢木大门、全钢板大门、金属格栅门、特种门，以"樘"计量，按设计图示数量计算；以"m^2"计量，按设计图示洞口尺寸以面积计算。刷防护涂料应包括在综合单价中。

二、其他年份考题

根据《房屋建筑与装饰工程工程量计算规范》GB 50854—2013，木门综合单价计算不包括（　　）。

A. 折页、插销安装　　B. 门碰珠、弓背拉手安装

C. 弹簧折页安装　　D. 门锁安装

答案：D

［解析］本题考查的是有关木门综合单价包括内容。木门五金应包括：折页、插销、门碰珠、弓背拉手、搭机、木螺丝、弹簧折页（自动门）、管子拉手（自由门、地弹门）、地弹簧（地弹门）、角铁、门轧头（地弹门、自由门）等，五金安装应计算在综合单价中。需要注意的是，木门五金不含门锁，门锁安装单独列项计算。

考点十一：工程量计算规则与方法——屋面及防水工程（编码：0109）

点评：本考点历年命题出现率较高。试题有两种类型，第一类，找出正确选项的试题。这类试题是把不同项目的计算规则、项目特征、相关说明等作为备选项，然后从中找出正确答案，这类题目的难度比较大。第二类，关于计量单位的试题。这类试题相对容易一些。考生在复习时，可以根据知识要点集成表 5-13 的总结，把不同屋面计算规则、不扣除、不增加、合并、说明等内容放在一起对比记忆。对于第二类试题，考生记住本考点主导的计量单位是平方米，需要把不是平方米的项目的计量单位记住即可。

知识要点集成

表 5-13 屋面及防水工程工程量的计算规则

屋面及防水工程	计算规则	（1）瓦屋面、型材屋面，阳光板、玻璃钢屋面，按设计图示尺寸以斜面积计算，单位：m^2。 （2）膜结构屋面，按设计图示尺寸以需要覆盖的水平投影面积计算，单位：m^2。 （3）屋面卷材防水、屋面涂膜防水、屋面刚性防水；墙面卷材防水、墙面涂膜防水及墙面砂浆防水（潮）；楼（地）面卷材防水、楼（地）面涂膜防水、楼（地）面砂浆防水（潮），按设计图示尺寸以面积计算，单位：m^2。 （4）屋面排（透）气管、屋面排水管、屋面变形缝、墙面变形缝、楼（地）面变形缝，按设计图示尺寸以长度计算，单位：m。 （5）屋面（廊、阳台）泄（吐）水管，按设计图示数量计算，单位：根或个。 （6）屋面天沟和檐沟，按设计图示尺寸以展开面积计算，单位：m^2
	不扣除部分	（1）瓦屋面、型材屋面、屋面卷材防水、屋面涂膜防水，不扣除房上烟囱、风帽底座、风道、屋面小气窗、斜沟等所占面积。 （2）阳光板、玻璃钢屋面，不扣除屋面面积≤0.3m^2 孔洞所占面积。 （3）屋面刚性防水，不扣除房上烟囱、风帽底座、风道所占面积。 （4）楼（地）面防水，不扣除间壁墙及单个面积≤0.3m^2 柱、垛、烟囱和孔洞所占面积

续表 5-13

屋面及防水工程	扣除部分	楼（地）面防水，扣除凸出地面的构筑物、设备基础等所占面积
	不增加部分	瓦屋面、型材屋面，小气窗的出檐部分不增加面积
	合并计算部分	屋面卷材防水、屋面涂膜防水，女儿墙、伸缩缝和天窗等处的弯起部分，并入屋面工程量内
	规定	（1）瓦屋面斜面积按屋面水平投影面积乘以屋面延尺系数。 （2）屋面卷材防水、屋面涂膜防水的斜屋顶（不包括平屋顶找坡）按斜面积计算；平屋顶按水平投影面积计算。 （3）屋面排水管如设计未标注尺寸的，以檐口至设计室外散水上表面垂直距离计算。 （4）墙面变形缝，若做双面，工程量乘以系数 2。 （5）楼（地）面防水，按主墙间净空面积计算
	说明	（1）型材屋面的金属檩条应包含在综合单价内计算，其工作内容包含了檩条制作、运输及安装。 （2）屋面找平层按楼地面装饰工程平面砂浆找平层项目编码列项。 （3）屋面保温找坡层按保温、隔热、防腐工程“保温隔热屋面”项目编码列项。 （4）墙面找平层按墙、柱面装饰与隔断、幕墙工程“立面砂浆找平层”项目编码列项。 （5）墙面砂浆防水（防潮）项目特征描述：防水层做法、砂浆厚度及配合比、钢丝网规格。要注意在其工作内容中已包含了挂钢丝网，即钢丝网不另行计算，在综合单价中考虑。 （6）楼（地）面防水找平层按楼地面装饰工程“平面砂浆找平层”项目编码列项。 （7）屋面、墙面、楼（地）面防水搭接及附加层用量不另行计算，在综合单价中考虑。 （8）楼（地）面防水反边高度≤300mm 算作地面防水，反边高度＞300mm 按墙面防水计算
	项目特征	（1）瓦屋面若是在木基层上铺瓦，项目特征不必描述黏结层砂浆的配合比，瓦屋面铺防水层，按屋面防水项目编码列项，木基层按木结构工程编码列项。 （2）屋面刚性层，项目特征描述：刚性层厚度、混凝土种类、混凝土强度等级、嵌缝材料种类、钢筋规格及型号，当无钢筋，其钢筋项目特征不必描述。同时还应注意，当有钢筋时，其工作内容中包含了钢筋制安，即钢筋计入综合单价，不另编码列项

经典考题剖析

一、2023年考题

1. 根据《房屋建筑与装饰工程工程量计算规范》GB 50854—2013规定，下列关于屋面防水及其他工程量计算说法，正确的是（　　）。

A. 平屋顶找坡屋面卷材防水按水平投影面积计算

B. 屋面刚性层按设计图示尺寸面积乘以厚度以“m^3”计算

C. 屋面变形缝按设计图示尺寸宽度乘以长度以“m^2”计算

D. 屋面排水管按设计图示尺寸断面面积乘以高度以“m^3”计算

答案：A

［解析］本题考查的是有关屋面防水工程量计算规则。屋面卷材防水、屋面涂膜防水，按设计图示尺寸以面积“m^2”计算。斜屋顶（不包括平屋顶找坡）按斜面积计算，平屋顶按水平投影面积计算。屋面刚性层，按设计图示尺寸以面积“m^2”计算。屋面变形缝，按设计图示以长度“m”计算。屋面排（透）气管，按设计图示尺寸以长度“m”计算。

2. 根据《房屋建筑与装饰工程工程量计算规范》GB 50854—2013规定，下列关于楼面防水工程量计量说法，正确的是（　　）。

A. 楼面防水按主墙间净空面积乘以厚度以“m^3”计算

B. 楼面防水反边高度大于300mm按墙面防水计算

C. 楼面变形缝按设计图示尺寸以面积“m^2”计算

D. 楼面防水找平层不另编码列项

答案：B

［解析］本题考查的是有关楼地面防水防潮工程量计算规则。

（1）楼（地）面卷材防水、楼（地）面涂膜防水、楼（地）面砂浆防水（潮），按设计图示尺寸以面积“m^2”计算。①楼（地）面防水：按主墙间净空面积计算，扣除凸出地面的构筑物、设备基础等所占面积，不扣除间壁墙及单个面积≤0.3m^2柱、垛、烟囱和孔洞所占面积；②楼（地）面防水反边高度≤300mm算作地面防水，反边高度＞300mm算作墙面防水计算。

（2）楼（地）面变形缝，按设计图示尺寸以长度“m”计算。

（3）楼（地）面防水找平层按楼地面装饰工程“平面砂浆找平层”项目编码列项。

二、2022年考题

根据《房屋建筑与装饰工程工程量计算规范》GB 50854—2013，关于屋面卷材工程量计算，下列说法正确的是（　　）。

A. 应扣除屋面小气窗所占面积

B. 不扣除斜沟所占面积

C. 屋面卷材空铺层所占面积另行计算

D. 屋面女儿墙的弯起部分不计算

答案：B

[**解析**] 本题考查的是屋面卷材工程量的计算规则。屋面卷材防水、屋面涂膜防水，按设计图示尺寸以面积“m^2”计算。斜屋顶（不包括平屋顶找坡）按斜面积计算，平屋顶按水平投影面积计算。不扣除房上烟囱、风帽底座、风道、屋面小气窗和斜沟所占面积。屋面的女儿墙、伸缩缝和天窗等处的弯起部分，并入屋面工程量内。

三、2021年考题

根据《房屋建筑与装饰工程工程量计算规范》GB 50854—2013，关于屋面工程量计算方法，正确的为（　　）。

A. 瓦屋面按设计图示尺寸以水平投影面积计算

B. 膜结构屋面按设计图示尺寸以斜面积计算

C. 瓦屋面若是在木基层上铺瓦，木基层包含在综合单价中

D. 型材屋面的金属檩条工作内容包含了檩条制作、运输和安装

答案：D

[**解析**] 本题考查的是屋面工程量清单的计算规则。瓦屋面、型材屋面，按设计图示尺寸以斜面积“m^2”计算，不扣除房上烟囱、风帽底座、风道、小气窗、斜沟等所占面积，小气窗的出檐部分不增加面积。膜结构屋面，按设计图示尺寸以需要覆盖的水平投影面积“m^2”计算。瓦屋面若是在木基层上铺瓦，项目特征不必描述黏结层砂浆的配合比，瓦屋面铺防水层，按屋面防水项目编码列项，木基层按木结构工程编码列项。型材屋面的金属檩条应包含在综合单价内计算，其工作内容包含了檩条制作、运输及安装。

四、其他年份考题

1. 根据《房屋建筑与装饰工程工程量计算规范》GB 50854—2013，屋面防水工程量计算正确的为（　　）。

A. 斜屋面按水平投影面积计算　　B. 女儿墙处弯起部分应单独列项计算

C. 防水卷材搭接用量不另行计算　　D. 屋面伸缩缝弯起部分单独列项计算

答案：C

[**解析**] 本题考查的是屋面防水工程工程量清单的计算规则。屋面卷材防水、屋面涂膜防水，按设计图示尺寸以面积“m^2”计算。斜屋顶（不包括平屋顶找坡）按斜面积计算，平屋顶按水平投影面积计算。不扣除房上烟囱、风帽底座、风道、屋面小气窗和斜沟所占面积。屋面的女儿墙、伸缩缝和天窗等处的弯起部分，并入屋面工程量内。屋面防水搭接及附加层用量不另行计算，在综合单价中考虑。

2. 根据《房屋建筑与装饰工程工程量计算规范》GB 50854—2013，关于墙面变形缝、防水、防潮工程量计算正确的为（　　）。

A. 墙面卷材防水按设计图示尺寸以面积计算

B. 墙面防水搭接及附加层用量应另行计算

C. 墙面砂浆防水项目中钢丝网不另行计算

D. 墙面变形缝按设计图示立面投影面积计算

E. 墙面变形缝若做双面，按设计图示长度尺寸乘以 2 计算

答案：A、C、E

［**解析**］本题考查的是墙面防水、防潮工程工程量清单的计算规则。墙面卷材防水、墙面涂膜防水、墙面砂浆防水（潮），按设计图示尺寸以面积“m^2”计算。墙面防水搭接及附加层用量不另行计算，在综合单价中考虑。墙面砂浆防水（防潮）项目特征描述防水层做法、砂浆厚度及配合比、钢丝网规格，要注意在其工作内容中已包含了挂钢丝网，即钢丝网不另行计算，在综合单价中考虑。墙面变形缝，按设计图示尺寸以长度“m”计算。墙面变形缝，若做双面，工程量乘以系数 2。

考点十二：工程量计算规则与方法——保温、隔热、防腐工程（编码：0110）

点评：本考点历年命题出现率较高。试题有两种类型，第一类，找出正确选项的试题。这类试题是把同一个项目或者不同项目的计算规则、项目特征、相关说明等内容放在一起作为备选项，从中找出正确答案，这类试题的难度较大。第二类，考核计量单位的试题。这类试题比较容易一些。考生在复习时，对于第一类试题，可以根据下面表 5-14 总结的知识点，把不同保温隔热项目计算规则放在一起对比记忆；另外，本考点还应注意合并、不增加、说明、项目特征等内容，考生根据表格中的总结进行复习即可。对于第二类试题，考生记住本考点主导的计量单位是平方米，只有一项“砌筑沥青浸渍砖”是立方米就可以了。

知识要点集成

表 5-14 保温、隔热、防腐工程工程量的计算规则

保温、隔热、防腐工程	计算规则	（1）保温隔热屋面、保温隔热天棚、保温隔热墙面、保温隔热楼地面，防腐混凝土面层、防腐砂浆面层、防腐胶泥面层、玻璃钢防腐面层、聚氯乙烯面层、块料防腐面层，隔离层，防腐涂料，按设计图示尺寸以面积计算，单位：m^2。 （2）保温柱，按设计图示柱断面保温层中心线展开长度乘以保温层高度以面积计算，单位：m^2。 （3）保温梁，按设计图示梁断面保温层中心线展开长度乘以保温层长度以面积计算，单位：m^2。 （4）其他保温隔热，按设计图示尺寸以展开面积计算。 （5）池、槽块料防腐面层，按设计图示尺寸以展开面积计算，单位：m^2。 （6）砌筑沥青浸渍砖，按设计图示尺寸以体积计算，单位：m^3

续表 5-14

保温、隔热、防腐工程	扣除部分	(1) 保温隔热屋面，其他保温隔热，扣除面积＞0.3m² 孔洞所占面积。 (2) 保温隔热天棚、保温隔热楼地面，扣除面积＞0.3m² 柱、垛、孔洞所占面积。 (3) 保温隔热墙面，应扣除门窗洞口以及面积＞0.3m² 梁、孔洞所占面积。 (4) 保温柱，扣除面积＞0.3m² 梁所占面积。 (5) 防腐混凝土面层、防腐砂浆面层、防腐胶泥面层、玻璃钢防腐面层、聚氯乙烯面层、块料防腐面层，隔离层，防腐涂料： 1) 平面防腐，扣除凸出地面的构筑物、设备基础等以及面积＞0.3m² 孔洞、柱垛所占面积。 2) 立面防腐：扣除门、窗洞口以及面积＞0.3m² 孔洞、梁所占面积
	合并计算部分	(1) 保温隔热天棚，与天棚相连的梁按展开面积，计算并入天棚工程量内。柱帽保温隔热应并入天棚保温隔热工程量内。 (2) 在保温隔热墙面中，门窗洞口侧壁以及与墙相连的柱，并入保温墙体工程量内。 (3) 防腐混凝土面层、防腐砂浆面层、防腐胶泥面层、玻璃钢防腐面层、聚氯乙烯面层、块料防腐面层，隔离层，防腐涂料立面防腐：门、窗、洞口侧壁、垛突出部分按展开面积计算
	不增加部分	保温隔热楼地面，防腐面层的平面防腐，其他防腐包括隔离层、防腐涂料，门洞、空圈、暖气包槽、壁龛的开口部分不增加面积
	说明	(1) 保温隔热装饰面层，按装饰工程中相关项目编码列项；仅做找平层按楼地面装饰工程“平面砂浆找平层”或墙、柱面装饰与隔断、幕墙工程“立面砂浆找平层”项目编码列项。池槽保温隔热应按其他保温隔热项目编码列项。 (2) 柱帽保温隔热应并入天棚保温隔热工程量内。 (3) 保温柱、梁适用于不与墙、天棚相连的独立柱、梁。 (4) 防腐踢脚线，应按楼地面装饰工程“踢脚线”项目编码列项
	项目特征	(1) 项目特征中保温隔热方式是指内保温、外保温、夹心保温。 (2) 项目特征中浸渍砖砌法指平砌、立砌。 (3) 防腐混凝土面层、防腐砂浆面层、防腐胶泥面层等项目特征应描述，混凝土、砂浆、胶泥等材料的种类和防腐的部位。 (4) 防腐涂料需要刮腻子时，项目特征应描述刮腻子的种类及遍数并包含在综合单价内，不另行计算

经典考题剖析

一、2023年考题

根据《房屋建筑与装饰工程工程量计算规范》GB 50854—2013规定，下列关于保温隔热工程量计算说法，正确的是（　　）。

A. 保温隔热屋面按设计图示尺寸面积乘以厚度以“m^3”计算

B. 保温隔热墙面按设计图示尺寸面积乘以厚度以“m^3”计算

C. 梁保温按设计图示梁断面保温层中心线展开长度乘以保温层长度以“m^2”计算

D. 保温隔热楼地面按设计图示尺寸面积乘以厚度以“m^3”计算

答案：C

［解析］本题考查的是有关保温隔热工程工程量计算规则。保温隔热屋面，按设计图示尺寸以面积“m^2”计算。保温隔热墙面，按设计图示尺寸以面积“m^2”计算。保温梁按设计图示梁断面保温层中心线展开长度乘保温层长度以面积“m^2”计算。保温隔热楼地面，按设计图示尺寸以面积“m^2”计算。

二、2021年考题

根据《房屋建筑与装饰工程工程量计算规范》GB 50854—2013，关于保温隔热工程工程量计算方法正确的为（　　）。

A. 柱帽保温隔热包含在柱保温工程量内

B. 池槽保温隔热按其他保温隔热项目编码列项

C. 保温隔热墙面工程量计算时，门窗洞口侧壁不增加面积

D. 保温隔热梁按设计图示梁断面周长乘以保温层长度以面积计算

答案：B

［解析］本题考查的是保温隔热工程量清单的计算规则。柱帽保温隔热应并入天棚保温隔热工程量内。池槽保温隔热应按其他保温隔热项目编码列项。保温隔热墙面，门窗洞口侧壁以及与墙相连的柱，并入保温墙体工程量。保温隔热梁按设计图示梁断面保温层中心线展开长度乘以保温层长度以面积计算。

三、其他年份考题

根据《房屋建筑与装饰工程工程量计算规范》GB 50854—2013，与墙相连的墙间柱保温隔热工程量计算正确的为（　　）。

A. 按设计图示尺寸以“m^2”单独计算

B. 按设计图示尺寸以“m”单独计算

C. 不单独计算，并入保温墙体工程量内

D. 按设计图示柱展开面积“m^2”单独计算

答案：C

[解析] 本题考查的是保温隔热墙面工程量清单的计算规则。保温隔热墙面，按设计图示尺寸以面积“m^2”计算。扣除门窗洞口以及面积大于 0.3m^2 的梁、孔洞所占面积；门窗洞口侧壁以及与墙相连的柱，并入保温墙体工程量。

考点十三：工程量计算规则与方法——楼地面装饰工程（编码：0111）

点评： 本考点历年命题出现率较高。试题一般为找出正确选项一种类型。这类试题是把每个项目的计算规则、项目特征、相关说明作为备选项，也可以把不同项目的内容放在一起作为备选项，然后从中找出正确答案，这类题目的难度较大。考生在复习时，可以根据表 5-15 总结的知识点，把不同楼地面面层相同的计算规则和不同的计算规则对比记忆，然后对于不同楼地面中的扣除、不扣除、不增加和合并的规则进行对比总结，另外，还应该清楚每一项的工作内容，这直接影响工程量清单列项及综合单价的计算。

知识要点集成

表 5-15 楼地面装饰工程工程量的计算规则

楼地面工程	计算规则	（1）整体面层（包括水泥砂浆楼地面、现浇水磨石楼地面、细石混凝土楼地面、菱苦土楼地面、自流坪楼地面）、块料面层（包括石材楼地面、碎石材楼地面、块料楼地面）、橡胶面层（包括橡胶板楼地面、橡胶卷材楼地面、塑料板楼地面、塑料卷材楼地面）、其他材料面层［包括楼地面地毯、竹木（复合）地板、金属复合地板、防静电活动地板］、零星装饰项目（包括石材零星项目、碎拼石材零星项目、块料零星项目、水泥砂浆零星项目），按设计图示尺寸以面积计算，单位：m^2。 （2）平面砂浆找平层，按设计图示尺寸以面积计算，单位：m^2。 （3）踢脚线（包括水泥砂浆踢脚线、石材踢脚线、块料踢脚线、塑料板踢脚线、木质踢脚线、金属踢脚线、现浇水磨石踢脚线、防静电踢脚线），按设计图示长度乘高度以面积计算，单位：m^2；或按延长米计算，单位：m。 （4）楼梯面层（包括石材楼梯面层、块料楼梯面层、拼碎块料面层、水泥砂浆楼梯面层、现浇水磨石楼梯面层、地毯楼梯面层、木板楼梯面层、橡胶板楼梯面层、塑料板楼梯面层），按设计图示尺寸以楼梯（包括踏步、休息平台及宽度≤500mm 的楼梯井）水平投影面积计算，单位：m^2。楼梯与楼地面相连时，算至梯口梁内侧边沿；无梯口梁者，算至最上一层踏步边沿加 300mm。 （5）台阶装饰（包括石材台阶面、块料台阶面、拼碎块料台阶面、水泥砂浆台阶面、现浇水磨石台阶面、剁假石台阶面），按设计图示尺寸以台阶（包括最上层踏步边沿加 300mm）水平投影面积计算，单位：m^2

续表 5-15

楼地面工程	不扣除部分	整体面层（包括水泥砂浆楼地面、现浇水磨石楼地面、细石混凝土楼地面、菱苦土楼地面、自流坪楼地面），不扣除间壁墙及≤0.3m² 柱、垛、附墙烟囱及孔洞所占面积
	扣除部分	整体面层（包括水泥砂浆楼地面、现浇水磨石楼地面、细石混凝土楼地面、菱苦土楼地面、自流坪楼地面），扣除凸出地面的构筑物、设备基础、室内铁道、地沟等所占面积
	不增加面积部分	整体面层（包括水泥砂浆楼地面、现浇水磨石楼地面、细石混凝土楼地面、菱苦土楼地面、自流坪楼地面）、门洞、空圈、暖气包槽、壁龛的开口部分不增加面积
	合并计算部分	块料面层（包括石材楼地面、碎石材楼地面、块料楼地面）。 橡胶面层（包括橡胶板楼地面、橡胶卷材楼地面、塑料板楼地面、塑料卷材楼地面）、其他材料面层［包括楼地面地毯、竹木（复合）地板、金属复合地板、防静电活动地板］，其门洞、空圈、暖气包槽、壁龛的开口部分并入相应的工程量内
	说明	（1）间壁墙指墙厚≤120mm 的墙。 （2）平面砂浆找平层只适用于仅做找平层的平面抹灰。 （3）水泥砂浆面层处理是拉毛还是提浆压光应在面层做法要求中描述。 （4）整体面层的地面做法中，垫层需单独列项计算，而找平层综合在地面清单项目中，在综合单价中考虑，不需另行计算。 （5）块料面层、楼梯面层，找平层计入相应清单项目的综合单价，不单独列项计算工程量。 （6）橡塑面层项目中如涉及找平层，另按“找平层”项目编码列项。 （7）楼地面混凝土垫层按现浇混凝土基础中垫层项目编码列项，除混凝土外的其他材料垫层按砌筑工程中垫层项目编码列项。 （8）楼梯、台阶牵边和侧面镶贴块料面层，不大于 0.5m² 的少量分散的楼地面镶贴块料面层，应按零星项目列项。 （9）楼梯面层中的防滑条也计入综合单价，不另行计算
	项目特征	（1）块料面层、楼梯面层、台阶装饰，在描述碎石材项目的面层材料特征时可不用描述规格、颜色。 （2）块料面层、楼梯面层、台阶装饰、零星装饰项目，石材、块料与黏结材料的结合面刷防渗材料的种类在防护层材料种类中描述

经典考题剖析

一、2023 年考题

根据《房屋建筑与装饰工程工程量计算规范》GB 50854—2013 规定，下列关于地面装饰工程量计算说法，正确的是（　　）。

A. 整体地面工程量扣除墙厚不大于 120m 的间墙所占面积

B. 整体地面垫层不需单独列项计算

C. 整体地面找平层单独列项计算

D. 橡塑面层地面中的找平层需要另外计算

答案：D

[**解析**] 本题考查的是有关楼地面工程工程量计算规则。整体面层及找平层楼地面，按设计图示尺寸以面积“m^2”计算。扣除凸出地面构筑物、设备基础、室内铁道、地沟等所占面积，不扣除间壁墙及≤0.3 m^2 柱、垛、附墙烟囱及孔洞所占面积。门洞、空圈、暖气包槽、壁龛的开口部分不增加面积。其中，间壁墙指墙厚≤120mm 的墙。地面做法中，垫层需单独列项计算，而找平层综合在地面清单项目中，在综合单价中考虑，不需另行计算。

二、2021 年考题

根据《房屋建筑与装饰工程工程量计算规范》GB 50854—2013，楼地面装饰工程中，门洞、空圈、暖气包槽、壁龛应并入相应工程量的是（ ）。

A. 碎石材楼地面　　B. 水磨石楼地面

C. 细石混凝土楼地面　　D. 水泥砂浆楼地面

答案：A

[**解析**] 本题考查的是楼地面装饰工程量清单的计算规则。水泥砂浆楼地面、现浇水磨石楼地面、细石混凝土楼地面、菱苦土楼地面、自流坪楼地面，按设计图示尺寸以面积“m^2”计算。扣除凸出地面构筑物、设备基础、室内铁道、地沟等所占面积，不扣除间壁墙及≤0.3m^2 的柱、垛、附墙烟囱及孔洞所占面积。门洞、空圈、暖气包槽、壁龛的开口部分不增加面积。石材楼地面、碎石材楼地面、块料楼地面，按设计图示尺寸以面积计算。门洞、空圈、暖气包槽、壁龛的开口部分并入相应的工程量内。

三、其他年份考题

1. 根据《房屋建筑与装饰工程工程量计算规范》GB 50854—2013，楼地面装饰工程量计算正确的有（ ）。

A. 现浇水磨石楼地面按设计图示尺寸以面积计算

B. 细石混凝土楼地面按设计图示尺寸以体积计算

C. 块料台阶面按设计图示尺寸以展开面积计算

D. 金属踢脚线按延长米计算

E. 石材楼地面按设计图示尺寸以面积计算

答案：A、D、E

[**解析**] 本题考查的是楼地面装饰工程量清单计算规则。现浇水磨石楼地面、细石混凝土楼地面，按设计图示尺寸以面积“m^2”计算。石材楼地面、块料楼地面，按设计图示尺寸以面积计算。金属踢脚线，以“m^2”计量，按设计图示长度乘高度以面积计算；以“m”计量，按延长米计算。

2. 根据《房屋建筑与装饰工程工程量计算规范》GB 50854—2013，关于装饰工程量计算，说法正确的有（ ）。

A. 自流坪地面按图示尺寸以面积计算
B. 整体层按设计图示尺寸以面积计算
C. 块料踢脚线可按延长米计算
D. 石材台阶面装饰设计图示以台阶最上踏步外沿，水平投影面积计算
E. 塑料板楼地面按设计图示尺寸以面积计算

答案：A、B、C、E

［**解析**］本题考查的是装饰工程工程量计算规则。①整体面层包括水泥砂浆楼地面、现浇水磨石楼地面、自流坪楼地面等，按设计图示尺寸以面积计算。②块料踢脚线，工程量以“m^2”计量，按设计图示长度乘以高度以面积计算；以“m”计量，按延长米计算。③石材台阶面，工程量按设计图示尺寸以台阶（包括最上层踏步边沿加300mm）水平投影面积计算。④橡塑料板楼地面，按设计图示尺寸以面积计算。

考点十四：工程量计算规则与方法——墙、柱面装饰与隔断、幕墙工程（编码：0112）

点评：本考点历年命题出现率较高。试题一般为找出正确选项一种类型。这类试题是把同一个项目或者不同项目的计算规则、项目特征、相关说明等内容放在一起作为备选项，然后从中找出正确答案，这类题目的难度比较大。考生可以根据表5-16总结的知识点进行复习，第一，关于计算规则部分，如果是按面积计算的，搞清楚是按什么面积计算，比如：是按框外围尺寸计算面积，还是其他；在计算面积时的高度和长度都是如何规定的；另外，本部分主导的计量单位是平方米，记住与其不同的项目即可。第二，说明和项目特征的内容也是应该注意的部分。

知识要点集成

表5-16 墙、柱面装饰与隔断、幕墙工程工程量的计算规则

墙、柱面装饰与隔断、幕墙工程	计算规则	（1）墙面（柱面、梁面、零星）抹灰［包括墙面（柱面、梁面、零星）一般抹灰、墙面（柱面、梁面、零星）装饰抹灰、墙面（柱面）勾缝、立面（柱面、梁面、零星）砂浆找平层］，按设计图示尺寸以面积（其中，柱面、梁面，按柱、梁断面周长乘以高度以面积）计算，单位：m^2。 （2）墙面镶贴块料（包括石材墙面、碎拼石材墙面、块料墙面），按设计图示尺寸以面积计算，单位：m^2。 （3）柱面（梁面、零星项目）镶贴块料［包括石材柱面（梁面、零星项目）、块料柱面（梁面、零星项目）、碎拼块柱面（零星项目）］，按设计图示尺寸以镶贴表面积计算，单位：m^2。 （4）在墙面镶贴块料中，干挂石材钢骨架按设计图示尺寸以质量计算，单位：t。 （5）饰面板墙面，按设计图示墙净长乘以净高以面积计算，单位：m^2。

续表 5-16

墙、柱面装饰与隔断、幕墙工程	计算规则	(6) 墙面装饰浮雕，按设计图示尺寸以面积计算，单位：m^2。 (7) 柱（梁）饰面，按设计图示饰面外围尺寸以面积计算，单位：m^2。 (8) 成品装饰柱，按设计图示数量以“根”计算；或按设计图示长度以“m”计算。 (9) 带骨架幕墙，按设计图示框外围尺寸以面积计算；全玻（无框玻璃）幕墙按设计图示尺寸以面积计算；带肋全玻幕墙按展开面积计算，单位：m^2。 (10) 隔断（包括木隔断、金属隔断、玻璃隔断、塑料隔断），按设计图示框外围尺寸以面积计算，单位：m^2。 (11) 成品隔断、其他隔断，按设计图示框外围尺寸以面积计算，单位：m^2；或按设计间的数量计算，单位：间
	不扣除部分	(1) 墙面抹灰（包括墙面一般抹灰、墙面装饰抹灰、墙面勾缝、立面砂浆找平层），不扣除踢脚线、挂镜线和墙与构件交界处的面积。 (2) 在带骨架幕墙中，与幕墙同种材质的窗所占面积不扣除。 (3) 隔断（包括木隔断、金属隔断、玻璃隔断、塑料隔断），不扣除单个面积≤$0.3m^2$ 的孔洞所占面积
	扣除部分	(1) 墙面抹灰（包括墙面一般抹灰、墙面装饰抹灰、墙面勾缝、立面砂浆找平层），扣除墙裙、门窗洞口及单个面积＞$0.3m^2$ 的孔洞面积。 (2) 饰面板墙面，扣除门窗洞口及单个面积＞$0.3m^2$ 的孔洞所占面积
	不增加部分	墙面抹灰（包括墙面一般抹灰、墙面装饰抹灰、墙面勾缝、立面砂浆找平层），其门窗洞口和孔洞的侧壁及顶面不增加面积
	合并部分	(1) 墙面抹灰（包括墙面一般抹灰、墙面装饰抹灰、墙面勾缝、立面砂浆找平层），其附墙柱、梁、垛、烟囱侧壁并入相应的墙面面积内。 (2) 在柱（梁）饰面中，柱帽、柱墩并入相应柱饰面工程量内。 (3) 浴厕门的材质与隔断相同时，门的面积并入隔断面积内
	尺寸规则	(1) 外墙抹灰面积按外墙垂直投影面积计算。 (2) 外墙裙抹灰面积按其长度乘以高度计算。 (3) 内墙抹灰面积按主墙间的净长乘以高度计算。无墙裙的内墙高度按室内楼地面至天棚底面计算；有墙裙的内墙高度按墙裙顶至天棚底面计算。有吊顶天棚的内墙面抹灰，抹至吊顶以上部分在综合单价中考虑，不另行计算。 (4) 内墙裙抹灰面积按内墙净长乘以高度计算。 (5) 柱（梁）饰面，饰面外围尺寸即饰面的表面尺寸

续表 5-16

墙、柱面装饰与隔断、幕墙工程	说明	（1）立面砂浆找平项目适用于仅做找平层的立面抹灰，即墙面抹灰中找平层在综合单价中考虑，不另行计算。 （2）墙面（柱面、梁面、零星项目）抹石灰砂浆、水泥砂浆、混合砂浆、聚合物水泥砂浆、麻刀石灰浆、石膏灰浆等按墙面一般抹灰列项。 （3）柱（梁）面镶贴块料、零星镶贴块料，柱梁面干挂石材的钢骨架按“墙面块料面层”中相应项目编码列项。 （4）墙面（柱面、梁面、零星项目）水刷石、斩假石、干粘石、假面砖等按墙面装饰抹灰列项。 （5）墙、柱（梁）面面积≤0.5m^2的少量分散的抹灰按零星抹灰项目编码列项。 （6）墙柱面面积≤0.5m^2的少量分散的镶贴块料面层按零星项目执行。 （7）墙面装饰板、柱（梁）面装饰、隔断，综合了龙骨制作、运输、安装，应在综合单价中考虑。 （8）基层材料是在龙骨上粘贴或铺订一层加强面层的底板。墙面装饰板中基层铺订应在综合单价中考虑。 （9）砂浆找平项目适用于仅做找平层的柱（梁）面抹灰。 （10）幕墙钢骨架按干挂石材钢骨架另列项目。 （11）与幕墙同种材质的窗并入幕墙工程量内容，包含在幕墙综合单价中；不同种材料窗应另列项计算工程量。但幕墙上的门应单独计算工程量。 （12）带肋全玻幕墙是指玻璃幕墙带玻璃肋，玻璃肋的工程量并入玻璃幕墙工程量内计算。 （13）浴厕门材质与隔断相同时，工程量并入隔断面积内；材质不同时，分别列项计算工程量
	项目特征	（1）在墙面镶贴块料的项目特征中“安装方式”可描述为砂浆或黏结剂粘贴、挂贴、干挂等，不论哪种安装方式，都要详细描述与组价相关的内容。 （2）石材墙面、碎拼石材、块料墙面，项目特征描述包括：墙体类型，安装方式，面层材料品种、规格、颜色，缝宽、嵌缝材料种类，防护材料种类，磨光、酸洗、打蜡要求。 （3）墙面块料面层、柱（梁）面镶贴块料、零星镶贴块料，在描述碎块项目的面层材料特征时可不用描述规格、颜色。 （4）墙面块料面层、柱（梁）面镶贴块料、零星镶贴块料，石材、块料与黏结材料的结合面刷防渗材料的种类在防护层材料种类中描述

经典考题剖析

一、2023 年考题

根据《房屋建筑与装饰工程工程量计算规范》GB 50854—2013 规定，下列关于墙面抹灰工程量计算说法，正确的是（　　）。

A. 外墙裙抹灰按其延长米长度以“m”计算

B. 内墙抹灰按主墙间的净长乘以高度（墙裙部分不予扣除）以“m^2”计算

C. 内墙裙抹灰按内墙净长线以“m”计算

D. 墙面勾缝按设计图示尺寸以面积“m^2”计算

答案：D

[解析] 本题考查的是有关墙柱面工程工程量计算规则。墙面一般抹灰、墙面装饰抹灰、墙面勾缝、立面砂浆找平层，按设计图示尺寸以面积“m^2”计算。外墙裙抹灰面积按其长度乘以高度计算。内墙抹灰面积按主墙间的净长乘以高度计算。无墙裙的内墙高度按室内楼地面至天棚底面计算；有墙裙的内墙高度按墙裙顶至天棚底面计算。但有吊顶天棚的内墙面抹灰，抹至吊顶以上部分在综合单价中考虑，不另计算。内墙裙抹灰面积按内墙净长乘以高度计算。

二、2021 年考题

根据《房屋建筑与装饰工程工程量计算规范》GB 50854—2013，关于抹灰工程量计算方法正确的是（　　）。

A. 柱面勾缝按图示尺寸以长度计算

B. 柱面抹麻刀石灰浆按柱面装饰抹灰列项

C. 飘窗凸出外墙面增加的抹灰在综合单价中考虑，不另计算

D. 有吊项天棚的内墙面抹灰，抹至吊顶以上部分在综合单价中考虑

答案：D

[解析] 本题考查的是有关墙面抹灰工程量清单的计算规则。柱面勾缝，按设计图示柱断面周长乘以高度以面积“m^2”计算。柱（梁）面抹石灰砂浆、水泥砂浆、混合砂浆、聚合物水泥砂浆、麻刀石灰浆、石膏灰浆等按柱（梁）面一般抹灰编码列项；柱（梁）面水刷石、斩假石、干粘石、假面砖等按柱（梁）面装饰抹灰项目编码列项。墙面一般抹灰、墙面装饰抹灰、墙面勾缝、立面砂浆找平层，按设计图示尺寸以面积“m^2”计算。扣除墙裙、门窗洞口及单个面积＞$0.3m^2$ 的孔洞面积，不扣除踢脚线、挂镜线和墙与构件交接处的面积，门窗洞口和孔洞的侧壁及顶面不增加面积。附墙柱、梁、垛、烟囱侧壁并入相应的墙面面积内。飘窗凸出外墙面增加的抹灰并入外墙工程量内。但有吊顶天棚的内墙面抹灰，抹至吊顶以上部分在综合单价中考虑，不另计算。

三、其他年份考题

1. 根据《房屋建筑与装饰工程工程量计算规范》GB 50854—2013，墙面抹灰工程量计算正确的为（　　）。

A. 墙面抹灰中墙面勾缝不单独列项

B. 有吊顶天棚的内墙面抹灰抹至吊顶以上部分应另行计算

C. 墙面水刷石按墙面装饰抹灰编码列项

D. 墙面抹石膏灰浆按墙面装饰抹灰编码列项

答案：C

[解析] 本题考查的是墙面抹灰工程量清单的计算规则。墙面一般抹灰、墙面装饰

抹灰、墙面勾缝、立面砂浆找平层，按设计图示尺寸以面积“m^2”计算。有吊顶天棚的内墙面抹灰，抹至吊顶以上部分在综合单价中考虑，不另行计算。墙面抹石灰砂浆，水泥砂浆、混合砂浆、聚合物水泥砂浆、麻刀石灰浆、石膏灰浆等按墙面一般抹灰列项；墙面水刷石、斩假石、干粘石、假面砖等按墙面装饰抹灰列项。

2. 根据《房屋建筑与装饰工程工程量计算规范》GB 50854—2013，幕墙工程工程量计算正确的为（　　）。

A. 应扣除与带骨架幕墙同种材质的窗所占面积

B. 带肋全玻幕墙玻璃肋工程量应单独计算

C. 带骨架幕墙按图示框内围尺寸以面积计算

D. 带肋全玻幕墙按展开面积计算

答案：D

［**解析**］本题考查的是玻璃幕墙工程量清单的计算规则。带骨架幕墙，按设计图示框外围尺寸以面积“m^2”计算。与幕墙同种材质的窗所占面积不扣除。带肋全玻幕墙，玻璃肋的工程量并入玻璃幕墙工程量内计算。全玻（无框玻璃）幕墙，按设计图示尺寸以面积“m^2”计算。带肋全玻幕墙按展开面积计算。

3. 根据《房屋建筑与装饰工程工程量计算规范》GB 50854—2013，关于柱面抹灰工程量计算正确的为（　　）。

A. 柱面勾缝忽略不计

B. 柱面抹麻刀石灰浆按柱面装饰抹灰编码列项

C. 柱面一般抹灰按设计截面周长乘以高度以面积计算

D. 柱面勾缝按设计断面周长乘以高度以面积计算

E. 柱面砂浆找平按设计截面周长乘以高度以面积计算

答案：C、D、E

［**解析**］本题考查的是柱面抹灰工程量清单的计算规则。柱面勾缝，按设计图示柱断面周长乘以高度以面积“m^2”计算。柱面抹石灰砂浆、水泥砂浆、混合砂浆、聚合物水泥砂浆、麻刀石灰浆、石膏灰浆等按柱面一般抹灰编码列项；柱面水刷石、斩假石、干粘石、假面砖等按柱（梁）面装饰抹灰项目编码列项。柱面一般抹灰、柱面装饰抹灰、柱面砂浆找平层，按设计图示柱断面周长乘以高度以面积“m^2”计算。

考点十五：工程量计算规则与方法
——天棚工程（编码：0113）

点评：本考点历年命题出现率较高。试题一般为找出正确选项一种类型。这类试题是把不同项目的计算规则、项目特征、相关说明等内容放在一起作为备选项，从中找出正确答案，这类试题的难度较大。考生可以根据知识要点集成表5-17总结的知识点进行复习，第一，复习计算规则部分时，本考点大部分都是按照面积计算的，只要记住与其不同的项目即可；第二，扣除、不扣除、不增加和合并的内容也是应该注意的部分。

知识要点集成

表 5-17 天棚工程工程量的计算规则

<table>
<tr><td rowspan="7">天棚工程</td><td>计算规则</td><td>（1）天棚抹灰、天棚吊顶、格栅吊顶、吊筒吊顶、藤条造型悬挂吊顶、织物软雕吊顶、装饰网架吊顶，按设计图示尺寸以水平投影面积计算，单位：m^2。
（2）板式楼梯底面抹灰按斜面积计算，单位：m^2。
（3）锯齿形楼梯底板抹灰按展开面积计算，单位：m^2。
（4）采光天棚，按框外围展开面积计算，单位：m^2。
（5）灯带（槽），按设计图示尺寸以框外围面积计算，单位：m^2。
（6）送风口、回风口，按设计图示数量计算，单位：个</td></tr>
<tr><td>不扣除部分</td><td>天棚抹灰、天棚吊顶，不扣除间壁墙、垛、柱、附墙烟囱、检查口和管道所占的面积</td></tr>
<tr><td>扣除部分</td><td>天棚吊顶，扣除单个面积＞0.3m^2 的孔洞、独立柱及与天棚相连的窗帘盒所占的面积</td></tr>
<tr><td>不增加部分</td><td>在天棚吊顶中，天棚面中的灯槽及跌级、锯齿形、吊挂式、藻井式天棚面积不展开计算</td></tr>
<tr><td>合并部分</td><td>在天棚抹灰中对于带梁天棚、梁两侧抹灰面积并入天棚面积内</td></tr>
<tr><td>说明</td><td>（1）采光天棚骨架不包括在本节中，应单独按金属结构工程相关项目编码列项。
（2）天棚抹灰适用于各种天棚抹灰。
（3）天棚的检查口应在综合单价中考虑，计算工程量时不扣除，但灯带（槽）、送风口和回风口单独列项计算工程量。
（4）天棚吊顶的形式应如平面、跌级、锯齿形、吊挂式、藻井式等应在项目特征中描述。
（5）吊顶龙骨安装应在综合单价中考虑，不另列项计算工程量。
（6）格栅片材料品种有不锈钢格栅、铝合金格栅、玻璃格栅等。
（7）送风口、回风口无论所占面积大小均按数量计算</td></tr>
</table>

经典考题剖析

一、2022 年考题

根据《房屋建筑与装饰工程工程量计算规范》GB 50854—2013，关于天棚抹灰工程量，下列说法正确的是（　　）。

A. 天棚抹灰按设计图示水平展开面积计算

B. 采光天棚骨架并入不单独列项

C. 锯齿形楼梯底板按斜面积计算

D. 天棚抹灰不扣除检查口面积

答案：D

［解析］本题考查的是天棚抹灰工程量的计算规则。天棚抹灰，按设计图示尺寸以水平投影面积“m^2”计算。不扣除间壁墙、垛、柱、附墙烟囱、检查口和管道所占的面积，带梁天棚的梁两侧抹灰面积并入天棚面积内，板式楼梯底面抹灰按斜面积计算，锯齿形楼梯底板抹灰按展开面积计算。采光天棚工程量计算按框外围展开面积计算。采光天棚骨架应单独按“金属结构”中相关项目编码列项。

二、2021 年考题

根据《房屋建筑与装饰工程工程量计算规范》GB 50854—2013，关于天棚工程量的计算方法，正确的为（　　）。

A. 带梁天棚、梁两侧抹灰面积并入天棚面积内计算

B. 板式楼梯底面抹灰按设计图示尺寸以水平投影面积计算

C. 吊顶天棚中的灯带按照设计图示尺寸以长度计算

D. 吊顶天棚的送风口和回风口，按框外围展开面积计算

答案：A

［解析］本题考查的是天棚工程量清单的计算规则。天棚抹灰适用于各种天棚抹灰。按设计图示尺寸以水平投影面积计算。不扣除间壁墙、垛、柱、附墙烟囱、检查口和管道所占的面积，带梁天棚、梁两侧抹灰面积并入天棚面积内，板式楼梯底面抹灰按斜面积计算，锯齿形楼梯底板抹灰按展开面积计算。灯带（槽），按设计图示尺寸以框外围面积“m^2”计算。送风口、回风口，按设计图示数量以“个”计算。

三、其他年份考题

根据《房屋建筑与装饰工程工程量计算规范》GB 50854—2013，关于天棚工程量计算，正确的为（　　）。

A. 采光天棚工程量按框外围展开面积计算

B. 天棚工程量按设计图示尺寸以水平投影面积计算

C. 天棚骨架并入天棚工程量，不单独计算

D. 吊顶龙骨单独列项计算工程量

答案：A

［解析］本题考查的是天棚工程量清单的计算规则。采光天棚工程量计算按框外围展开面积计算。天棚抹灰按设计图示尺寸以水平投影面积计算。吊顶天棚，按设计图示尺寸以水平投影面积“m^2”计算。采光天棚骨架应单独按“金属结构”中相关项目编码列项。吊顶龙骨安装应在综合单价中考虑，不另列项计算工程量。

考点十六：工程量计算规则与方法——油漆、涂料、裱糊工程（编码：0114）

点评：本考点历年命题出现率较高。试题类型有两类，第一类，关于计量单位的试题。这类试题相对容易一些。第二类，找出正确选项的试题。这类试题是把每个项目的

计算规则、说明作为备选项，也可以把不同项目的内容放在一起作为备选项，从中找出正确答案，难度较大。对于第一类试题，考生在复习时，需要记住无论是油漆、涂料，还是裱糊，计量单位都与被刷基层的计量单位一致，这样应对就没有问题了。对于第二类试题，可以根据表5-18总结的知识点，每一项除了要知道计量单位外，还需要了解计算规则的细节，比如，按面积计算的项目，是按单层外围面积计算，还是按其他方式。另外，说明部分也是考生应该关注的内容。

知识要点集成

表5-18　油漆、涂料、裱糊工程工程量的计算规则

门油漆	内容	包括木门油漆、金属门油漆
	计算规则	按设计图示数量，单位：樘；或按设计图示洞口尺寸以面积计算，单位：m^2
	说明	（1）木门油漆应区分木大门、单层木门、双层（一玻一纱）木门、双层（单裁口）木门、全玻自由门、半玻自由门、装饰门及有框门或无框门等，分别编码列项。 （2）金属门油漆应区分平开门、推拉门、钢制防火门等项目，分别编码列项。 （3）门油漆，以“m^2”计量，项目特征可不必描述洞口尺寸。 （4）木门油漆、金属门油漆工作内容中包括“刮腻子”，应在综合单价中考虑，不另行计算工程量
窗油漆	内容	包括木窗油漆、金属窗油漆
	计算规则	按设计图示数量，单位：樘；或按设计图示洞口尺寸以面积计算，单位：m^2
	说明	（1）木窗油漆应区分单层玻璃窗、双层（一玻一纱）木窗、双层框扇（单裁口）木窗、双层框三层（二玻一纱）木窗、单层组合窗、双层组合窗、木百叶窗、木推拉窗等，分别编码列项。 （2）金属窗油漆应区分平开窗、推拉窗、固定窗、组合窗、金属隔栅窗等项目，分别编码列项。 （3）窗油漆，以“m^2”计量，项目特征可不必描述洞口尺寸。 （4）窗油漆工作内容中包括“刮腻子”，应在综合单价中考虑，不另行计算工程量

续表 5-18

<table>
<tr><td rowspan="3">木扶手及其他板条线条油漆</td><td>内容</td><td colspan="2">包括木扶手油漆，窗帘盒油漆，封檐板、顺水板油漆，挂衣板、黑板框油漆，挂镜线、窗帘棍、单独木线油漆</td></tr>
<tr><td>计算规则</td><td colspan="2">按设计图示尺寸以长度计算，单位：m</td></tr>
<tr><td>说明</td><td colspan="2">（1）木扶手应区分带托板与不带托板，分别编码列项。
（2）当木栏杆带扶手，木扶手不单独列项，应包含在木栏杆油漆中，按木栏杆（带扶手）列项。
（3）工作内容中包括“刮腻子”，应在综合单价中考虑，不另行计算工程量</td></tr>
<tr><td rowspan="5">木材面油漆</td><td>木护墙、木墙裙油漆，窗台板、筒子板、盖板、门窗套、踢脚线油漆，清水板条天棚、檐口油漆，木方格吊顶天棚油漆，吸声板墙面、天棚面油漆，暖气罩油漆及其他木材面油漆</td><td rowspan="4">计算规则</td><td>按设计图示尺寸以面积计算，单位：m^2</td></tr>
<tr><td>木间壁、木隔断油漆，玻璃间壁露明墙筋油漆，木栅栏、木栏杆（带扶手）油漆</td><td>按设计图示尺寸以单面外围面积计算，单位：m^2</td></tr>
<tr><td>衣柜、壁柜油漆，梁柱饰面油漆，零星木装修油漆</td><td>按设计图示尺寸以油漆部分展开面积计算，单位：m^2</td></tr>
<tr><td>木地板油漆、木地板烫硬蜡面</td><td>（1）按设计图示尺寸以面积计算，单位：m^2。
（2）空洞、空圈、暖气包槽、壁龛的开口部分并入相应的工程量内</td></tr>
<tr><td>说明</td><td colspan="2">木栏杆（带扶手）油漆，扶手油漆在综合单价中考虑，不单独列项计算工程量</td></tr>
<tr><td>金属面油漆</td><td>计算规则</td><td colspan="2">按设计图示尺寸以质量计算，单位：t；或按设计展开面积计算，单位：m^2</td></tr>
<tr><td rowspan="4">抹灰面油漆</td><td>抹灰面油漆</td><td rowspan="3">计算规则</td><td>按设计图示尺寸以面积计算，单位：m^2</td></tr>
<tr><td>抹灰线条油漆</td><td>按设计图示尺寸以长度计算，单位：m</td></tr>
<tr><td>满刮腻子</td><td>按设计图示尺寸以面积计算，单位：m^2</td></tr>
<tr><td colspan="2">说明</td><td>满刮腻子适用于单独刮腻子的情况。其他凡工作内容中含刮腻子的项目，刮腻子应在综合单价中考虑，均不单独列项计算工程量</td></tr>
</table>

续表 5-18

刷喷涂料	墙面喷刷涂料、天棚	计算规则	按设计图示尺寸以面积计算，单位：m^2
	空花格、栏杆		按设计图示尺寸以单面外围面积计算，单位：m^2
	线条		按设计图示尺寸以长度计算，单位：m
	金属构件		按设计图示尺寸以质量计算，单位：t；或按设计展开面积计算，单位：m^2
	木材构件		按设计图示以面积计算，单位：m^2
裱糊	内容	墙纸裱糊、织锦缎裱糊	
	计算规则	按设计图示尺寸以面积计算，单位：m^2	

经典考题剖析

一、2023 年考题

根据《房屋建筑与装饰工程工程量计算规范》GB 50854—2013 规定，下列关于油漆工程量计算说法，正确的是（　　）。

A. 窗油漆中“刮腻子”单独计算

B. 暖气罩油漆工程量按设计图示尺寸以面积“m^2”计算

C. 木栅栏油漆，按设计图示尺寸以双面外围面积“m^2”计算

D. 木栏杆扶手油漆单独编码列项计算

答案：B

［**解析**］本题考查的是有关油漆工程量计算规则。木门油漆、金属门油漆工作内容中包括“刮腻子”，应在综合单价中考虑，不另计算工程量。暖气罩油漆及其他木材面油漆的工程量均按设计图示尺寸以面积“m^2”计算。木栅栏及木栏杆（带扶手）油漆，按设计图示尺寸以单面外围面积“m^2”计算。木栏杆（带扶手）油漆，扶手油漆在综合单价中考虑，不单独列项计算工程量。

二、2022 年考题

根据《房屋建筑与装饰工程工程量计算规范》GB 50854—2013，关于油漆工程量，下列说法正确的是（　　）。

A. 木门油漆以“樘”计量，项目特征应描述相应的洞口尺寸

B. 木门油漆工作内容中未包含“刮腻子”，应单独计算

C. 壁柜油漆按设计图示尺寸以油漆部分的投影面积计算

D. 金属面油漆应包含在相应钢构件制作的清单内，不单独列项

答案：A

［**解析**］本题考查的是油漆工程量的计算规则。木门油漆、金属门油漆，工程量以“樘”计量，按设计图示数量计量；以“m^2”计量，按设计图示洞口尺寸以面积计算，项目特征可不必描述洞口尺寸。木门油漆、金属门油漆工作内容中包括“刮腻子”，应在综合单价中考虑，不另计算工程量。衣柜及壁柜油漆、梁柱饰面油漆、零星木装修油漆，按设计图示尺寸以油漆部分展开面积“m^2”计算。金属面油漆以“t”计量，按设计图示尺寸以质量计算；以“m^2”计量，按设计展开面积计算。

三、2021 年考题

根据《房屋建筑与装饰工程工程量计算规范》GB 50854—2013，下列油漆工程量可以按“m^2”计量的是（　　）。

A. 木扶手油漆

B. 挂衣板油漆

C. 封檐板油漆

D. 木栅栏油漆

答案：D

［**解析**］本题考查的是油漆工程量清单的计算规则。木扶手油漆，窗帘盒油漆，封檐板及顺水板油漆，挂衣板及黑板框油漆，挂镜线、窗帘棍、单独木线油漆，按设计图示尺寸以长度“m”计算。木间壁及木隔断油漆、玻璃间壁露明墙筋油漆、木栅栏及木栏杆（带扶手）油漆，按设计图示尺寸以单面外围面积“m^2”计算。

四、其他年份考题

根据《房屋建筑与装饰工程工程量计算规范》GB 50854—2013，关于油漆、涂料工程量计算，说法正确的是（　　）。

A. 木材构件喷刷防火涂料按设计图示以面积计算

B. 金属构件刷防火涂料按构件单面外围面积计算

C. 空花格、栏杆刷涂料按设计图示尺寸以双面面积计算

D. 线条刷涂料按设计展开面积计算

答案：A

［**解析**］本题考查的是油漆、涂料工程工程量计算规则。

（1）木材构件喷刷防火涂料。工程量以“m^2”计量，按设计图示尺寸以面积计算。

（2）金属构件刷防火涂料。以“t”计量，按设计图示尺寸以质量计算；以“m^2”计量，按设计展开面积计算。

（3）空花格、栏杆刷涂料按设计图示尺寸以单面外围面积计算。

（4）线条刷涂料。按设计图示尺寸以长度计算。

考点十七：工程量计算规则与方法——其他装饰工程（编码：0115）

点评：本考点历年命题没有出现过。考生在复习时，可以根据表5-19总结的知识点了解即可。

知识要点集成

表5-19 其他装饰工程工程量的计算规则

总说明		项目工作内容中包括“刷油漆”的，不得单独将油漆分离，单列油漆清单项目；工作内容中没有包括“刷油漆”的，可单独按油漆项目列项
柜类、货架	内容	柜台、酒柜、衣柜、存包柜、鞋柜、书柜、厨房壁柜、木壁柜、厨房低柜、厨房吊柜、矮柜、吧台背柜、酒吧吊柜、酒吧台、展台、收银台、试衣间、货架、书架、服务台
	计算规则	以“个”计量，按设计图示数量计算；以“m”计量，按设计图示尺寸以延长米计算；以“m^3”计量，按设计图示尺寸以体积计算
压条、装饰线	内容	金属装饰线、木质装饰线、石材装饰线、石膏装饰线、镜面玻璃线、铝塑装饰线、塑料装饰线、GRC装饰线
	计算规则	以“m”计量，按设计图示尺寸以长度计算
扶手、栏杆、栏板装饰	内容	金属扶手、栏杆、栏板，硬木扶手、栏杆、栏板，塑料扶手、栏杆、栏板，GRC栏杆、扶手，金属靠墙扶手，硬木靠墙扶手，塑料靠墙扶手，玻璃栏板
	计算规则	以“m”计量，按设计图示尺寸以扶手中心线为长度（包括弯头长度）计算
暖气罩	内容	饰面板暖气罩、塑料板暖气罩、金属暖气罩
	计算规则	以“m^2”计量，按设计图示尺寸以垂直投影面积（不展开）计算

续表 5-19

浴厕配件	洗漱台	计算规则	按设计图示尺寸以台面外接矩形面积计算，单位：m^2。不扣除孔洞、挖弯、削角所占面积，挡板、吊沿板面积并入台面面积内；或按设计图示数量以“个”计算
	晒衣架、帘子杆、浴缸拉手、毛巾杆（架）、毛巾环、卫生纸盒、肥皂盒、镜箱		（1）晒衣架、帘子杆、浴缸拉手、卫生间扶手、卫生纸盒、肥皂盒、镜箱按设计图示数量以“个”计算。 （2）毛巾杆（架）按设计图示数量以“套”计算。 （3）毛巾环按设计图示数量以“副”计算
	镜面玻璃		按设计图示尺寸以边框外围面积计算，单位：m^2
	说明		洗漱台放置洗面盆处应挖洞、挖弯、削角，计算工程量时不扣除
雨篷、旗杆	雨篷吊挂饰面、玻璃雨篷		以“m^2”计量，按设计图示尺寸以水平投影面积计算
	金属旗杆		以“根”计量，按设计图示数量计算
招牌、灯箱	平面、箱式招牌		以“m^2”计量，按设计图示尺寸以正立面边框外围面积计算。复杂形的凸凹造型部分不增加面积
	竖式标箱、灯箱、信报箱		以“个”计量，按设计图示数量计算
美术字	内容		泡沫塑料字、有机玻璃字、木质字、金属字、吸塑字
	计算规则		以“个”计量，按设计图示数量计算

考点十八：工程量计算规则与方法——拆除工程（编码：0116）

点评：本考点历年命题出现率较少。试题一般为找出正确选项一种类型。这类试题考核计算规则的内容比较多，有时会出现项目特征的选项。考生在复习时，可以根据表 5-20 总结的知识点了解即可。

知识要点集成

表 5-20　拆除工程工程量的计算规则

适用范围		适用于房屋工程的维修、加固、二次装修前的拆除，不适用于房屋的整体拆除
砖砌体拆除	工程量计算规则	以“m^3”计量，按拆除的体积计算；以“m”计量，按拆除的延长米计算
	相关说明	(1) 项目特征描述中砌体表面的附着物种类指抹灰层、块料层、龙骨及装饰面层等。 (2) 以“m”计量，如砖地沟、砖明沟等必须描述拆除部位的截面尺寸；以“m^3”计量，截面尺寸则不必描述
混凝土及钢筋混凝土构件拆除	工程量计算规则	以“m^3”计量，按拆除构件的混凝土体积计算；以“m^2”计量，按拆除部位的面积计算；以“m”计量，按拆除部位的延长米计算
	相关说明	(1) 以“m^3”作为计量单位时，可不描述构件的规格尺寸；以“m^2”作为计量单位时，则应描述构件的厚度；以“m”作为计量单位时，则必须描述构件的规格尺寸。 (2) 项目特征描述中构件表面的附着物种类指抹灰层、块料层、龙骨及装饰面层等
木构件拆除	工程量计算规则	以“m^3”计量，按拆除构件的体积计算；以“m^2”计量，按拆除面积计算；以“m”计量，按拆除延长米计算
	相关说明	(1) 以“m^3”作为计量单位时，可不描述构件的规格尺寸，以“m^2”作为计量单位时，则应描述构件的厚度，以“m”作为计量单位时，则必须描述构件的规格尺寸。 (2) 项目特征描述中构件表面的附着物种类指抹灰层、块料层、龙骨及装饰面层等
抹灰面拆除	工程量计算规则	按拆除部位的面积以“m^2”计算
	相关说明	(1) 抹灰面拆除包括平面抹灰层拆除、立面抹灰层拆除、天棚抹灰面拆除。 (2) 单独拆除抹灰层应按“抹灰面拆除”中的项目编码列项。 (3) 项目特征描述中抹灰层种类可描述为一般抹灰或装饰抹灰

续表 5-20

块料面层拆除	工程量计算规则	按拆除面积以“m^2”计算
	相关说明	（1）块料面层拆除包括平面块料拆除、立面块料拆除。 （2）项目特征描述：拆除的基层类型、饰面材料种类。 （3）如仅拆除块料层，拆除的基层类型不用描述。 （4）项目特征描述中拆除的基层类型的描述指砂浆层、防水层、干挂或挂贴所采用的钢骨架层等
龙骨及饰面拆除	工程量计算规则	按拆除面积以“m^2”计算
	相关说明	（1）龙骨及饰面拆除包括楼地面龙骨及饰面拆除、墙柱面龙骨及饰面拆除、天棚面龙骨及饰面拆除。 （2）项目特征描述中基层类型的描述指砂浆层、防水层等。 （3）如仅拆除龙骨及饰面，拆除的基层类型不用描述。 （4）如只拆除饰面，不用描述龙骨材料种类
屋面拆除	工程量计算规则	按拆除部位的面积以“m^2”计算
	相关说明	屋面拆除包括刚性层拆除、防水层拆除
铲除油漆涂料裱糊面	工程量计算规则	以“m^2”计量，按拆除部位的面积计算；以“m”计量，按拆除部位的延长米计算
	相关说明	（1）铲除油漆涂料裱糊面包括铲除油漆面、铲除涂料面、铲除裱糊面。 （2）单独铲除油漆涂料裱糊面的工程按“铲除油漆涂料裱糊面”中的项目编码列项。 （3）项目特征描述中铲除部位名称的描述指墙面、柱面、天棚、门窗等。 （4）按“m”计量，必须描述铲除部位的截面尺寸；以“m^2”计量时，则不用描述铲除部位的截面尺寸
栏杆栏板、轻质隔断隔墙拆除	工程量计算规则	（1）栏杆、栏板拆除以“m^2”计量，按拆除部位的面积计算；以“m”计量，按拆除的延长米计算。 （2）隔断隔墙拆除以“m^2”计量，按拆除部位的面积计算
	相关说明	以“m^2”计量，不用描述栏杆（板）的高度

续表 5-20

门窗拆除	工程量计算规则	以“m^2”计量，按拆除面积计算；以“樘”计量，按拆除樘数计算
	相关说明	(1) 门窗拆除包括木门窗拆除、金属门窗拆除。 (2) 项目特征描述：室内高度、门窗洞口尺寸。 (3) 门窗拆除以“m^2”计量，不用描述门窗的洞口尺寸。 (4) 室内高度指室内楼地面至门窗的上边框
金属构件拆除	工程量计算规则	(1) 钢梁拆除、钢柱拆除以“吨”计量，按拆除构件的质量计算；以“m”计量，按拆除延长米计算。 (2) 钢网架拆除，按拆除构件的质量计算。 (3) 钢支撑及钢墙架拆除、其他金属构件拆除以“吨”计量，按拆除构件的质量计算；以“m”计量，按拆除延长米计算
管道及卫生洁具拆除	工程量计算规则	(1) 管道拆除，按拆除管道的延长米“m”计算。 (2) 卫生洁具拆除，按拆除的数量“套或个”计算
灯具、玻璃拆除	工程量计算规则	(1) 灯具拆除，以“套”计量，按拆除的数量计算。 (2) 玻璃拆除，以“m^2”计量，按拆除的面积计算
	相关说明	拆除部位的描述指门窗玻璃、隔断玻璃、墙玻璃、家具玻璃等
其他构件拆除	工程量计算规则	(1) 暖气罩拆除、柜体拆除，以“个”计量，按拆除个数计算；以“m”计量，按拆除延长米计算。 (2) 窗台板拆除、筒子板拆除以块计量，按拆除数量计算；以“m”计量，按拆除的延长米计算。 (3) 窗帘盒拆除、窗帘轨拆除，以“m”计量，按拆除的延长米计算
	相关说明	双轨窗帘轨拆除按双轨长度分别计算工程量
开孔（打洞）	工程量计算规则	以“个”计量，按数量计算
	相关说明	(1) 项目特征描述：部位、打洞部位材质、洞尺寸。 (2) 部位可描述为墙面或楼板。 (3) 打洞部位材质可描述为页岩砖或空心砖或钢筋混凝土等

经典考题剖析

一、2023年考题

根据《房屋建筑与装饰工程工程量计算》规范GB 50854—2013规定，下列关于钢筋混凝土构件工程量清单项目计算，下列说法正确的有（　　）。

A. 按拆除构件的体积计算

B. 按拆除部位的面积计算

C. 按拆除部位的延长米计算

D. 项目特征描述中说明构件表面的附着物种类

E. 以“m^2”作为计量单位时，需要描述构件的规格尺寸

答案：A、B、C、D

［**解析**］本题考查的是有关拆除工程工程量计算规则。混凝土构件拆除、钢筋混凝土构件拆除以“m^3”计量，按拆除构件的混凝土体积计算；以“m^2”计量，按拆除部位的面积计算；以“m”计量，按拆除部位的延长米计算。以“m^3”作为计量单位时，可不描述构件的规格尺寸；以“m^2”作为计量单位时，则应描述构件的厚度；以“m”作为计量单位时，则必须描述构件的规格尺寸。项目特征描述中构件表面的附着物种类指抹灰层、块料层、龙骨及装饰面层等。

二、其他年份考题

根据《房屋建筑与装饰工程工程量计算规范》GB 50854—2013，混凝土构件拆除清单工程量计算正确的是（　　）。

A. 可按拆除构件的虚方工程量计算，以“m^3”计量

B. 可按拆除部位的面积计算，以“m^2”计量

C. 可按拆除构件的运输工程量计算，以“m^3”计量

D. 按拆除构件的质量计算，以“t”计量

答案：B

［**解析**］本题考查的是混凝土构件拆除的工程量清单计算规则。混凝土构件拆除、钢筋混凝土构件拆除以“m^3”计量，按拆除构件的混凝土体积计算；以“m^2”计量，按拆除部位的面积计算；以“m”计量，按拆除部位的延长米计算。

考点十九：工程量计算规则与方法——措施项目（编码：0117）

点评：本考点历年命题出现率较高。试题一般为找出正确选项一种类型。这类试题的备选项可以是总价措施项目，还可以是单价措施项目，还可以把两类项目的内容放在一起，然后从中找出正确答案，这类题目的难度比较大。考生在复习时，可以根据

表 5-21总结的知识点，注意下面两个方面，第一，总价措施费主要关注项目包括的具体内容；第二，单价措施项目关注计算规则和计量单位，另外，对于说明中相近的内容对比记忆，比如，同一建筑物有不同檐高时的计量问题。

知识要点集成

表 5-21 措施项目工程量的计算规则

总说明		措施项目包括脚手架工程、混凝土模板及支架（撑）、垂直运输、超高施工增加、大型机械设备进出场及安拆、施工降水及排水、安全文明施工及其他措施项目。措施项目可以分为两类：一类是可以计算工程量的措施项目（即单价措施项目）；另一类是不方便计算工程量的措施项目（即总价措施项目，可采用费率计取的措施项目）
脚手架工程	计算规则	（1）综合脚手架，按建筑面积计算，单位：m^2。 （2）外脚手架、里脚手架、整体提升架、外装饰吊篮，按所服务对象的垂直投影面积计算，单位：m^2。 （3）悬空脚手架、满堂脚手架，按搭设的水平投影面积计算，单位：m^2。 （4）挑脚手架，按搭设长度乘以搭设层数以延长米计算，单位：m^2
	说明	（1）综合脚手架项目特征描述：建筑结构形式、檐口高度。 （2）综合脚手架针对整个房屋建筑的土建和装饰装修部分。用综合脚手架时，不再使用外脚手架、里脚手架等单项脚手架。 （3）综合脚手架适用于能够按“建筑面积计算规则”计算建筑面积的建筑工程脚手架，不适用于房屋加层、构筑物及附属工程脚手架。 （4）同一建筑物有不同的檐高时，按建筑物竖向切面分别以不同檐高编列清单项目。 （5）整体提升架包括 2m 高的防护架体设施。 （6）满堂脚手架应按搭设方式、搭设高度、脚手架材质分别列项。 （7）脚手架材质可以不描述，但应注明由投标人根据工程实际情况按照《建筑施工扣件式钢管脚手架安全技术规范》JGJ 130—2011、《建筑施工附着升降脚手架管理暂行规定》（建建〔2000〕230 号）等规范自行确定。 （8）脚手架按垂直投影面积计算工程时，不应扣除门窗洞口、空圈等所占面积。 （9）工作内容中包括上料平台的，在综合单价中考虑，不单独编码列项

续表 5-21

脚手架工程	说明	混凝土模板及支架(撑）的工程量计算有两种处理方法：一种是以“m^3”计量的模板及支撑（架），按混凝土及钢筋混凝土项目执行，其综合单价应包含模板及支撑（架）；另一种是以“m^2”计量，主要按模板与混凝土构件的接触面积计算。 （1）原槽浇灌的混凝土基础、垫层不计算模板工程量。 （2）现浇混凝土梁、板支撑高度超过 3.6m 时，项目特征应描述支撑高度。 （3）采用清水模板时，应在特征中注明。 （4）有梁板计算模板与支架（撑），不另行计算脚手架的工程量	
混凝土模板及支架（撑）	计算规则	混凝土基础、柱、梁、墙板	（1）按模板及支架工程量按模板与现浇混凝土构件的接触面积“m^2”计算。 （2）现浇钢筋混凝土墙、板单孔面积≤0.3m^2 的孔洞不予扣除，洞侧壁模板也不增加；单孔面积＞0.3 m^2时应予扣除，洞侧壁模板面积并入墙、板工程量内计算。 （3）现浇框架分别按梁、板、柱有关规定计算；附墙柱、暗梁、暗柱并入墙内工程量内计算。 （4）柱、梁、墙、板相互连接的重叠部分，均不计算模板面积。 （5）构造柱按图示外露部分计算模板面积
		天沟、檐沟、电缆沟、地沟，散水、扶手、后浇带、化粪池、检查井	按模板与现浇混凝土构件的接触面积计算，单位：m^2
		雨篷、悬挑板、阳台板	（1）按图示外挑部分尺寸的水平投影面积计算，单位：m^2。 （2）挑出墙外的悬臂梁及板边不另行计算
		楼梯	（1）按楼梯（包括休息平台、平台梁、斜梁和楼层板的连接梁）的水平投影面积计算，单位：m^2。 （2）不扣除宽度≤500mm 的楼梯井所占面积。 （3）楼梯踏步、踏步板、平台梁等侧面模板不另行计算，伸入墙内部分亦不增

续表 5-21

垂直运输	定义	指施工工程在合理工期内所需垂直运输机械
	计算规则	可按建筑面积计算，也可以按施工工期日历天数计算，单位：m^2 或天
	项目特征	建筑物建筑类型及结构形式；地下室建筑面积；建筑物檐口高度、层数
	说明	（1）同一建筑物有不同檐高时，按建筑物的不同檐高做纵向分割，分别计算建筑面积，以不同檐高分别编码列项。 （2）垂直运输项目工作内容包括：垂直运输机械的固定装置、基础制作、安装，行走式垂直运输机械轨道的铺设、拆除、摊销。即垂直运输设备基础应计入综合单价，不单独编码列项计算工程量，但垂直运输机械的场外运输及安拆按大型机械设备进出场及安拆编码列项计算工程量
超高施工增加	定义	单层建筑物檐口高度超过 20m，多层建筑物超过 6 层时（不包括地下室层数），可按超高部分的建筑面积计算超高施工增加
	计算规则	按建筑物超高部分的建筑面积计算，单位：m^2
	项目特征	项目特征描述：建筑物建筑类型及结构形式；建筑物檐口高度、层数；单层建筑物檐口高度超过 20m，多层建筑物超过 6 层部分的建筑面积
	说明	（1）同一建筑物有不同檐高时，可按不同高度的建筑面积分别计算建筑面积，以不同檐高分别编码列项。其工程量计算按建筑物超高部分的建筑面积计算。 （2）超高施工增加项目工作内容包括：建筑物超高引起的人工工效降低以及由于人工工效降低引起的机械降效，高层施工用水加压水泵的安装、拆除及工作台班，通信联络设备的使用及摊销
大型机械设备进出场及安拆	计算规则	按使用机械设备的数量计算，单位：台·次
	项目特征	机械设备名称、机械设备规格型号
	说明	（1）大型机械设备进出场及安拆需要单独编码列项，与一般中小型机械不同。一般中小型机械的进出场、安拆的费用已经计入机械台班单价，不应独立编码列项。 （2）安拆费包括施工机械、设备在现场进行安装拆卸所需人工、材料、机械和试运转费用以及机械辅助设施的折旧、搭设、拆除等费用。 （3）进出场费包括施工机械、设备整体或分体自停放地点运至施工现场或由一施工地点运至另一施工地点所发生的运输、装卸、辅助材料等费用
施工排水、降水	计算规则	成井，按设计图示尺寸以钻孔深度计算，单位：m
		排水、降水，按排、降水日历天数计算，单位：昼夜
	说明	（1）相应专项设计不具备时，可按暂估量计算（也可按专业工程暂估价的形式列入其他项目）。 （2）临时排水沟、排水设施安砌、维修、拆除，已包含在安全文明施工中，不包括在施工排水、降水措施项目中

续表 5-21

<table>
<tr><td rowspan="5">安全文明施工及其他措施项目</td><td colspan="2">计算规则</td><td>属于总价措施项目，按项列，不计算工程量</td></tr>
<tr><td rowspan="4">安全文明施工</td><td>内容</td><td>包含环境保护、文明施工、安全施工、临时设施</td></tr>
<tr><td rowspan="3">具体范围</td><td>环境保护：
（1）现场施工机械设备降低噪声、防扰民措施费用。
（2）水泥和其他易飞扬细颗粒建筑材料密闭存放或采取覆盖措施等费用。
（3）工程防扬尘洒水费用。
（4）土石方、建渣外运车辆防护措施等。
（5）现场污染源的控制、生活垃圾清理外运、场地排水排污措施的费用。
（6）其他环境保护措施费用</td></tr>
<tr><td>文明施工：
（1）“五牌一图”的费用。
（2）现场围挡的墙面美化（包括内外粉刷、刷白、标语等）、压顶装饰费用。
（3）现场厕所便槽刷白、贴面砖，水泥砂浆地面或地砖费用，建筑物内临时便溺设施费用。
（4）其他施工现场临时设施的装饰装修、美化措施费用。
（5）现场生活卫生设施费用。
（6）符合卫生要求的饮水设备、淋浴、消毒等设施费用。
（7）生活用洁净燃料费用。
（8）防煤气中毒、防蚊虫叮咬等措施费用。
（9）施工现场操作场地的硬化费用。
（10）现场绿化费用、治安综合治理费用。
（11）现场配备医药保健器材、物品费用和急救人员培训费用。
（12）现场工人的防暑降温费、电风扇、空调等设备及用电费用。
（13）其他文明施工措施费用</td></tr>
<tr><td>安全施工：
（1）安全资料、特殊作业专项方案的编制，安全施工标志的购置及安全宣传的费用。
（2）“三宝”（安全帽、安全带、安全网）、“四口”（楼梯口、电梯井口、通道口、预留洞口），“五临边”（阳台围边、楼板围边、屋面围边、槽坑围边、卸料平台两侧），水平防护架、垂直防护架、外架封闭等防护的费用。</td></tr>
</table>

续表 5-21

安全文明施工及其他措施项目	安全文明施工	具体范围	（3）施工安全用电的费用，包括配电箱三级配电、两级保护装置要求、外电防护措施。 （4）起重机、塔吊等起重设备（含井架、门架）及外用电梯的安全防护措施（含警示标志）费用及卸料平台的临边防护、层间安全门、防护棚等设施费用。 （5）建筑工地起重机械的检验检测费用。 （6）施工机具防护棚及其围栏的安全保护设施费用。 （7）施工安全防护通道的费用。 （8）工人的安全防护用品、用具购置费用。 （9）消防设施与消防器材的配置费用。 （10）电气保护、安全照明设施费。 （11）其他安全防护措施费用
			临时设施： （1）施工现场采用彩色、定型钢板，砖、混凝土砌块等围挡的安砌、维修、拆除费或摊销费。 （2）施工现场临时建筑物、构筑物的搭设、维修、拆除或摊销的费用；如临时宿舍、办公室，食堂、厨房、厕所、诊疗所、临时文化福利用房、临时仓库、加工场、搅拌台、临时简易水塔、水池等。 （3）施工现场临时设施的搭设、维修、拆除或摊销的费用。如临时供水管道、临时供电管线、小型临时设施等；施工现场规定范围内临时简易道路铺设，临时排水沟、排水设施安砌、维修、拆除。 （4）其他临时设施费搭设、维修、拆除或摊销的费用
	夜间施工	工作内容及范围： （1）夜间固定照明灯具和临时可移动照明灯具的设置、拆除。 （2）夜间施工时，施工现场交通标志、安全标牌、警示灯等的设置、移动、拆除。 （3）包括夜间照明设备摊销及照明用电、施工人员夜班补助、夜间施工劳动效率降低等费用	
	非夜间施工照明	工作内容及范围：为保证工程施工正常进行，在如地下室等特殊施工部位施工时所采用的，照明设备的安拆、维护、摊销及照明用电等费用	
	二次搬运	工作内容及范围：由于施工场地条件限制而发生的材料、成品、半成品等一次运输不能到达堆放地点，必须进行二次或多次搬运的费用	
	冬雨季施工	工作内容及范围： （1）冬雨（风）季施工时增加的临时设施（防寒保温、防雨、防风设施）的搭设、拆除。 （2）冬雨（风）季施工时，对砌体、混凝土等采用的特殊加温、保温和养护措施。 （3）冬雨（风）季施工时，施工现场的防滑处施工现场的防滑处理、对影响施工的雨雪的清除。 （4）包括冬雨（风）季施工时增加的临时设施的摊销、施工人员的劳动保护用品、冬雨（风）季施工劳动效率降低等费用	

续表 5-21

安全文明施工及其他措施项目	地上、地下设施、建筑物的临时保护设施	工作内容及范围：在工程施工过程中，对已建成的地上、地下设施和建筑物进行的遮盖、封闭、隔离等必要保护措施所发生的费用
	已完工程及设备保护	工作内容及范围：对已完工程及设备采取的覆盖、包裹、封闭、隔离等必要保护措施所发生的费用

经典考题剖析

一、2022 年考题

1. 根据《房屋建筑与装饰工程工程量计算规范》GB 50854—2013 规定，下列关于超高施工增加和垂直运输措施项目工程量计算说法，正确的有（　　）。

A. 单层建筑物檐口高度超过 20m，多层建筑物超过 6 层才计算超高施工增加

B. 垂直运输机械的场外运输及安拆按大型机械设备进出场及安拆编码列项计算

C. 垂直运输设备基础，应单独编码列项计算

D. 超高施工增加按建筑物超高部分的建筑面积“m^2”计算

E. 同一建筑物有不同檐高时垂直运输，按建筑物的不同檐高分别编码列项计算

答案：A、B、D、E

［解析］本题考查的是有关措施项目工程量计算规则。单层建筑物檐口高度超过 20m，多层建筑物超过 6 层时（计算层数时，地下室不计入层数），可按超高部分的建筑面积计算超高施工增加。垂直运输设备基础应计入综合单价，不单独编码列项计算工程量，但垂直运输机械的场外运输及安拆按大型机械设备进出场及安拆编码列项计算工程量。同一建筑物有不同檐高时，可按不同高度的建筑面积分别计算建筑面积，以不同檐高分别编码列项。其工程量计算按建筑物超高部分的建筑面积计算。

2. 根据《房屋建筑与装饰工程工程量计算规范》GB 50854—2013 规定，下列属于冬雨季施工项目工作内容的有（　　）。

A. 冬季施工防寒措施及清扫积雪

B. 雨季防雨施工措施及排降雨积水

C. 风季施工措施

D. 临时排水沟

E. 冬雨季施工工人劳保用品及施工降效

答案：A、B、C、E

[解析] 本题考查的是有关冬雨季施工措施项目计算规则。冬雨季施工包含的工作内容及范围有：冬雨（风）季施工时增加的临时设施（防寒保温、防雨、防风设施）的搭设、拆除；冬雨（风）季施工时，对砌体、混凝土等采用的特殊加温、保温和养护措施；冬雨（风）季施工时，施工现场的防滑处理、对影响施工的雨雪的清除；包括冬雨（风）季施工时增加的临时设施、施工人员的劳动保护用品、冬雨（风）季施工劳动效率降低等。

二、2023 年考题

1. 根据《房屋建筑与装饰工程工程量计算规范》GB 50854—2013，下列措施项目以“项”为计量单位的是（　　）。

A. 超高施工增加　　B. 大型机械设备进出场

C. 施工降水　　D. 非夜间施工照明

答案：D

[解析] 本题考查的是措施项目的计量单位。超高施工增加，按建筑物超高部分的建筑面积“m^2”计算。大型机械设备进出场及安拆，按使用机械设备的数量“台・次”计算。施工排水、降水，按排、降水日历天数“昼夜”计算。安全文明施工及其他措施项目包括安全文明施工、夜间施工及非夜间施工照明、二次搬运、冬雨季施工、地上及地下设施及建筑物的临时保护设施、已完工程及设备保护等，属于总价措施项目，按“项”列，不计算工程量。

2. 根据《房屋建筑与装饰工程工程量计算规范》GB 50854—2013，同一建筑物有不同檐高时，下列项目应按不同檐高分别列项的有（　　）。

A. 垂直运输　　B. 超高施工增加

C. 二次搬运费　　D. 大型机械进出场

E. 脚手架工程

答案：A、B、E

[解析] 本题考查的是根据不同檐高计算措施项目。①垂直运输，按建筑面积“m^2”计算，或按施工工期日历天数“天”计算。同一建筑物有不同檐高时，按建筑物的不同檐高做纵向分割，分别计算建筑面积，以不同檐高分别编码列项。②超高施工增加，按建筑物超高部分的建筑面积“m^2”计算。同一建筑物有不同檐高时，可按不同高度的建筑面积分别计算建筑面积，以不同檐高分别编码列项。③安全文明施工及其他措施项目包括安全文明施工、夜间施工及非夜间施工照明、二次搬运、冬雨季施工、地上及地下设施及建筑物的临时保护设施、已完工程及设备保护等，属于总价措施项目，按“项”列，不计算工程量。④大型机械设备进出场及安拆，按使用机械设备的数量“台・次”计算。⑤脚手架工程，同一建筑物有不同的檐高时，按建筑物竖向切面分别以不同檐高编列清单项目。

三、2021年考题

1. 以下关于脚手架的说法正确的是（　　）。

A. 综合脚手架按建筑面积计算，适用于房屋加层

B. 外脚手架、里脚手架按搭设的水平投影面积计算

C. 整体提升式脚手架按所服务对象的垂直投影面积计算

D. 同一建筑物有不同檐口时，按平均高度计算

答案：C

［解析］本题考查的是脚手架工程量清单的计算规则。综合脚手架，按建筑面积“m^2”计算。综合脚手架适用于能够按《建筑工程建筑面积计算规范》GB/T 50353—2013计算建筑面积的建筑工程脚手架，不适用于房屋加层、构筑物及附属工程脚手架。外脚手架、里脚手架、整体提升架、外装饰吊篮，按所服务对象的垂直投影面积计算。同一建筑物有不同的檐高时，按建筑物竖向切面分别以不同檐高编列清单项目。

2. 根据《房屋建筑与装饰工程工程量计量规范》GB 50854—2013，关于措施项目，下列说法正确的为（　　）。

A. 安全文明施工措施中的临时设施项目包括对地下建筑物的临时保护设施

B. 单层建筑物檐高超过20m，可按建筑面积计算超高施工增加

C. 垂直运输项目工作内容包括行走式垂直运输机轨道的铺设、拆除和摊销

D. 施工排水，降水措施项目中包括临时排水沟、排水设施安砌、维修和拆除

答案：C

［解析］本题考查的是措施项目工程量清单的计算规则。安全文明施工及其他措施项目包括安全文明施工、夜间施工及非夜间施工照明、二次搬运、冬雨季施工、地上及地下设施及建筑物的临时保护设施、已完工程及设备保护等。属于总价措施项目，按项列，不计算工程量。安全文明施工包括：环境保护、文明施工、安全施工、临时设施。单层建筑物檐口高度超过20m，多层建筑物超过6层时，可按超高部分的建筑面积计算超高施工增加。垂直运输项目工作内容包括：垂直运输机械的固定装置、基础制作、安装，行走式垂直运输机械轨道的铺设、拆除、摊销。临时排水沟、排水设施安砌、维修、拆除，已包含在安全文明施工中，不包括在施工排水、降水措施项目中。

四、其他年份考题

根据《房屋建筑与装饰工程工程量计算规范》GB 50854—2013，安全文明施工措施包括的内容有（　　）。

A. 地上、地下设施保护

B. 环境保护

C. 安全施工

D. 临时设施

E. 文明施工

答案：B、C、D、E

［解析］本题考查的是安全文明施工包括的内容。安全文明施工包括：环境保护、文明施工、安全施工、临时设施。

难题解析

本章难题解析编入了一些带有图形元素的应用计算题，其目的是为“建设工程造价案例分析”考题中 40 分大题准备的，作为计算建筑面积和工程量的组成元素。

一、单项选择题

1. 工程量清单特征描述主要说明（ ）。

A. 措施项目的质量安全要求
B. 确定综合单价需考虑的问题
C. 清单项目的计算规则
D. 分部分项目和措施项目的区别

答案：B

[**解析要点**] 项目特征是表征构成分部分项工程项目、措施项目自身价值的本质特征，是对体现分部分项工程量清单、措施项目清单价值的特有属性和本质特征的描述。从本质上讲，项目特征体现的是对清单项目的质量要求，是确定一个清单项目综合单价不可缺少的重要依据，在编制工程量清单时，必须对项目特征进行准确和全面的描述。工程量清单项目特征描述的重要意义在于：项目特征是区分具体清单项目的依据，项目特征是确定综合单价的前提；项目特征是履行合同义务的基础。

2. 在国家建筑标准设计图集（22G101）中独立基础 DJz 表示的含义是（ ）。

A. 普通独立基础，基础底板截面形状为阶形
B. 普通独立基础，基础底板截面形状为锥形
C. 杯口独立基础，基础底板截面形状为阶形
D. 杯口独立基础，基础底板截面形状为锥形

答案：B

[**解题要点**] 根据国家建筑标准设计图集（22G101），独立基础的形式和编号按下表注写：

独立基础的编号

类型	基础底板截面形状	代号	序号
普通独立基础	阶形	DJj	××
	锥形	DJj	××
杯口独立基础	阶形	BJj	××
	锥形	BJz	××

3. 建筑物内的管道井，其建筑面积计算说法正确的是（ ）。

A. 不计算建筑面积
B. 按管道井图示结构内边线面积计算
C. 按管道井净空面积的 1/2 乘以层数计算
D. 按自然层计算建筑面积

答案：D

[**解题要点**] 建筑物内的室内楼梯间、电梯井、观光电梯井、提物井、管道井、通风排气竖井垃圾道、附墙烟囱应按建筑物的自然层计算。

4. 根据《建筑工程建筑面积计算规范》GB/T 50353—2013，围护结构不垂直于水平面结构净高为 2.15m 楼层部位，其建筑面积应（ ）。

A. 按顶板水平投影面积的 1/2 计算
B. 按顶板水平投影面积计算全面积
C. 按底板外墙外围水平面积的 1/2 计算
D. 按底板外墙外围水平面积计算全面积

答案：D

［解题要点］根据《建筑工程建筑面积计算规范》GB/T 50353—2013，围护结构不垂直于水平面的楼层，应按其底板面的外墙外围水平面积计算。结构净高在 2.10m 及以上的部位，应计算全面积；结构净高在 1.20m 及以上至 2.10m 以下的部位，应计算 1/2 面积；结构净高在 1.20m 以下的部位，不应计算建筑面积。

5. 根据《建筑工程建筑面积计算规范》GB/T 50353—2013，按照相应计算规则算 1/2 面积的是（　　）。

A. 建筑物间有围护结构、有顶盖的架空走廊

B. 无围护结构、有围护设施，但无结构层的立体车库

C. 有围护设施，顶高 5.2m 的室外走廊

D. 结构层高 3.10m 的门斗

答案：C

［解析要点］建筑物间的架空走廊，有顶盖和围护结构的，应按其围护结构外围水平面积计算全面积；无围护结构、有围护设施的，应按其结构底板水平投影面积计算 1/2 面积。立体书库、立体仓库、立体车库，有围护结构的，应按其围护结构外围水平面积计算建筑面积；无围护结构、有围护设施的，应按其结构底板水平投影面积计算建筑面积。无结构层的应按一层计算，有结构层的应按其结构层面积分别计算。结构层高在 2.20m 及以上的，应计算全面积；结构层高在 2.20m 以下的，应计算 1/2 面积。有围护设施的室外走廊（挑廊），应按其结构底板水平投影面积计算 1/2 面积；有围护设施（或柱）的檐廊，应按其围护设施（或柱）外围水平面积计算 1/2 面积。门斗应按其围护结构外围水平面积计算建筑面积。结构层高在 2.20m 及以上的，应计算全面积；结构层高在 2.20m 以下的，应计算 1/2 面积。

6. 根据《建筑工程建筑面积计算规范》GB/T 50353—2013，带幕墙建筑物的建筑面积计算正确的是（　　）。

A. 以幕墙立面投影面积计算

B. 以主体结构外边线面积计算

C. 作为外墙的幕墙按围护外边线计算

D. 起装饰作用的幕墙按幕墙横断面的 1/2 计算

答案：C

［解析要点］以幕墙作为围护结构的建筑物，应按幕墙外边线计算建筑面积。幕墙以其在建筑物中所起的作用和功能来区分，直接作为外墙起围护作用的幕墙，按其外边线计算建筑面积；设置在建筑物墙体外起装饰作用的幕墙，不计算建筑面积。

7. 一栋 4 层坡屋顶住宅楼，外墙结构外围水平面积每层为 930m^2，1～3 层层高 3.0m。建筑物顶层结构净高超过 2.1m 的面积为 410m^2，结构净高在 1.2～2.1m 的部位面积为 200m^2，其余部位结构净高小于 1.2m，根据《建筑工程建筑面积计算规范》GB/T 50353—2013 的规定，该住宅楼的建筑面积为（　　）m^2。

A. 3 100　　　　B. 3 300

C. 3 400　　　　D. 3 720

答案：B

［解题要点］建筑面积是外墙结构外围水平面积之和为 930×3＝2 790（m^2）。

顶层结构净高 2.10m 及以上的部位计算全面积，结构净高在 1.20m 及以上至 2.10m 以下的部位计算 1/2 面积，结构净高在 1.20m 以下的部位不计算面积。该住宅的建筑面积＝2 790＋410＋200/2＝3 300（m^2）。

8. 一沿街建筑物外墙厚皆为 370mm（如图），根据《建筑工程建筑面积计算规范》GB/T 50353—2013，该建筑物的建筑面积为（　　）m^2。

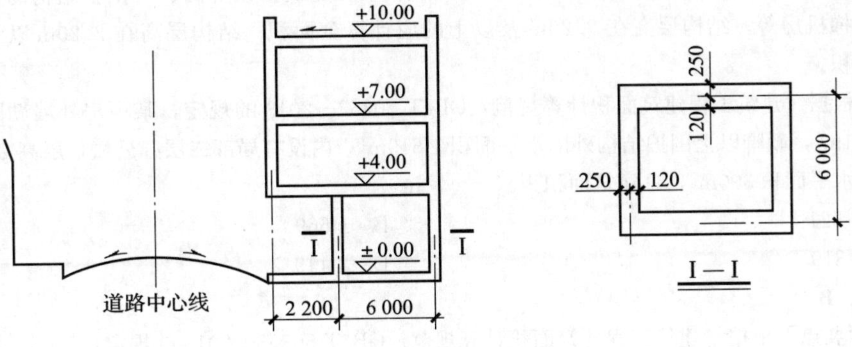

某沿街建筑物外墙示意图

A. 164.86　　　　　　　　　　B. 155.35

C. 161.63　　　　　　　　　　D. 134.40

答案：B

[解题要点] 该建筑系临街楼房二层以上部分跨在人行道上，按规定属于骑楼，骑楼下面的通道部分不计算建筑面积（2.20m 走道部分作为沿廊或按挑出外墙＞2.10m 的雨篷计算都不对），二、三层的层高都大于 2.20m 计算全面积。故该建筑的面积为：

首层：$6.5\times6.5=42.25$（m^2）

二层：$(8.2+0.5)\times6.5=56.55$（m^2）

三层：$8.7\times6.5=56.55$（m^2）

∴总建筑面积为 155.35m^2。

9. 有一单层建筑（平面如右图），四角为混凝土柱，围护结构为加气混凝土砌块墙，根据《建筑工程建筑面积计算规范》GB/T 50353—2013，该建筑的建筑面积为（　）m^2。

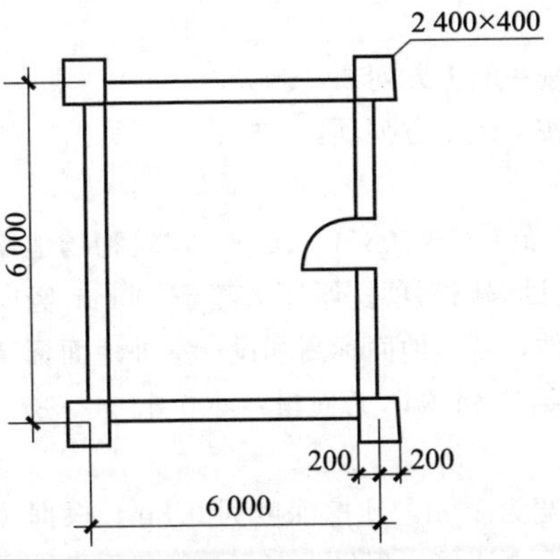

某单层建筑平面示意图

A. 36.00　　　　　　　　B. 40.96

C. 31.36　　　　　　　　D. 31.64

答案：A

[解题要点] 该建筑面积的计算可以参考以幕墙作为围护结构的建筑物的计算规则，按幕墙外边线计算建筑面积。

10. 根据《房屋建筑与装饰工程工程量计算规范》GB 50854—2013，不计算建筑面积的有（　）。

A. 结构层高 2.0m 的管道层

B. 层高为 3.3m 的建筑物通道

C. 有顶盖但无围护结构的车棚

D. 建筑物顶部有围护结构，层高 2.0m 的水箱间

答案：B

[解题要点] 对于建筑物内的设备层、管道层、避难层等有结构层的楼层，结构层高在 2.20m 及以上的，应计算全面积；结构层高在 2.20m 以下的，应计算 1/2 面积。骑楼、过街楼底层的开放公共空间和建筑物通道不计算建筑面积。有顶盖无围护结构的车棚、货棚、站台、加油站、收费站

等，应按其顶盖水平投影面积的 1/2 计算建筑面积。设在建筑物顶部的、有围护结构的楼梯间、水箱间、电梯机房等，结构层高在 2.20m 及以上的应计算全面积；结构层高在 2.20m 以下的，应计算 1/2 面积。

11. 根据《建筑工程建筑面积计算规范》GB/T 50353—2013 的规定，某厂房外墙勒脚外围水平面积 1 521m²，勒脚以上围护结构外围水平面积 1 519m²，内设有局部二层办公楼，层高 2m，其围护结构外围水平面积 300m²，总建筑面积为（　　）m²。

A. 1 521　　B. 1 669

C. 1 819　　D. 2 119

答案：B

［解题要点］ 根据《建筑工程建筑面积计算规范》GB/T 50353—2013 的规定：

（1）建筑物的建筑面积应按自然层外墙结构外围水平面积之和计算。结构层高在 2.20m 及以上的，应计算全面积；结构层高在 2.20m 以下的，应计算 1/2 面积。

（2）计算建筑面积时不考虑勒脚，勒脚是建筑物外墙与室外地面或散水接触部分墙体的加厚部分，其高度一般为室内地坪与室外地面的高差，也有的将勒脚高度提高到底层窗台，因为勒脚是墙根很矮的一部分墙体加厚，不能代表整个外墙结构。

（3）建筑物内设有局部楼层时，对于局部楼层的二层及以上楼层，有围护结构的应按其围护结构外围水平面积计算，无围护结构的应按其结构底板水平面积计算，且结构层高在 2.20m 及以上的，应计算全面积，结构层高在 2.20m 以下的，应计算 1/2 面积。

12. 某建筑首层建筑面积 500m²，场地较为平整，其自然地面标高为＋87.5m，设计室外地面标高为＋87.15m，则其场地土方清单单列项和工程量分别是（　　）。

A. 按平整场地列项：500m²　　B. 按一般土方列项：500m²

C. 按平整场地列项：175m³　　D. 按一般土方列项：175m³

答案：D

［解题要点］ 根据《房屋建筑与装饰工程工程量计算规范》GB 50854—2013，建筑物场地厚度小于或等于±300mm 的挖、填、运、找平，应按平整场地项目编码列项。厚度大于±300mm 竖向布置挖土或山坡切土应按一般土方项目编码列项。通过已知条件，自然地面标高和设计室外地面标高的差为 87.5m－87.15m＝0.35m，所以应该按一般土方项目编码列项，工程量＝500 m²×（87.5m－87.15m）＝175m³。

13. 某较为平整的软岩施工场地，设计长度为 30m，宽为 10m，开挖深度为 0.8m。根据《房屋建筑与装饰工程工程量计算规范》GB 50854—2013，开挖石方清单工程量为（　　）。

A. 沟槽石方工程量 300m³　　B. 基坑石方工程量 240m³

C. 管沟石方工程量 30m³　　D. 一般石方工程量 240m³

答案：D

［解析］ 沟槽、基坑、一般石方的划分为：底宽≤7m 且底长＞3 倍底宽为沟槽；底长≤3 倍底宽且底面面积≤150m² 为基坑；超出上述范围则为一般石方。挖一般石方，按设计图示尺寸以体积“m³”计算。一般石方工程量＝30×10×0.8＝240（m³）。

14. 根据《房屋建筑与装饰工程工程量计算规范》GB 50854—2013 的规定，关于石方的项目列项或工程量计算正确的是（　　）。

A. 山坡凿石按一般石方列项

B. 考虑石方运输，石方体积需折算为虚方体积计算

C. 管沟石方均按一般石方列项

D. 基坑底面积超过 120m² 的按一般石方列项

答案：A

[解题要点] ①厚度大于±300mm的竖向布置挖石或山坡凿石应按本表中挖一般石方项目编码列项。②石方体积应按挖掘前的天然密实体积计算。非天然密实石方应进行折算。③挖基坑石方项目中，沟槽、基坑、一般石方的划分为：底宽小于或等于7m且底长大于3倍底宽为沟槽；底长小于或等于3倍底宽且底面积小于或等于150m^2为基坑；超出上述范围则为一般石方。

15. 根据《房屋建筑与装饰工程工程量计算规范》GB 50854—2013，某建筑物外墙外边线的尺寸为60m×15m，其平整场地的清单工程量为（　　）m^2。

A. 900　　B. 1 054

C. 1 216　　D. 1 350

答案：A

[解题要点] 根据《房屋建筑与装饰工程工程量计算规范》GB 50854—2013，平整场地的计算规则是按设计图示尺寸以建筑物首层面积计算，单位：m^2。

16. 根据《房屋建筑与装饰工程工程量计算规范》GB 50854—2013，某墙基础采用有梁式带形混凝土垫层，垫层宽1 300mm，墙中心线为50m，墙厚240mm，挖土深度为1.6m，则该基础土方工程量为（　　）m^3。

A. 98　　B. 100

C. 104　　D. 108

答案：C

[解题要点] 根据《房屋建筑与装饰工程工程量计算规范》GB 50854—2013，挖沟槽土方及挖基坑土方的计算规则是按设计图示尺寸以基础垫层底面面积乘以挖土深度计算，单位：m^3。

17. 根据《房屋建筑与装饰工程工程量计量规范》GB 50854—2013，关于地基处理，说法正确的是（　　）。

A. 铺设土工合成材料按设计长度计算

B. 强夯地基按设计图示处理范围乘以深度以体积计算

C. 填料振冲桩按设计图示尺寸以体积计算

D. 砂石桩按设计数量以“根”计算

答案：C

[解题要点] ①铺设土工合成材料，工程量按设计图示尺寸以面积计算。②强夯地基，工程量按设计图示处理范围以面积计算。③振冲桩（填料）以“m”计量，按设计图示尺寸以桩长计算；以“m^3”计量，按设计桩截面乘以桩长以体积计算。④砂石桩，以“m”计量，按设计图示尺寸以桩长（包括桩尖）计算；以“m^3”计量，按设计桩截面乘以桩长（包括桩尖）以体积计算。

18. 根据《房屋建筑与装饰工程工程量计算规范》GB 50854—2013，打桩工程量计算正确的是（　　）。

A. 打预制钢筋混凝土方桩，按设计图示尺寸桩长以“m”计算，送桩工程量另计

B. 打预制钢筋混凝土管桩，按设计图示数量以“根”计算，截桩头工程量另计

C. 钢管桩按设计图示截面面积乘以桩长，以实体积计算

D. 钢板桩按不同板幅以设计长度计算

答案：B

[解题要点] 根据《房屋建筑与装饰工程工程量计算规范》GB 50854—2013，预制钢筋混凝土方桩、预制钢筋混凝土管桩的计算规则是，按设计图示尺寸以桩长（包括桩尖）计算，单位：m，或按设计图示截面面积乘以桩长（包括桩尖），以实体积计算，单位：m^3；或按设计图示数量计算，单位：根。截（凿）桩头按设计桩截面乘以桩头长度以体积计算，单位：m^3；或按设计图示数量计算，单

位：根。预制钢筋混凝土方桩、预制钢筋混凝土管桩的工作内容中包括沉桩、接桩、送桩。钢管桩的计算规则是，按设计图示尺寸以质量计算，单位：t，或按设计图示数量计算，单位：根。钢板桩的计算规则是，按设计图示尺寸以质量计算，单位：t；或按设计图示墙中心线长乘以桩长以面积计算，单位：m^2。

19. 根据《房屋建筑与装饰工程工程量计算规范》GB 50854—2013，砌块墙清单工程量计算正确的是（　　）。

A. 墙体内拉结筋不另列项计算

B. 压砌钢筋网片不另列项计算

C. 勾缝应列入工作内容

D. 垂直灰缝灌细石混凝土工程量不另列项计算

答案：C

[解题要点] 砌体内加筋、墙体拉结的制作、安装，应按“混凝土及钢筋混凝土工程”中相关项目编码列项。砌块排列应上、下错缝搭砌，如果搭错缝长度满足不了规定的压搭要求，应采取压砌钢筋网片的措施，具体构造要求按设计规定。若设计无规定时，应注明由投标人根据工程实际情况自行考虑；钢筋网片按“混凝土及钢筋混凝土工程”中相应编码列项。砌块砌体中工作内容包括了勾缝。砌体垂直灰缝宽＞30mm时，采用C20细石混凝土灌实。灌注的混凝土应按“混凝土及钢筋混凝土工程”相关项目编码列项。

20. 有一两砖厚墙体，长8m，高5m，开有门窗总面积为$6m^2$，两个通风洞口各为$0.25m^2$，门窗洞口上的钢筋混凝土过梁总体积为$0.5m^3$。则该段墙体的砌砖工程量为（　　）m^3。

A. 16.5　　B. 16.16

C. 15.92　　D. 16.75

答案：B

[解题要点] 墙体砌砖工程量以体积“m^3”计，长、高尺寸已知，两砖厚在计算砌砖工程量时厚度一律按标准取值即取0.49m。

所以砖墙体积为8×5×0.49＝19.6（m^3）。

扣除门窗洞口体积为6×0.49＝2.94（m^3）。

两个通风洞口其每个面积都小于0.3属于不扣除之列。

所以砌砖工程量应为19.6－2.94－0.5＝16.16（m^3）。

21. 根据《房屋建筑与装饰工程工程量计算规范》GB 50854—2013，已知某砖外墙中心线总长60m，设计采用毛石混凝土基础，基础底面标高－1.4m，毛石混凝土与砖砌筑的分界面标高－0.24m，室内地坪±0.00m，墙顶面标高3.3m，厚0.37m，按照《建设工程工程量清单计价规范》GB 50500—2013计算规则，则砖墙工程量为（　　）m^3。

A. 67.93　　B. 73.26

C. 78.59　　D. 104.34

答案：C

[解题要点] 根据《房屋建筑与装饰工程工程量计算规范》GB 50854—2013，砖基础与墙（柱）身使用同一材料时，以设计室内地坪为界（有地下室者，以地下室室内设计地坪为界），以下为基础，以上为墙（柱）身。基础与墙身使用不同材料，位于设计室内地面高度小于或等于±300mm以内时，以不同材料为界，高度大于±300mm时，以设计室内地坪为分界线。

22. 根据《房屋建筑与装饰工程工程量计算规范》GB 50854—2013，关于砖砌体工程量的计算，下面说法不正确的是（　　）。

A. 空斗墙的内外墙交接处实砌部分体积并入空斗墙体积内

B. 空花墙，按设计图示尺寸以空花部分外形体积“m^3”计算，扣除空洞部分体积

C. 多孔砖柱，按设计图示尺寸以体积“m^3”计算

D. 砖散水按设计图示尺寸以面积“m^2”计算

答案：B

［**解题要点**］空斗墙，按设计图示尺寸以空斗墙外形体积“m^3”计算。墙角、内外墙交接处、门窗洞口立边、窗台砖、屋檐处的实砌部分体积并入空斗墙体积内。空花墙，按设计图示尺寸以空花部分外形体积“m^3”计算，不扣除空洞部分体积。实心砖柱、多孔砖柱，按设计图示尺寸以体积“m^3”计算。砖散水、地坪按设计图示尺寸以面积“m^2”计算。

23. 根据《房屋建筑与装饰工程工程量计算规范》GB 50854—2013，现浇混凝土构件工程量计算，正确的为（　　）。

A. 坡道按设计图示尺寸以“m^3”计算

B. 架空式台阶按现浇楼梯计算

C. 室外地坪按设计图示面积乘以厚度以“m^3”计算

D. 地沟按设计图示结构截面面积乘以中心线长度以“m^3”计算

答案：B

［**解题要点**］散水、坡道、室外地坪，按设计图示尺寸以面积“m^2”计算。架空式混凝土台阶，按现浇楼梯计算。电缆沟、地沟，按设计图示以中心线长度“m”计算。

24. 根据《房屋建筑与装饰工程工程量计算规范》GB 50854—2013 的规定，关于预制混凝土构件工程量计算，说法正确的是（　　）。

A. 预制组合屋架，按设计图示尺寸以体积计算，不扣除预埋铁件所占体积

B. 预制网架板，按设计图示尺寸以体积计算，不扣除孔洞占体积

C. 预制空心板，按设计图示尺寸以体积计算，不扣除空心板孔洞所占体积

D. 预制混凝土楼梯按设计图示尺寸以体积计算，不扣除空心踏步板孔洞体积

答案：A

［**解题要点**］根据《房屋建筑与装饰工程工程量计算规范》GB 50854—2013，预制混凝土屋架，包括折线型屋架、组合屋架、薄腹屋架、门式刚架屋架、天窗架屋架，均按设计图示尺寸以体积计算，单位：m^3。不扣除构件内钢筋、预埋铁件所占体积；或按设计图示尺寸以数量计算，单位：榀。预制混凝土板，包括平板、空心板、槽形板、网架板、折线板、带肋板、大型板。按设计图示尺寸以体积计算，单位：m^3。不扣除构件内钢筋、预埋铁件及单个尺寸≤300mm × 300mm 的孔洞所占体积，扣除空心板空洞体积；或按设计图示尺寸以数量计算，单位：块。预制混凝土楼梯，以“m^3”计量，按设计图示尺寸以体积计算，扣除空心踏步板空洞体积；或以“段”计量，按设计图示数量计。

25. 有一钢筋混凝土独立基础（尺寸如图），其混凝土工程量为（　　）m^3。

A. 3.26　　B. 2.92

C. 1.32　　D. 1.66

答案：B

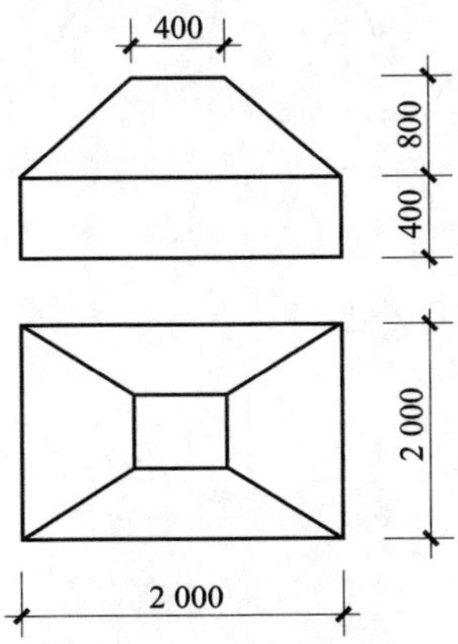

某钢筋混凝土独立基础

［**解题要点**］混凝土基础工程量无论是现浇还是预制，都是按体积以“m^3”计算且不扣除内含的钢筋铁件。

整个基础由下面的六面体和上面的四棱台组成。

（1）六面体体积：2×2×0.4＝1.6（m^3）

（2）四棱台体积有三种方法可计算：

1）$V=\frac{H}{6}[A\cdot B+ab+(A+a)(B+b)]=\frac{0.8}{6}[2\times2+0.4\times0.4+(2+0.4)(2+0.4)]=1.323(m^3)$

2）$V=\frac{H}{3}\left(S_1+S_2+\sqrt{S_1S_2}\right)=\frac{0.8}{3}\left(2\times2+0.4\times0.4+\sqrt{4\times0.16}\right)=1.323$（$m^3$）

3）用立体几何四角锥体积求得：

延长四侧面交于O点，形成上面的小四角锥，四棱台的体积看作大四角锥体积减去小四角锥的体积。

故四棱台体积 $V=\frac{1}{3}\times2\times2\times(0.8+x)-\frac{1}{3}\times0.4\times0.4\times x$

只要能解出x即可。

利用相似三角形相应边成比例有：$\frac{1}{0.2}=\frac{0.8+x}{x}$，解得 $x=0.2$(m)

则四棱台体积 $V=\frac{1}{3}\times2\times2\times1-\frac{1}{3}\times0.16\times0.2=\frac{1}{3}\times(4-0.032)=1.323$（$m^3$）

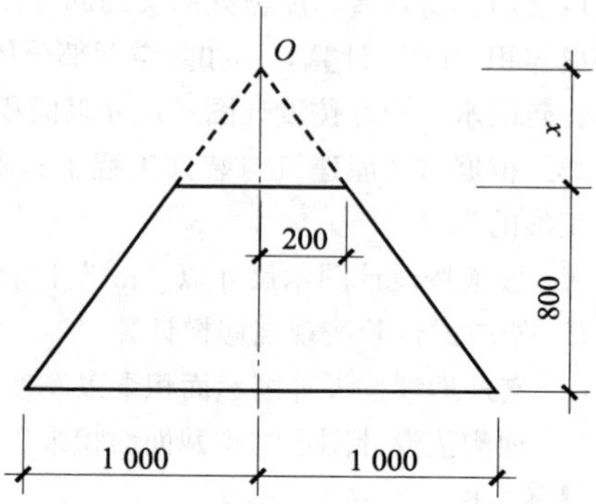

四棱台计算模型

故基础工程量为 $1.323+1.6=2.923$（m^3）

26. 有一幢3层楼的无梁楼盖（如图），则一根柱（三层）的混凝土工程量为（　　）m^3。

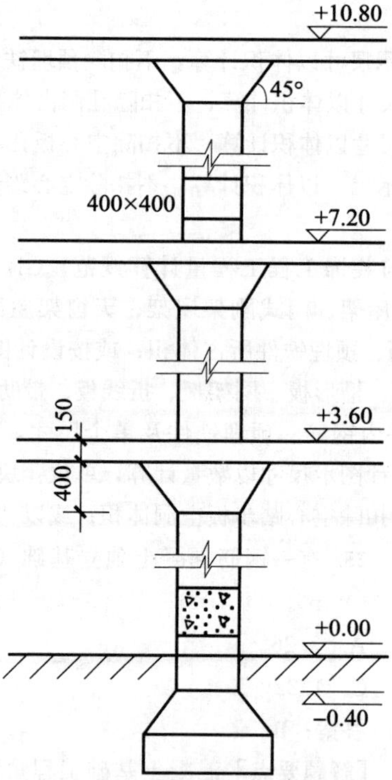

无梁楼盖剖面示意图

A. 1.79　　B. 1.73

C. 1.53　　D. 1.47

答案：C

［解题要点］ 无梁楼盖混凝土柱按体积以“m^3”计算。

柱高为自柱基顶面（楼板上表面）至柱帽下表面。

首层柱高 $H_1=3.60+0.40-0.55=3.45$（m）

二、三层柱高 $H_2=H_3=3.60-0.55=3.05$（m）

故一根柱（三层）的工程量为 0.4×0.4（$3.45+2\times3.05$）$=0.16\times9.55=1.528$（m^3）

27. 一单层厂房带牛腿的钢筋混凝土柱（如右图），则一根柱的混凝土工程量为（　　）m^3。

A. 2.67　　B. 2.86

C. 2.98　　D. 3.02

答案：D

[解题要点] 混凝土柱的工程量按体积以"m^3"计，不扣除钢筋铁件附柱的牛腿并入柱内。

上柱：$0.4\times0.4\times(9.8-6.6)=0.512$（$m^3$）

下柱：$0.4\times0.8\times(6.6+1.1-0.6)=2.272$（$m^3$）

牛腿：Ⅰ：$1.0\times0.4\times0.4=0.16$（$m^3$）

Ⅱ：据 $V=\frac{H}{3}\left(S_1+S_2+\sqrt{S_1S_2}\right)$

$=\frac{0.2}{3}\left(0.4+0.32+\sqrt{0.4\times0.32}\right)=0.072$（$m^3$）

故一根柱工程量为 $0.512+2.272+0.16+0.072=3.02$（$m^3$）

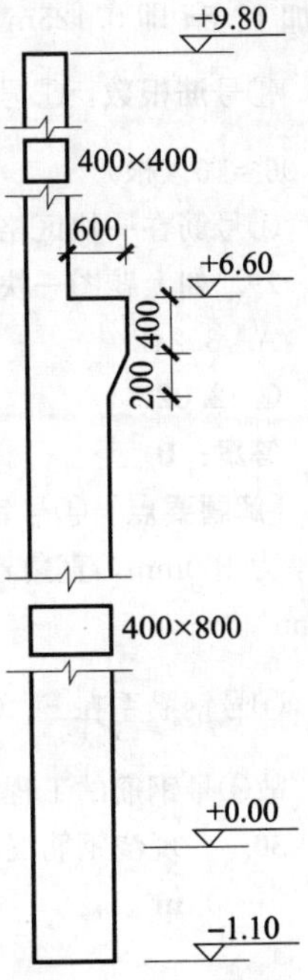

单层厂房带牛腿的钢筋混凝土柱

28. 一现浇钢筋混凝土板（如图），则一个区格板上的①号筋的工程量为（　　）kg。

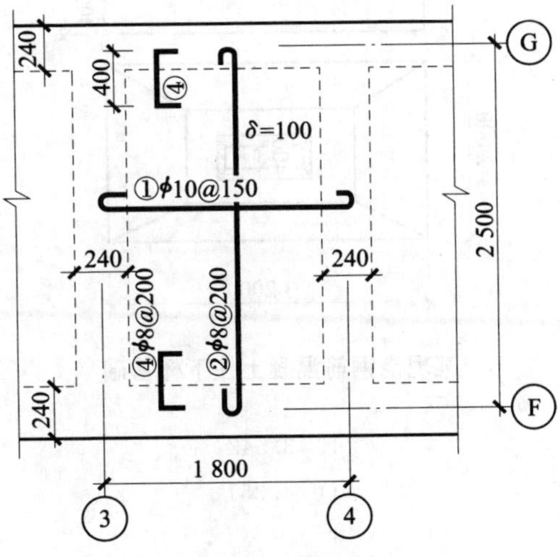

现浇钢筋混凝土板

A. 14.538　　B. 17.770

C. 19.004　　D. 20.130

答案：C

[解题要点] 钢筋工程量以钢筋长度（面积）乘单位理论质量计算，为此，应求出①号筋的单根长度及一块区格板内的根数。

单根长度：①号筋伸入墙内中心线处加180°弯钩，直线长为1.80m，一个弯钩加$6.25d$，两个弯钩加 12.5d 即 0.125m。故单根长为 1.925m。

①号筋根数：①号筋系在净进深（2.5－0.24）m 以 150mm 间距配量，故其根数为$\frac{2.26}{0.15}+1=$16.06≈16（根）

①号筋在一块区格板内的工程量为 16×1.925×0.617＝19.004（kg）

29. 如上题图一块区格板中④号钢筋的工程量为（　　）kg。

A. 3.242
B. 4.053
C. 2.027
D. 1.621

答案：B

［解题要点］④号钢筋为周边抗裂筋在板上皮，每个尺寸为 400＋2（100－15）＝570（mm），板厚为 100mm，直角弯钩按施工要求应立于模板上，∴每肢长度应为板厚减板的钢筋保护层厚 15mm。

④号钢筋系在 F、G 轴方向布置，故其数量为$\left(\frac{1.8-0.24}{0.2}+1\right)\times 2=17.6\approx 18$（根）

故④号钢筋的工程量为 18×0.57×0.395＝4.053（kg）

30. 一现浇钢筋混凝土柱下杯基础（如图），柱断面 400mm×700mm，则该基础的混凝土工程量为（　　）m^3。

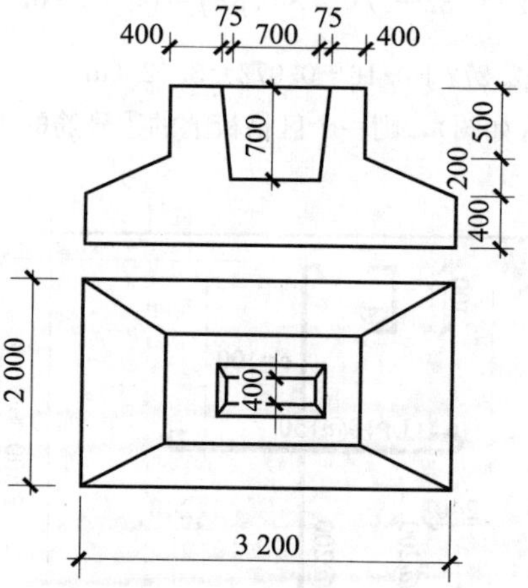

某现浇钢筋混凝土柱下杯基础

A. 4.242
B. 3.542
C. 4.278
D. 4.351

答案：A

［解题要点］现浇混凝土基础应以体积立方米计。计算该基础体积可看成由最下的六面体，加中间的实心四棱台，加最上的实心六面体，再减去杯口槽体积。

最下六面体：3.2×2.0×0.4＝2.56（m^3）

中间四棱台：据 $V=\frac{H}{3}\left(S_1+S_2+\sqrt{S_1S_2}\right)$

其中　$S_1=3.2\times 2.0=6.4$（m^2）

$S_2=(0.4\times 2+0.075\times 2+0.7)\times(0.4\times 2+0.075\times 2+0.4)=1.65\times 1.35=2.228$（$m^2$）

故 $V=\frac{0.2}{3}\left(6.4+2.228+\sqrt{6.4\times2.228}\right)=\frac{0.2}{3}$（8.628＋3.776）＝0.827（$m^3$）

最上六面体：$S_2\times0.5=2.228\times0.5=1.114$（$m^3$）

杯口槽体积：$V_{槽}=\frac{0.7}{3}\left(0.7\times0.4+0.85\times0.55+\sqrt{0.28\times0.4675}\right)=\frac{0.7}{3}$（0.28＋0.468＋0.362）＝0.827（m^3）

故杯基础体积为：2.56＋0.827＋1.114－0.259＝4.242（m^3）

31. 有一钢筋混凝土简支梁，结构如图，则一根②号筋的长度为（　　）mm。

A. 3 880　　B. 4 020

C. 3 930　　D. 4 070

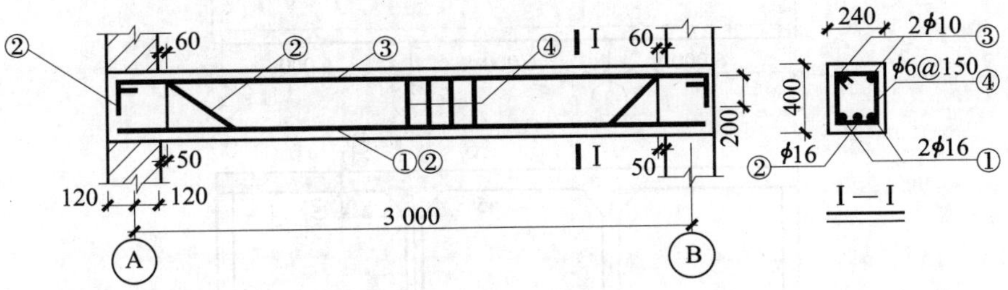

某钢筋混凝土简支梁结构图

答案：A

［解题要点］ 由结构图可知②号筋的形状如下图。

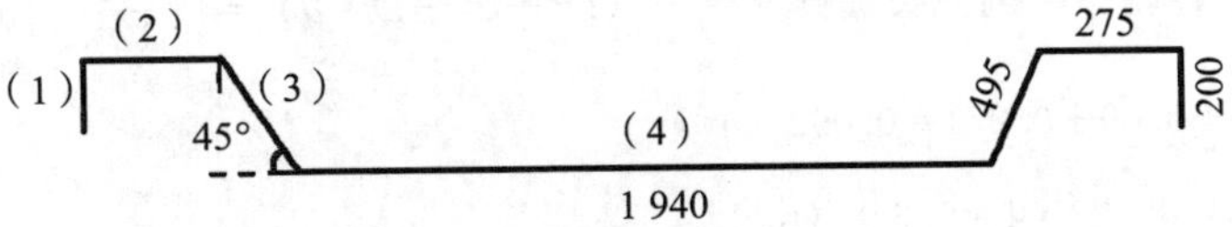

②号筋形状图

各段尺寸计算：

（1）因此筋系Ⅱ级钢，故不需加弯钩，两端直角下弯部分系锚固长要求，由图已知各下弯 200mm；

（2）尺寸为墙厚 240＋60－25＝275（mm）（此处梁的钢筋保护层取 25mm）；

（3）斜长由直角三角形可得：$\sin45°=\frac{400-50}{x}$

故 $x=\frac{350}{0.707}=495$（mm）

对于截面高度≤800mm 的梁弯起筋弯起角度为 45°。

（4）尺寸：3 000＋240－50－2×275－2×350＝1 940（mm）

故一根②号筋的长度为：2×200＋2×275＋2×495＋1 940＝3 880（mm）

32. 有一无梁楼盖（如图），则一层楼板加柱帽的混凝土工程量为（　　）m^3。

A. 67.70　　B. 66.91

C. 66.54　　D. 65.17

答案：B

［解题要点］ 无梁楼盖楼板混凝土与柱帽合算，按体积以"m^3"计算。

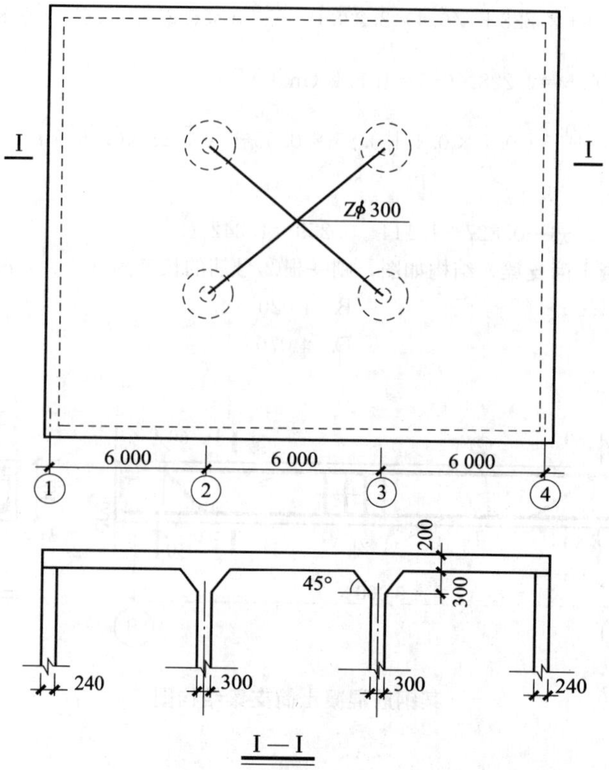

无梁楼盖

（1）柱帽体积：柱帽系一倒截头圆锥 $V=\frac{\pi h}{12}(D^2+d^2+D\cdot d)=\frac{\pi\cdot 0.3}{12}(0.9^2+0.3^2+0.3\times 0.9)=\frac{0.3\pi}{12}(0.81+0.09+0.27)=0.092$（$m^3$）

4 个柱帽体积为：$0.092\times 4=0.368$（m^3）

（2）楼板体积 $(3\times 6.0+0.24)^2\times 0.2=66.54$（$m^3$）

故一层楼盖与柱帽的混凝土工程量为：$66.54+0.368=66.91$（m^3）

33. 现浇整体式钢筋混凝土楼梯面平面如图，则一层楼梯混凝土工程量为（　　）m^3。

A. 9.6　　B. 10.5

C. 10.8　　D. 11.7

答案：B

［解题要点］ 现浇混凝土楼梯混凝土工程量按楼梯水平投影面积计，不扣除小于 500mm 的楼梯井，当整体式楼梯与楼层连接无梯梁时，以楼梯最后一个踏步边缘加 300mm 计算楼梯间范围。

楼梯间宽：3 240－240＝3 000（mm）

楼梯间长：3 720＋300－120＝3 900（mm）

楼梯井宽 500mm 应属扣除之列，楼梯井面积为 500×2 400＝1.2（m^2）

故一层楼梯混凝土工程量为：$3.0\times 3.9-1.2=10.5$（m^2）

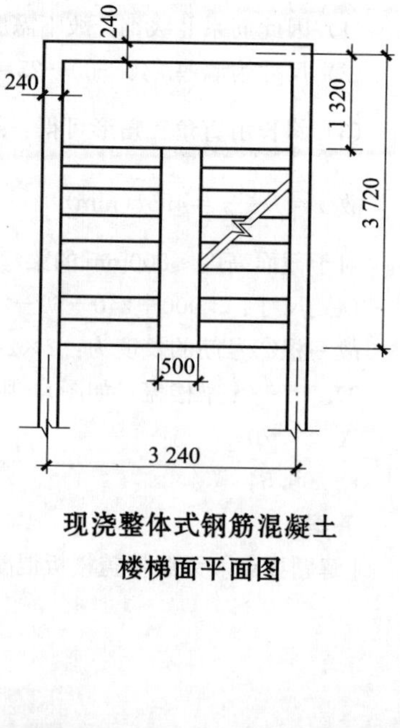

现浇整体式钢筋混凝土楼梯面平面图

如加 300mm 未扣楼梯井得 $11.7m^2$

如未加 300mm 扣楼梯井得 $9.6m^2$

如未加 300mm 未扣楼梯井得 $10.8m^2$

34. 根据《房屋建筑与装饰工程工程量计算规范》GB 50854—2013，下列关于柱帽的工程量计算叙述错误的是（　　）。

A. 现浇混凝土无梁板按板和柱帽体积之和计算

B. 现浇混凝土无梁板的柱高，应自柱基上表面至柱帽上表面之间的高度计算

C. 柱饰面按设计图示饰面外围尺寸以面积计算，柱帽并入相应柱饰面工程量内

D. 保温隔热天棚按设计图示尺寸以面积计算，柱帽保温隔热并入天棚保温隔热工程量内

答案：B

［解题要点］ 根据《房屋建筑与装饰工程工程量计算规范》GB 50854—2013，考生应分清柱帽在不同的情况，计算的方法是不同的。下面是涉及柱帽计算规则的几种情况：当计算现浇混凝土无梁板的柱高时，应自柱基上表面至柱帽下表面之间的高度计算；当计算现浇混凝土无梁板时，应按板和柱帽体积之和计算；在计算保温隔热天棚时，是按设计图示尺寸以面积计算的，且柱帽保温隔热并入天棚保温隔热工程量内；在计算柱饰面时，是按设计图示饰面外围尺寸以面积计算的，且柱帽并入相应柱饰面工程量内。

35. 根据《房屋建筑与装饰工程工程量计算规范》GB 50854—2013 的规定，关于现浇混凝土板的工程量计算正确的是（　　）。

A. 栏板按设计图示尺寸以面积计算

B. 雨篷按设计外墙中心线外图示体积计算

C. 阳台板按设计外墙中心线外图示面积计算

D. 散水按设计图示尺寸以面积计算

答案：D

［解题要点］ ①栏板，按设计图示尺寸以体积计算。不扣除构件内钢筋、预埋铁件及单个面积 $\leqslant 0.3m^2$ 的柱、垛以及孔洞所占体积；压型钢板混凝土楼板扣除构件内压型钢板所占体积。②雨篷、阳台板，按设计图示尺寸以墙外部分体积计算。包括伸出墙外的牛腿和雨篷反挑檐的体积。③散水，按设计图示尺寸以面积计算。不扣除单个面积 $\leqslant 0.3m^2$ 的孔洞所占面积。不扣除构件内钢筋、预埋铁件所占体积。

36. 有一双面坡屋顶建筑（如图），外墙为一砖厚，屋顶四面挑檐均为 600mm；屋面为水泥平瓦，则该建筑所需平瓦数量约为（　　）块。

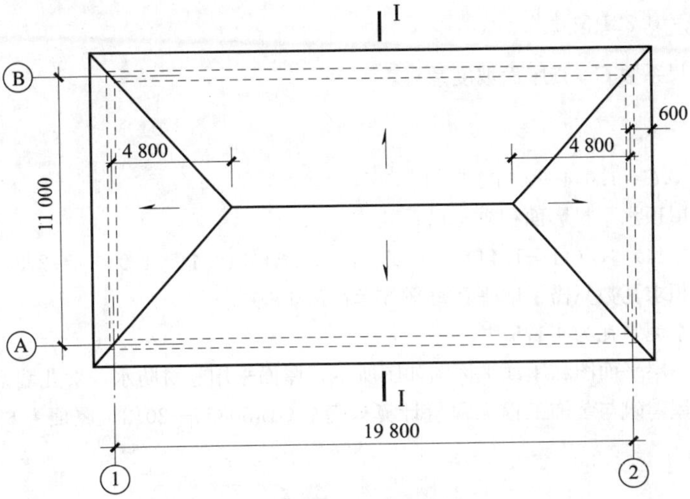

双面坡屋顶建筑屋面

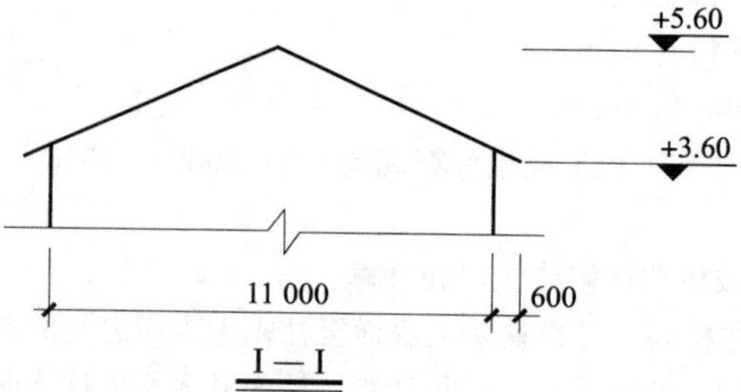

剖面图

A. 264
B. 3 963
C. 4 175
D. 4 298

答案：C

[解题要点] 该屋顶坡为36.4%，大于10%。

故为坡屋顶，按规定坡屋顶平瓦屋面工程量按斜面积计。

计算方法有二：

(1) 按图示尺寸分别求出，屋面梯形和三角形的高。

利用直角三角形勾股弦定理可得，梯形的高为：

$$\sqrt{(5.5+0.12+0.6)^2+2^2}=\sqrt{38.69+4}=6.53(\mathrm{m})$$

则两个梯形坡斜面积：

$$[(19.8+0.24+1.2)+(19.8-2\times4.8)]\times6.53=[21.24+10.2]\times6.53=205.30\ (\mathrm{m}^2)$$

三角形的高为：$\sqrt{(4.8+0.12+0.6)^2+2^2}=\sqrt{30.47+4}=5.87\ (\mathrm{m})$

则两个三角形坡斜面积为：$2\times\frac{1}{2}\times(11.0+0.24+1.2)\times5.87=73.02\ (\mathrm{m}^2)$

故四面坡斜面积为：$205.30+73.02=278.32\ (\mathrm{m}^2)$。

(2) 按延尺系数计算。

本题 $B=2.0\mathrm{m}$，$A=\frac{11.0+(0.12+0.6)\times2}{2}=6.22\ (\mathrm{m})$

故 $B/A=\frac{2}{6.22}=0.321\,5$

按插入法求延尺系数 C（查屋面坡度系数表）

$\frac{0.05}{0.021\,5}=\frac{155}{x}$

故 $x=66.65$，$\therefore C=1.044+0.006\,7=1.050\,7$

屋顶斜面积为屋顶水平投影面积乘延尺系数

故得 $(19.8+1.44)\times(11+1.44)\times1.050\,7=21.24\times12.44\times1.050\,7=278\ (\mathrm{m}^2)$

有了屋面斜面积求瓦数只需了解平瓦每平方米约需15块。

因此本题约需水泥平瓦为4 175块。

37. 某建筑物一层平面图和屋顶平面图如图所示，屋面采用卷材防水，女儿墙部分的弯起高度为250mm，根据《房屋建筑与装饰工程工程量计算规范》GB 50854—2013，屋面卷材防水工程量应为（　　）m^2。

A. 261.69
B. 270.75
C. 271.26
D. 280.45

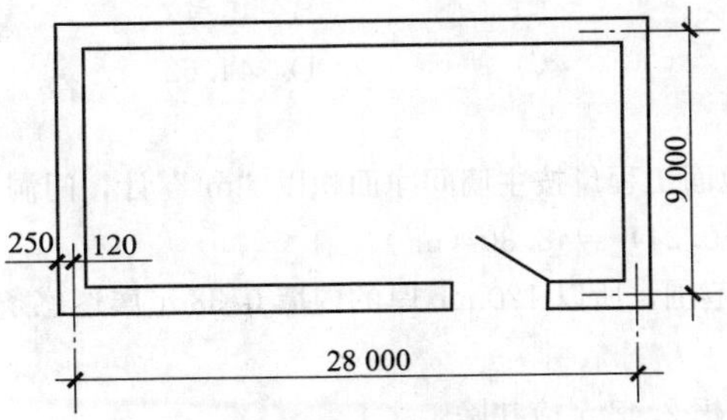

某建筑物一层平面图

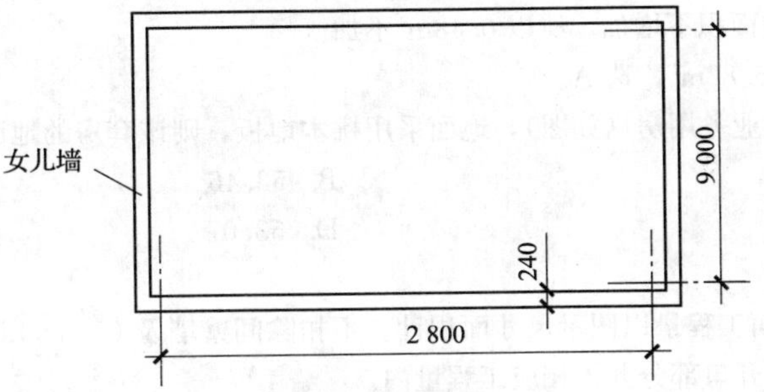

屋顶平面图

答案：C

[解题要点] 屋面卷材防水、屋面涂膜防水按设计图示尺寸以面积计算。斜屋顶（不包括平屋顶找坡）按斜面积计算；平屋顶按水平投影面积计算。不扣除房上烟囱、风帽底座、风道、屋面小气窗和斜沟所占面积。屋面的女儿墙、伸缩缝和天窗等处的弯起部分，并入屋面工程量内。

正确的计算方法是：

屋面卷材防水工程量 $S=(28+0.5-0.24\times2)\times(9+0.5-0.24\times2)+[(28+0.5-0.24\times2)+(9+0.5-0.24\times2)]\times2\times0.25=271.26\ (m^2)$

38. 根据《房屋建筑与装饰工程工程量计算规范》GB 50854—2013，屋面防水及其他工程量计算正确的是（　　）。

A. 屋面卷材防水按设计图示尺寸以面积计算，防水搭接及附加层用量按设计图示尺寸计算

B. 屋面排水管设计未标注尺寸，考虑弯折处的增加以长度计算

C. 屋面铁皮天沟按设计图示尺寸以展开面积计算

D. 屋面变形缝按设计图示尺寸以铺设面积计算

答案：C

[解题要点] 根据《房屋建筑与装饰工程工程量计算规范》GB 50854—2013，屋面卷材防水、屋面涂膜防水、屋面刚性防水；屋面天沟、檐沟；墙面卷材防水、墙面涂膜防水及墙面砂浆防水（潮）；楼（地）面卷材防水、楼（地）面涂膜防水、楼（地）面砂浆防水（潮），按设计图示尺寸以面积计算，单位：m^2。屋面、墙面、楼（地）面防水搭接及附加层用量不另行计算，在综合单价中考虑。屋面排（透）气管、屋面排水管、屋面变形缝、墙面变形缝、楼（地）面变形缝，按设计图示尺寸以长度计算，单位：m。屋面排水管如设计未标注尺寸的，以檐口至设计室外散水上表面垂直距离计算。屋面铁皮和卷材天沟，按展开面积计算，单位：m^2。

39. 一建筑物，外墙轴线尺寸为 9.60m×5.40m，外墙均为 240mm 厚，内、外墙及门洞面积如下：外墙上有门二樘计 $0.48m^2$，120mm 内墙门一樘 $0.29m^2$，240mm 内墙横截面共计 $2.48m^2$，120mm 内墙横截面计 $0.33m^2$。则该建筑地面水泥砂浆抹面工程量为（　　）m^2。

A. 45.82　　B. 45.49

C. 44.72　　D. 44.62

答案：A

［解题要点］ 水泥砂浆地面工程量按主墙间净面积以“m^2”计，门洞开口部分不增加。

（9.6－0.24）×（5.4－0.24）＝48.30（m^2）

间壁墙所占面积属不扣范围，所以120mm厚的内墙0.33m^2属迷惑条件。当然该墙上开的门洞占面积0.29m^2亦属迷惑数。

240mm厚的内墙所占面积2.48m^2应扣除。

48.30－2.48＝45.82（m^2）

外墙门洞开口处的面积不增加，所以0.48m^2不加。

最后本题答案是45.82m^2，选A。

40. 有一带套间的业务用房（如图），地面采用桃木地板，则该套房的地面工程量为（　　）m^2。

A. 53.91　　B. 53.46

C. 53.27　　D. 53.07

答案：B

［解题要点］ 木地面工程量以图示尺寸面积计。不扣除间壁墙及0.3m^2以内的柱、垛、附墙烟囱及孔洞所占面积，门洞开口部分并入相应工程量内。

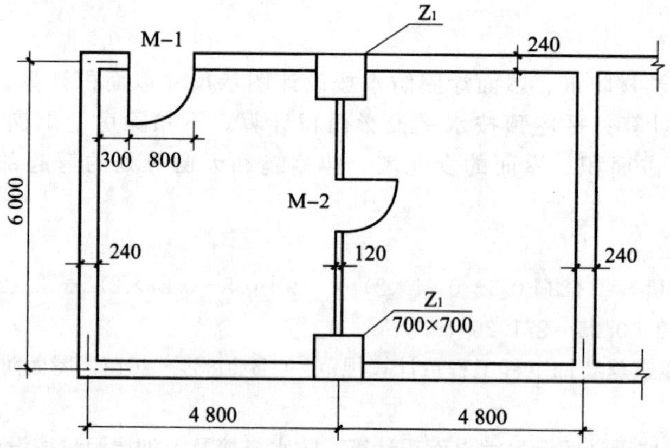

某业务用房平面示意图

（1）该房间净面积为（9.6－0.24）×（6.0－0.24）＝53.91（m^2）。

（2）中间120厚墙系间壁墙所占面积不扣除。

（3）每个柱Z_1在室内所占面积为0.7×（0.7－0.24）＝0.322（m^2）＞0.3m^2，应扣除室内2个Z_1柱，应扣除0.644m^2。

（4）M－1门洞开口部分应并入室内地面工程量，应加0.8×0.24＝0.192（m^2）。

故该套房木地面工程量为53.91－0.644＋0.192＝53.46（m^2）。

41. 有一490mm×490mm，高3.6m的独立砖柱，镶贴人造石板材（厚25mm）。结合层为1∶3水泥砂浆，厚15mm，则镶贴块料工程量为（　　）m^2。

A. 7.05　　B. 7.99

C. 8.21　　D. 7.63

答案：C

［解题要点］ 独立柱面镶贴块料装饰工程按柱外围饰面尺寸乘以柱高以“m^2”计。

据此柱外围饰面边应为490＋2×25＋2×15＝570（mm）。

所以饰面外围尺寸为 4×570＝2 280（mm）。

该柱饰面工程量为 2.280×3.6＝8.21（m^2）。

如只按砖柱外围周长计则得 7.05m^2。

如忽略将结合层没乘以 2 则得 7.99m^2。

42. 如单项选择题第 26 题图所示，计算此柱的抹灰工程量为（　　）m^2。

A. 14.64　　　　B. 15.28

C. 16.64　　　　D. 20.71

答案：D

[解题要点] 本题考查的内容：柱（梁）饰面按设计图示饰面外围尺寸以相应面积计算，柱帽、柱墩并入相应柱饰面工程量内；注意应与混凝土柱的工程量计算规则相区分，无梁板的柱高，应自柱基上表面至柱帽下表面之间的高度计算。

首层柱：$S=(3.6+0.4-0.15-0.4)\times0.4\times4=5.52$（$m^2$）

二、三层柱：$S=(3.6-0.15-0.4)\times0.4\times4\times2=9.76$（$m^2$）

柱帽：$(0.4+1.2)\times0.4\times\sqrt{2}\times\frac{1}{2}\times4\times3=5.43$（$m^2$）

合计：20.71m^2

43. 根据《房屋建筑与装饰工程工程量计算规范》GB 50854—2013，关于抹灰工程量，下面说法正确的是（　　）。

A. 墙面抹灰工程量应扣除墙与构件交接处面积

B. 有墙裙的内墙抹灰按主墙间净长乘以墙裙顶至天棚底高度以面积计算

C. 内墙裙抹灰不单独计算

D. 外墙抹灰按外墙展开面积计算

答案：B

[解题要点] 墙面抹灰工程量按设计图示尺寸以面积计算。扣除墙裙、门窗洞口及单个$>0.3m^2$的孔洞面积，不扣除踢脚线、挂镜线和墙与构件交接处的面积，门窗洞口和孔洞的侧壁及顶面不增加面积。①外墙抹灰面积按外墙垂直投影面积计算。②外墙裙抹灰面积按其长度乘以高度计算。③内墙抹灰面积按主墙间的净长乘以高度计算。无墙裙的内墙高度按室内楼地面至天棚底面计算；有墙裙的内墙高度按墙裙顶至天棚底面计算。但有吊顶天棚的内墙面抹灰，抹至吊顶以上部分在综合单价中考虑。④内墙裙抹灰面积按内墙净长乘以高度计算。

44. 根据《房屋建筑与装饰工程工程量计算规范》GB 50854—2013，压型钢板楼板工程量应（　　）。

A. 按设计图示尺寸以体积计算

B. 扣除所有柱垛及孔洞所占面积

C. 按设计图示尺寸以铺设水平投影面积计算

D. 按设计图示尺寸以质量计算

答案：C

[解题要点] 压型钢板楼板按设计图示尺寸以铺设水平投影面积“m^2”计算。

45. 根据《房屋建筑与装饰工程工程量计算规范》GB 50854—2013 的规定，关于厂库房大门工程量计算，说法正确的是（　　）。

A. 防护铁丝门按设计数量以质量计算

B. 金属格栅门按设计图示门框以面积计算

C. 钢质花饰大门按设计图示数量以质量计算

D. 全钢板大门按设计图示洞口尺寸以面积计算

答案：D

［解题要点］根据《房屋建筑与装饰工程工程量计算规范》GB 50854—2013，木板大门、钢木大门、全钢大门工程量按设计图示数量计算，单位：樘；或按设计图示洞口尺寸以面积计算，单位：m^2。防护铁丝门工程量按设计图示数量计算，单位：樘；或按设计图示门框或扇以面积计算，单位：m^2。金属格栅门工程量按设计图示数量计算，单位：樘；或按设计图示洞口尺寸以面积计算，单位：m^2。钢质花饰大门工程量按设计图示数量计算，单位：樘；或按设计图示门框或扇以面积计算，单位：m^2。

46. 根据《房屋建筑与装饰工程工程量计算规范》GB 50854—2013，下列关于油漆、涂料、裱糊工程的叙述错误的是（　　）。

A. 筒子板油漆按设计图示尺寸以面积计算

B. 木间壁油漆按设计图示尺寸以单面外围面积计算

C. 衣柜油漆按设计图示尺寸以油漆部分展开面积计算

D. 木地板油漆按设计图示尺寸以面积计算。空洞、空圈的开口部分不计算

答案：D

［解题要点］根据《房屋建筑与装饰工程工程量计算规范》GB 50854—2013，油漆、涂料、裱糊工程中，关于木材面油漆的工程量：①木护墙、木墙裙油漆，窗台板、筒子板、盖板、门窗套、踢脚线油漆，清水板条天棚、檐口油漆，木方格吊顶天棚油漆，吸声板墙面、天棚面油漆，暖气罩油漆。按设计图示尺寸以面积计算。②木间壁、木隔断油漆，玻璃间壁露明墙筋油漆，木栅栏、木栏杆（带扶手）油漆。按设计图示尺寸以单面外围面积计算。③衣柜、壁柜油漆，梁柱饰面油漆，零星木装饰油漆。按设计图示尺寸以油漆部分展开面积计算。④木地板油漆、木地板烫硬蜡面。按设计图示尺寸以面积计算。空洞、空圈、暖气包槽、壁龛的开口部分并入相应的工程量内。

47. 根据《房屋建筑与装饰工程工程量计算规范》GB 50854—2013，某屋面做法（自下而上）：120mm厚现浇混凝土板，现浇水泥珍珠岩最薄处30mm厚，20mm厚1∶2.5水泥砂浆找平层，冷底子一遍，热粘满铺SBS防水层，隔热层。下列有关清单项目列项的说法，错误的是（　　）。

A. 仅列一项屋面工程，包括所有的屋面做法

B. 分别列项，其中“现浇水泥珍珠岩”按保温隔热层列项

C. 分别列项，其中“20mm厚1∶2.5水泥砂浆找平层”按平面砂浆找平层列项

D. 分别列项，其中“冷底子一遍，热粘满铺SBS防水层”按屋面卷材防水列项

答案：A

［解题要点］某屋面做法（自下而上）：120mm厚现浇混凝土板，现浇水泥珍珠岩最薄处30mm厚，20mm厚1∶2.5水泥砂浆找平层，冷底子一遍，热粘满铺SBS防水层，隔热层。根据屋面工程的工作内容，清单项目列项时，“现浇水泥珍珠岩”按保温隔热层列项计算，“20mm厚1∶2.5水泥砂浆找平层”按平面砂浆找平层列项计算，“冷底子一遍，热粘满铺SBS防水层”按屋面卷材防水列项。

48. 根据《房屋建筑与装饰工程工程量计算规范》GB 50854—2013，关于楼地面工程量的计算，下面说法不正确的是（　　）。

A. 石材楼梯面层找平层计入综合单价，不需要另行计算

B. 水泥砂浆楼梯面层防滑条计入综合单价，不另计算

C. 块料踢脚线工程量以平方米计量，按设计图示长度乘高度以面积计算

D. 木质踢脚线工程量以根计量，按个数计算

答案：D

［解题要点］楼梯面层包括石材楼梯面层、块料楼梯面层、拼碎块料面层、水泥砂浆楼梯面层、现浇水磨石楼梯面层、地毯楼梯面层、木板楼梯面层、橡胶板楼梯面层、塑料板楼梯面层，与整体楼地面一样，找平层计入综合单价，不需要另行计算。防滑条也计入综合单价，不另计算。踢脚线包括水泥砂浆踢脚线、石材踢脚线、块料踢脚线、塑料板踢脚线、木质踢脚线、金属踢脚线、防静电踢脚

线，工程量以"m^2"计量，按设计图示长度乘高度以面积计算；以"m"计量，按延长米计算。

49. 根据《房屋建筑与装饰工程工程量计算规范》GB 50854—2013 的规定，关于屋面防水工程量计算，说法正确的是（　）。

A. 斜屋面卷材防水按水平投影面积计算

B. 女儿墙、伸缩缝等处的卷材防水弯起部分不计

C. 屋面排水管按设计图示数量以根计算

D. 屋面变形缝卷材防水按设计图示尺寸以长度计算

答案：D

[解题要点] 根据《房屋建筑与装饰工程工程量计算规范》GB 50854—2013，屋面卷材防水、屋面涂膜防水，按设计图示尺寸以面积计算，单位：m^2。斜屋顶（不包括平屋顶找坡）按斜面积计算；平屋顶按水平投影面积计算。不扣除房上烟囱、风帽底座、风道、屋面小气窗和斜沟所占面积。屋面的女儿墙、伸缩缝和天窗等处的弯起部分，并入屋面工程量内。屋面排水管，按设计图示尺寸以长度计算，单位：m。屋面变形缝，按设计图示以长度计算，单位：m。

50. 根据《房屋建筑与装饰工程工程量计算规范》GB 50854—2013，下列有关措施项目工程量计算规则，叙述正确的是（　）。

A. 某多层建筑物的层数为 6 层（含地下室层数），可计算超高施工增加

B. 某多层建筑物的层数为 6 层（不含地下室层数），可计算超高施工增加

C. 排、降水的计量单位是天

D. 大型机械进出场及安拆的计量单位是台班

答案：B

[解题要点] 根据《房屋建筑与装饰工程工程量计算规范》GB 50854—2013，措施项目中超高施工增加费是指，单层建筑物檐口高度超过 20m，多层建筑物超过 6 层时（不包括地下室层数），可按超高部分的建筑面积计算超高施工增加，其计算规则是按建筑物超高部分的建筑面积计算，单位：m^2。排水、降水，是按排水、降水日历天数计算，单位：昼夜。大型机械进出场及安拆是按使用机械设备的数量计算，单位：台次。

51. 根据《房屋建筑与装饰工程工程量计算规范》GB 50854—2013 的规定，有关保温、隔热工程量计算，说法正确的是（　）。

A. 与天棚相连的梁的保温工程量并入天棚的保温工程量

B. 与墙相连的柱的保温工程量按柱的保温工程量计算

C. 门窗洞口侧壁的保温工程量不计

D. 梁保温工程量按设计图示尺寸以梁的中心线长度计算

答案：A

[解题要点] 根据《房屋建筑与装饰工程工程量计算规范》GB 50854—2013，保温隔热天棚，按设计图示尺寸以面积计算，单位：m^2。扣除面积大于 $0.3m^2$ 的柱、垛、孔洞所占面积，与天棚相连的梁按展开面积，计算并入天棚工程量内。保温隔热墙面，按设计图示尺寸以面积计算，单位：m^2。扣除门窗洞口以及面积大于 $0.3m^2$ 的梁、孔洞所占面积；门窗洞口侧壁以及与墙相连的柱，并入保温墙体工程量。保温梁，按设计图示尺寸以面积计算，单位：m^2。梁按设计图示梁断面保温层中心线展开长度乘以保温层长度以面积计算。

52. 根据《房屋建筑与装饰工程工程量计算规范》GB 50854—2013 的规定，关于天棚装饰工程量计算，说法正确的是（　）。

A. 灯带（槽）按设计图示尺寸以框外围面积计算

B. 灯带（槽）按设计图示尺寸以延长米计算

C. 送风口按设计图示尺寸以结构内边线面积计算

D. 回风口按设计图示尺寸以面积计算

答案：A

［解题要点］根据《房屋建筑与装饰工程工程量计算规范》GB 50854—2013，灯带（槽）按设计图示尺寸以框外围面积计算，单位：m^2。送风口、回风口按设计图示数量计算，单位：个。

二、多项选择题

1. 根据国家建筑标准设计图集（22G101）中的平法施工图注写方式，下列含义正确的有（　　）。

A. KZ 表示框架柱

B. 梁 300×700　Y400×300 表示梁规格为 300×700，水平加腋，腋长、宽分别为 400mm、300mm

C. XL　300×600/400 表示根部和端部不同高的悬挑梁

D. Φ10@120（4）/150（2）表示Φ10 的钢筋加密区间距 120mm、四肢箍，非加密区间距 150mm、两肢箍

E. KL3(2A)　400×600 表示 3 号楼层框架梁，2 跨，一端悬挑

答案：A、C、D、E

［解题要点］本题考查的是主要构件的平法注写方式。柱平法施工图注写方式中的代号分别为：框架柱（KZ）、转换柱（ZHZ）、芯柱（XZ）。梁截面尺寸的表示：当为等截面梁时，用 $b\times h$ 表示；当为竖向加腋梁时，用 $b\times h$　$\mathrm{Y}c_1\times c_2$ 表示，其中 c_1 为腋长，c_2 为腋高；当为水平加腋梁时，一侧加腋时用 $b\times h$　$\mathrm{PY}c_1\times c_2$ 表示，其中 c_1 为腋长，c_2 为腋宽，加腋部分应在平面图中绘制；当有悬挑梁且根部和端部的高度不同时，用斜线分割根部与端部的高度值，即为 $b\times h_1/h_2$。梁箍筋的表示：包括钢筋种类、直径、加密区与非加密区间距及肢数，该项为必注值。箍筋加密区与非加密区的不同间距及肢数需用斜线“/”分隔；当梁箍筋为同一种间距及肢数时，则不需用斜线；当加密区与非加密区的箍筋肢数相同时，则将肢数注写一次；箍筋肢数应写在括号内。梁编号由梁类型代号、序号、跨数及有无悬挑代号组成。梁的类型代号有楼层框架梁（KL）、楼层框架扁梁（KBL）、屋面框架梁（WKL）、框支梁（KZL）、托柱转换梁（TZL）、非框架梁（L）、悬挑梁（XL）、井字梁（JZL），A 为一端悬挑，B 为两端悬挑，悬挑不计跨数。

2. 普通独立基础的配筋为 T：7Φ18@100/Φ10@200，其含义是（　　）。

A. 以 T 表示基础底板顶部配筋

B. “/”前 7Φ18@100 表示：配置平行于两柱轴心连线的受力筋 7 根，HRB400 级钢筋，直径为 18mm

C. “/”前 7Φ18@100 表示：受力筋下垂直布置 7 根，HRB400 级钢筋，直径为 18mm

D. “/”后Φ10@200 表示：配置平行于两柱轴心连线的受力筋 HRB400 级钢筋，直径为 10mm，每隔 200mm 布置一根

E. “/”后Φ10@200 表示：沿底板顶部受力筋下垂直布置分布筋，HRB400 级钢筋，直径为 10mm，每隔 200mm 布置一根

答案：A、B、E

［解题要点］以 T 表示基础底板顶部配筋，T 后先注写受力筋，再注写分布筋，并用“/”分开。“/”前 7Φ18@100 表示：配置平行于两柱轴心连线的受力筋 7 根（压轴线一根，两边按间距 100mm 各布 3 根），HRB400 级钢筋，直径为 18mm；“/”后Φ10@200 表示：沿底板顶部受力筋下垂直布置分布筋，HRB400 级钢筋，直径为 10mm，每隔 200mm 布置一根。

3. 关于建筑面积计算，说法正确的有（　　）。

A. 露天游泳池按设计图示外围水平投影面积的 1/2 计算

B. 建筑物内的储水罐平台按平台投影面积计算

C. 有永久性顶盖的室外楼梯，按楼梯水平投影面积计算

D. 建筑物主体结构内的阳台按其结构外围水平面积计算

E. 宽度超过 2.10m 的雨篷按结构板的水平投影面积的 1/2 计算

答案：D、E

［解题要点］①露台、露天游泳池、花架、屋顶的水箱及装饰性结构构件不计算建筑面积。露台是设置在屋面、首层地面或雨篷上的供人室外活动的有围护设施的平台。②建筑物内的操作平台、上料平台、安装箱和罐体的平台，不计算建筑面积。③室外楼梯应并入所依附建筑物自然层，并应按其水平投影面积的 1/2 计算建筑面积。④在主体结构内的阳台，应按其结构外围水平面积计算全面积；在主体结构外的阳台，应按其结构底板水平投影面积计算 1/2 面积。⑤有柱雨篷应按其结构板水平投影面积的 1/2 计算建筑面积；无柱雨篷的结构外边线至外墙结构外边线的宽度在 2.10m 及以上的，应按雨篷结构板的水平投影面积的 1/2 计算建筑面积。

4. 根据《建筑工程建筑面积计算规范》GB/T 50353—2013，下列有关建筑物外墙外保温层建筑面积的叙述，正确的是（　　）。

A. 保温隔热材料的厚度包含抹灰层、防潮层、保护层（墙）的厚度

B. 保温隔热层的外墙外边线长度不扣除门窗所占长度

C. 当建筑物外已计算建筑面积的阳台有保温隔热层时，其保温隔热层也不再计算建筑面积

D. 外墙是斜面者按楼面楼板处的外墙外边线长度乘以保温材料的净厚度计算

E. 复合墙体不属于外墙外保温层，整体视为外墙结构，按外围面积计算

答案：B、C、D、E

［解题要点］建筑物的外墙外保温层建筑面积的计算，应按其保温材料的水平截面积计算，并计入自然层建筑面积。建筑物外墙外侧有保温隔热层的，保温隔热层以保温材料的净厚度乘以外墙结构外边线长度按建筑物的自然层计算建筑面积，其外墙外边线长度不扣除门窗和建筑物外已计算建筑面积的构件（如阳台、室外走廊、门斗、落地橱窗等部件）所占长度。当建筑物外已计算建筑面积的构件（如阳台、室外走廊、门斗、落地橱窗等部件）有保温隔热层时，其保温隔热层也不再计算建筑面积。外墙是斜面者按楼面楼板处的外墙外边线长度乘以保温材料的净厚度计算。外墙外保温以沿高度方向满铺为准，某层外墙外保温铺设高度未达到全部高度时（不包括阳台、室外走廊、门斗、落地橱窗、雨篷、飘窗等），不计算建筑面积。保温隔热层的建筑面积是以保温隔热材料的厚度来计算的，不包含抹灰层、防潮层、保护层（墙）的厚度。建筑外墙外保温只计算保温材料本身的面积。复合墙体不属于外墙外保温层，整体视为外墙结构，按外围面积计算。

5. 下列有关地基处理的叙述正确的是（　　）。

A. 换填垫层可根据换填材料不同，区分土垫层、石垫层等分别编码列项

B. 高压喷射注浆桩，按“根”计算

C. 浆护壁成孔，工作内容包括土方、废泥浆外运

D. 浆护壁成孔，如采用沉管灌注成孔，工作内容包括桩尖制作、安装

E. 清单列项时要正确区分锚杆项目和土钉项目

答案：A、C、D、E

［解题要点］换填垫层，根据换填材料不同可分为土、石垫层和土工合成材料加筋垫层，可根据换填材料不同，区分土（灰土）垫层、石（砂石）垫层等分别编码列项。深层搅拌桩、粉喷桩、柱锤冲扩桩，高压喷射注浆桩，按设计图示尺寸以桩长“m”计算。浆护壁成孔，工作内容包括土方、废泥浆外运；如采用沉管灌注成孔，工作内容包括桩尖制作、安装。清单列项时要正确区分锚杆项目和土钉项目。

6. 根据《房屋建筑与装饰工程工程量计算规范》GB 50854—2013，关于砌块砌体工程量的计算，下面说法正确的是（　　）。

A. 砌块墙凸出墙面的挑檐并入墙体体积内计算

B. 砌块墙凸出墙面的砖垛并入墙体体积内计算

C. 填充墙项目特征需要描述填充材料种类及厚度

D. 砌块柱扣除混凝土及钢筋混凝土梁头所占体积

E. 砌体垂直灰缝宽＞30mm 时，采用 C20 细石混凝土灌实

答案：B、C、D、E

［解题要点］ 砌块墙凸出墙面的腰线、挑檐、压顶、窗台线、虎头砖、门窗套的体积亦不增加。凸出墙面的砖垛并入墙体体积内计算。填充墙项目特征需要描述填充材料种类及厚度。砌块柱扣除混凝土及钢筋混凝土梁头所占体积。砌体垂直灰缝宽＞30mm 时，采用 C20 细石混凝土灌实。

7. 某坡地建筑基础，设计基底垫层宽为 8.0m，基础中心线长为 22.0m，开挖深度为 1.6m，地基为中等风化软岩，根据《房屋建筑与装饰工程工程量计算规范》GB 50854—2013 的规定，关于基础石方的项目列项或工程量计算正确的是（　　）。

A. 按挖沟槽石方列项

B. 按挖基坑石方列项

C. 按挖一般石方列项

D. 工程量为 281.6m^3

E. 工程量为 22.0m

答案：C、D

［解题要点］ ①厚度大于±300mm 的竖向布置挖石或山坡凿石应按《房屋建筑与装饰工程工程量计算规范》GB 50854—2013 表 A.2 中挖一般石方项目编码列项。②挖一般石方，按设计图示尺寸以体积计算。挖石应按自然地面测量标高至设计地坪标高的平均厚度确定。$V=8\times22\times1.6=281.6$（$m^3$）。

8. 根据《房屋建筑与装饰工程工程量计算规范》GB 50854—2013，现浇混凝土工程量计算正确的是（　　）。

A. 雨篷与圈梁连接时其工程量以梁中心为分界线

B. 阳台梁与圈梁连接部分并入圈梁工程量

C. 挑檐板按设计图示水平投影面积计算

D. 空心板按设计图示尺寸以体积计算，空心部分不予以扣除

E. 各类板伸入墙内的板头并入板体积内计算

答案：B、E

［解题要点］ 根据《房屋建筑与装饰工程工程量计算规范》GB 50854—2013，现浇混凝土雨篷、悬挑板、阳台板，按设计图示尺寸以墙外部分体积计算，包括伸出墙外牛腿和雨篷反挑檐的体积。现浇混凝土挑檐、天沟板、雨篷、阳台与板（包括屋面板、楼板）连接时，以外墙外边线为分界线；与圈梁（包括其他梁）连接时，以梁外边线为分界线。外边线以外为挑檐、天沟、雨篷或阳台。空心板按设计图示尺寸以体积。空心板（GBF 高强薄壁蜂窝芯板）应扣除空心部分体积。有梁板（包括主、次梁与板）按梁、板体积之和计算；无梁板按板和柱帽体积之和计算；各类板伸入墙内的板头并入板体积内计算；薄壳板的肋、基梁并入薄壳体积内计算。

9. 根据《建筑工程建筑面积计算规范》GB/T 50353—2013，下列有关楼梯的叙述，正确的是（　　）。

A. 现浇混凝土直形楼梯，按设计图示尺寸以水平投影面积计算，不扣除宽度≤500mm 的楼梯井，伸入墙内部分不计算

B. 当现浇混凝土整体楼梯与现浇楼板无梯梁连接时，以楼梯的最后一个踏步边缘加 300mm 为界

C. 预制混凝土楼梯，按设计图示数量计算

D. 石材楼梯面层，楼梯与楼地面相连时，算至梯口梁内侧边沿

E. 石材楼梯面层防滑条不计入综合单价，另行计算

答案：A、B、C、D

［解题要点］ 现浇混凝土楼梯包括直形楼梯、弧形楼梯。以“m^2”计量，按设计图示尺寸以水平投影面积计算，不扣除宽度≤500mm 的楼梯井，伸入墙内部分不计算；以“m^3”计量，按设计图示

尺寸以体积计算。现浇混凝土整体楼梯（包括直形楼梯、弧形楼梯）水平投影面积包括休息平台、平台梁、斜梁和楼梯的连接梁。当整体楼梯与现浇楼板无梯梁连接时，以楼梯的最后一个踏步边缘加300mm为界。预制混凝土楼梯（编号：010513），以“m^3”计量时，按设计图示尺寸以体积计算，扣除空心踏步板空洞体积；以“块”计量时，按设计图示数量计。石材楼梯面层、块料楼梯面层、拼碎块料面层、水泥砂浆楼梯面层、现浇水磨石楼梯面层、地毯楼梯面层、木板楼梯面层、橡胶板楼梯面层、塑料板楼梯面层，按设计图示尺寸以楼梯（包括踏步、休息平台及宽度≤500mm的楼梯井）水平投影面积“m^2”计算。楼梯与楼地面相连时，算至梯口梁内侧边沿；无梯口梁者，算至最上一层踏步边沿加300mm。与整体楼地面一样，找平层计入综合单价，不需要另行计算。防滑条也计入综合单价，不另行计算。

10. 根据《房屋建筑与装饰工程工程量计算规范》GB 50854—2013，关于综合脚手架，说法正确的有（　　）。

A. 工程量按建筑面积计算

B. 用于屋顶加层时应说明加层高度

C. 项目特征应说明建筑结构形式和檐口高度

D. 同一建筑物有不同的檐高时，分别按不同檐高列项

E. 项目特征必须说明脚手架材料

答案：A、C、D

[**解题要点**] ①综合脚手架工程量按建筑面积计算。②同一建筑物有不同的檐高时，综合脚手架按建筑物竖向切面分别按不同檐高编列清单项目。③综合脚手架项目特征应说明建筑结构形式和檐口高度。

11. 根据《房屋建筑与装饰工程工程量计算规范》GB 50854—2013的规定，以下关于措施项目工程量计算，说法正确的有（　　）。

A. 垂直运输费用，按施工工期日历天数计算

B. 大型机械设备进出场及安拆，按使用和数量计算

C. 施工降水成井，按设计图示尺寸以钻孔深度计算

D. 超高施工增加，按建筑物总建筑面积计算

E. 雨篷混凝土模板及支架，按外挑部分水平投影面积计算

答案：A、B、C、E

[**解题要点**] 根据《房屋建筑与装饰工程工程量计算规范》GB 50854—2013，雨篷、悬挑板、阳台板的混凝土模板及支架，按图示外挑部分尺寸的水平投影面积计算，挑出墙外的悬臂梁及板边不另行计算。垂直运输可按建筑面积计算，也可以按施工工期日历天数计算，单位：mL或天。超高施工增加，工程量计算按建筑物超高部分的建筑面积计算，单位：m。大型机械设备进出场及安拆，工程量按使用机械设备的数量计算，单位：台次。施工降水成井，按设计图示尺寸以钻孔深度计算，单位：m。

模拟自测题一

一、单项选择题（每题只有一个正确答案，每题 1 分，共 60 分）

1. 下列属于火山深成岩的是（　　）。

A. 花岗岩　　B. 花岗斑岩

C. 流纹岩　　D. 安山岩

2. 下列关于矿物硬度排序说法正确的是（　　）。

A. 滑石＜方解石＜石膏＜长石　　B. 长石＜石英＜黄玉＜金刚石

C. 石膏＜石英＜钢刀＜玻璃　　D. 指甲＜石膏＜方解石＜刚玉

3. 根据有机质含量分类。根据土中有机质含量，分为无机质土、有机质土、泥炭质土和泥炭。砂土是粒径大于 2mm 的颗粒含量不超过全重（　　）。

A. 25％　　B. 50％

C. 75％　　D. 100％

4. 以下不属于喷混凝土具备的作用的是（　　）。

A. 缩短了开挖与支护的间隔时间　　B. 防止地下水深入隧道内

C. 及时地填补了围岩表面的裂缝和缺损　　D. 阻止裂隙切割的碎块脱落松动

5. 对下列工程地质问题、防治处理方法，正确的是（　　）。

A. 埋藏深的断层破碎带应挖除　　B. 浅埋的泥化夹层应挖除回填

C. 深层淤泥质土可灌水泥浆加固　　D. 对裂隙发育岩层应喷混凝土加固

6. 关于边坡岩体稳定性下列叙述正确的是（　　）。

A. 崩塌现象均发生在坡度大于 45°的斜坡上

B. 片麻岩构成的边坡易发生崩塌

C. 产状为陡立的千枚岩，在临近斜坡表部易发生蠕变

D. 喷出岩边坡，当柱状节理发育时，易发生水平滑坡

7. 具有结构承载力大、刚度大、抗震性能好、防火性能好，结构局部和整体稳定性好优点的建筑物是（　）。

A. 砖混结构　　B. 钢筋混凝土结构

C. 钢结构　　D. 型钢混凝土组合结构

8. 根据《民用建筑设计统一标准》GB 50352—2019 的规定，建筑高度为 28.0m 的住宅建筑属于（　　）。

A. 低层民用建筑　　B. 多层民用建筑

C. 高层民用建筑　　D. 超高层民用建筑

9. 根据《绿色建筑评价标准》GB/T 50378—2019 的规定，绿色建筑的评价应以（　　）为评价对象。

A. 分部工程　　B. 分项工程

C. 单位工程　　D. 单栋建筑

10. 关于基础埋深，下列叙述不正确的是（　　）。

A. 基础埋深是从室外地面与基础底面的垂直距离

B. 埋深大于 4m 的称为深基础

C. 在安全可靠的前提下，尽量浅埋，但不应浅于 0.5m

D. 基础顶面应低于设计地面 100mm 以上

11. 关于墙体构造的说法，正确的是（　　）。

A. 室内地面均为实铺时，外墙墙身防潮层应设在室外地坪以下 60mm 处

B. 外墙两侧地坪不等高时，墙身防潮层应设在较低一侧地坪以下 60mm 处

C. 年降雨量小于 900mm 的地区只需设置明沟

D. 散水宽度一般为 600～1 000mm

12. 具有底面平整，增加室内净空高度，利于采光和通风的优点，但楼板厚度较大，并适用于荷载较大、管线较多的商店和仓库的是（　　）。

A. 板式楼板　　B. 梁板式肋形楼板

C. 井字形肋楼板　　D. 无梁楼板

13. 砌石路基构造叙述正确的是（　　）。

A. 砌石顶宽为 0.8m　　B. 基底面以 1：5 坡度向外倾斜

C. 每隔 10～15m 设一道伸缩缝　　D. 当基础地质条件变化时，应分段砌筑

14. 根据《城市道路工程设计规范》CJJ 37－2012（2016 年版）的规定，我国城镇道路设计车速为 40～60km/h 的属于（　　）。

A. 快速路　　B. 主干路

C. 次干路　　D. 支路

15. 下列有关涵洞叙述正确的是（　　）。

A. 圆管涵受力情况和对基础的适应性较好，可广泛使用

B. 涵洞内水流为自由水面的称为无压力式涵洞

C. 水流在涵洞全部长度上为自由水面的称为无压力式涵洞

D. 箱涵施工方便造价低，被广泛采用

16. 下列关于地下公路建筑界限叙述正确的是（　　）。

A. 建筑界限就是隧道的横断面　　B. 建筑界限就是隧道衬砌内轮廓范围

C. 建筑界限是车辆、人员通过的最小尺度　　D. 隧道净空是建筑界限的一部分

17. 城市地下冷库一般都设在（　　）。

A. 城市中心　　B. 郊区

C. 地铁站附近　　D. 汽车站附近

18. 下列关于钢材性能叙述正确的是（　　）。

A. 脆性临界温度数值越低，钢材的低温冲击韧性越好

B. 表征抗拉性能主要指标是耐疲劳性

C. 冷弯性是表征钢材在低温状态下承受弯曲变形的能力

D. 钢材硬度是指抵抗冲击荷载的能力

19. 可用于一级公路高级路面的面层类型是（　　）。

A. 沥青混凝土　　B. 沥青碎石

C. 沥青表面处治　　D. 级配砾石

20. 冷轧带肋钢筋中，（　　）为普通钢筋混凝土用钢筋。

A. CRB970　　B. HRB400

C. CRB650　　D. CRB550

21. 有关防火堵料适用的场合，下列叙述正确的是（　　）。

A. 有机防火堵料适用于不经常变更的孔洞

B. 防火包适用于需经常改变的较小孔洞
C. 无机防火堵料适用于封堵后基本不变的孔洞
D. 有机防火堵料适用于经常改变的大孔洞

22. 适用于浆锚、喷锚支护、抢修、抗硫酸盐腐蚀、海洋建筑等工程的水泥宜采用（　　）。
A. 铝酸盐水泥　　B. 快硬硫铝酸盐水泥
C. 普通硅酸盐水泥　　D. 矿渣硅酸盐水泥

23. 影响混凝土密实度的实质性因素是（　　）。
A. 振捣方法　　B. 养护温度
C. 水泥用量　　D. 养护湿度

24. 特别适用于游泳池工程的不定型建筑密封材料是（　　）。
A. 聚氨酯密封膏　　B. 沥青油膏
C. 塑料油膏　　D. 丙烯酸密封膏

25. 具有低频吸声特性，并有助于声波的扩散的吸声结构应为（　　）。
A. 帘幕吸声结构　　B. 柔性吸声结构
C. 薄板振动吸声结构　　D. 悬挂空间吸声结构

26. 适用于基坑、槽宽度为 4m，且降水深度为 3m 的轻型井点布置是（　　）。
A. 单排布置　　B. 双排布置
C. 环形布置　　D. U 形布置

27. 填方如采用不同透水性的土分层填筑时，填料使用方法正确的是（　　）。
A. 下层宜填筑透水性较大、上层宜填筑透水性较小
B. 将透水性较大的土层表面做成适当坡度
C. 下层宜填筑透水性较小、上层宜填筑透水性较大
D. 填方宜采用不同类土混填

28. 在土方工程施工中，铲运机采用环形路线的作业条件是（　　）。
A. 施工地带较短，地形起伏较大　　B. 施工地带较长，地形起伏较大
C. 施工地带较长，且地形起伏不大　　D. 施工地带较短，地形起伏不大

29. 下列有关泥浆护壁成孔灌注桩的适用范围叙述正确的是（　　）。
A. 钻孔扩底灌注桩可用于孔深一般小于 30m
B. 正循环钻孔灌注桩可用于桩径小于 1.5m、孔深一般小于 40m 场地
C. 反循环钻孔灌注桩可用于桩径小于 2.0m、孔深一般小于 50m 的场地
D. 冲击成孔灌注桩对厚砂层软塑—流塑状态的淤泥及淤泥质土应慎重使用

30. 下列有关装配式混凝土的施工工艺，叙述错误的是（　　）。
A. 预制楼梯与支承构件之间宜采用简支连接
B. 吊装用吊索水平夹角不宜小于 60°，且不应小于 45°
C. 预制构件吊装就位后，每个预制构件的临时支撑不宜少于 2 道
D. 构件安装准备时，多层预制剪力墙底部采用坐浆材料时，其厚度不宜大于 40mm

31. 下列有关采用先张法施工的预应力混凝土构件，叙述正确的是（　　）。
A. 为保证预应力筋与混凝土的良好黏结，在预应力放张时，如设计无具体要求，混凝土强度不应低于设计混凝土立方体抗压强度标准值的 50%
B. 采用正确的预应力筋的张拉程序的目的是减少预应力的松弛损失
C. 采用重叠法生产构件时，应待下层构件的混凝土强度达到 10.0MPa 后，方可浇筑上层构件的混凝土
D. 有黏结预应力筋为直线形时，一端张拉的长度可延长至 30m

32. 以下关于钻孔压浆桩说法错误的是（　　）。

A. 钻孔压浆桩振动小，噪声低

B. 钻孔压浆桩脆性比普通钢筋混凝土桩要大

C. 桩顶标高至少要比设计标高高出 0.8～1.0m

D. 制备浆液所用的水泥宜采用等级不低于 42.5 的矿渣硅酸盐水泥

33. 对先张法预应力钢筋混凝土构件进行湿热养护，采取合理养护制度的主要目的是（　　）。

A. 提高混凝土强度

B. 减少由于温差引起的预应力损失

C. 增加混凝土的收缩和徐变

D. 增大混凝土与钢筋的共同作用

34. 下列有关装饰工程的叙述，错误的是（　　）。

A. 在实木地板安装时，基层平整度误差不得大于 5mm

B. 在实木地板安装时，木龙骨应与基层连接牢固，固定点间距不得大于 600mm

C. 在墙面贴面砖时，水泥砂浆应满铺在墙砖背面，一面墙应一次铺贴到顶，以防塌落

D. 在轻质隔墙工程中，安装贯通系列轻钢龙骨时，低于 3m 的隔墙安装一道，3～5m 隔墙安装两道

35. 对于软土路基较浅 1～2m 的泥沼地特别有效的方法是（　　）。

A. 砂垫层

B. 反压护道

C. 开挖换填法

D. 抛石挤淤法

36. 在预应力混凝土结构中，混凝土的强度等级不应低于（　　）。

A. C30

B. C40

C. C50

D. C60

37.（　　）多用于正常通车线路上的桥梁工程的换梁。

A. 转体法

B. 悬臂拼装法

C. 横移法

D. 支架现浇法

38. 水泥土挡墙式深基坑支护方式不宜用于（　　）。

A. 基坑侧壁安全等级为一级

B. 施工范围内地基承载力小于 150kPa

C. 基坑深度小于 6m

D. 基坑周围工作面较宽

39. 下列有关 TBM 法施工技术，叙述正确的是（　　）。

A. 全断面掘进机开挖施工的特点适用于打短洞，因为它对通风要求较高

B. 独臂钻的开挖施工是专门用来开挖竖井或斜井的大型钻具

C. 天井钻的开挖施工适用于开挖软岩

D. 带盾构的 TBM 掘进法适用于软弱破碎带的围岩

40. 以下地下工程的主要通风方式，说法错误的是（　　）。

A. 吸出式是用鼓风机将混浊空气排向洞外

B. 我国大多数工地均采用压入式

C. 压入式风管一般是加强的塑料布

D. 吸出式风管一般由薄钢板卷制而成的

41. 下列有关混凝土结构施工图平面整体表示方法的叙述，正确的是（　　）。

A. 不适用于非抗震结构和砌体结构

B. 增加图纸数量

C. 实现平面表示，整体标注

D. 适用于抗震设防烈度为 9 度以上地区的现浇混凝土结构施工图的设计

42. 根据《建筑工程建筑面积计算规范》GB/T 50353—2013 的规定，关于建筑面积计算表示正确的是（　　）。

A. 层高为 2.2m 的门斗，应按其围护结构外围水平面积的一半计算

B. 层高为 2.5m 且有围护结构的舞台灯光控制室，应按其围护结构外围水平面积计算

C. 室外台阶按投影面积计算

D. 附属在建筑物外墙宽度大于 1.5m 的落地橱窗，按围护结构外围水平投影面积的一半计算

43. 根据《房屋建筑与装饰工程工程量计算规范》GB 50854—2013 的规定，某建筑物场地土方工程，设计基础长 27m，宽为 8m，周边开挖深度均为 2m，实际开挖后场内堆土量为 570m^3，则土方工程量为（　　）。

A. 平整场地 216m^2　　B. 沟槽土方 655m^3

C. 基坑土方 528m^3　　D. 一般土方 432m^3

44. 根据《房屋建筑与装饰工程工程量计算规范》GB 50854—2013 的规定，下列有关挖基础土方的叙述正确的是（　　）。

A. 基础土方开挖深度应按基础垫层底表面标高至交付施工场地标高确定

B. 土方体积应按夯实后体积计算

C. 挖基础土方因工作面和放坡增加的工程量应并入各土方工程量中

D. 项目特征中涉及弃土运距或取土运距时，必须描述弃土运距、取土运距

45. 根据《房屋建筑与装饰工程工程量计算规范》GB 50854—2013 的规定，下列有关振冲桩（填料）的叙述错误的是（　　）。

A. 按设计图示尺寸以桩长计算

B. 按设计桩截面面积乘以桩长以体积计算

C. 项目特征应描述填充材料种类

D. 项目特征只需要描述桩径、桩长，不需要描述空桩长度

46. 根据《房屋建筑与装饰工程工程量计算规范》GB 50854—2013 的规定，下列有关桩基础工程叙述不正确的是（　　）。

A. 预制钢筋混凝土管桩，以“根”计量，按设计图示数量计算

B. 预制钢筋混凝土方桩，以“m^3”计量，按设计图示截面面积乘以桩长（包括桩尖）以实体积计算

C. 沉管灌注桩，以“m”计量，按设计图示尺寸以桩长（不包括桩尖）计算

D. 泥浆护壁成孔灌注桩，以“m^3”计量，按不同截面在桩上范围内以体积计算

47. 根据《房屋建筑与装饰工程工程量计算规范》GB 50854－2013 的规定，砌筑工程量计算正确的是（　　）。

A. 砖地沟按设计图示尺寸以水平投影面积计算

B. 砖地坪按设计图示尺寸以体积计算

C. 石挡墙按设计图示尺寸以面积计算

D. 石坡道按设计图示尺寸以水平投影面积计算

48. 根据《房屋建筑与装饰工程工程量计算规范》GB 50854—2013 的规定，下列（　　）的计量单位是“m^3”。

A. 石台阶　　B. 石坡道

C. 石地沟　　D. 石明沟

49. 根据《房屋建筑与装饰工程工程量计算规范》GB 50854—2013 的规定，下列有关混凝土工程的说法错误的是（　　）。

A. 混凝土项目模板的价格可以综合到相应项目的综合单价中，也可在措施项目中单独列项

B. 异型柱各方向上截面高度与厚度之比的最小值大于 8 时，不再按异型柱列项

C. 无梁板按板和柱帽体积之和计算

D. 各类板伸入墙内的板头并入板体积内计算

50. 根据《房屋建筑与装饰工程工程量计算规范》GB 50854—2013 的规定，下列有关预制混凝土构件的说法，错误的是（　　）。

A. 预制混凝土柱，按设计图示尺寸以数量计算

B. 预制平板，按设计图示尺寸以体积计算，不扣除单个面积≤0.3m² 的孔洞所占体积

C. 预制沟盖板，按设计图示尺寸以体积计算

D. 预制混凝土楼梯，按设计图示尺寸以体积计算，扣除空心踏步板空洞体积

51. 根据《房屋建筑与装饰工程工程量计算规范》GB 50854—2013 的规定，后张法施工预应力混凝土，孔道长度为 12.00m，采用后张混凝土自锚低合金钢筋。钢筋工程量计算的每孔钢筋长度为（ ）m。

A. 12.00　　B. 12.15

C. 12.35　　D. 13.00

52. 根据《房屋建筑与装饰工程工程量计算规范》GB 50854—2013 的规定，压型钢板楼板，按（ ）计算。

A. 按设计图示尺寸以铺设水平投影面积计算，单位：m²

B. 按设计图示尺寸以实际面积计算，单位：m²

C. 按设计图示尺寸以面积计算，单位：m²

D. 按设计图示尺寸以体积计算，单位：m³

53. 根据《房屋建筑与装饰工程工程量计算规范》GB 50854—2013 的规定，下列有关门窗工程的叙述，错误的是（ ）。

A. 冷藏门按图示数量以樘计量时，项目特征必须描述洞口尺寸或框、扇外围尺寸

B. 木门的门锁安装按设计图示数量计算

C. 金属门门锁安装单独列项，未包含在金属门工作内容中

D. 木飘窗以“樘”计量，项目特征必须描述框截面及外围展开面积

54. 根据《房屋建筑与装饰工程工程量计算规范》GB 50854—2013 的规定，下列（ ）是按设计图示尺寸以需要覆盖的水平投影面积计算的。

A. 阳光板　　B. 玻璃钢屋面

C. 膜结构屋面　　D. 瓦屋面

55. 根据《房屋建筑与装饰工程工程量计算规范》GB 50854—2013 的规定，下列有关屋架的叙述正确的是（ ）。

A. 屋架的跨度以上、下弦外边线两交点之间的距离计算

B. 钢木屋架，以“榀”计量，按设计图示数量计算

C. 屋架中钢拉杆不包括在清单项目的综合单价内

D. 屋面木基层按设计图示尺寸以水平投影面积计算

56. 根据《房屋建筑与装饰工程工程量计算规范》GB 50854—2013 的规定，下列有关屋面及防水工程叙述正确的是（ ）。

A. 玻璃钢屋面，按设计图示尺寸以水平投影面积“m²”计算

B. 膜结构屋面，按设计图示尺寸以水平投影面积“m²”计算

C. 型材屋面的金属檩条应包含在综合单价内计算

D. 瓦屋面若是在木基层上铺瓦，项目特征必须描述黏结层砂浆的配合比

57. 根据《房屋建筑与装饰工程工程量计算规范》GB 50854—2013 的规定，关于装饰工程量计算，说法不正确的是（ ）。

A. 自流坪地面按图示尺寸以面积计算

B. 整体层按设计图示尺寸以面积计算

C. 块料踢脚线可按延长米计算

D. 石材台阶面装饰设计图示以台阶最上踏步外沿，水平投影面积计算

58. 根据《房屋建筑与装饰工程工程量计算规范》GB 50854—2013 的规定，下列有关镶贴零星

块料的说法，正确的是（　　）。

A. 墙柱面小于或等于 0.5m² 的少量分散的镶贴块料面层按柱面项目执行

B. 在描述碎块项目的面层材料特征时需要描述规格、颜色

C. 石材、块料与黏结材料的结合面刷防渗材料的种类在防护材料种类中描述

D. 零星项目干挂石材的钢骨架按“柱面块料面层”相应项目编码列项

59. 根据《房屋建筑与装饰工程工程量计算规范》GB 50854—2013 的规定，下列（　　）是按设计图示尺寸以数量计算的。

A. GRC 装饰线　　B. 金属暖气罩

C. 金属旗杆　　D. 镜面玻璃

60. 根据《房屋建筑与装饰工程工程量计算规范》GB 50854—2013 的规定，在措施项目中，下列有关脚手架的叙述错误的是（　　）。

A. 综合脚手架，按建筑面积计算，单位：m²

B. 外脚手架，按所服务对象的垂直投影面积计算，单位：m²

C. 满堂脚手架，按搭设的水平投影面积计算，单位：m²

D. 挑脚手架，按搭设面积乘以搭设层数以面积计算，单位：m²

二、多项选择题（每题 2 分，共 40 分，每题至少 2 个答案正确，至少有 1 个错项。错选，本题不得分，少选，所选的每个选项得 0.5 分）

61. 扭性裂隙的特征是（　　）。

A. 裂隙平直闭合　　B. 分布较密

C. 延伸较远　　D. 裂隙面粗糙常有擦痕

E. 产生在褶曲的轴部

62. 矿物的物理性质包括（　　）。

A. 强度　　B. 颜色

C. 光泽　　D. 硬度

E. 含水率

63. 非预应力混凝土 T 形截面吊车梁一般用于（　　）。

A. 厂房的柱距为 6m　　B. 厂房跨度为 12～33m

C. 厂房跨度不大于 30m　　D. 吨位 10t 以下的厂房

E. 吨位 10～30t 的厂房

64. 根据《房屋建筑与装饰工程工程量计算规范》GB 50854—2013 的规定，下列工程量计算规则的叙述，正确的是（　　）。

A. 平整场地按设计图示尺寸以建筑物首层面积计算

B. 土石方体积应按夯实后体积计算

C. 构筑物应按图示外露部分计算模板面积

D. 预制混凝土楼梯不扣除空心踏步板孔洞体积

E. 打桩的工程内容中包括了接桩和送桩

65. 下列属于柔性路面特点的有（　　）。

A. 弯沉变形较大　　B. 弯沉变形很小

C. 抗弯拉强度大　　D. 抗弯强度小

E. 破坏取决于极限弯拉强度

66. 涵洞工程，以下说法正确的有（　　）。

A. 圆管涵不需设置墩台　　B. 箱涵适用于高路堤

C. 圆管涵适用于低路堤

D. 拱涵适用于跨越深沟

E. 盖板涵在结构形式方面有利于低路堤使用

67. 可以改善混凝土耐久性的外加剂有（　　）。

A. 早强剂

B. 防水剂

C. 阻锈剂

D. 减水剂

E. 引气剂

68. 适用于地板辐射采暖系统盘管的塑料管品种有（　　）。

A. PP－R 管

B. PB 管

C. PVC－C 管

D. PVC－U 管

E. PEX 管

69. 预应力混凝土结构构件中，可使用的钢材包括各种（　　）。

A. CRB650 冷轧带肋钢筋

B. 消除应力钢丝

C. 热处理钢筋

D. 冷拉钢丝

E. 冷拔低碳钢丝

70. 实现混凝土自防水可采取的措施有（　　）。

A. 适量掺入改性木质素硫磺酸盐

B. 加木质素硫黄酸钙

C. 加三乙醇胺

D. 加硫酸钠

E. 加氯化铁防水剂

71. 满足设计混凝土配合比的基本要求的参数有（　　）。

A. 砂率

B. 水灰比

C. 混凝土设计强度

D. 单位用水量

E. 坍落度

72. 不得在下列墙体或部位设置脚手眼（　　）。

A. 120mm 厚墙、清水墙、料石墙、独立柱和附墙柱

B. 过梁上与过梁成 80°角的三角形范围及过梁净跨度 1/3 的高度范围内

C. 宽度小于 1 200mm 的窗间墙

D. 梁或梁垫下及其左右 1m 范围内

E. 门窗洞口两侧石砌体 300mm，其他砌体 200mm 范围内；转角处石砌体 600mm，其他砌体 450mm 范围内

73. 关于道路施工技术说法正确的有（　　）。

A. 当基底为松土或耕地时，应先清除有机土，清除深度一般不小于 15cm

B. 基底应在填筑前进行分层压实

C. 基底土密实稳定且地面横坡缓于 1∶10、填方高大于 0.5m 时，基底可不处理

D. 水平分层填筑是一种将不同性质的土按照横断面全宽分成垂直层次，从左到右填筑的方法

E. 横坡陡于 1∶5 时，应按设计要求挖台阶，台阶宽度大于 2m

74. 在桥梁工程中，下列属于桥梁上部承载结构移动模架逐孔施工法特点的是（　　）。

A. 常在钢桥上使用

B. 宜在桥梁跨径小于 50m 的多跨长桥上使用

C. 多用于正常通车线路上的桥梁工程的换梁

D. 可不用或少用支架，施工不影响通航或桥下交通

E. 有良好的施工环境，保证施工质量，一套模架可多次周转使用，具有在预制场生产的优点

75. 深基础施工中，现浇钢筋混凝土地下连续墙的优点有（　　）。

A. 地下连续墙可作为建筑物的地下室外墙

B. 施工机械化程度高，具有多功能用途

C. 开挖基坑的土方量小，对开挖的地层适应性强

D. 墙面光滑，性能稳定，整体性好

E. 施工过程中振动小，不会造成周围地基沉降

76. 根据《建筑工程建筑面积计算规范》GB/T 50353—2013 的规定，下列各项中，只能按其投影面积一半计算建筑面积的有（　　）。

A. 室外爬梯　　B. 独立烟囱

C. 勒脚　　D. 有顶盖无围护结构的加油站

E. 层高为 2.1m 的门斗

77. 根据《房屋建筑与装饰工程工程量计算规范》GB 50854—2013 的规定，关于现浇混凝土构件工程量计算正确的是（　　）。

A. 电缆沟、地沟按设计图示尺寸以面积计算

B. 台阶按设计图示尺寸以水平投影面积或体积计算

C. 压顶按设计图示尺寸以水平投影面积计算

D. 扶手按设计图示尺寸以体积计算

E. 检查井按设计图示尺寸以体积计算

78. 根据《房屋建筑与装饰工程工程量计算规范》GB 50854—2013 的规定，关于天棚吊顶工程量计算方法正确的是（　　）。

A. 天棚的检查口计算工程量时不扣除

B. 灯带（槽）、送风口和回风口单独列项计算工程量

C. 吊顶的形式，如平面、跌级、锯齿形、吊挂式、藻井式等应在项目特征中描述

D. 吊顶龙骨安装不应在综合单价中考虑

E. 吊顶龙骨安装应另列项计算工程量

79. 根据《房屋建筑与装饰工程工程量计算规范》GB 50854—2013 的规定，下列有关混凝土模板及支架工程量计算，正确的是（　　）。

A. 现浇混凝土柱模板及支架工程量按模板搭设面积“m^2”计算

B. 现浇钢筋混凝土墙单孔面积＞0.3m^2 的孔洞不予扣除，洞侧壁模板亦不增加

C. 附墙柱、暗梁、暗柱并入墙内工程量内计算

D. 楼梯踏步、踏步板、平台梁等侧面模板不另计算

E. 柱、梁、墙、板相互连接的重叠部分，均不计算模板面积

80. 根据《房屋建筑与装饰工程工程量计算规范》GB 50854－2013 的规定，措施项目工程量计算正确的有（　　）。

A. 里脚手架按建筑面积计算

B. 满堂脚手架按搭设水平投影面积计算

C. 混凝土墙模板按模板与墙接触面积计算

D. 混凝土构造柱模板按图示外露部分计算模板面积

E. 超高施工增加费包括人工、机械降效，供水加压以及通信联络设备费用

答案：

一、单项选择题

1. A	2. B	3. D	4. D	5. B	6. C	7. D	8. C	9. D	10. A
11. D	12. D	13. A	14. B	15. C	16. C	17. B	18. A	19. A	20. D
21. C	22. B	23. C	24. A	25. C	26. A	27. A	28. D	29. D	30. D

31. B	32. D	33. B	34. C	35. C	36. A	37. C	38. A	39. D	40. A
41. C	42. B	43. D	44. A	45. D	46. C	47. D	48. A	49. B	50. B
51. C	52. A	53. C	54. C	55. B	56. C	57. D	58. C	59. C	60. D

二、多项选择题

61. A、B、C	62. B、C、D	63. A、C、D	64. C、E
65. A、D	66. A、D、E	67. D、E	68. B、E
69. A、B、C、D	70. B、C、E	71. A、B、D	72. A、E
73. A、B、C、E	74. B、E	75. A、B、C、E	76. D、E
77. B、D、E	78. A、B、C	79. C、D、E	80. B、C、D、E

模拟自测题二

一、单项选择题（每题只有一个正确答案，每题1分，共60分）

1. 每种矿物都有自己特有的物理性质，依据（　　）可以鉴定矿物的成分和结构。

A. 颜色　　B. 光泽

C. 硬度　　D. 强度

2. 关于岩体强度下列叙述正确的是（　　）。

A. 岩体的强度由岩块岩石强度表示

B. 岩体强度由岩体结构面强度表示

C. 当岩体结构面发育时，由岩块岩石强度表示

D. 岩体强度由岩石和结构面共同的强度表示

3. 下列关于软化系数说法正确的是（　　）。

A. 软化系数等于岩石饱和状态下的极限抗压强度与风干状态下极限抗压强度的比

B. 软化系数等于岩石风干状态下的极限抗压强度与饱和状态下极限抗压强度的比

C. 软化系数越小越好

D. 软化系数都大于1

4. 当岩层露出地表时，常赋存（　　）。

A. 风化裂隙水　　B. 成岩裂隙潜水

C. 层状构造裂隙水　　D. 脉状构造裂隙水

5. 褶皱对地下工程的影响很大，下列说法正确的是（　　）。

A. 在背斜核部的岩块呈上窄下宽，易塌落

B. 在向斜核部可形成正拱形，可将上覆岩层荷重传向两侧

C. 背斜核部地质条件良好是地下工程的最佳位置

D. 布置地下工程原则上应避开褶皱核部

6. 长江三峡工程之所以选择在三斗坪坝址，其中一个重要原因是（　　）。

A. 坝址处基岩为石灰岩　　B. 坝址处基岩为花岗斑岩

C. 坝址处基岩为花岗岩　　D. 坝址处基岩为玄武岩

7. 按工业建筑用途进行分类，工具车间属于（　　）。

A. 生产厂房　　B. 生产辅助厂房

C. 储存用建筑　　D. 运输用建筑

8. 单层厂房的屋架常选用（　　）。

A. 框架结构体系　　B. 筒体结构体系

C. 桁架结构体系　　D. 拱式结构体系

9. 预制构件运至现场后，与主要竖向承重构件（预制或现浇梁柱、剪力墙等）通过叠合层现浇楼板浇筑成整体的结构体系是（　　）。

A. 全预制装配式结构　　B. 预制装配整体式结构

C. 装配式混凝土结构　　D. 装配式钢结构

10. 某卫生间的现浇钢筋混凝土楼板，两侧为梁，另外两侧为墙，尺寸为长3.9m，宽1.2m，一般按（　　）设计。

A. 单向板　　　　B. 双向板
C. 悬挑板　　　　D. 无梁楼板

11. 下列有关阳台的构造叙述，错误的是（　　）。

A. 墙承式阳台结构简单、施工方便
B. 悬挑式阳台长度一般悬挑长度为 2m
C. 六层及六层以下建筑物的阳台栏板净高不应低于 1.05m
D. 高层建筑的阳台应将雨水导入雨水管排出

12. 关于平屋顶排水坡的构造下列叙述不正确的是（　　）。

A. 找坡方法有材料找坡和结构找坡两种
B. 采用材料找坡，当屋顶无保温层时，可用找平层找坡
C. 平屋顶材料找坡坡度宜为 2%，结构找坡坡度宜为 3%
D. 找坡层厚度最薄处不小于 10mm

13. 以下关于水泥稳定土的说法，错误的是（　　）。

A. 不应作为高级沥青路面的基层
B. 不应作为高级沥青路面的底基层
C. 不应作为高速公路水泥混凝土面板下的基层
D. 不应作为一级公路水泥混凝土面板下的基层

14.（　　）结构在垂直荷载作用下，其支座仅产生垂直反力，而无水平推力。

A. 梁式桥　　　　B. 拱式桥
C. 刚架桥　　　　D. 悬索桥

15. 在有较大排洪量、地质条件较差、路堤高度较小的设涵处，宜采用（　　）。

A. 圆管涵　　　　B. 盖板涵
C. 拱涵　　　　D. 箱涵

16. 有关地下管线的敷设，下列叙述正确的是（　　）。

A. 深埋和浅埋的分界线为 2.0m
B. 热带地区无冰冻，给、排水管线可浅埋
C. 寒冷地区给、排水管线应深埋，煤气管道可浅埋
D. 电力、电信管道无论南方、北方均可浅埋

17. 优先发展道路交叉口型地下综合体，其主要目的是考虑（　　）。

A. 商业设施布点与发展　　　　B. 民防因素
C. 市政道路改造　　　　D. 解决人行过街交通

18. 既可作为普通钢筋混凝土用钢筋，也可作为预应力混凝土用钢筋使用的是（　　）。

A. CRB550　　　　B. CRB600H
C. CRB680H　　　　D. CRB800H

19. 不适用与大体积混凝土工程的水泥是（　　）。

A. 普通硅酸盐水泥　　　　B. 矿渣硅酸盐水泥
C. 火山灰质硅酸盐水泥　　　　D. 粉煤类硅酸盐水泥

20. 以下关于石子的颗粒级配说法，错误的是（　　）。

A. 测定石子的颗粒级配采用筛分析法　　　　B. 连续级配比间断级配水泥用量稍少
C. 粗骨料的级配影响孔隙率和砂浆用量　　　　D. 泵送混凝土的粗骨料应采用连续级配

21. 关于高强混凝土的特性，下列叙述不正确的是（　　）。

A. 耐久性好　　　　B. 刚度大，变形小
C. 延性差　　　　D. 抗拉与抗压强度比值随强度的提高而增加

22. 混凝土中掺加氯化铁可起到防水作用，其主要原因是（　　）。

A. 催化水泥的水化反应
B. 生成不溶于水的胶体，填塞孔隙
C. 生成封闭小气泡使水路曲折
D. 使混凝土膨胀挤密

23. 下列各项不能用于室外墙面装饰的是（　　）。

A. 陶瓷锦砖
B. 釉面砖
C. 防滑面砖
D. 陶瓷墙地砖

24. 具有耐臭氧耐油的合成高分子防水卷材是（　　）。

A. 三元乙丙橡胶防水卷材
B. PVC 防水卷材
C. 氯化聚乙烯防水卷材
D. 氯化聚乙烯—橡胶共混防水卷材

25. 薄木板、硬质纤维板、金属板作为吸声体，其所适应的声波频率为（　　）。

A. 中频
B. 低频
C. 高频
D. 极宽频

26. 在土石方工程施工中，（　　）工作开展之前必须确定场地设计标高。

A. 平整场地
B. 基坑开挖
C. 基坑回填
D. 路基修筑

27. 关于土木工程的地基问题说法，错误的是（　　）。

A. 当地基的承载能力不足以支承上部结构的自重及外荷载时，地基就会产生局部剪切破坏
B. 当地基在上部结构的自重及外荷载作用下产生过大的变形时，会影响结构物的正常使用
C. 地基的渗漏量超过容许值时，会发生水量损失导致发生事故
D. 机器以及车辆的振动荷载一定会引起饱和无黏性土的液化

28. 下列有关砖砌体工程的叙述，正确的是（　　）。

A. 有冻胀环境和条件的地区，地面以下或防潮层以下的砌体，不应采用多孔砖
B. 普通砖砌体斜槎水平投影长度不应小于高度的 1/2
C. 斜槎高度必须超过一步脚手架的高度
D. 拉结钢筋间距沿墙高不应超过 300mm，且竖向间距偏差不应超过 100mm

29. 主要用于浇筑平板式或带边梁的楼板的模板形式应为（　　）。

A. 组合模板
B. 滑升模板
C. 爬升模板
D. 台模

30. 关于混凝土浇筑的说法，错误的是（　　）。

A. 浇筑高度粗骨料径大于 25mm 时，不宜超过 6m
B. 同一施工段的混凝土应连续浇筑，并应在底层混凝土初凝之前将上一层混凝土浇筑完毕
C. 柱和墙浇筑完毕后停歇 1～1. 5h，再继续浇筑梁和板
D. 有主次梁的楼板宜顺着次梁方向浇筑，单向板宜沿着板的长边方向浇筑

31. 实现混凝土自防水的技术途径是（　　）。

A. 适当降低砂率和灰砂比
B. 掺入适量的三乙醇胺早强剂
C. 掺入适量的减水剂
D. 无活性掺和料时水泥用量不少于 280kg/m^3

32. 下列有关大跨度结构吊装叙述，错误的是（　　）。

A. 桅杆吊升法适用于重量和高度不大的中小型网架结构（多在 40m×40m 以内）
B. 滑移法特别是场地狭窄，起重机械无法出入时更为有效
C. 大跨度结构高空拼装法施工目前多用于钢网架结构的吊装
D. 下顶升法的高空作业少，但在顶升时稳定性较差，所以工程中一般较少采用

33. 路堤填筑时应优先选用的填筑材料为（　　）。

A. 粗砂
B. 粉性土

C. 重黏土　　D. 亚砂土

34. 在地下防水工程施工中，下列（　　）施工具有较大的随意性，无论是形状复杂的基面，还是面积狭小的节点，凡是能涂刷到的部位，均可做防水层。

A. 水泥砂浆防水层　　B. 涂膜防水施工

C. 卷材防水层　　D. 止水带防水

35. 路基爆破石方施工中，两相邻药包或前后排药包以若 10ms 的时间间隔依次起爆的方法是（　　）。

A. 预裂爆破　　B. 微差爆破

C. 光面爆破　　D. 洞室爆破

36. 填筑路堤前是否需要进行基底处理不取决于（　　）。

A. 地面横坡陡缓　　B. 基底土层松实

C. 填方高度大小　　D. 填料土体性质

37. 下列有关混凝土墩台基础施工的叙述，错误的是（　　）。

A. 混凝土墩台基础的模板、支架稳定计算中应考虑风力影响

B. 当混凝土墩台截面大于 100mf 时，允许适当分段浇筑，每块面积不得小于 80m

C. 墩台混凝土宜水平分层浇筑，每层高度宜为 1.5～2m

D. 采用预制混凝土管做柱身外模时，管节接缝应采用水泥砂浆等材料密封

38. 型钢水泥土复合搅拌桩支护技术（SMW 工法）的适用范围是（　　）。

A. 可用于回填土、淤泥质土、黏性土、砂土、粉土等常见土层，施工时可不降水

B. 可在黏性土、粉土、砂砾土中使用，该技术目前可在开挖深度 15m 以下的基坑围护工程中应用

C. 大体积深基础开挖施工、含水量高的地基基础和软土地基基础以及地下水丰富的地基基础施工

D. 在工程规模上，深度 16m 以上的深基坑均可根据已有条件，灵活、合理使用

39. 在导向钻进法施工中，在（　　）中施工，较小的钻头效果比较理想。

A. 淤泥质黏土　　B. 干燥软黏土

C. 砂质淤泥　　D. 钙质土

40. 在普通水泥砂浆锚杆中，钻孔方向宜尽量（　　）。

A. 与开挖面垂直　　B. 与岩层主要结构面垂直

C. 与岩层主要结构面平行　　D. 与开挖面平行

41. 根据《建筑工程建筑面积计算规范》GB/T 50353—2013 的规定，不计算建筑面积的有（　　）。

A. 建筑物首层地面有围护设施的露台

B. 兼顾消防与建筑物通道的室外钢楼梯

C. 形成建筑空间，结构净高 1.50m 的坡屋顶

D. 与室内相通的变形缝

42. 根据《房屋建筑与装饰工程工程量计算规范》GB 50854—2013 的规定，某管沟工程，设计管底垫层宽度为 2 000mm，开挖深度为 2.00m，管径为 1 200mm，工作面宽为 400mm，管道中心线长为 180m，管沟土方工程计量计算，正确的为（　　）m^3。

A. 432　　B. 576

C. 720　　D. 1 008

43. 对某建筑地基设计要求强夯处理，处理范围为 40.0×56.0m，需要铺设 400mm 厚土工合成材料，并进行机械压实，根据《房屋建筑与装饰工程工程量计算规范》GB 50854—2013 的规定，下列项目列项或工程量计算，正确的是（　　）。

A. 铺设土工合成材料的工程量为 $896m^3$　　B. 铺设土工合成材料的工程量为 $2\ 240m^2$

C. 强夯地基工程量按一般土方项目列项　　D. 强夯地基工程量为 $896m^3$

44. 根据《房屋建筑与装饰工程工程量计算规范》GB 50854—2013 的规定，下列有关砌筑工程的叙述，错误的是（　　）。

A. 砌体内加筋、墙体拉结的制作、安装，应按“混凝土及钢筋混凝土工程”中相关项目编码列项

B. 砌体垂直灰缝宽大于 30mm 时，采用 C20 细石混凝土灌实

C. 实心砖墙、砌块砌体、石砌体等项目工作内容中不包括勾缝

D. 石栏杆项目适用于无雕饰的一般石栏杆

45. 根据《房屋建筑与装饰工程工程量计算规范》GB 50854—2013 的规定，下列有关现浇混凝土板工程量计算，正确的是（　　）。

A. 薄壳板的肋、基梁并入薄壳体积内计算

B. 现浇挑檐与楼板连接时，以外墙中心线为分界线

C. 雨篷按设计图示尺寸以墙外部分体积“m^3”计算，不包括反挑檐的体积

D. 空心板（GBF 高强薄壁蜂巢芯板等）不应扣除空心部分体积

46. 根据《房屋建筑与装饰工程工程量计算规范》GB 50854—2013 的规定，下列金属结构构件中，既可以按数量，又可以按质量计算的是（　　）。

A. 金属网栏　　B. 钢桥架

C. 刚拉条　　D. 钢屋架

47. 根据《房屋建筑与装饰工程工程量计算规范》GB 50854—2013 的规定，有关木结构工程量计算，说法正确的是（　　）。

A. 木屋架的跨度应以与墙或柱的支撑点间的距离计算

B. 木屋架的马尾、折角工程量不予计算

C. 钢木屋架钢拉杆、连接螺栓不单独列项计算

D. 木柱区分不同规格以高度计算

48. 下列有关屋面工程的叙述，错误的是（　　）。

A. 型材屋面的金属檩条应包含在综合单价内计算

B. 有钢筋的屋面刚性层，其工作内容中包含了钢筋制作安装

C. 屋面防水搭接及附加层用量不另行计算，在综合单价中考虑

D. 墙面砂浆防水（防潮），其工作内容中未包含挂钢丝网

49. 根据《房屋建筑与装饰工程工程量计算规范》GB 50854—2013 的规定，有关防腐工程量计算，说法正确的是（　　）。

A. 隔离层平面防腐，洞口开口部分按图示面积计入

B. 隔离层立面防腐，门洞口侧壁部分不计算

C. 砌筑沥青浸渍砖，按图示水平投影面积计算

D. 立面防腐涂料，门洞侧壁按展开面积并入墙面积内

50. 根据《房屋建筑与装饰工程工程量计算规范》GB 50854—2013 的规定，金属门窗拆除项目中项目特征描述的室内高度是指（　　）。

A. 室内楼地面至天棚　　B. 室内楼地面至上一层地面

C. 室内楼地面至门窗的上边框　　D. 室内楼地面至门窗的下边框

51. 根据《房屋建筑与装饰工程工程量计算规范》GB 50854—2013 的规定，下列有关按面积计算的方法叙述，错误的是（　　）。

A. 柱（梁）面装饰，按设计图示饰面外围尺寸以面积“m^2”计算

B. 带骨架幕墙，按设计图示框外围尺寸以面积“m^2”计算

C. 全玻（无框玻璃）幕墙，按设计图示尺寸以展开面积“m^2”计算

D. 块料柱面，按设计图示尺寸以镶贴表面面积“m^2”计算

52. 根据《房屋建筑与装饰工程工程量计算规范》GB 50854—2013 的规定，有一段两砖厚的墙体长 8m，高 5m，开有门窗洞口面积为 $6m^2$，墙上有 3 个孔洞，洞口面积分别为 $0.2m^2$、$0.3m^2$、$0.5m^2$，门窗洞口上的钢筋混凝土过梁总体积为 $0.4m^3$。则该段墙体的砌砖清单工程量为（　　）m^3。

A. 12.70　　B. 16.02

C. 15.87　　D. 13.20

53. 根据《房屋建筑与装饰工程工程量计算规范》GB 50854—2013 的规定，某三层建筑物，砖混结构，采用现浇混凝土双跑楼梯，楼梯间净长 6m，净宽 4m；楼梯井宽 300mm，长 3m，则现浇钢筋混凝土楼梯的清单工程量为（　　）m^2。

A. 70.00　　B. 66.00

C. 48.00　　D. 72.00

54. 根据《房屋建筑与装饰工程工程量计算规范》GB 50854—2013 的规定，某钢筋混凝土梁长为 12 000mm。设计保护层厚为 25mm，钢筋为 ϕ10@300，则该梁所配箍筋数量应为（　　）根。

A. 40　　B. 41

C. 42　　D. 300

55. 根据《房屋建筑与装饰工程工程量计算规范》GB 50854—2013 的规定，下列有关金属结构工程的叙述，错误的是（　　）。

A. 钢网架工程量按设计图示尺寸以质量计算，扣除孔眼的质量，焊条、铆钉等另增加质量

B. 编制钢网架项目清单时，需描述的项目特征包括：钢材品种、规格，网架节点形式、连接方式，网架跨度、安装高度，探伤要求，防火要求等

C. 压型钢楼板按钢板楼板项目编码列项

D. 抹灰钢丝网加固按砌块墙钢丝网加固项目编码列项

56. 根据《房屋建筑与装饰工程工程量计算规范》GB 50854—2013 的规定，关于门窗工程类计算，说法正确的是（　　）。

A. 木质门带套工程量应按套外围面积计算

B. 门窗工程量计量单位与项目特征描述无关

C. 门窗工程量按图示尺寸以面积为单位时，项目特征必须描述洞口尺寸

D. 门窗工作量以数量“樘”为单位时，项目特征必须描述洞口尺寸

57. 根据《房屋建筑与装饰工程工程量计算规范》GB 50854—2013 的规定，下列有关墙、柱面装饰与隔断、幕墙工程的叙述，错误的是（　　）。

A. 有吊顶天棚的内墙面抹灰，抹灰高度算至吊顶以上部分

B. 立面砂浆找平项目适用于仅做找平层的立面抹灰

C. 墙柱面≤$0.5m^2$ 的少量分散的镶贴块料面层按零星项目执行

D. 在墙面镶贴块料的项目特征中的安装方式应详细描述

58. 根据《房屋建筑与装饰工程工程量计算规范》GB 50854—2013 的规定，下列有关措施项目的叙述，错误的是（　　）。

A. 大型机械设备进出场及安拆，按使用机械设备的数量计算，单位：台·次

B. 成井，按设计图示尺寸以钻孔深度计算，单位：m

C. 排水、降水，按排、降水数量计算，单位：m^3

D. 超高施工增加，按建筑物超高部分的建筑面积计算，单位：m^2

59. 根据《房屋建筑与装饰工程工程量计算规范》GB 50854—2013 的规定，下列有关保温、隔热、防腐工程的叙述，错误的是（　　）。

A. 保温隔热装饰面层，按装饰工程中相关项目编码列项

B. 保温隔热屋面，项目特征中保温隔热方式是指内保温、外保温、夹心保温

C. 保温、隔热、防腐工程中，仅做找平层按楼地面装饰工程“平面砂浆找平层”项目编码列项

D. 砌筑沥青浸渍砖，项目特征中浸渍砖砌法仅指平砌

60. 根据《房屋建筑与装饰工程工程量计算规范》GB 50854—2013 的规定，在措施项目中，下列有关混凝土模板清单工程量的计算规则，叙述错误的是（　　）。

A. 按模板与现浇混凝土构件的接触面积计算，单位：m^2

B. 原槽浇灌的混凝土基础、垫层应计算模板工程量

C. 柱、梁、墙、板相互连接的重叠部分，均不计算模板面积

D. 现浇钢筋混凝土墙、板单孔面积≤0.3m^2 的孔洞不予扣除，洞侧壁模板亦不增加

二、多项选择题（每题 2 分，共 40 分，每题至少 2 个答案正确，至少有 1 个错项。错选，本题不得分，少选，所选的每个选项得 0.5 分）

61. 常见的沉积岩有（　　）。

A. 辉绿岩　　B. 泥岩

C. 石灰岩　　D. 白云岩

E. 大理岩

62. 关于岩石地质特征，下列叙述正确的是（　　）。

A. 岩浆岩直接由高温熔融的岩浆形成　　B. 岩浆岩具有层理构造

C. 沉积岩主要由先成岩石经风化的产物　　D. 沉积岩多具有片理构造

E. 变质岩具有流纹状、气孔状构造

63. 空旷的单层房屋，如厂房等，圈梁的设置要求有（　　）。

A. 砖砌体结构，檐口标高 6～8m 时，应在檐口标高处设置一道圈梁

B. 砖砌体结构，檐口标高大于 8m 时，除在檐口标高处设置一道圈梁外，还应增加设置数量

C. 砌块砌体结构，檐口标高 3～5m 时，应在檐口标高处设置一道圈梁

D. 砌块砌体结构，檐口标高大于 5m 时，除在檐口标高处设置一道圈梁外，还应增加设置数量

E. 对有较大振动设备的单层工业房屋，当未采取有效的隔振措施时，只需在檐口或窗顶标高处设置现浇混凝土圈梁

64. 坡屋面常见的细部构造有（　　）。

A. 挑出檐口　　B. 女儿墙檐口

C. 山墙　　D. 刚性防水层

E. 水泥砂浆找平层

65. 二级公路路面的基层可选用（　　）。

A. 水泥稳定土基层　　B. 石灰稳定土基层

C. 石灰工业废渣稳定土基层　　D. 级配砾石基层

E. 填缝碎石基层

66. 以下关于路堑的开挖说法正确的有（　　）。

A. 单层横向全宽挖掘法适用于挖掘浅且短的路堑

B. 多层横向全宽挖掘法适用于挖掘深且短的路堑

C. 通道纵挖法适合于路堑过长，弃土运距过长的傍山路堑，其一侧堑壁不厚的路堑开挖

D. 混合式挖掘法适用于路线纵向长度和挖深都很大的路堑开挖

E. 分段纵挖法适合于路堑较长较深，两端地面纵坡较小的路堑开挖

67. 关于预应力混凝土用钢丝和钢绞线的说法，正确的是（　　）。

A. 预应力混凝土用钢丝按照加工状态分为冷拉钢丝和消除应力钢丝两类

B. 预应力混凝土用钢丝强度高，柔性好
C. 刻痕钢丝是经压痕轧制而成，可减少混凝土裂缝
D. 多用于大型屋架、薄腹梁、大跨度桥梁等大负荷的预应力混凝土结构
E. 冷拉钢丝的塑性比消除应力钢丝好

68. 有关轻骨料混凝土，下列叙述正确的是（　　）。
A. 轻骨料混凝土的性质在很大程度上受轻骨料性能的制约
B. 结构型轻骨料混凝土的干表观密度仅有800～1 400kg/m^3
C. 浮石属于天然轻骨料，膨胀珍珠岩属于人造轻骨料
D. 弹性模量比普通混凝土低15%～20%
E. 保温隔热性好

69. 不能切割的玻璃品种有（　　）。
A. 夹丝玻璃　　B. 钢化玻璃
C. 夹层玻璃　　D. 中空玻璃
E. 防火玻璃

70. 对地面涂料的特殊要求是（　　）。
A. 耐水性好　　B. 耐磨性好
C. 涂刷施工方便　　D. 抗冲击性好
E. 透气性好

71. 关于轻型井点降水施工的说法，正确的有（　　）。
A. 轻型井点一般可采用单排或双排布置
B. 当有土方机械频繁进出基坑时，井点宜采用环形布置
C. 由于轻型井点需埋入地下蓄水层，一般不宜双排布置
D. 槽宽>6m且降水深度>5m时不适宜采用单排井点
E. 为了更好地集中排水，井点管应布置在地下水下游一侧

72. 下列有关装配式混凝土的施工工艺，叙述正确的是（　　）。
A. 混凝土应采用强制式搅拌机搅拌，并宜采用机械振捣
B. 预制构件采用加热养护时，预制构件出池的表面温度与环境温度的差值不宜超过25℃
C. 脱模起吊时，预制构件的混凝土立方体抗压强度不应小于15N/mm^2
D. 纵向钢筋采用套筒灌浆连接时，套筒之间的净距不应小于25mm
E. 纵向钢筋直径大于25mm的钢筋不宜采用浆锚搭接连接

73. 直径大于40mm钢筋的切断方法应采用（　　）。
A. 锯床锯断　　B. 手动剪切器切断
C. 氧-乙炔焰割切　　D. 钢筋剪切机切断
E. 电弧割切

74. 关于悬臂施工法说法，正确的是（　　）。
A. 悬臂施工法是大跨径连续梁桥常用的施工方法
B. 悬臂浇筑宜从桥臂前端开始，最后与前段混凝土连接
C. 悬臂浇筑施工简便常在跨径大于100m的桥梁上选用
D. 预应力混凝土连续梁合龙顺序一般是先次跨、后边跨、最后中跨
E. 悬臂施工法可不用或少用支架，施工不影响通航或桥下交通

75. 下列有关平面整体表示法的描述，正确的是（　　）。
A. 实施平法可以减少图纸数量
B. 柱平法施工图有列表注写方式、原位注写方式

C. ϕ8@100(4)/150(2)，表示箍筋为 HPB300 钢筋，直径为 8mm，加密区间距为 100mm，四肢箍；非加密区间距为 150mm，两肢箍

D. 梁支座上部纵筋注写为 6Φ25 4/2 表示上一排纵筋为 4Φ25，下一排纵筋为 2Φ25

E. 板块集中标注注写为“LB5 h=110B：XΦ12@120；YΦ10@100”表示 5 号楼面板、板厚 110mm、板下部 X 向贯通纵筋Φ12@120、板下部 Y 向贯通纵筋Φ10@100、板上部未配置贯通纵筋

76. 根据《建筑工程建筑面积计算规范》GB/T 50353—2013 的规定，不计算建筑面积的是（　　）。

A. 建筑物室外台阶　　B. 空调室外机搁板

C. 屋顶可上人露台　　D. 与建筑物不相连的有顶盖车棚

E. 建筑物内的变形缝

77. 根据《房屋建筑与装饰工程工程量计算规范》GB 50854—2013 的规定，计算泥浆护壁成孔灌注桩时，可以按（　　）计算。

A. 按设计图示数量计算，单位：根

B. 按设计图示尺寸以桩长（包括桩尖）计算，单位：m

C. 按设计图示尺寸以桩长（不包括桩尖）计算，单位：m

D. 按不同截面桩周长乘以桩长（包括桩尖）以面积计算，单位：m^2

E. 按不同截面在桩上范围内以体积计算，单位：m^3

78. 根据《房屋建筑与装饰工程工程量计算规范》GB 50854—2013 的规定，关于土方工程量计算与项目列项，下列说法正确的有（　　）。

A. 建筑物场地挖、填厚度小于或等于±300mm 的挖土应按一般土方项目编码列项计算

B. 平整场地工程量按设计图示尺寸以建筑物首层建筑面积计算

C. 挖一般土方应按设计图示尺寸以挖掘前天然密实体积计算

D. 挖沟槽土方工程量按沟槽设计图示中心线长度计算

E. 挖基坑土方工程量按设计图示尺寸以体积计算

79. 根据《房屋建筑与装饰工程工程量计算规范》GB 50854—2013 的规定，下列有关油漆、涂料、裱糊工程的叙述，正确的是（　　）。

A. 木扶手油漆刮腻子应在综合单价中考虑，不另计算工程量

B. 天棚喷刷涂料，按设计图示尺寸以面积计算

C. 金属构件刷防火涂料以“m”计算

D. 木栏杆（带扶手）油漆，扶手油漆在综合单价中考虑，不单独列项计算工程量

E. 满刮腻子适用于单独刮腻子的情况

80. 根据《房屋建筑与装饰工程工程量计算规范》GB 50854—2013 的规定，下列有关措施项目的叙述，正确的是（　　）。

A. 整体提升架包括 3m 高的防护架体设施

B. 满堂脚手架应按搭设方式、搭设高度、脚手架材质分别列项

C. 脚手架材质可以不描述

D. 脚手架按垂直投影面积计算工程时，应扣除门窗洞口、空圈等所占面积

E. 脚手架工作内容中包括上料平台的，在综合单价中考虑，不单独编码列项

答案：

一、单项选择题

1. A	2. D	3. A	4. B	5. D	6. C	7. B	8. C	9. B	10. A
11. B	12. D	13. B	14. A	15. B	16. D	17. D	18. C	19. A	20. B
21. D	22. B	23. B	24. C	25. B	26. A	27. D	28. A	29. D	30. A

31. B　32. A　33. A　34. B　35. B　36. D　37. B　38. B　39. D　40. B
41. A　42. C　43. B　44. C　45. A　46. D　47. C　48. D　49. D　50. C
51. C　52. B　53. C　54. B　55. A　56. D　57. A　58. C　59. D　60. B

二、多项选择题

61. B、C、D　62. A、C　63. B、D　64. A、B、C
65. A、B、C、D　66. A、B、D　67. A、B、C、D　68. A、C、E
69. B、C　70. B、D　71. A、D　72. A、B、C、D
73. A、C、E　74. A、B、C、E　75. B、D、E　76. A、B、C
77. A、B、E　78. B、C、E　79. A、B、D、E　80. B、C、E

模拟自测题三

一、单项选择题（每题只有一个正确答案，每题1分，共60分）

1. 某基岩被3组杂乱裂隙切割成碎石状，多数为张开裂隙，间距0.05～0.1m，一般均有填充物，此基岩的裂隙对基础工程（　　）。

A. 裂隙不发育　　B. 裂隙较发育

C. 裂隙发育　　D. 裂隙很发育

2. 当构造应力分布不均匀时，岩体中张开性构造裂隙分布不连续不沟通，则赋存（　　）。

A. 脉状构造裂隙水　　B. 层状构造裂隙水

C. 成岩裂隙潜水　　D. 风化裂隙水

3. 填土在工程应用上正确的采用条件是（　　）。

A. 回填达2年的粉土可作一般建筑的天然地基

B. 回填达5年的黏土可作一般建筑的天然地基

C. 生活垃圾和腐蚀性成分的杂填土经处理亦可作建筑物的天然地基

D. 建筑垃圾或一般工业废料组成的杂填土，经处理可作一般建筑物的地基

4. 地层岩性对边坡稳定性影响较大，能构成稳定性相对较好的边坡的岩体是（　　）。

A. 沉积岩　　B. 页岩

C. 泥灰岩　　D. 板岩

5. 5级结构面中，Ⅱ、Ⅲ级结构面往往是对工程岩体力学和对岩体破坏方式有控制意义的边界条件，它们的组合往往构成可能滑移岩体的边界面，直接威胁工程安全稳定性。8级地震记录的最大振幅（　　）mm。

A. 100　　B. 1 000

C. 10 000　　D. 100 000

6. 关于工程地质含义，下列叙述正确的是（　　）。

A. 是建设工程地基的性质

B. 是建设工程地层的性质

C. 是建设工程地基和其一定影响区域内地层的性质

D. 是建设工程一定影响区域内地层性质

7. 关于单层厂房屋架布置原则的说法，正确的是（　　）。

A. 天窗两侧的垂直支撑一般与天窗下弦水平支撑位置一致

B. 有檩体系必须设置上弦横向水平支撑

C. 屋架垂直支撑一般应设置于屋架跨中和支座的水平平面内

D. 纵向系杆应设在有天窗的屋架上弦节点位置

8. （　　）底面平整，隔声效果好，能充分利用不同材料的性能，节约模板且整体性好。

A. 预制装配式钢筋混凝土普通型楼板　　B. 预制装配式钢筋混凝土预应力型楼板

C. 装配整体式钢筋混凝土叠合楼板　　D. 装配整体式钢筋混凝土密肋填充块楼板

9. 坚硬耐磨、装饰效果好、造价偏高，一般适用水房间和有腐蚀房间楼地面的装饰构造为（　　）。

A. 水泥砂浆地面　　B. 水磨石地面

C. 陶瓷板块地面　　D. 人造石板地面

10. 由于节能要求，门芯板及玻璃组合形成的阳台门可以采用（　　）。

A. 门的玻璃部分按单层处理

B. 门的玻璃部分按内窗处理

C. 阳台门下部的门芯板可用聚苯夹芯板型材代替单层钢质门芯板

D. 阳台门下部的门芯板应采用单层钢质门芯板

11. 关于平屋顶排水方式的说法，错误的有（　　）。

A. 高层建筑屋面采用外排水　　B. 低层建筑屋面采用有组织排水

C. 低层建筑屋面采用无组织排水　　D. 汇水面积较大屋面采用天沟排水

12. 当单层厂房的柱较高，自重较重，因受吊装设备的限制，为减轻柱重量时一般采用（　　）承重结构。

A. 钢筋混凝土柱　　B. 钢-钢混凝土组合柱

C. 钢柱　　D. 柱牛腿

13. 在城市道路上人行天桥宜设置在（　　）。

A. 重要建筑物附近　　B. 重要城市风景区附近

C. 商业网点集中的地段　　D. 旧城区商业街道

14. 下列有关桥面构造的叙述，正确的是（　　）。

A. 桥面的横坡，通常是在桥面板底面铺设混凝土三角垫层来构成

B. 人行道一般高出行车道 0.35～0.45m

C. 桥上栏杆的高度标准设计为 1.2m

D. 安全带可以做成预制件或与桥面铺装层一起现浇

15. 下列关于各种涵洞特点叙述，不正确的是（　　）。

A. 圆管涵适用于低路堤　　B. 拱涵具有较大的超载潜力

C. 箱涵适用于软土地基　　D. 盖板涵适用于低路堤和明涵

16. 主要用于冻土、软弱地基等不良地质的暗涵以及有特殊要求的暗涵，不宜用于陡坡涵的涵洞是（　　）。

A. 石拱涵　　B. 圬工涵

C. 钢筋混凝土涵　　D. 波纹钢管（板）涵

17. 有关地下贮库工程布局基本要求，下列叙述不正确的是（　　）。

A. 应设在地质条件好的地区

B. 有江河的城市可沿江河布置

C. 位于市中心的一般性库、出入口建筑形式应与周围环境协调

D. 与城市关系不大的转运库应布置在城市的上游

18. 钢材的最主要性能是（　　）。

A. 冷弯性能　　B. 冲击韧性

C. 耐疲劳性　　D. 抗拉性能

19. 下列关于钢材的叙述，不正确的是（　　）。

A. 钢材屈强比越小，工作的安全性越大

B. 冷拉钢筋经人工时效后屈服点提高，伸长率降低

C. 钢材中含硫引起冷脆，含磷引起热脆

D. 钢材的工艺性能包括冷弯性和可焊性

20. 钢筋混凝土 T 形截面梁，高 800mm，上翼缘宽 1 200mm，腹板宽 400mm，腹板中配有受力钢筋10 - ϕ25（两排筋），混凝土为 C40，制配该梁混凝土粗骨料最大粒径为（　　）mm。

A. 100　　B. 42.2

C. 31.5　　D. 8.3

21. 与普通混凝土相比，高强混凝土的优点在于（　　）。

A. 延性较好　　B. 初期收缩小

C. 水泥用量少　　D. 更适宜用于预应力钢筋混凝土构造

22. 以下关于碾压混凝土的说法，不正确的是（　　）。

A. 碾压混凝土中往往需要加入缓凝剂、减水剂或引气剂

B. 碾压混凝土常用于道路、机场和水利工程

C. 碾压混凝土由级配良好的骨料、较低水泥用量和水用量、较多混合材料制成

D. 碾压混凝土的缺点在于成本高

23. 关于混凝土耐久性，下列叙述不正确的是（　　）。

A. 混凝土耐久性包括抗冻性、抗渗性、抗蚀性及抗碳化能力

B. 具有孔隙的混凝土抗冻性好

C. 水灰比对抗渗性起决定作用

D. 抗侵蚀性与混凝土密度、水泥品种及混凝土内部孔隙特征有关

24. 不适用于室外的装饰材料是（　　）。

A. 玻化砖　　B. 墙地砖

C. 釉面砖　　D. 同质砖

25. （　　）主要用于砌筑、抹灰、地面及普通防水工程。

A. 修补砂浆　　B. 保温砂浆

C. 湿拌砂浆　　D. 装饰砂浆

26. 适用于基坑侧壁安全等级为一级的深基坑支护基本形式的是（　　）。

A. 水泥土桩墙式　　B. 排桩与桩墙

C. 边坡稳定式　　D. 逆作拱墙式

27. 在土石方工程机械施工中，（　　）可在Ⅰ～Ⅲ类土中直接挖土、运土，适宜运距为 600～1 500m，当运距为 200～350m 时效率最高。

A. 推土机　　B. 铲运机

C. 正铲挖土机　　D. 反铲挖土机

28. 下列有关桩基础施工工艺的叙述，错误的是（　　）。

A. 在静力压桩的施工工艺中，当第一节桩压入土中，其上端距地面 0.5～1.0m 时，将第二节桩接上，继续压入

B. 钢管桩当沉至某一深度并经复核沉桩质量良好时，再行连续打击，至桩顶高出地面 0.5～1.0m 时，停止锤击，进行接桩，再用同样步骤直至达到设计深度为止

C. 泥浆护壁成孔灌注桩的桩顶标高至少要比设计标高高出 0.8～1.0m

D. 钻孔压浆桩桩顶标高至少要比设计标高高出 0.8～1.0m

29. 下列关于点支撑玻璃幕墙说法，正确的是（　　）。

A. 玻璃肋的连接一般采用 3 脚支架　　B. 索桁架不承受面板玻璃的荷载

C. 幕墙玻璃自下而上安装　　D. 拉索式点式玻璃幕墙需要施加预应力

30. 挑出墙外 2.2m 的现浇钢筋混凝土雨篷，其底模拆模时混凝土立方体抗压强度应为设计标准值的（　　）。

A. 50%　　B. 100%

C. 75%　　D. 85%

31. 在装配混凝土整体式结构中，有关材料的叙述，正确的是（　　）。

A. 预制构件的混凝土强度等级不宜低于 C25

B. 预应力混凝土预制构件的混凝土强度等级不宜低于 C30，且不应低于 C25
C. 现浇混凝土的强度等级不应低于 C30
D. 预制构件吊环应采用未经冷加工的 HPB300 钢筋制作

32. 重锤夯实的效果与（　　）无关。

A. 落距　　B. 起重机械
C. 土的含水量　　D. 夯实遍数

33. 混凝土冬期施工采用蒸汽养护时，宜采用（　　）。

A. 硅酸盐水泥　　B. 普通硅酸盐水泥
C. 矿渣硅酸盐水泥　　D. 火山灰硅酸盐水泥

34. 下列关于地下防水工程施工的叙述，错误的是（　　）。

A. 防水混凝土中，喷射混凝土终凝 2h 后应采取喷水养护，养护时间不得少于 14d
B. 水泥砂浆防水层施工中，如果必须留设施工缝时，应采用阶梯坡形槎，但与阴阳角的距离不得小于 300mm
C. 涂膜防水施工中，底板的细石混凝土保护层厚度不应小于 50mm
D. 卷材防水层中，侧墙宜采用软质保护材料或铺抹 20mm 厚 1：2.5 水泥砂浆

35. 下列材料中，不宜作为路堤填筑材料的是（　　）。

A. 碎石　　B. 砾石
C. 亚黏土　　D. 粉性土

36. 悬索桥的混凝土索塔施工采用的模板形式为（　　）。

A. 组合模板　　B. 大模板
C. 台模　　D. 翻模

37. 关于支架现浇法的说法，错误的是（　　）。

A. 不需要大型起吊、运输设备，梁体的主筋可不中断，桥梁整体性好
B. 对预应力混凝土梁由于混凝土的收缩、徐变引起的应力损失比较大
C. 工期短，施工质量容易控制
D. 施工中的支架、模板耗用量大，施工费用高

38. 在我国，地下连续墙不可适用于（　　）。

A. 重要建筑物附近　　B. 熔岩地质
C. 软弱地层　　D. 人工填土地区

39. 下列关于钻爆法施工的叙述，正确的是（　　）。

A. 一般开挖隧洞，独头推进长度不能超过 3km
B. 对通风要求较低
C. 软弱地方不宜采用钻爆法
D. 目前一般工地用得较多的钻孔方法是手风钻

40. 在隧道工程施工中，下列有关盖挖法的叙述，错误的是（　　）。

A. 盖挖法的优点有基坑底部土体稳定，隆起小，施工安全
B. 逆作法的特点包括设备简单、不需大型设备，操作空间大、操作环境相对较好
C. 在半逆作法施工中，一般不需要设置横撑并施加预应力
D. 盖挖顺作法施工程序的第一步是构筑连续墙，中间支撑柱及覆盖板

41. 根据《建筑工程建筑面积计算规范》GB/T 50353—2013 的规定，下列属于围护设施的是（　　）。

A. 墙体　　B. 门
C. 窗　　D. 栏杆

42. 某建筑工程挖土方工程量需要通过现场签证核定，已知用斗容量为 1.5m^3 的轮胎式装载机运土 500 车，则挖土工程量应为（　　）m^3。

A. 501.92　　B. 576.92

C. 623.15　　D. 750

43. 根据《房屋建筑与装饰工程工程量计算规范》GB 50854—2013 的规定，下列有关砖砌体的说法，错误的是（　　）。

A. 防潮层在清单项目综合单价中考虑，不单独列项计算

B. 砖砌体勾缝按墙面抹灰中“墙面勾缝”项目编码列项

C. 实心砖墙项目工作内容中不包括刮缝，包括勾缝

D. 砖砌体内钢筋加固，应按“混凝土及钢筋混凝土工程”中相关项目编码列项

44. 根据《房屋建筑与装饰工程工程量计算规范》GB 50854—2013 的规定，关于现浇混凝土基础的项目列项或工程量计算，正确的是（　　）。

A. 箱式满堂基础中的墙按现浇混凝土墙列项

B. 箱式满堂基础中的梁按满堂基础列项

C. 框架式设备基础的基础部分按现浇混凝土墙列项

D. 框架式设备基础的柱和梁按设备基础列项

45. 根据《房屋建筑与装饰工程工程量计算规范》GB 50854—2013 的规定，关于桩基础的项目列项或工程量计算，正确的是（　　）。

A. 预制钢筋混凝土管桩试验桩应在工程量清单中单独列项

B. 预制钢筋混凝土方桩试验桩工程量应并入预制钢筋混凝土方桩项目

C. 现场截凿桩头工程量不单独列项，并入桩工程量计算

D. 挖孔桩土方按设计桩长（包括桩尖）以“m”计算

46. 根据《房屋建筑与装饰工程工程量计算规范》GB 50854—2013 的规定，下列有关金属结构工程工程量计算，正确的是（　　）。

A. 钢梁工程量中不计算铆钉、螺栓工程量

B. 压型钢板墙板工程量需单独计算包角、包边

C. 钢天沟板按设计图示尺寸以长度计算

D. 成品雨棚按设计图示尺寸以质量计算

47. 根据《房屋建筑与装饰工程工程量计算规范》GB 50854—2013 的规定，关于金属窗工程量计算，正确的是（　　）。

A. 彩板钢窗按设计图示尺寸以框外围展开面积计算

B. 金属纱窗按框的外围尺寸以面积计算

C. 金属百叶窗按框外围尺寸以面积计算

D. 金属橱窗按设计图示洞口尺寸以面积计算

48. 某地面做法：300mm 厚的 3∶7 灰土垫层，40mm 厚的 C20 细石混凝土找平层，细石混凝土现场搅拌，20mm 厚的 1∶3 水泥砂浆面层，应列的工程量清单项目有（　　）。

A. 水泥砂浆面层　　B. 垫层；水泥砂浆面层

C. 细石混凝土找平层；水泥砂浆面层　　D. 垫层；细石混凝土找平层；水泥砂浆面层

49. 根据《房屋建筑与装饰工程工程量计算规范》GB 50854—2013 的规定，下列有关屋面工程的叙述，错误的是（　　）。

A. 阳台泄水管，按设计图示数量计算，单位：根或个

B. 屋面找平层按楼地面装饰工程平面砂浆找平层项目编码列项

C. 屋面防水搭接及附加层用量不另行计算，在综合单价中考虑

D. 楼（地）面防水搭接及附加层用量另行计算，不在综合单价中考虑

50. 根据《房屋建筑与装饰工程工程量计算规范》GB 50854—2013 的规定，下列有关门窗工程的叙述，正确的是（　　）。

A. 木门窗套不适用于单独门窗套的制作、安装

B. 门窗贴脸，以“m^2”计量，按设计图示尺寸以展开面积计算

C. 窗帘轨，按设计图示尺寸以长度“m”计算

D. 当窗帘盒为弧形时，其长度应按外边线计算

51. 根据《房屋建筑与装饰工程工程量计算规范》GB 50854—2013 的规定，下列（　　）是按设计图示尺寸以质量“t”计算的。

A. 金属门油漆　　B. 窗帘盒油漆

C. 天棚面油漆　　D. 金属面油漆

52. 根据《房屋建筑与装饰工程工程量计算规范》GB 50854－2013 的规定，下列地基处理工程量计算，正确的是（　　）。

A. 换填垫层按设计图示尺寸以体积计算

B. 强夯地基按设计图示处理范围乘以处理深度以体积计算

C. 填料振冲桩以填料体积计算

D. 水泥粉煤灰碎石桩按设计图示尺寸以体积计算

53. 根据《房屋建筑与装饰工程工程量计算规范》GB 50854—2013 的规定，下列有关砌块砌体计算，正确的是（　　）。

A. 砌体内加筋的制作、安装，已综合在相应的项目中

B. 砌块采取压砌的钢筋网片按“混凝土及钢筋混凝土工程”中相应编码列项

C. 砌块砌体中工作内容不包括勾缝

D. 砌体垂直灰缝宽＞20mm 灌注的混凝土应按“混凝土及钢筋混凝土工程”相关项目编码列项

54. 某建筑物室内净面积为 $206m^2$，地面工程做法的总厚度为 120mm，室内地面标高为±0.00，室外地面标高为－0.60m，根据《房屋建筑与装饰工程工程量计算规范》GB 50854—2013 的规定，计算室内回填土的工程量为（　　）m^3。

A. 138.75　　B. 123.62

C. 111　　D. 98.9

55. 根据《房屋建筑与装饰工程工程量计算规范》GB 50854—2013 的规定，下列石方工程量计算，正确的是（　　）。

A. 挖基坑石方按设计图示尺寸基础底面面积乘以埋置深度以体积计算

B. 挖沟槽石方按设计图示以沟槽中心线长度计算

C. 挖一般石方按设计图示开挖范围的水平投影面积计算

D. 挖管沟石方按设计图示以管道中心线长度计算

56. 根据《房屋建筑与装饰工程工程量计算规范》GB 50854—2013 的规定，关于涂膜防水屋面工程量计算方法，正确的是（　　）。

A. 平屋顶找坡按斜面积计算

B. 应扣除 $0.3m^2$ 以上的孔洞面积

C. 女儿墙、伸缩缝处弯起部分并入屋面工程量计算

D. 应扣除房上烟囱、屋面小气窗

57. 根据《房屋建筑与装饰工程工程量计算规范》GB 50854—2013 的规定，下列关于柱帽保温隔热的叙述，正确的是（　　）。

A. 柱帽保温隔热工程量应单独计算

B. 柱帽保温隔热应并入柱保温隔热工程量内

C. 柱帽保温隔热应并入板保温隔热工程量内

D. 柱帽保温隔热应并入天棚保温隔热工程量内

58. 根据《房屋建筑与装饰工程工程量计算规范》GB 50854—2013 的规定，下列有关油漆、涂料工程量计算，正确的是（　　）。

A. 木间壁油漆，按设计图示尺寸以双面外围面积"m^2"计算

B. 满刮腻子适用于所有刮腻子的情况

C. 喷刷墙面涂料部位无须注明内墙或外墙

D. 金属构件刷防火涂料以"m^2"计量，按设计展开面积计算

59. 在拆除工程中，对于钢支撑可以采用的计量单位是（　　）。

A. 个　　B. m

C. m^2　　D. m^3

60. 根据《房屋建筑与装饰工程工程量计算规范》GB 50854—2013 的规定，下列（　　）按设计图示尺寸以长度"m"计算。

A. 整体提升架　　B. 满堂脚手架

C. 挑脚手架　　D. 钢筋混凝土雨篷的模板及支架

二、多项选择题（每题 2 分，共 40 分，每题至少 2 个答案正确，至少有 1 个错项。错选，本题不得分，少选，所选的每个选项得 0.5 分）

61. 下列关于褶皱构造的叙述，正确的是（　　）。

A. 褶皱是两个以上的波状弯曲而未失去连续性的构造

B. 褶皱是岩层发生的弹性变形

C. 褶皱多发生在块状岩体中

D. 无论背斜或向斜褶曲形态上都有轴部和翼部

E. 向斜褶曲当地面遭受剥蚀，轴部露出的是较老岩层

62. 层面与平面上的"X"形断裂组合常将岩体切割成（　　）。

A. 方块体　　B. 三角形柱体

C. 圆柱体　　D. 四棱锥

E. 球体

63. 网架结构体系的特点是（　　）。

A. 空间受力体系，整体性好　　B. 杆件轴向受力合理，节约材料

C. 高次超静定，稳定性差　　D. 杆件适用于工业化生产

E. 结构刚度小，抗震性能差

64. 下列有关构造柱施工的说法，正确的是（　　）。

A. 马牙槎凹凸尺寸不宜小于 30mm，高度不应超过 600mm

B. 马牙槎应先退后进，对称砌筑

C. 拉结钢筋应沿墙高每隔 300mm 设置

D. 拉结钢筋每边伸入墙内不宜小于 1m

E. 拉结钢筋网片应沿墙体水平通长设置

65. 下列有关共同沟的叙述，正确的是（　　）。

A. 雨水管、污水管等各种重力流管线，进入共同沟将增加共同沟的造价，应慎重对待

B. 共同沟组成中不包括监控、通风、供电、排水、通信等其他系统

C. 共同沟标示系统的主要作用是标示共同沟内各种管线的管径、性能等

D. 共同沟的本体是以钢筋混凝土为材料，采用现浇或预制方式建设的地下构筑物

E. 共同沟的主要作用是为收容各种城市管线提供物质载体

66. 当涵洞洞底纵坡为 6%时，通常采用的设计方案是（　　）。

A. 洞底顺直，基础底部不设防滑横墙
B. 洞底顺直，基础底部加设防滑横墙
C. 基础做成连续阶梯形
D. 基础分段做成阶梯形
E. 设置跌水井

67. 引气剂和引气减水剂可用于（　　）。

A. 预应力混凝土
B. 蒸养混凝土
C. 泌水严重的混凝土
D. 抗冻、防渗、抗硫酸盐混凝土
E. 贫混凝土以及对饰面有要求的混凝土和轻骨料混凝土

68. 玻化微珠的性能有（　　）。

A. 保温隔热
B. 防火
C. 易离鼓开裂
D. 强度高
E. 耐老化

69. 以天然放射性核素的放射性比活度和外照射指数的限值分为 A、B、C 三类，以下说法正确的是（　　）。

A. A类产品的产销与使用范围不受限制
B. B类产品不可用于Ⅰ类民用建筑的外饰面
C. B类产品不可用于Ⅰ类民用建筑的内饰面
D. B类产品不可用于其他一切建筑物的内、外饰面
E. C类产品只可用于一切建筑物的外饰面

70. 在严寒地区抢修混凝土路面宜选用的水泥品种为（　　）。

A. 硅酸盐水泥
B. 铝酸盐水泥
C. 矿渣水泥
D. 硫铝酸盐水泥
E. 火山灰水泥

71. 关于施工缝留置，下列说法正确的是（　　）。

A. 无论是梁板式结构还是无梁楼盖结构，柱子的施工缝位置在基础顶面
B. 单向板的施工缝位置应留置在平行于板长边的任何位置
C. 有主、次梁楼盖的施工缝应顺着次梁方向浇筑
D. 楼梯的施工缝应留置在楼梯长度中间 1/3 长度范围内
E. 有主次梁楼盖的施工缝留在次梁跨度的中间 1/3 跨度范围内

72. 关于卷材防水屋面施工，说法正确的是（　　）。

A. 当卷材防水层上有重物覆盖应优先采用满粘法
B. 采取满粘法施工时，找平层的分隔缝处宜空铺
C. 立面铺贴卷材时，应采用机械固定法
D. 天沟卷材施工时，宜顺天沟方向铺贴
E. 卷材防水层施工时，应先进行细部构造处理

73. 为使爆破设计断面内的岩体大量抛掷（抛坍）出路基，减少爆破后的清方工作量，可根据地形和路基断面形式，可采用（　　）。

A. 抛掷爆破
B. 光面爆破
C. 定向爆破
D. 预裂爆破

E. 松动爆破

74. 下列关于深基坑土方开挖施工的说法，正确的是（　　）。

A. 当采用放坡挖土时，宜设置多级平台分层开挖

B. 整个土方开挖要遵循开槽支撑、先撑后挖、分层开挖、严禁超挖的原则

C. 同一基坑内当深浅不同时，土方开挖宜先从基坑深处开始

D. 基坑采用机械挖土，坑底应保留 200～300mm 厚基土

E. 盆式挖土周边留置的土坡，其宽度、高度和坡度大小均应通过稳定验算确定

75. 下列关于喷射混凝土施工，说法正确的是（　　）。

A. 干式喷射设备简单，价格较低，能进行远距离压送

B. 正式进行喷射施工前，待喷面准备工作是保证顺利施工的关键

C. 喷射作业区段的宽度，一般宜为 1.5～2.0m

D. 喷射时拱应自拱顶开始

E. 当喷射面具有较强的吸水性时，要预先洒水进行养护

76. 剪力墙洞口 JD4　800×300＋3.100　3Φ18/3Φ14，表示（　　）。

A. 4 号矩形洞口

B. 洞高 800mm、洞宽 300mm

C. 洞口上边距本结构层楼面 3 100mm

D. 洞宽方向补强钢筋为 3Φ18

E. 洞高方向补强钢筋为 3Φ14

77. 根据《建筑工程建筑面积计算规范》GB/T 50353—2013 的规定，下列建筑面积计算，正确的是（　　）。

A. 建筑物顶部有围护结构的电梯机房不单独计算

B. 建筑物顶部层高为 2.10m 的有围护结构的水箱间不计算

C. 围护结构不垂直于水平面的楼层，应按其底板面外墙外围水平面积计算

D. 建筑物室内提物井不计算

E. 建筑物室内楼梯按自然层计算

78. 根据《房屋建筑与装饰工程工程量计算规范》GB 50854—2013 的规定，下列有关砌筑工程工程量计算，正确的是（　　）。

A. 靠墙暖气沟的挑檐并入砖基础体积内计算

B. 砖基础的防潮层在清单项目综合单价中考虑，不单独列项计算工程量

C. 凸出墙面的砖垛并入墙体体积内计算

D. 实心砖柱不扣除钢筋混凝土板头所占体积

E. 多孔砖墙项目的工作内容中不包括刮缝，包括勾缝

79. 根据《房屋建筑与装饰工程工程量计算规范》GB 50854－2013 的规定，下列屋面防水及其他工程量计算，正确的是（　　）。

A. 屋面卷材防水按设计图示尺寸以面积计算，防水搭接及附加层用量按设计尺寸计算

B. 屋面排水管设计未标注尺寸，考虑弯折处的增加以长度计算

C. 屋面天沟按设计图示尺寸以展开面积计算

D. 屋面变形缝按设计尺寸以铺设面积计算

E. 膜结构屋面按设计图示尺寸以需要覆盖的水平投影面积计算

80. 根据《房屋建筑与装饰工程工程量计算规范》GB 50854—2013 的规定，下列（　　）面层其综合单价包含找平层。

A. 细石混凝土楼地面　　　　B. 自流坪楼地面

C. 碎石材楼地面
D. 橡胶板楼地面
E. 塑料卷材楼地面

答案：

一、单项选择题

1. D	2. A	3. D	4. A	5. D	6. C	7. B	8. D	9. C	10. C
11. A	12. B	13. C	14. D	15. A	16. D	17. D	18. D	19. C	20. B
21. D	22. D	23. B	24. C	25. C	26. B	27. B	28. B	29. D	30. B
31. D	32. B	33. C	34. B	35. D	36. D	37. A	38. B	39. C	40. C
41. D	42. B	43. C	44. A	45. A	46. A	47. B	48. B	49. D	50. C
51. D	52. A	53. B	54. D	55. D	56. C	57. D	58. D	59. B	60. C

二、多项选择题

61. A、D	62. A、B	63. B、D、E	64. B、D、E
65. A、C、D、E	66. B、C	67. C、D、E	68. A、B、D、E
69. A、C、E	70. A、B、D	71. A、C、E	72. B、D、E
73. A、C、E	74. A、B、D、E	75. A、B、C、E	76. A、D、E
77. C、E	78. B、C	79. C、E	80. A、B、C